地理信息与智慧生活

DILI XINXI
YU ZHIHUI SHENGHUO

安雪菡◎主编

上

U0322507

图说自然

模拟世界

数字地球

智慧生活

广东省地图出版社
GUANGDONG MAP PUBLISHING HOUSE

图书在版编目（CIP）数据

地理信息与智慧生活：全2册 / 安雪菡编著. —广州：广东省地图出版社，2012.9
ISBN 978-7-80721-486-1

Ⅰ.①地… Ⅱ.①安… Ⅲ.①测绘－地理信息系统－普及读物
Ⅳ.①P208-49

中国版本图书馆CIP数据核字（2012）第211783号

丛书策划：杨林安
本书策划：许史兴　欧杏昌　李　东
主　　编：安雪菡
编撰人员：李国建　张保钢　安雪菡　王伟玺
审　　定：彭先进

地理信息与智慧生活（上）

出版发行：广东省地图出版社
社　　址：广州市环市东路468号（邮编：510075）
印　　刷：东莞市翔盈印务有限公司
开　　本：787毫米×1092毫米　1/16
印　　张：14.25
字　　数：240千字
版　　次：2012年12月第1版　2016年1月第3次印刷
印　　数：3001－4500
书　　号：ISBN 978-7-80721-486-1/P·25
定　　价：58.00元（上、下册）
网　　址：http//www.gdmappress.cn

前　言

　　国土资源是人类社会赖以生存和发展的重要物质基础。当前，我国正处于经济高速增长期，随着工业化、城镇化进程的快速推进和人口的持续增长，土地的需求量急剧上升，矿产资源日益紧缺，资源问题已成为我国经济社会发展所面临的一个迫在眉睫的问题。面对新形势、新要求，必须全面贯彻落实科学发展观，坚持保护资源的基本国策，守住全国耕地不少于18 亿亩这条红线，通过走节约集约利用资源之路，解决资源供求矛盾制约社会经济发展的瓶颈问题。

　　出版本系列丛书的目的，一是为了让读者了解我省的土地和矿产资源省情，树立资源忧患意识、节约意识和保护意识；二是普及地质灾害防治与地质环境保护知识，提高国土资源管理部门干部及社会公众预防与处置地质灾害突发事件的应急能力；三是使读者对测绘工作及测绘技术有更多的了解，同时，将与人们生活息息相关的地理信息技术的应用介绍给大家。

　　由于时间仓促和认识局限，若有疏漏之处，恳请批评指正。

编　者

序

当今信息社会时代，海量信息扑面而来，良莠不齐，绿豆张、血燕窝、勾兑醋之类以讹传讹、挑战科技常识和生活经验的案例很多。大力普及科学知识，提高公民科学文化素养，避免道听途说，进而提高生活质量和自我修养尤为重要。

测绘地理信息与我们的生活密切相关，测绘知识科普工作刚刚起步，人们对测绘地理信息行业及其科技的发展，例如对日益深入百姓生活的卫星导航定位、卫星遥感照片等，还存在很多模糊认识，甚至是错误概念，有的还引发了国家安全问题。把艰深的测绘地理信息以大众乐于阅读和接受的形式、简短的篇幅、丰富的内涵，借助常见的事例介绍给读者，即为本书的立意所在，也是本书想完成的一个夙愿。为此，我们组织了一批科学素养深厚、在测绘地理信息行业从事多年科技工作、有较高科普写作水平的专家编写了本书。仪器照片等资料由有关厂家、学会、协会协助提供。

本书以文字为主，配以精美图片，从日常生活中的问题、现象着眼，引出问题、回答问题，逐步掀开测绘地理信息科技的面纱。

知识结构上，全书基本按测绘地理信息科学的相关大类分篇、章组织，便于知识的照应、阅读和扩展。

行文风格上，采用深入浅出、简短干练的论述方式，在短小的篇幅内引出问题、答疑解惑，在生活的趣闻中抓住知识点，阐明测绘地理信息的知识和发展态势。语言活泼，思辨性强，纵横捭阖，引经据典，谈古论今，深度谈论最新测绘科技的知识点，嵌入一定的人文、历史、地理、文学的知识，丰富科普内涵，增加阅读趣味，培养综合性的人文科技修养。让我们共同领略有趣的测绘地理信息吧。

目录

第二篇 生活应用集萃

下册

第10章　我的房子到底有多大——*房产测量*

第11章　借我一双慧眼吧

第三篇　航空航天摄影

第12章　飞行家的伟大发明——*航空摄影测量*

第16章　真实世界与虚拟世界——GIS作用与服务

第五篇　未来发展撷英

第17章　测绘之光

第18章　未来之路

第一篇 基础知识概览

第1章

北极星与航海术

——天文与海洋测量

北极星是不动的吗

星空，永远的神秘，它从亿万年的亘古走来，收藏过无数仰望的目光与思念。它浩渺、深邃、神奇……令人遐想、参悟不透。仰望星空，漫天的星斗奇妙排列、变幻莫测。不惧月淡夜茫茫，七星北斗指方向。

你对浩瀚无际的天空产生过兴趣吗？仰望天空，你看到了什么？想到了什么？

神秘的夜空

星空即宇宙，"宇"代表上下四方，即所有的空间，"宙"代表古往今来，即所有的时间，"宇宙"这个词有"所有的时间和空间"的意思。我们的宇宙主要由恒星、行星和卫星组成。

恒星类：红矮星、红巨星、亚巨星、碳星、脉冲星、中子星、白矮星、双子星、新星、超新星、巨星、超巨星。宇宙里恒星的总数可能是我们现在估计数值的3倍，比地球上的所有海滩和沙漠里的总沙粒数还多。我们所处的太阳系的主星太阳就是一颗恒星。

行星通常指自身不发光、环绕着恒星的天体。行星是最基本的天体。目前我们生活的太阳系内有8颗行星，分别是：水星、金星、地球、火星、木星、土星、天王星、海王星。

北斗七星

卫星是围绕行星运行的天体，月亮就是地球的卫星。在太空中还有许许多多的人造地球卫星。卫星反射太阳光，但除了月球以外，其他卫星的反射光都非常微弱。

我们生活在太阳系，从更大的范围来说是银河系。然而，银河系外还有许多类似的天体系统，称为河外星系，常简称星系。从2000多年前的古代哲学家到现代天文学家一直都在苦苦思索的问题：星空，它蕴含着多少永恒的秘密？屈原、张衡、亚里士多德、托勒密、哥白尼、伽利略、开普勒、牛顿、爱因斯坦、哈勃等人，在追索宇宙奥秘的漫漫长途中都留下了脚印。经过了哥白尼、赫歇尔、哈勃的从太阳系、银河系、河外星系的探索宇宙三部曲，宇宙学不再是幽深玄奥的抽象哲学思辨，而是建立在天文观测和物理实验基础上的一门现代科学。

在漫长的宇宙探索的道路上，聪明的人类发现了一颗具有特殊意义、特殊用途的星星——北极星。北极星到底有什么神奇的呢？要想了解北极星就不得不先说说北斗七星了，它们之间可是有着很深的渊源。

北斗七星，顾名思义，它是由七颗星星组成的。这七颗星分别叫做天枢、天璇、天玑、天权、玉衡、开阳、摇光。古人把这七星联系起来想象成为古代舀酒的斗形。天枢、天璇、天玑、天权组成为斗身，古曰魁；玉衡、开阳、摇光组成为斗柄，古曰杓。道教称北斗七星为七元解厄星君，居北斗七宫，即天枢宫贪狼星君、天璇宫巨门星君、天玑宫禄存星君、天权宫文曲星君、玉衡宫廉贞星君、开阳宫武曲星君、摇光宫破军星君。北斗星在不同的季节和夜晚不同的时间，出现于天空不同的方位，所以古人就根据初昏时斗柄所指的方向来决定季节：斗柄指东，天下皆春；斗柄指南，天下皆夏；斗柄指西，天下皆秋；斗柄指北，天下皆冬。习称"东西南北，春夏秋冬"。

北斗七星始终在天空中作缓慢的相对运动。其中五颗星以大致相同的速度朝着一个方向运动，而"天枢"和"摇光"则朝着相反的方向运动。

因此，在漫长的宇宙变迁中，北斗星的形状会发生较大的变化，10万年后，我们就看不到这种柄杓形状了。

相传北斗七星的每一颗星都有着它们自己的含义：

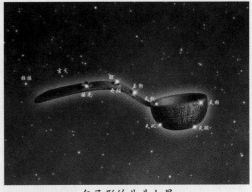

勺子形的北斗七星

第一颗：力量之星，当你遇到困难的时候它可以给你力量。

第二颗：智慧之星，力量不是万能，智慧能让你更从容的应对。

第三颗：勇气之星，没有勇气，以上两者都是白搭。

第四颗星：代表爱情。

第五颗：幸福之心。

第六颗：灾祸之心，得到幸福的贪婪之人，若无节制的奢望，有第六颗星的出现所有的幸福都会被贪婪带走。

第七颗星：代表劫后重生，过去虔诚的祈祷，五星的眷顾并没有收回，只要放弃贪婪，在第七星的帮助下，仍有重生的机会。

传说，恺撒大帝的将军安东尼在恺撒死后向天际的北斗诸星祈祷，力量、智慧、勇气之星让他得到了无上的力量，很快他在神的帮助下成为了罗马帝国的统治者，爱星和幸福让他得到了埃及艳后的垂青，几乎得到一切的安东尼不顾一切地向第六星提出永生的要求，没想到这次回应他的是神的惩罚，他的帝国在一夜间倒塌，安东尼逃到埃及，放弃了对诸神信仰，最终没能得到第七星——重生力量的帮助，在痛苦中死去。

北斗七星属大熊星座的一部分，从图形上看，北斗七星位于大熊的背部和尾巴。从图形上看，通过斗口的两颗星连线，朝斗口方向延长约5倍远处，就找到了北极星。认星歌有："认星先从北斗来，由北往西再展开。"初学认星者可以从北斗七星依次来找其他星座了。

北极星，又称帝星，紫微星"现任"北极星。

北极星是天空北部的一颗亮星，离北天极很近，差不多正对着地轴。

北极星属于小熊星座，距地球约400光年，是夜空能看到的亮度和位置较稳定的恒星。由于北极星最靠近正北的方位，从地球上看，它的位置几乎不变，可以靠它来辨别方向。千百年来地球上的人们靠它的星光来导航。

北极星是野外活动、古代航海方向的一个很重要指标，另外在小至观星入门之辨认方向星座，大至天文摄影、观测室赤道仪的准确定位等方面皆有十分重要的作用。

北斗七星组成的图形永远不变吗？它永远是找北极星的"工具"吗？当然不是。由于地球自转轴会大约26 000年时间周期性的摆动，因此北极星也不是固定不变的。宇宙间一切物体都在运动和变化之中，恒星也不例外。恒星在运动，北斗七星组成的图形当然也在变化。这七颗星离我们的距离不等，在70~130光年之间。它们各自运行的速度和方向也不一样。

北斗七星也就是大熊座 α、β、γ、δ、ε、ζ、η，连接天璇 β 和天枢 α 两星的线延长约5倍处，即为"北极星"，常被用作指示方向和识别星座的标志。故 β 星和 α 星又名"指极星"。

北极星现在很靠近地球北极指向的天空。因此，看起来它总在北方天空。其实，按亮度它只是一颗普通的二等星，是小熊星座中最亮的一颗恒星，也叫小熊座 α 星。是离地球最近的造父变星，中国古代称它为"勾陈一"或"北辰"。在星座图形上，它正处于小熊的尾巴尖端。

小熊星座 α 星永远享受北极星的尊称吗？我们知道，地球自转轴也是在周期性的缓慢摆动。因此，地球自转轴北极指向的天空位置自然也是变动的，北极星的"皇位"也存在轮流坐庄的可能。天文学家们早已算出，4800年前，北极星不是现在小熊座 α 星，而是天龙座 α 星，中国古代称它为右枢。到公元2100年前后，地球自转轴北极将指向的天空和小熊座 α 星之间的角距最小，仅有约28角分。似乎这时它的"地位"才达到北极星的顶峰。到公元4000年前后，仙王座 γ 星将成为北极星。到公元14000年前后，天琴座 α 星枣织女星将获得北极星的美名。

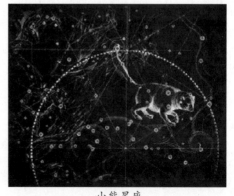

小熊星座

北极星因为位置相对稳定，它具有很好的象征意义。北极星给人的感觉是忠诚，有着自己的立场。从人生的角度来说，北极星有着引领我们到达目标的意义，正如它可以让我们分辨方向一样。

为什么我们看到的北极星是不动的呢？

因为地球是围绕着地轴进行转动的，而北极星正处在地轴的北部延长线上，所以夜晚看天空北极星是不动的，而且在头顶偏北方向，所以才可以指示北方。又由于在一年四季里地轴倾斜的方向不变，而且北极星与地球距离远远大于地球公转半径，地球公转可忽略不计，所以一年时间里我们看到在天空的北极星都是不动的，它的位置没有发生变化，地轴一直指向于北极星。

北斗七星与北极星的位置关系

传说有七个做强盗的兄弟，常常游荡在地球北方的森林中，以打劫为生。有一天，他们听说在北方大地的边缘，居住着七个漂亮迷人的姑娘，七个兄弟决定抢夺七姐妹做妻子。他们备了七匹骏马，急匆匆地奔向遥远的北疆去抢亲。

那是一个夏日的黄昏，七姐妹饭后出来散步。强盗们突然出击，像七只凶恶的黑鹰扑向七姐妹。她们急忙奔逃回家，唯有最小的妹妹因弱小逃得慢些，一个强盗捉住了她，放到马鞍上飞驰而去。后来，天神严厉地惩罚了这七个强盗，命令他们永远待在天上看守一颗亮星——北极星。那七个受到惩罚的强盗兄弟就是我们看到的北斗星，他们从那时起至今一直在围绕北极星旋转，寸步不离。

视力好的朋友们，在晴朗的夜晚抬头观看可以看到北斗七星斗柄的第二颗星上，有一颗光度微弱的小星星。古代的阿拉伯国家在招收新兵时，常让应征者观看那颗小星星，如果能够看到就说明他的视力很好，便可以应征入伍了。

每逢秋季来临时，6颗小星星在一起从北方升起，这团小星星就是著名的昴星团。昴星团有200多颗星星（用天文望远镜观看），只不过我们用肉眼只能看到六七颗。

北极星和北斗七星的故事很有意思吧！我国还有一个卫星导航系统以"北斗"命名。

满天星座知多少

星座是指天上的一群位置相近的恒星的组合，所以人类就把一些星星组合起来，想像成各种形状，再编出一些神话故事，并且加以命名，这样既方便科学家研究星空，又方便人们记忆从而产生兴趣。不同的文明和历史时期对星座的划分有可能不同，现代星座大多由古希腊传统星座演化而来。

人们的想象空间是无限的。为认星方便，人们按空中恒星的自然分布划成若干区域，大小不一。每个区域叫做一个星座。用线条连接同一星座内的亮星，形成各种图形，根据其形状，分别以近似的动物、器物命名。人类肉眼可见的恒星有近六千颗，每颗均可归入唯一一个星座。每一个星座可以由其中亮星构成的形状辨认出来。星座在天文学中占重要的地位；占星术也假借黄道十二星座的形象，但占星术被普遍视为没有使用真正科学方法的伪科学。

典型的星座图，如仙后座。

各个民族对星座的组合和命名都不太相同，1930年，国际天文联合会正式将全天空的星星，统一组合成88个星座，命名也统一。

不同地方看到的数量并不相同，赤道地区最多，南北极最少。

1. 长蛇座：希腊神话中长着9个脑袋的水蛇。

2. 室女座：又称处女座，黄道十二星座之一。

3. 大熊座：希腊神话中，它是遭赫拉嫉妒的美丽仙女卡里斯托，宙斯为了保护她，将她变成了一头熊。这个星座拥有全天最著名的星象——北斗七星，于1650年发现，是望远镜时代最早发现的双星，在中国被称为开阳。

4. 鲸鱼座：是海神波塞东派来惩罚埃塞俄比亚王后的海怪，被英雄珀耳修斯杀死。包含数百个星系。

5. 武仙座：希腊神话英雄赫拉克勒斯，曾跟随伊阿宋和阿尔戈远征队去夺取金羊毛，曾完成"赫拉克勒斯十二件难事"。有两个梅西耶天体，最亮也是最醒目的球状星团。

6. 波江座：所有的古文明都把它看作他们生活区域中心的河，在中国被称为河委一。还有很多的双星。

7. 飞马座：幻化于美杜莎颈腔喷出的血中，降落在赫利孔山上，创造了灵泉，成为诗的灵感之源。飞马座的大四边形是秋季星空中北天区中部最耀眼的星象。

8. 天龙座：希腊神话中，它是一条藏在金苹果园里的龙。

9. 半人马座：拥有两颗一等大星，半人马座α与β。

10. 宝瓶座：又叫水瓶座，黄道十二星座之一。

11. 蛇夫座：希腊神话中，阿斯克勒庇俄斯是著名的蛇夫，手持两条蛇，一条的毒液是致命的，另一条却可以治病。用八英寸的望远镜就可以看到它至少有20个球状星团。

12. 狮子座：黄道十二星座之一。

13. 牧夫座：是带着猎犬座不停追赶大熊座的猎人，其中有一颗赤道以北天空最亮的星，牧夫座α，在中国称为大角。

14. 双鱼座：黄道十二星座之一。

15. 人马座：又称射手座，黄道十二星座之一。

16. 天鹅座：托勒密最早确定的48个星座之一。希腊神话中是宙斯变成的印有斯巴达王后勒达的天鹅。天鹅座α是银河系中最亮的恒星之一，它发射的光是太阳的6万倍，在中国被称为天津四。

17. 金牛座：黄道十二星座之一。

18. 鹿豹座：鹿豹座最早出现在1613年荷兰神学家P.普朗修斯所创制的天球仪上。鹿豹座位于天球北部，它是一个很大的"瘦高挑"型的星座。

19. 仙女座：希腊神话中的安德洛梅达，是埃塞俄比亚国王克普斯和王后卡西俄帕亚的女儿，整个星座包括一个通过双筒望远镜就能够观测到的明亮的星团，一个主星系，一个醒目的双星，一个行星状星云。

20. 船尾座：古南船座的一部分，南船座在希腊神话中是取金羊毛时所乘的阿尔戈远征船。它所属的天区布满了众多的明亮疏散星团，非常壮观。

21. 御夫座：是马车的发明者厄瑞克透斯的化身。是冬季北方天空最亮的星座之一，在中国称为五车二。

22. 天鹰座：宙斯化成的雄鹰，正是它将甘尼美提斯驮到了天庭。其中有一颗一等亮星天鹰座α，在中国称为牛郎星。

23. 巨蛇座：分为巨蛇头和巨蛇尾两部分，其中M16也叫天鹰星云。

24. 英仙座：希腊神话中的英雄珀尔修斯，杀美杜莎，除海怪鲸鱼，解救埃塞俄比亚公主安德洛美达。

25. 仙后座：卡西俄帕亚是埃塞俄比亚国王克普斯的王后。

26. 猎户座：是天空中最亮、最易于辨认的星座。希腊神话中，他是波塞东的儿子，人间最出色的猎人，猎户座α是颗脉动红巨星，也是颗变星，在中国被称为参宿四。

27. 仙王座：最古老的星座之一，是埃塞俄比亚国王克普斯。

28. 天猫座：有一列星光微弱的恒星组成，由海维留斯于1690年确定，其中天猫座12与19都是一个三合星系统。

29. 天平座：又称天秤座，黄道十二星座之一。

30. 双子座：黄道十二星座之一。

31. 巨蟹座：黄道十二星座之一。

32. 船帆座：古南船座的一部分，是搜寻疏散星团的理想区域。

33. 天蝎座：黄道十二星座之一。

34. 船底座：由天文学家杰明·谷德对古代的南船座进行改造而出的星座。拥有全天第二亮的恒星——船底座α，在中国称为老人星。

35. 麒麟座：由德国天文学家巴尔赤于1624年绘制在星图上。它以拥有众多的星团和星云而著名。

36. 玉夫座：由拉卡伊于1752年命名。

37. 凤凰座：由拜尔于1603年命名。

38. 猎犬座：追随着牧夫座的猎犬。有五个梅西耶天体。

39. 白羊座：黄道十二星座之一。

40. 摩羯座：黄道十二星座之一。

41. 天炉座：由拉卡伊于1752年命名。有一个包含多种天体的星系群——天炉座星系团，至少可以分辨出18个星系。

42. 后发座：是埃及王后比俄内塞斯的头发。有八个梅西耶天体。

43. 大犬座：与小犬座忠实地陪伴着猎户座的狗，在希腊神话中，他叫莱拉普斯。拥有全天最亮的星——天狼星。

44. 孔雀座：由拜尔在1603年命名。希腊神话中，赫拉用百眼怪兽阿尔戈斯的眼睛装饰一只孔雀尾巴的羽毛，有一个美丽的球状星团和几个星系。

45. 天鹤座：由拜尔在1603年命名。天鹤座α是一颗巨大的蓝星。

46. 豺狼座：是托勒密最早确定的48星座之一。

47. 六分仪座：1680年海维留斯为它取了名字。

48. 杜鹃座：含小麦哲伦云。杜鹃座β1和β2是一个六合星系统。

49．印第安座：在南天星空美丽的杜鹃座、天鹤座和孔雀座之间，有个孤独的印第安人。16世纪末，欧洲人第一次见到了来自新大陆的印第安人，德国天文学家巴耶尔就把这个星座起名为"印第安座"。

50．南极座：由拉卡伊于1752年确定。

51．天兔座：托勒密最初确定的48星座之一，有若干太空深处的天体。

52．天琴座：希腊神话里，它是一架竖琴，是赫耳墨斯用一个乌龟壳制成献给阿波罗的，在中国被称为织女星，是天空第五亮星。

53．巨爵座：由托勒密最早命名的48个星座之一。它的形象是一只巨大的放在长蛇座背上的杯子。

54．天鸽座：由天文学家普朗修斯命名。

55．狐狸座：由海维留斯于1660年设立，也叫哑铃星云。

56．小熊座：天空最著名的星座之一。它只有三颗恒星是裸眼能见的，即小熊座α、β、γ。小熊座α即北极星，是最接近北天极的恒星。

57．望远镜座：由拉卡伊于1752年命名。

58．时钟座：由拉卡伊于1752年命名。

59．绘架座：由拉卡伊于1752年命名。

60．南鱼座：是托勒密最早确定的48星座之一。英文俗名来自阿拉伯文"鱼嘴"，在中国被称为北落师门，它也是波斯人的四个皇室恒星之一。

61．水蛇座：是一个远离黄道的星座，接近南天极的星座，位于大小麦哲伦星云之间，大小麦哲伦星云是地球所在的银河系的伴星系。

62．唧筒座：法国天文学家拉卡伊于1752年命名，形如一只气泵。

63．天坛座：半人马的神坛，是托勒密最早划分出的48个星座之一。

64．小狮座：由海维留斯于1660年命名。

65．罗盘座：古南船座的一部分。是再发新星，会不定期地进行爆发。

66．显微镜座：由拉卡伊于1752年确定。

67．天燕座：一只天堂鸟，由约翰·拜尔在1603年命名。

68．蝎虎座：这个天区，有很多相当明亮的疏散星团。

69．海豚座：希腊神话中，海豚从一群设计阴谋杀害诗人亚里翁的海盗手中救出了诗人。它还有一个名字，叫约伯的棺材。

70．乌鸦座：是被阿波罗派去刺探她的爱人科罗尼斯忠心的乌鸦。包含很多星系，尽管其中大部分都不亮。

71. 小犬座：同大犬座忠实地陪伴着猎户座的小狗。

72. 剑鱼座：由拜尔于1604年命名的。大麦哲伦云在其范围内。

73. 北冕座：希腊神话中，是被忒修斯抛弃的阿里阿德涅的皇冠。

74. 矩尺座：由拉卡伊在1752年命名。

75. 山案座：由拉卡伊于1752年命名。大麦哲伦云的一部分在其中。

76. 飞鱼座：由拜尔于1603年命名。

77. 苍蝇座：是南天星座之一，原来叫做蜜蜂座，直到18世纪拉卡伊才把它命名为苍蝇座。

78. 三角座：尽管小，却是很明显的一群星。有一个梅西耶天体。

79. 蝘蜓座：由约翰·拜尔于1604年命名。

80. 南冕座：南天星座之一。位于人马座南面，望远镜座以北的银河边上。

81. 雕具座：最不显眼的星座之一，由法国天文学家拉卡伊于1752年描述的。

82. 网罟座：是拉卡伊创造的一个星座。

83. 南三角座：位于南门双星东南，座内星构成的等腰三角形的角平分线，正指向南天极。

84. 盾牌座：1690年海维留斯加入了它，是最丰富的疏散星团之一。

85. 圆规座：由天文学家拉卡伊于1752年命名。

86. 天箭座：希腊神话中，它是阿波罗战胜塞克洛普用的箭。

87. 小马座：古希腊人认为，小马座是赫拉给波吕克斯的马。

88. 南十字座：最小的星座，有一个被称为煤袋的暗星云。

看了这么多的星座，是不是觉得很有意思呢？其中黄道十二星座更有美丽的传说呢。

一、白羊座的由来

相传特萨利的国王阿瑟马斯的儿子，叫弗利克索斯。后来国王另结新欢娶了底贝斯王国的公主依娜，依娜却想谋害王子弗利克索斯，好让自己的儿子继承王位。依娜的毒计是将国内所有谷物的种子集中，偷偷地煮熟再分给人民，结果谷类当然无法生长，造成全国陷入饥荒。而后假称是天神降怒，必须将王子弗利克索斯祭献天神才可平息饥荒。国王最后听信了依娜的奸计。这个消息传到了王子公主的生母耳中，她又惊又怕，赶紧向伟大的天神——宙斯求助。宙斯答应帮忙。在行刑的当天，天空突然出现一支有着金色长毛的公羊，将王子兄妹救走，在飞过大海的途中，这只公羊不小心，让妹妹摔落海中。

宙斯为了奖励这只勇敢又有些粗心的公羊，就将它高挂在天上，也就是今天大家所熟知的白羊座。

二、金牛座的由来

腓尼基国王有位美丽的公主欧罗巴，宙斯非常喜欢她，化身成为一头温驯的公牛来接近她。当欧罗巴好奇并骑上了这头巨大的公牛时，公牛竟然狂跳起来，奔入海中。欧罗巴极度的害怕，这时海上出现无数的水中精灵及奇禽异兽，围绕着公牛飞舞起来，宙斯现出原形向欧罗巴倾诉他的爱意，惊恐的欧罗巴这时才知道他的身份并且接受宙斯的爱意。宙斯将欧罗巴带到自己的出生地——克里特岛，举行了盛大的婚礼。根据传说，欧洲大陆就是以欧罗巴命名的。

三、双子座的由来

斯巴达国王的妃子丽达十分美丽，宙斯垂涎她的美色，化身成天鹅亲近她。丽达为宙斯生下了一对双胞胎，取名为波里德凯斯和海伦。

丽达原本和斯巴达国王生有一子，叫卡斯特。卡斯特及波里德凯斯两兄弟，从小感情就非常好。后来两兄弟爱上了已跟人订了婚的女子，并前去抢新娘，卡斯特被女子的未婚夫杀死，波里德凯斯则杀掉对方为兄长报仇。

波里德凯斯向宙斯许愿，愿意以自己的生命换回兄长的性命，宙斯怜悯他手足情深，便将他的寿命分一半给卡斯特，并准许两人以后每年一半时间住在地狱，另一半时间住在奥林匹斯，二人从此形影不离。

四、巨蟹座的由来

希腊大英雄海格利斯因误杀其妻，为了赎罪而完成十二项几乎不可能完成的苦行任务。第二项任务是杀死九头大水蛇希杜拉。

希杜拉的头被斩下后会马上再生出一个头，当海格利斯在与希杜拉争斗时，天后希拉又派遣了一只大螃蟹来帮助。巨蟹用钳子紧紧地夹住海格利斯的脚，海格利斯在最后还是用棒子将巨蟹打死，完成了任务。巨蟹因为弄伤海格利斯的脚有功，被希拉升上天，成为巨蟹座。

五、狮子座的由来

奥林帕斯山下有一头威猛无敌的巨狮尼米亚，众神对它十分头疼，希腊英雄海格利斯的十二项任务中，第一项任务便是杀巨狮尼米亚。它浑身厚皮、刀枪不入，海格利斯与它缠斗许久，最后运起神力将它掐死。他将巨狮的利爪斩下，剥下狮皮做成战袍，将狮头制成头盔，扛在肩上光荣地完成任务。为表扬海格利斯的功绩，宙斯将尼米亚升上天，成为狮子座。

六、处女座的由来

伟大的收获女神蒂密特有个独生女，春神佩儿西凤。母女俩相依为命，并为人类带来丰富的耕作收成。掌管地狱的冥府之王黑迪斯看上了美丽的佩儿西凤，便驾着由四匹黑马所拉的黑色战车，将她强行掳走，带去地府，成为冥后。蒂密特发觉女儿失踪后，四处流浪，探访女儿的下落，再无心耕作农事。从此抛下所有工作，使所有农作物枯死，大地面临前所未有的饥馑灾难。宙斯眼见事态严重，出面调停，派使者荷米斯要求黑迪斯释放佩儿西凤。

黑迪斯设计让佩儿西凤吃下冥府的石榴，使她留在冥府。只准许她每年有九个月可以回到蒂密特身边。当佩儿西凤回到蒂密特身边时，大地重获生机，当佩儿西凤回到黑迪斯身边，蒂密特便因思念女儿，大地又变成一片荒芜，这就是冬季的由来。处女座就是农业女神蒂密特的象征。

七、天秤座的由来

远古时代，人类与神都居住在地上，一起过着和平快乐的日子。人类愈来愈聪明，不但学会了建房子、铺道路，还学会钩心斗角、欺骗等等不好的恶习，搞得许多神仙纷纷离开人类，回到天上居住。

人类却愈来愈变本加厉，开始有了战争、彼此残杀的事件发生。最后连正义女神都无法忍受，也毅然决然地搬回天上居住，她依然认为人类有一天会觉悟，会回到过去善良纯真的本性。

回到天上的正义女神某一天与海神不期而遇，海神因为嘲笑她对人类愚蠢的信任，两人随即发生了一场激辩，告到宙斯那里。宙斯很为难，因为正义女神是自己的女儿，而海神又是自己的弟弟。王后适时地提出了一个建议，要海神与正义女神比赛，谁输了谁就向对方道歉。

比赛的地点就设在天庭的广场中。海神用他的棒子朝墙上一挥，裂缝中就马上流出了非常美的水。正义女神则变了一棵树，它有着红褐色的树干，苍翠的绿叶以及金色的橄榄，最重要的是，任何人看了这棵树都感到爱与和平。比赛结束，海神心服口服地认输。

宙斯为了纪念这样的结果，就把秤往天上一抛，成为现今的天秤座。

八、天蝎座的由来

猎人欧利旺是海神波塞顿的儿子，高大英俊又十分勇猛。因为夸口说要杀尽天下所有猛兽触怒了大地之母盖亚，于是她派遣了一只毒蝎子躲在暗处，趁欧利旺不注意时攻击他。欧利旺被蝎蜇到而毒发倒地，但仍用最后一口气打死毒蝎，同归于尽。所以，天蝎座和猎户座永不会同时在天上出现，总是一个在西方落下，另一个才在东方升起。

九、射手座的由来

射手座又称人马座。齐伦是半人马族的一员，传说他长生不死，因为他具有宙斯的血统。齐伦对拳击、摔跤、刀剑、射箭、驾车、马术、音乐文艺、天文地理、医术，甚至预言无一不精，是山林中的大贤者。

因此，很多天神、国王都将其子弟带去向齐伦学艺，只要学到他其中一项技能就可以独当一面。齐伦在和海格利斯的打斗中，被用浸过九头水蛇毒血的毒箭所误伤，这毒无药可解，但因为他有不死之身而死不了。宙斯见齐伦中毒十分痛苦，于是取走他的不死之身，将他升上天成为人马座。

十、摩羯座的由来

潘恩是家畜、牧人以及猎人的守护神，同时也是山与森林的神灵。他的长相十分奇特，披头散发，满脸胡须，头上长着犄角，下半身为山羊的皮毛及蹄脚。

潘恩的相貌很丑，但他在音乐上的成就却被众神喜爱，常被邀请到宴会中助兴。他为众神们吹奏时，美妙的笛声在天地间回荡不已。

笛声惊动了怪物泰风，它横冲直撞地闯入宴会，所到之处一片狼藉，众神们纷纷躲避。潘恩在慌忙中也化作鱼跳入尼罗河中，因为太过紧张，只有下半身变成鱼尾，而上半身仍旧还是只山羊的模样。这便是摩羯座羊头鱼身神话的由来。

十一、水瓶座的由来

青春女神荷勃担任在奥林帕斯众神筵席中招待和倒酒职务的侍酒官。后来因为荷勃嫁给海格利斯，令侍酒的职务一直悬缺着。

宙斯看上了年青英俊的特洛伊王子加尼米德，他有着镶金的头发、如雪洁白的肌肤、唇红齿白，号称人间美男子。众神们都一致同意由他来担任侍酒一职，但加尼米德不答应。

宙斯知道后勃然大怒，化身为一只大鹰，亲自将加尼米德抓上山。从此加尼米德便永远成为奥林帕斯的侍酒官。水瓶座就是少年提着壶斟酒的形态，而瓶中的水就是众神智慧的源泉。

十二、双鱼座的由来

当怪物泰风出现大闹众神酒宴时，众神皆变身逃走。爱神阿芙罗黛蒂和儿子丘比特立刻变成鱼，跳入河里。

阿芙罗黛蒂因担心丘比特有所闪失，便扯下身上一片衣服作为丝带系住丘比特的脚，另一端则绑在自己的身上，变成两条系在一起的鱼。这就是双鱼座神话的由来。

星座的传说很美吧！在我们的生活中也经常会听说黄道十二星座的名字。我们经常按照出生的月份和十二星座联系起来，通过星座的故事、特性来分析人类的性格，并称之为"占星术"。虽然占星术还不知道是否真的有科学依据，但是仍然很流行。

星座是外国对星空的解说，我国古代就有自己的关于解析星空的办法——二十八星宿。

二十八星宿是中国传统文化中的主题之一，广泛应用于中国古代天文、宗教、文学及星占、星命、风水、择吉等等术数中。不同的领域赋予了它不同的内涵，相关内容非常庞杂。它的最初起源，目前尚无定论，以文物考查的话，随县出土的战国时期曾侯乙墓漆箱，上面首次记录了完整的二十八宿的名称。史学界公认二十八宿最早用于天文，所以它在天文学史上的地位相当重要，一直以来也是中外学者感兴趣的话题。

我国古代天文学家把天空中可见的星分成二十八组，叫做二十八宿，东西南北四方各七宿。东方青龙七宿是角、亢、氐（dī）、房、心、尾、箕；西方白虎七宿是奎、娄、胃、昴（mǎo）、毕、觜（zī）、参（shēn）；南方朱雀七宿是井、鬼、柳、星、张、翼、轸（zhěn）；北方玄武七宿是斗、牛、女、虚、危、室、壁；印度、波斯、阿拉伯古代也有类似我国二十八宿的说法。中国古代天文学说之一，又称二十八舍或二十八星，是古代中国将黄道和

二十八星宿

天赤道附近的天区划分为二十八个区域。

公元四五千年前，中国就开始天文观测，积累了大量文献资料。古人总把世界的一切看做是一个整体，认为星空的变化，关系着人们的吉凶祸福，认为人事变迁、灾害和天气，都可从天象得到预兆。所以，不管研究历史、灾害、气候变化等等，涉及古代文献，都会碰到天象记录。现在的科学，不仅掌握了古时观察得到的五大行星的运动规律，还掌握了全部九大行星、成千小行星以及许多彗星的运动轨道，可以推算出任何时刻的星空图像。甚至不懂天文的人，使用星空软件，也能很快地求得公元前后4000年之内任意时刻的天象，以验证历史记录。

我国古代，很早就将天文定位技术应用在航海中。东晋僧人法显在访问印度乘船回国时曾记述："大海弥漫无边，不识东西，唯望日、月、星宿而进。"宋、元时期，天文定位技术有很大发展，使用量天尺；到了明代，采用观测恒星高度来确定地理纬度的方法，叫做"牵星术"。

星空中满天的星星如大海一般，所以也可以用"星海"来形容星空。星空如海，那么，浩瀚的海洋是怎样得到测量的呢？古代和现代，中国和外国的测量是怎样发展的呢？

茫茫海洋，如何辨别方向

波澜壮阔、一望无涯、水天相接，看到这些形容大海的词语，你想到了什么？在茫茫的大海上是怎样辨别方向的呢？

就从我国古代的海洋航行辨方向说起吧！

古代航海者已经准确地掌握了季风规律，并利用它进行航海。对于东南亚的太平洋航线来说，如《萍洲可谈》中所说的："船舶去以十一月、十二月，就北风；来以五月、六月，就南风。"宋朝王十朋曾以"北风航海南风回，远物来输商贾乐"的诗句，描写了利用季风进行海上贸易的情景。

当然，海面上所刮的风并不单纯是季风，还有瞬息万变的各种气候风。因此，古代航海者总结了大量预测天气的经验，并巧妙地利用中国独特的风帆，即可以降或转支的平式梯形斜帆，根据风向和风力大小进行调节，使船可驶八面风，保证了不论在何种风向下，都可以利用风力进行航行。其中，对于顶头风，南宋以后已发明了走之字形的调帆方法，就能逆风行船了。

古代中国的航海者已经掌握了深水测量技术，可以测水深七十丈以上。测深方法主要有两种，一种是下钩测深，一种是"以绳结铁"测深。测深所用的设备不但可以测量水的深度，而且可以从深海捞起的泥沙中测知海底的情况，以确定船舶所处场所能否停泊，以及辨别船舶所处的海域。清初李元春《台湾志略》说："如无岛屿可望，则以细纱为绳，长六七十丈，系铅垂，涂以牛油，附入海底，黏起泥沙，辨其土色，可知舟至某处。其洋中寄碇候风，亦依此法，倘铅垂黏不起泥水，徘徊甚深即石底，不可寄泊。"测量航速和航程的技术，则是沿用古时发明的方法，即一个人从船头把一片木片投入海中，同时从船首向船尾快跑，看人和木片是否同时到达来计算航速，并且视人是超前或落后，然后根据航行的时间来计算航程。

正是由于中国在宋元时期已具有较为先进的造船和航海技术，从物质技术方面为郑和下西洋创造了必要的条件。

天文航海技术主要是指在海上观测天体来决定船舶位置的各种方法。

我国古代出航海上，很早就知道观看天体来辨明方向。西汉时代《淮南子》就说过，如在大海中乘船而不知东方或西方，那观看北极星便明白了：《齐俗训》中"夫乘舟而惑者，不知东西，见斗极则悟矣"，晋代葛洪的《抱朴子外篇》上也说，如在云梦（古地名）中迷失了方向，必须靠指南车来引路；在大海中迷失了方向，必须观看北极星来辨明航向。

小知识：所谓牵星术，是以"星高低为准"，通过测量方位星的高低位置，来计算船舶与陆地的距离远近和方向，从而确定船舶的位置和航向。牵星术的工具叫牵星板，用优质的乌木制成。一共十二块正方形木板，最大的一块每边长约二十四厘米，以下每块递减二厘米，最小的一块每边长约二厘米。另有用象牙制成一小方块，四角缺刻，缺刻四边的长度分别是上面所举最小一块边长的四分之一、二分之一、四分之三和八分之一。比如用牵星板观测北极星，左手拿木板一端的中心，手臂伸直，眼看天空，木板的上边缘是北极星，下边缘是水平线，这样就可以测出所在地的北极星距水平的高度。高度高低不同可以用十二块木板和象牙块四缺刻替换调整使用。求得北极星高度后，就可以计算出所在地的地理纬度。

元代意大利的马可波罗由陆路来我国，在我国待了二十多年后搭乘我国航海家驾驶的船舶由海路回去。海路航线是经我国南海进入印度洋折而往西。据马可波罗游记记载，海船由马六甲海峡进入印度洋后，便有北极星高度的记录，可见我国航海家已掌握了牵星术。明代郑和七次下"西洋"，"往返牵星为记"，可知当时航行在印度洋中的我国航海家已经十分熟悉牵星术了。明代牵星，一般都是牵北极星，但在低纬度（北纬六度）下北极星看不见时，改牵华盖星。明代在航海中还定出了方位星进行观测，以方位星的方位角和地平高度来决定船舶夜间航行的位置，当时叫观星法，观星法也属牵星术范围之内。

明代牵星术的航海记录，例如从古里（今印度西海岸的科泽科德）到祖法儿（今阿拉伯半岛东海岸阿曼的佐法尔）航路。在古里开船，看北极星的高度是六度二十四分（折合今度，下同）。船向西北，船行九百公里到莽角奴儿（今印度西海岸的门格洛尔），看北极星的高度是八度。后船向西北偏西，航行一千五百公里，看北极星的高度是十度。又船向正西稍偏北，航行二千一百公里，到祖法儿，看北极星的高度是十二度四十八分。把北极星高度用当时的算法算地理纬度，和现在各地的地理纬度基本相合。从航路来看，航向和航程也和现在大致相同。可见，明代天文航海技术已经相当先进。

求天象出没时间，明代航海家也有些规定。流传下来的明末抄本航路专书中有太阳月亮的出没时间表，如《定太阳出没歌》和《定太阴出没歌》。

《定太阳出没歌》文是：

"正九出乙没庚方；二八出兔没鸡场；三七出甲从辛没；四六生寅没犬藏；五月出艮归乾上；仲冬出巽没坤方；唯有十月十二月，出辰入申仔细详。"

这样计时和天象实际相比有些误差，但大致还适用。据明代一些航海书籍记载，远洋海船上各色人员俱备，其中阴阳官、阴阳生专管观测天象。明末流传的小说《三宝太监西洋记通俗演义》中记载"观星斗阴阳宫十员"。又说："每一号船上面有三层天盘，每一层天盘里面摆着二十四名官军，日上看风看云，夜来观星观斗。"虽然是一部小说，多少也反映了明代航海中一些实际情况。

西方的古航海都有哪些导航技术呢？

从古代开始，欧洲船一般都是沿岸航行。为帮助船员辨认船位、航行顺畅，许多人造设施如灯塔、航标灯等航路标志便设立起来。在西班牙的拉科尔纽，至今还留有大约在三千年前建造的灯塔。在西方远洋航行中，确定船只的方位是第一位的。

同阿拉伯的"卡玛尔"、中国人的牵星术一样，欧洲人也很早就知道了测量天体角度来定位的原理。古代希腊人称之为"狄奥帕特拉"。中世纪早期北欧海盗通常也这样做。他们在航海中可以利用任何简陋的工具，哪怕是一只手臂、一个大拇指，或者一根分节的棍子都行，使观察到的角度不变以保持航向。约在1342年，这一原理用到了地中海的航海中。航海家使用一种很简单的仪器来测量天体角度，称之为"雅各竿"。观测者把两根竿子在顶端连接起来，底下一根与地平线平行，上面一根对准天体（星星或太阳），就能量出偏角，利用偏角差来计算纬度和航程。比雅各竿要先进一些的是十字测角器，其应用大致是中世纪后期的事。观测者将竖杆的顶端放到眼前，然后拉动套在竖杆上的横杆（或横板，一般也有好几块），最后使横杆的一端对着太阳，另一端对着地平线，这样就得出了太阳的角度。

另一个更先进的观测仪器是星盘。据说哥伦布航海时就带了它。星盘是一个金属圆盘，用铜制成，上面一小环用作悬挂用。圆盘上安一活动指针，称照准规，能够绕圆盘旋转。照准规两端各有一小孔，当圆盘垂直悬挂起来时，观测者须将照准规慢慢移动。到两端小孔都能看到阳光（或星光）时，照准规在圆盘上所指的角度也就是星体（或太阳）的角度。这种星盘虽然在中世纪后期才普遍应用，但实际上8世纪法兰克著名文学家圣路易就已在祈祷文中进行过描述。

除利用日月星辰等天体现象导航外，风向也是帮助确定航向的重要方向标志。在古希腊人那里，"风"与"方向"是一个同义词。他们为四个主要风向取了名（东、南、西、北），还标出了另外四个次要风向。现存于雅典的八角形风塔，建于公元前2世纪，今天仍能指出八个风向中每一个风向的生动特征。希腊人还懂得利用印度洋上的季风来进行航行。著名的印度洋上6至10月间的西南季风称为"希帕路斯风"，正是因为一个公元前1世纪的希腊航海家希帕路斯曾说明可利用这一季风驾船从红海到达印度沿岸。

古航海已经有了这么多的辨别方向的方法，那么现代的航海术又是怎样的呢？都用了哪些先进的海上测绘仪器呢？

目前，船舶上应用的最方便的定位方式是使用GPS（全球卫星定位系统），还有一些其他的航海通信以及相关的导航设备。

磁罗经

磁罗经又称"磁罗盘"，是一种测定方向基准的仪器，用于确定航向和观测物标方位，是在中国古代的司南、指南针的基础上发展而成。它利用磁针在地磁作用下稳定指北的特性，取得方位基准，测出船舶航向或物标方位。从构造来分，磁罗经有四种，即台式、桌式、移动式和反映式。磁罗经有构造简单、不易损坏和价格低廉等优点。至今仍然是不可缺少的航海仪器之一，使用时必须进行误差修正。误差随时间、地点、航向而变化，修正比较复杂。

陀螺罗经

一种以陀螺仪为核心元件、指示船舶航向的导航设备，又称电罗经。陀螺罗经依靠陀螺仪的定轴性和进动性，借助于其控制设备和阻尼设备，能自动指北并精确跟踪地球子午面。其功用与磁罗经相近，但精度更高，不受地球磁场和钢质船体等铁磁物质的影响，是船舶指示航向基准的主要设备。

自动操舵仪

船舶在水面航行主要是依靠舵来控制航向。自动操舵仪代替舵手操舵，保证船舶自动跟踪指令航向，可达到自动保持与改变航向的目的。它不仅可以减轻舵手的劳动，而且在远航时，相同的航行条件下可以减少偏航次数、偏航值和偏舵角，因而可提高实际航速，缩短航程和航行时间，节省燃料，提高经济效益。

回声测深仪

通过测量超声波自发射经水底反射至接收的时间间隔来测量船舶所处位置的水深的一种水声仪器。其主要作用是发现水中障碍物，以保证船舶安全航行；其次当船舶在沿岸航行时，如果不能用比较准确的方法来测定船位，则可以利用观测某一物标的方位和根据当时所测得的水深，求出近似船位。回声测深仪除助航外，还可用来进行水底地形的调查，如航道测绘、海图测绘，海洋调查中水深数据都是由精密回声测深仪提供的。

无线电测向仪

最早的一种无线电导航设备。以岸上两个以上全方向发射的无线电指向标台或无线广播电台的来波方向，来决定船位，也可用于测定发射无线电波的目标所在方位。由于其作用距离和定位精度等方面不如其他无线电导航设备，在航海中已退居辅助地位，但其测定无线电发射台方位的能力仍然是独一无二的。

计程仪

计量船舶航速和船舶累计航程的航海仪器。有拖曳式、转轮式、水压式、电磁式等多种。电磁计程仪根据电磁感应原理来测量船舶航程。优点是线性好、灵敏度较高、使用较广；多普勒计程仪利用发射的声波和接收的水底反射波之间的多普勒频移测量船舶相对于水底的航速和累计航程，精度高，但价格昂贵；声相关计程仪应用处理水声信息来测量航速和累计航程，测量精度不受海水温度和盐度的影响，还可兼作测深仪使用。

船用雷达

装于船上用于航行避让、船舶定位、狭水道引航的雷达，又称航海雷达。能见度低时，船用雷达能提供必需的观察手段。船用雷达一般工作于X波段或S波段，少数工作于C波段或Ka波段。发射功率一般在几千瓦至几十千瓦之间。

自动雷达标绘仪（ARPA）

结合雷达和电子计算机技术应用的一种船舶避碰仪器。能人工或自动录取和跟踪目标，并显示目标的航向和速度，根据设定的最近会遇距离和到最近会遇距离的时间的允许界限，给出警示信号或显示预测危险区，提醒驾驶员采取避让措施。必要时可进行试操船，以决定所需采取的避让措施。

双曲线定位系统和子午仪卫星导航系统

利用双曲线原理建立的，一种利用多颗低轨道导航卫星提供的导航信号来测定船位，覆盖全球的无线电导航系统。船舶航行时，其定位精度为0.3~0.5海里；船舶停航时，定位精度可达0.05海里。主要缺点在于无法连续定位，需要间隔一至两小时才能测定一次准确的卫星更新船位。

全球定位系统（GPS）

GPS系统的前身为美军研制的一种子午仪卫星定位系统。它是利用多颗

回声测深仪

船用雷达

计程仪

高轨道卫星，测量距离和距离变化率来精确测定用户位置、速度和时间等参数的卫星导航系统。船舶利用GPS接收机进行导航定位，精度为100米，使用方便，广泛应用于远洋船舶。

GPS的功能有跟踪定位、轨迹回放、报警（报告）、里程统计、短信通知功能、车辆远程控制、油耗检测、车辆调度等。

卫星在海上导航中的地位是不可忽视的，其发展趋势主要有：卫星导航的多系统并存，使系统可用性得以提高，应用领域将更广阔；多元组合导航技术的推广应用，如GPS与移动通信基站定位、陀螺、航位推算技术等的组合应用；卫星导航与无线通信等其他高技术相结合，如GPS接收机嵌入到蜂窝电话、便携式个人计算机、掌上电脑和手表等通信、安全和消费类电子产品中，从根本上促进了IT技术的整体发展。

郑和下西洋的故事

"郑和下西洋"是历史学家们娓娓道来的一段典故，它与测绘有什么关系呢？郑和是怎样在没有天文导航的情况下顺利完成下西洋的任务的？带着这些问题让我们了解一下郑和以及他的航海史和成就吧！

郑和（1371—1433），原姓马，小字三宝，云南昆阳（今昆明市晋宁县）人，回族。为人聪明能干，很有抱负，是中国明代航海家、外交家、武术家。他12岁入宫为宦官，又称三宝太监。

明朝初期，郑和奉命出使、七次下西洋，其时间之长、规模之大、范围之广都是空前的。这不仅在航海活动上达到了当时世界航海事业的顶峰，而且对发展中国与亚洲各国政治、经济和文化友好关系，做出了巨大的贡献。

1405年（明永乐三年）7月11日，明成祖命郑和率领二百四十多艘海船、二万七千四百名士兵和船员组成的远航船队，访问了多个在西太平洋和印度洋的国家和地区，加深了中国同东南亚、东非的联系。从1405年到1433年，郑和的船队从刘家港（今江苏省太仓东浏河镇）出发，穿越马六甲海峡，横渡印度洋，一共远航了七次。最后一次，宣德八年四月回程到古里时，郑和因劳累过度病逝于船上。《三保太监西洋记通俗演义》将他的旅行探险称之为"三保太监下西洋"。

郑和曾到达过爪哇、苏门答腊、苏禄、彭亨、真腊、古里、暹罗、阿丹、天方（阿拉伯国家）、左法尔、忽鲁谟斯、木骨都束等三十多个国家，最远曾达非洲东海岸，红海、麦加（伊斯兰教圣地），并有可能到过今天的澳大利亚。

　　郑和是世界历史上的伟大航海家。英国前海军军官、海洋历史学家孟席斯（Gavin Menzies）出版了《1421年中国发现世界》，认为郑和船队先于哥伦布发现美洲大陆、澳洲等地。1405年之后的28年间，郑和七次奉旨率领中国大明皇朝的200多艘船航行在世界海域上，航线从西太平洋穿越印度洋，直达西亚和非洲东岸，途经30多个国家和地区。他的航行比哥伦布发现美洲大陆早87年，比达伽玛早92年，比麦哲伦早114年。在世界航海史上，他开辟了贯通太平洋西部与印度洋等大洋的直达航线。郑和率船队远航西洋，据英国著名历史学家李约瑟博士估计，1420年间中国明朝拥有的全部船舶，应不少于3800艘，超过当时欧洲船只的总和。今天的西方学者专家们也承认，对于当时的世界各国来说，郑和所率领的船队，从规模到实力，都是无可比拟的。

　　郑和的七次下西洋是中国古代历史上最后一件世界性的盛举。

　　郑和凭借什么能够七下西洋，往返于海洋之中而不迷失方向呢？

　　我国古代即有了先进的航海技术，绘制了比较完善的航海图。郑和下西洋时的航海技术对于当时来说已经是非常先进的了，主要表现在天文航海、地文航海和《郑和航海图》。

　　从第四次航海开始，郑和的航线超越了古里，抵达了阿拉伯半岛南端和非洲东海岸，这不仅是距离的延长，更意味着船队将横渡印度洋。通过马六甲海峡前，因航线与大陆的距离并不遥远，而且有许多岛屿分布在航线上，因而，会有许多地面参照物对航行者进行提示。但进入印度洋后，大陆的轮廓已消失在天际线外，在没有卫星导航的15世纪，船队是否会迷路？

　　显然，天空将成为所有问题的解答者。星光，用它们特定的语言对迷途的渡海者进行昭示，而北辰，则占据着星图的核心位置。

郑和下西洋年间的地图

中国很早就通过观测日月星辰测定方位和船舶航行的位置。巩珍《西洋番国志》中说下西洋的船是靠日月升落辨别东西方向，靠测星体高低，度量远近的。测量星体高度的方法称作"过洋牵星术"，高度单位称作"指"。有人说它是受

牵星板

阿拉伯航海术的影响，其实这种方法我国远在战国、汉代未通阿拉伯之前就有了。

牵星术用来测量星体高度的仪器称作"牵星板"，一般为12片，均为正方形，由小到大，最小为1指，最大为12指，每边长约2厘米，折合今度数，1指约为1.9°。船员测量星体的具体时间为太阳升起前和落下后的12分钟之间的晨昏曚影时。

根据《郑和航海图》，郑和船队把航海天文定位与导航罗盘的应用结合起来，提高了测定船位和航向的精确度。用"牵星板"观测定位的方法，通过测定天的高度，来判断船舶位置、方向、确定航线，这项技术代表了那个时代天文导航的世界先进水平。郑和使用海道针经（24/48方位指南针导航）结合过洋牵星术（天文导航），在当时也是最先进的航海导航技术。

郑和的船队，白天用指南针导航，夜间则用观看星斗和水罗盘定向的方法保持航向。由于对船上储存淡水、船的稳定性、抗沉性等问题都作了合理解决，故郑和的船队能够在"洪涛接天，巨浪如山"的险恶条件下，"云帆高张，昼夜星驰"，很少发生意外事故。白天以约定方式悬挂和挥舞各色旗带，组成相应旗语。夜晚以灯笼反映航行时情况，遇到能见度差的雾天下雨，配备的铜锣、喇叭和螺号也可用于通讯联系。

载于明代茅元仪《武备志·郑和航海图》中的"过洋牵星图"。每图绘有一艘三桅三帆的海船，其四周标注舟师所使用的诸星象位置。它们不仅可让我们重新目睹航海者站在甲板上观察到的天象，而且透露了许多航行的秘密。

如果从北极看北极星，它应该在观测者正上方90°的高度上，如果站在赤道上看，它就处于地平线以上零度的高度。在郑和时代，中国人用牵星板来测量星体高度，这种技术至少比欧洲领先两到三个世纪。

郑和通过对北辰高度的测定来判断自身位置，但这一参照点在船队跨过

赤道后就消失了。对星辰的观测并非导航的唯一手段，作为中国人智慧的化身——指南针自宋代后便成为航海者的忠实盟友。对于长时间航海来说，需要使用对优质钢针进行磁化后得到的磁针。郑和第六次下西洋时，使用的磁罗盘导航的误差不超过正负2°。

在分船队完成护送非洲使节归国的任务后，船队就告别了北辰，以南十字星座作为指引。由于对天像的透彻了解，离开了总指挥的分宗船队仍无所顾忌地向南行驶，抵达了《混一疆理图》上标示的极限位置——好望角。这幅由中国人绘制的、现知最早准确绘出非洲大陆的古地图不仅明确画出了好望角，还画出了非洲西岸的轮廓线，这证明中国船队曾到达那里，并作出测绘。

郑和下西洋也用了地文航海技术，是以海洋科学知识和航海图为依据，运用了航海罗盘、计程仪、测深仪等航海仪器，按照海图、针路簿记载来保证船舶的航行路线。罗盘的误差，不超过2.5°。

航海罗盘有24方向和48方向的组成。郑和航海时，尚无360°一周的观念。罗盘的24个方向，系用24个汉字围环组成。即10天干中的8个：甲、乙、丙、丁、庚、辛、壬、癸；12地支：子、丑、寅、卯、辰、巳、午、未、申、酉、戌、亥；八卦中的4维：乾、坤、巽、艮。地支每字的中线刻度即代表10位整度数的，如30°、60°、90°等等。每个字占有15°。两字之间称为缝针，如子癸、癸丑等等。共可有48个指向，每向为7.5°。这样正北，北北东、东北、东东北等向都有了，在木帆船时代已够精确。罗盘指针扎于灯芯草上，浮于罗盘内水上。虽有风浪颠簸，也不易脱针，可保证正常指向。

链接：计程仪又叫测程仪。我国古代这种计程的方法，和近代航海中扇形计程仪构造很近似。扇形计程仪也是用一块木板（扇形），不过用和全船等长的游线系住投入海中，然后用沙时计计算时间。沙时计一倒转是十四秒。在游线上有记号，从游线长度算出航速和航程。我国古代用香枝（也叫香漏），西方近代用沙时计（也叫沙漏），两者实在是异曲同工。

三国时期吴国海船航行去往南海一带，《南州异物志》一书中有这样的记载。在船头上把一木片投入海中，然后从船首向船尾快跑，看木片是否同时到达，来测算航速航程。这是计程仪的雏形。到明代规定更具体些，以一天一夜分为十更，用点燃香的枝数来计算时间，把木片投入海中，人从船首到船尾，如果人和木片同时到，计算的更数才标准，如人先到叫不上更，木片先到叫过更。一更是三十公里航程。这样便可算出航速和航程。

为探测水下浅滩，暗礁或为测定船舶航行的位置，需测量船下水域深浅和底质。采用长绳系上涂有牛油的铅锤抛入水中探测。根据测得的水深，水底不同底质（泥沙或岩石等），结合船长经验，与前人航海测量水深、底质记录对照，以判断航行所在位置。其计量单位称"庹"，其长度为成人两臂伸开之距。每庹约合五市尺。《郑和航海图》即是按此长度计算水深的。

《郑和航海图》到底是个什么样的图？海图的绘制说明了什么呢？

● 《郑和航海图》是世界上现存最早的航海图集。该图与同时期西方最有代表性的波特兰海图相比，制图的范围广、内容丰富，虽然数学精度较其低，但实用性胜过波特兰海图。英国李约瑟在《中国科学技术史》一书中指出：关于精确性问题，很熟悉整个马来半岛的海岸线的米尔斯和布莱格登二人曾作了仔细的研究，他们对中国航海图的精确性作出了很高的评价。

● 《郑和航海图》得以传世，多亏明代晚期作者茅元仪收录在《武备志》中。原图呈一字形长卷，收入《武备志》时改为书本式，自右而左，有图20页共40幅，最后附"过洋牵星图"两幅。标出了城市、岛屿、航海标志、滩、礁、山脉和航路等。其中明确标明南沙群岛（万生石塘屿）、西沙群岛（石塘）、中沙群岛（石星石塘）。1947年民国政府内政部以郑和等命名南海诸岛礁，纪念这位伟大的航海家。

● 《郑和航海图》上所绘基本航线以南京为起点，沿江而下，出海后沿海岸南下，沿中南半岛、马来半岛海岸，穿越马六甲海峡，经锡兰山（今斯里兰卡）到达溜山国（今马尔代夫）。由此分为两条航线，一条横渡印度洋到非洲东岸；另一条从溜山国横渡阿拉伯海到忽鲁谟斯。图中对山岳、岛屿、桥梁、寺院，城市等物标，是采用中国传统的山水画立体写景形式绘制的，形象直观，易于辨认。对主要国家和州、县、卫、所、巡司等则用方框标出，以示其重要。图上共绘记530多个地名，其中外域地名有300个，最远的东非海岸有16个，包括了亚非海岸和30多个国家和地区。往返航线各50多条，航线旁所标注的针路、更数等导航定位数据，更有实用价值，充分说明当时中国海船的远航经验甚为丰富，航海技术水平已达相当完善的程度。

《郑和航海图》突出了与航行有关的要素，是写景式的海图，又是属于针路图系统，专供航海之用。突出标明航行的针路（航向）和更数（航程），显著目标均画成对景图，以便于识别、定位，并用文字说明转向点的位置和测深定位的水深数，以及注明牵星数据。这些都是保证安全航行的基本要素。

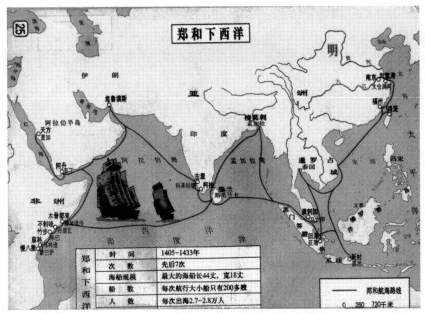

郑和下西洋航海图

不同图幅体现了不同的航行需要。如自南京到太仓的一段航区，系内河航行，需沿河道而不断改变航向，由于主要是根据两岸物标进行定位和导航，所以图上对两岸的地形、地物描绘得特别详细；又如自太仓至苏门答腊以至印度半岛的东西海岸，主要是沿岸和近海航行，除用罗经导航外，并以山头、岛屿为目标、因此图上绘有显著山峰和地物，并在主要航线上注记针位、更数的说明，以保证航行安全；自溜山国至忽鲁谟斯的航线，因是远洋航行，图幅除注明基本针路外，还加注了牵星数据，便于利用天文导航。

● 马尔德最近还从领航员的角度研究了这些资料。在这些图上遇有海岛的地方，一般都绘有外线和内线，有时还为往程和返程分别画出了供选择的航线。误差一般不超过5°，这对于1425年的舵工来说，可以认为是极好的了，这就是从实际验证中对该图得出的科学评价。

● 根据当时的制图技术水平，《郑和航海图》是以航海的实用性为特点，突出导航、定位所需的基本要素，具有较高的实用价值。该图集除指导当时和以后的古代航海具有重要意义，还对后人研究中国古代航海史和亚非航线的开辟，起到重要作用。

● 郑和能够七次顺利地下西洋，船队驶风技术也是一流的。船遇逆风侧风，只要将帆面倾斜到一定角度，风力吹到帆面上形成垂直于帆面的力，就能推动船舶前进。

人类的星图上星星有几颗

读过《数星星的孩子》这个故事吧。说的是张衡对着夜空数星星。"星星是在动，可不是乱动，这颗星星和那颗星星，总是离那么远。"他长大后刻苦钻研天文，成了著名的天文学家。

张衡是南阳西鄂（今河南南阳市石桥镇）人，东汉时期伟大的天文学家、数学家、发明家、地理学家、制图学家、文学家、学者，在汉朝官至尚书，为我国天文学、机械技术、地震学的发展作出了不可磨灭的贡献，联合国天文组织曾将太阳系中的1802号小行星命名为"张衡星"。

张衡的天文著作有《灵宪》和《灵宪图》等。《灵宪》把天描述成是恒星所在的地方，天上有一个北极，枢星正好在这个位置上，日、月、五星都绕它旋转。天还有个南极在地底下，人不可见。人目所见的地表面是平的，在天的中央，"自地至天，半于八极；则地之深亦如之"。可见，张衡心目中的地是个半球。张衡时代，流传于世的星官体系有以《史记·天官书》为代表的体系，有石氏、甘氏、黄帝以及"海人之占"等等的体系。《灵宪》记载，其中"中外之官常明者百有二十四，可名者三百二十，为星二千五百，而海人之占未存焉"。20世纪中国著名文学家、历史学家郭沫若对张衡的评价是："如此全面发展之人物，在世界史中亦所罕见，万祀千龄，令人景仰。"张衡记载的是否准确呢？现在人类的星图上到底有多少颗星星？

从地球向太空望去，所有的天体——太阳、月亮、行星、恒星、星云、星团和星系等等都有自己特定的位置，要把它们的位置记录下来，就需要绘制星图。

星图的历史几乎与天文学本身一样古老。西方古典星图把星空的艺术发展到顶峰，它给星座注入生命；古典星图是科学和文化的结晶，它已成为人类文化的不朽遗产；在现代生活中，古典星图仍不失为我们认识自然和欣赏星空的有效工具。要介绍星图，就不能不谈到星座。在没有精密的天文仪器的古代，为了标记天上众多的星星，世界各地不同文化的观测者不约而同地采用了同样的办法，即将邻近的恒星按照排列的形状划分成大小不一的区域。我国古代将星空分为三垣二十八宿；公元前3000年左右，巴比伦人开始把较亮的星

太阳系八大行星示意图

划分为若干星座；而西方星座的雏形主要来自古希腊神话传说中的人物和动物，并一直沿用至今。1928年国际天文学会联合对星座的名称界线作了科学的统一标准，一共有88个星座，每个星座都有各自的名称和符号。本文中将要介绍的西方古典星图，无一例外的都是以星座为单位绘制的，古典星图的发展史是星座发展变化的缩影。

先从西方古代星图的起源说起，由于天文知识的限制，我们的祖先认为天球是一个以地球为中心的实体，所以最早期的星图是将全天直观地绘制在一个球体上，在球的表面绘有想象中的星座图形。这类星图中的代表作是现藏于意大利那不勒斯国立博物馆的大理石刻Farnese天球，创作于公元70年以前。Farnese天球由希腊神话中的擎天巨神阿特拉斯（Atlas）扛在背上，因此又称"阿特拉斯扛天"。

小知识：星图是星星的"地图"，是观测恒星的一种形象记录，是天文学上用来认星和指示位置的一种重要工具，不同于传统地理图集或者天体照片，例如恒星、恒星组成的星座、银河系、星云、星团和其他河外星系的绘图集亦即是"星星的地图"。

按照绘制的风格，星图可以分为古典星图和现代星图两种。古典星图中绘有与星座相关的图案，由于文化传统的差异，不同民族的古典星图各不相同，其中最为灿烂的要数发源于欧洲的西方古典星图，它甚至被当作艺术品来看待。而现代星图则更加注重星图的实用性，通常恒星的位置绘制精确，星名标注完备，并尽量多地提供各种相关信息。

西方古典星图起源于古代希腊、罗马时期，发展于文艺复兴之后的16世

纪，并于16世纪下半叶至18世纪达到鼎盛。这些星图中通常都绘出了与神话传说有关的图案。早期较著名的古典星图是由中世纪的僧侣Geruvigus于公元1000年前后绘制的，它由哈利父子收集，现存于大英博物馆。Geruvigus星图风格古朴，与后期的古典星图相比显得粗糙了一些，对于以后的星图画家的影响却很大，从很多图上都能看到它的影子。

之后最著名的古典星图是由德国的律师和天文学家拜耳（Johann Bayer）创作的"Uranometria"星图。当时还没有望远镜，但第谷·布拉赫测量的许多恒星的位置精度达到了1′。

《Uranometria星图》由51幅铜版印制的星图和一部含有1 709颗恒星数据的星表组成。首次将12个南天的新星座绘入星图，并使其广为传播是拜耳的一大功绩。这12个南天星座是由荷兰航海家凯泽尔创设的，并一直沿用至今。拜耳还用小写希腊字母按照每个星座内恒星亮度的大致顺序标注亮星，如仙女座中最亮的星称为"仙女α"，这种为亮星命名的方法至今仍在广泛采用。

之后的两个半世纪里，又有大批的优秀古典星图相继问世。其中另一名著是波兰天文学家赫维留绘制的《赫维留星图》，星图中恒星的位置全部来自他自己的观测资料，星图共有56幅，其中两幅是北天和南天的索引图，另外54幅基本上是一个星座一幅图。该图的绘制极为精美，造型极为生动，具有极高的艺术价值。

赫维留在其星图之中设立了10个新的星座，其中狐狸座、小狮座、盾牌座、蝎虎座、山猫座、六分仪座、猎犬座一直沿用至今，另外3个星座已经消失了。出版于1690年的赫维留星图早已绝版，1968年前苏联塔什干天文台的台长谢格洛夫将该台收藏的这套古典星图翻译成俄文出版。1977年日本的地人书馆又将俄文版译成日文出版。这两套新版星图的出现使赫维留星图在全世界得到了广泛流传。

古典星图史上的又一个里程碑是英国首任皇家天文学家弗拉姆斯蒂德的星图。该图在绘制方法上有了质的飞跃，其精度也很高，与现代的大多数目视星图不相上下，它还是当今天文科普作品中引用得最多的星图之一，其重要性显而易见。

如果说古典星图的黄金时代开始于《拜耳星图》，那么两个世纪之后的1801年的巨著《波德星图》的问世将古典星图推上了顶峰。该图共14幅，为超大幅的折叠图版，其中12幅为北半球的每月星图，共有17 000颗恒星，包括所有肉眼可见的恒星和一批暗达8等的星，此外还有约2 500个星云、星团以及几乎所有曾经被使用过的星座。18世纪和19世纪是星座"泛滥"的时代，最多时竟多达120个（现在根据国际天文学联合会颁布的标准，共有星座88个）！图中采用了大约100个星座，采用了极佳的圆锥曲线投影法，使得星座图形的变形最小，这一方法至今仍在广泛使用。波德还是第一批绘出明确的星座界限的星图作者之一。

古典星图

古典星图"走"向现代星图，要从19世纪说起，人类在科学、技术和工程的各个领域都迎来了革命性的发展，天文学也不例外，例如恒星位置的测量精度在19世纪前半叶得到了极大的提高，1830年前后天文学家已经能够得到小于一个角秒（1/3 600）度的测量精度。进入19世纪后在星图领域的另一个变化是逐渐淘汰了华丽的星座图案，这也标志着古典星图开始逐渐向现代星图过渡。

之后仍不断有古典星图问世，其中杰出的代表是英国人詹米森于1822年出版的《天图》。这套星图由30幅图组成，其特点是每幅图都配有详细的文字解说，有一些星图为彩色印刷，这在当时非常新颖。

古典星图的作用，并没有因为现代科学的发展而消亡，不过更趋向于艺术欣赏的范畴，许多艺术家在古典星图的基础上用现代思维的手法，创作出新型的星座图形，又创建了一个个新的星座画廊，成为古典星图的新时代。

星图对天文学家们就像地图对旅游者一样极为有用。

了解了星图的起源和历史，那么星图上到底有多少颗星星呢？

14世纪以前的星图，只有中国保存下来。三国时代，吴国陈卓在公元270年左右将甘德、石申、巫咸三家所观测的恒星，用不同方式绘在同一图上，有星1 464颗，从绢制敦煌星图上可知其大概。苏州石刻天文图是根据北宋元丰年间（1078—1085年）的观测结果刻制的。《新仪象法要》中所载星图绘制于1088年，但所依据的观测结果与苏州石刻天文图相同。

望远镜发明以后，欧洲较早的星图是赫维留所编《天文图志》（1657—1690年）中的54幅星图，经弗兰斯提德重新修订，于1725年再版，绘有2 866颗星。1863年出版的《波恩星图》是早期著名的星图。

现今，澳大利亚国立大学天文学和天体物理学研究院的西蒙·德赖弗教授及其研究小组统计，在浩瀚的宇宙中大约有7乘10的22次方颗星星。他们使用世界上最先进的射电望远镜，首先计算出离地球较近的一片空间里有多少个星系，通过测量星系的亮度，估计出每个星系里有多少颗星星，再根据这个数字来推断在可见的宇宙空间里有多少颗星星。专家认为，这是迄今为止最先进的计算方法。

西蒙·德赖弗教授说这个数字是在现代望远镜力所能及的范围内计算出的相对准确的数字，真正的数字会比这个大得多。

要计算出天空中星星的数量，还有待于后人的努力。希望感兴趣的你们要积极努力寻找和发现星空中的星星哦！

人类能看到宇宙的多远——天文观测古今谈

宇宙（Universe）是由空间、时间、物质和能量构成的统一体。是一切空间和时间的综合。

宇宙是万物的总称，是时间和空间的统一；是物质世界，不依赖于人的意志而客观存在，并处于不断运动和发展中，是所有时间和空间的统一体。

远古时代，人们对宇宙的认识处于十分幼稚的状态，通常按照自己的生活环境对宇宙的构造作了幼稚的推测。

在中国西周时期，人们提出的早期"盖天说"，认为天穹像一口锅，倒扣在平坦的大地上；后来又发展为后期"盖天说"，认为大地的形状也是拱形的。公元前7世纪，巴比伦人认为天和地都是拱形的，大地被海洋所环绕，中央则是高山。古埃及人把宇宙想象成以天为盒盖、大地为盒底的大盒子，大地的中央则是尼罗河。古印度人想象圆盘形的大地负在几只大象上，而象则站在巨大的龟背上。公元前7世纪末，古希腊的泰勒斯认为，大地是浮在水面上的巨大圆盘，上面笼罩着拱形的天穹。

最早认识到大地是球形的是古希腊人。公元前6世纪，毕达哥拉斯从美学观念出发，认为一切立体图形中最美的是球形，主张天体和我们所居住的大地都是球形的。这一观念为后来许多古希腊学者所继承，但直到1519～1522年，葡萄牙的麦哲伦率领探险队完成了第一次环球航行后，地球是球形的观念才最终证实。

麦哲伦环球探险航海图

　　公元2世纪，托勒密提出了一个完整的地心说。认为地球在宇宙的中央安然不动，月亮、太阳和诸行星以及最外层的恒星每天都在以不同速度绕着地球旋转。地心说曾在欧洲流传了1 000多年。

　　1543年，哥白尼提出科学的日心说，认为太阳位于宇宙中心，而地球则是一颗沿圆轨道绕太阳公转的普通行星。1609年，开普勒揭示了地球和诸行星都在椭圆轨道上绕太阳公转，发展了哥白尼的日心说，同年，伽利略·伽利雷则率先用望远镜观测天空，用大量观测事实证实了日心说的正确性。1687年，牛顿提出了万有引力定律，揭示了行星绕太阳运动的力学原因，使日心说有了牢固的力学基础。此后，人们逐渐建立起了科学的太阳系概念。

　　在哥白尼的宇宙图像中，恒星只是位于最外层恒星天上的光点。1584年，乔尔丹诺·布鲁诺大胆取消了这层恒星天，认为恒星都是遥远的太阳。18世纪上半叶，由于E.哈雷对恒星自行的发展和J.布拉得雷对恒星遥远距离的科学估计，布鲁诺的推测得到了越来越多人的赞同。18世纪中叶，赖特、康德和朗伯推测说，布满全天的恒星和银河构成了一个巨大的天体系统。弗里德里希·威廉·赫歇尔首创用取样统计的方法，用望远镜数出了天空中大量选定区域的星数以及亮星与暗星的比例，1785年首先获得了一幅扁而平、轮廓参差、太阳居中的银河系结构图，从而奠定了银河系概念的基础。此后一个半世纪中，沙普利发现了太阳不在银河系中心、奥尔特发现了银河系的自转和旋臂，以及许多人对银河系直径、厚度的测定，科学的银河系概念才最终确立。

　　18世纪中叶，康德等人提出，在整个宇宙中，存在着无数像银河系那样的天体系统。而当时看去呈云雾状的"星云"很可能正是这样的天体系统。此后经历了长达170年的探索历程，直到1924年，才由哈勃用造父视差法测仙女座大星云等的距离确认了河外星系的存在。

近半个世纪，人们通过对河外星系的研究，不仅已发现了星系团、超星系团等更高层次的天体系统，而且已使我们的视野扩展到远达200亿光年的宇宙深处。

宇宙演化观念一直在发展。早在西汉时期，《淮南子·俶真训》指出："有始者，有未始有有始者，有未始有夫未始有有始者"，认为世界有它的开辟之时，有它的开辟以前的时期，也有它的开辟以前的以前的时期。《淮南子·天文训》中还具体勾画了世界从无形的物质状态到混沌状态再到天地万物生成演变的过程。古希腊也存在着类似的见解。如留基伯就提出，由于原子在空虚的空间中作旋涡运动，结果轻的物质逃逸到外部的虚空，而其余的物质则构成了球形的天体，从而形成了我们的世界。

概念确立以后，人们开始从科学的角度来探讨太阳系的起源。1644年，R.笛卡尔提出了太阳系起源的旋涡说；1745年，G.L.L.布丰提出了一个因大彗星与太阳掠碰导致形成行星系统的太阳系起源说；1755年和1796年，康德和拉普拉斯则各自提出了太阳系起源的星云说。现代探讨太阳系起源的新星云说正是在康德–拉普拉斯星云说的基础上发展起来。

1911年，E.赫茨普龙建立了第一幅银河星团的颜色星等图；1913年，伯特兰·阿瑟·威廉·罗素则绘出了恒星的光谱–光度图，即《赫罗图》；此后便提出了一个恒星从红巨星开始，先收缩进入主序，后沿主序下滑，最终成为红矮星的恒星演化学说。1924年，亚瑟·斯坦利·爱丁顿提出了恒星的质光关系；1937～1939年，魏茨泽克和贝特揭示了恒星的能源来自于氢聚变为氦的原子核反应。这两个发现导致了罗素理论被否定，并导致了科学的恒星演化理论的诞生。对于星系起源的研究，起步较迟，目前普遍认为，它是我们的宇宙开始形成的后期由原星系演化而来的。

1917年，A.阿尔伯特·爱因斯坦用广义相对论建立了一个"静态、有限、无界"的宇宙模型，奠定了现代宇宙学的基础。1922年，G.D.弗里德曼发现，根据阿尔伯特·爱因斯坦的场方程，宇宙不一定是静态的，它可以是膨胀的、振荡的。前者对应于开放的宇宙，后者对应于闭合的宇宙。1927年，G.勒梅特也提出了一个膨胀宇宙模型。1929年，哈勃发现了星系红移与它的距离成正比，建立了著名的哈勃定律。这一发现是对膨胀宇宙模型的有力支持。

20世纪中叶，G.伽莫夫等人提出了热大爆炸宇宙模型，他们还预言，根据这一模型，应能观测到宇宙空间目前残存着温度很低的背景辐射。1965年微波背景辐射的发现证实了该预言。从此，许多人把大爆炸宇宙模型看成标准宇宙模型。1980年，美国的古斯在热大爆炸宇宙模型的基础上又进一步提出了暴涨宇宙模型。这一模型可以解释目前已知的大多数重要观测事实。

宇宙大爆炸仅仅是一种学说，是根据天文观测研究后得到的一种设想。大约在150亿年以前，宇宙所有的物质都高度密集在一点，有着极高的温度，因而发生了巨大的爆炸。大爆炸后，物质开始向外大膨胀，形成了今天我们看到的宇宙。大爆炸的整个过程是复杂的，现在只能从理论研究的基础上，描绘过去远古的宇宙发展史。在这150亿年中先后诞生了星系团、星系、我们的银河系、恒星、太阳系、行星、卫星等。一切天体和宇宙物质，形成了当今的宇宙形态，人类就是在这一宇宙演变中诞生的。

哈勃空间望远镜是以天文学家爱德温·哈勃为名的、在轨道上环绕着地球的望远镜。它于1990年发射之后，已经成为天文史上最重要的仪器，填补了地面观测的缺口，帮助天文学家解决了许多根本的问题，"哈勃超深空视场"是天文学家曾获得的

哈勃望远镜

最敏锐的光学影像。哈勃空间望远镜，是目前最先进的空间望远镜。人们把它的诞生看成伽利略望远镜一样，是天文学走向空间时代的一个里程碑。

借助天文望远镜是观测天体的重要手段，毫不夸张地说，没有望远镜的诞生和发展，就没有现代天文学。随着望远镜在各方面性能的改进和提高，天文学也正经历着巨大的飞跃，迅速推进着人类对宇宙的认识。从第一架光学望远镜到射电望远镜诞生的三百多年中，光学望远镜一直是天文观测最重要的工具。当望远镜被发射到太空中，成为一颗天文卫星后，它就能接收各个波段的信号，进行更全面、精确的天文观测。

我国首台太空硬X射线调制望远镜样机研制完成，发射升空后，与"哈

勃"太空望远镜一起遨游宇宙，将实现我国太空望远镜零的突破。它将是世界上灵敏度和空间分辨本领最高的硬X射线望远镜，是一台工作于硬X射线能区（20千电子伏特～200千电子伏特）的大探测面积天文卫星。它将实现空间硬X射线高分辨巡天，发现大批高能天体和天体高能辐射新现象，并对黑洞、中子星等重要天体进行高灵敏度定向观测，绘出世界上第一幅高精度的硬X射线天图，从而填补这一国际上的观测空白，推进人类对极端条件下高能天体物理动力学、粒子加速和辐射过程的认识。其观测结果有望对高能天体物理学产生重要影响。此外，"空间太阳望远镜"也列入国家科研计划。这标志着我国天文观测将向太空全面"进军"。

近年来，我国的地面望远镜项目也有很多进展。2008年，我国建成了世界上最大的大视场望远镜"LAMOST"；2009年，全球最大的射电望远镜"FAST"在贵州省开建，口径达到500米，将于2014年建成，其科学目标包括"地外文明搜索"；亚洲最大的全方位可转动射电望远镜在上海天文台正式落成。这台射电望远镜的综合性能排名亚洲第一、世界第四，能够观测100多亿光年以外的天体，将参与我国探月工程及各项深空探测。在南极冰盖最高点冰穹A，我国正在酝酿架设一台15~30米口径的望远镜，它能在光学、红外、亚毫米波等波段工作，利用那里得天独厚的环境进行自动观测。

小知识：人眼可接收到的电磁波，波长大约在380至780纳米之间，称为可见光。电磁波（又称电磁辐射）是由同相振荡且互相垂直的电场与磁场在空间中以波的形式移动，其传播方向垂直于电场与磁场构成的平面，有效的传递能量和动量。电磁辐射可以按照频率分类，包括有无线电波、微波、红外线、可见光、紫外光、X-射线和伽马射线等等。本身温度大于绝对零度的物体，都可以发射电磁辐射。电磁波为横波，可用于探测、定位、通信等等。

对于宇宙的探测，人类不只限于用这些观测工具。空间天文学的诞生，使天文学又出现了一次大的飞跃。所研究的星空迥异于地面光学和射电天文观测到的星空。现代天文学的成就，很多都与空间天文学的发展有关，它改变了对宇宙的传统观念，对高能天体物理过程、恒星和恒星系的早期和晚期演化、星际物质等的了解，加深了对宇宙的认识。

人类为了摆脱厚厚的大气层对天文观测的影响，一方面设法选择海拔高、观测条件好的地方建立天文台，另一方面设法把天文望远镜搬上天空。

著名的"柯伊伯机载天文台"，就是在C141飞机上安装望远镜，飞行高度在万米以上，曾用于观测天王星掩星。1957年第一颗人造卫星上天以后，各国先后发射了数以百计的人造卫星及宇宙飞行器用于天文观测。如美国的"天空实验室"就拍摄了17.5万多幅太阳图像，还观测了科胡特克彗星。

海洋有多大——古地图与海洋测绘

想了解古人知道的海洋有多大，得看古人的地图。我国古代就有地图的绘制，古人绘制地图，曾取法"上南下北，左东右西"。现在介绍一下三国时到元代的几个代表性地图绘制的演进史。从中可以得知古人测量和绘制地图的方法。

《海内华夷图》

我们从唐代贾耽的《海内华夷图》说起。贾耽是唐代地理学家、地图制图学家，他一生先后采用裴秀制图法，撰成《古今郡国县道四夷述》、《陇古山南国》、《贞元十道录》、《皇华四达记》及《吐蕃黄河录》等。他在55岁时组织画工绘制《海内华夷图》，花了17年的时间，才完成了这个巨幅唐代中国全图。《海内华夷图》幅面约10平方丈，比裴秀的《地形方丈图》大10倍，可见工程之浩大，亦可见唐代制图事业之规模。

《禹贡地域莆》和《地形方丈图》

由中国西晋的裴秀（224—271）编制，前者为历史地图，后者为简缩的晋国地图。裴秀提出的"制图六体"：分率、准望、道里、高下、方邪、迂直，即地图绘制上的比例尺、方位、距离等方面的原则，奠定了中国古代制图的理论基础。他采用的计里画方法长期影响着中国古代地图绘制的格局，受到了后世著名的地理学家的尊重。

常德地图

是继裴秀之后我国又一伟大的地图作品，在中国和世界地图制图学史上具有重要意义。此图古今对照、双色绘画。它有两个特点：一是注重外国部分，虽然是采访材料，但注重实际，修正了不少错误；二是注重历史地理的考证，古今地名分别用不同颜色绘注，开创了我国沿革地图的先例。

我国在宋代也有航海图绘制的能力，元代之后的科学更是发展迅速（如浑天地动仪，可测量天文），而同时期的外国科学发展也是很神妙（如荷兰

人驾船绕行台湾绘制的台湾全图）。

第一部测算专著——《海岛算经》

《海岛算经》由西元三世纪的中国数学家刘徽所著。他在为《九章算术》作注时，写了《重差》一卷，附于该书之后。唐代数学家李淳风将《重差》单列出来，取名《海岛算经》，并列为我国古代的数学经典《算经十书》之一。该书全部算例均涉及测高望远及其计算问题。9个算例分别是：测量海岛的高度（望海岛），测量山上的松树的高度（望松），测量城市的大小（望邑），测量涧谷的深度（望谷），居高测量地面上塔楼的高度（望楼），测量河流的宽度（望波口），测量清水潭的深度（望清渊），从山上测量湖塘的宽度（望津），从山上测量一座城市的大小（临邑）。为解决这些问题，刘徽提出了重表法、连索法和累距法等具体的测量和计算方法。这些方法归结到一点，就是重差测量术。

📖 小知识：重差测量术是借助矩、表、绳的简单测量工具，用相似直角三角形对应边成比例的内在关系，进行测高、望远、量深的测量方法。

《海岛算经》是一部影响久远的测算专著。它所详细揭示的重差测量的理论和方法，成为古代测量的基本依据，为实现直接测量（步量或丈量）向间接测量的飞跃架起了桥梁。直到今天，重差测量理论和方法在某些场合仍有借鉴意义。

古希腊、罗马时代，因手工业的发达使地图的发展从农业转向海上贸易和军事战争，他们学习了埃及的几何学与地理知识，编制出具有大、小比例尺寸，大范围、精确的航海图和世界地图。

郑和七下西洋同样涉及海洋测绘问题，上万人的船队远航，与大海波涛、明岛暗礁及变化万千的恶劣气候搏斗，靠什么来导航呢？这就是古代的天文定位技术。我国古代很早就将天文定位技术应用在航海中。

世界航海图形成于何时呢？又有哪几个发展阶段呢？

早在古文化时期，生活在岛屿上和海岸边的人们为了采集海藻、鱼类和贝类作为食物，用简陋的舟船航行于海上，出现了原始的海图。到古希腊和古罗马时期又出现了许多表示海陆分布的地图。真正从地图中分离出来，专用于航海的航海图，出现较晚，形成于中世纪。

13世纪，中国发明的指南针已传入欧洲，地中海沿岸国家航海业已比较发达。航海经验和资料的积累，以及航海业进一步发展的推动，出现了著名的《波托兰海图》（以表示海洋为主，海岸表示得很详细，海域表示岛、礁、滩等地貌，还突出表示航海用的罗盘方位线）。 航海图发展较快的第二个阶段是在地理大发现时期。航海探险使海洋的轮廓、岛屿分布逐渐明晰。16世纪初，航海图上开始用水深注记显示海底地貌，海域内容越来越丰富，形成了现代航海图的雏形。1569年，墨卡托编成世界地图，首次使用了墨卡托投影，奠定了现代航海图的数学基础。 西方资本主义兴起是现代航海图的快速发展时期。欧洲各国为寻找原料产地和市场，推行殖民政策，航海业空前发展，相继成立了海道测量机构，测绘世界范围的航海图。1921年国际海道测量局成立，标志着航海图测绘进入到现代化阶段。

我国航海图有哪几个发展阶段呢？

我国自古海上运输就很发达。宋代已有简略的海图，如《海外诸域图》、《海外诸藩地理图》，是我国历史上记载较早的海图。 明代是我国航海图测制的兴盛时期。我国现存最早的古航海图就是明代的《海道指南图》，还有"山屿岛礁图"和《海运图》、《郑和航海图》。据考证，《海运图》是用于当时经济发达的南方运粮到政治中心的北方。这些图大多内容简略，无数学基础。鸦片战争后，英国编制的航海图公开出售。

20世纪20年代我国成立了海道测量局，逐步取消了外国人的海图销售权，开展了航海图的测绘工作，但进展很慢。从1922年～1949年的27年间，仅出版航海图100余幅。1949年，中国人民解放军华东军区海军成立了海道测量局。从此，航海图测绘进入了快速发展时期。到1957年，测图125幅。1958年开始进行全国海区航海图的测绘工作，到1966年，测深78万公里，编制出航海图900余幅，包括中国各江河湖海以及周边海域。文革时期，航海图测绘的速度和质量都有所下降。1978年后，在测绘科研、人才培养、测量船和测绘仪器建设等方面发展很快，测绘技术、航海图品种和质量等方面都有大幅度的提高，航海图的测绘满足了国家经济建设和国防建设的需要。

据上述，中国古代的地图绘制无论是实践和理论，并不逊色于西方，而且有独于西方的概念，应当发掘整理。

现代的海洋测绘我们又了解多少呢？

📖 小知识：海洋测绘是以海洋水体和海底为对象所进行的测量和海图编制工作。主要包括海道测量、海洋大地测量、海底地形测量、海洋专题测量，以及航海图、海底地形图、各种海洋专题图和海洋图集等的编制。

海洋测量方法主要包括海洋地震测量、海洋重力测量、海洋磁力测量、海底热流测量、海洋电法测量和海洋放射性测量。因海洋水体存在，须用海洋调查船和专门的测量仪器进行快速的连续观测，一船多用，综合考察。在海洋调查中，广泛采用无线电定位系统和卫星导航定位系统。

海洋测量的基本理论、技术方法和测量仪器设备等，同陆地测量相比，有许多特点。主要是测量内容综合性强，需多种仪器配合施测，同时完成多种观测项目；测区条件比较复杂，海面受潮汐、气象等影响起伏不定；大多为动态作业，不能用肉眼通视水域底部，测量难度较大。一般均采用无线电导航系统、电磁波测距仪器、水声定位系统、卫星组合导航系统、惯性导航组合系统，以及天文方法等进行控制点的测定和测点的定位；采用水声仪器、激光仪器，以及水下摄影测量方法等进行水深测量和海底地形测量；采用卫星技术、航空测量以及海洋重力测量和磁力测量等进行海洋地球物理测量。

现代科学技术的发展，使海洋测绘科学经历了跨时代的转变，进入以数字式测量为主体、以计算机技术为支撑、以3S（GPS、GIS、RS）技术为代表的海洋测绘新阶段。GPS技术及北斗导航定位技术已成为海洋测量、导航定位不可或缺的手段。GIS技术已被广泛应用于海洋测绘数据库的建设和信息共享，数字海图已形成了较完善的生产、管理和发行体系，电子海图系统的应用已具备相当的规模。RS技术在军事战争准备和保卫国家海洋权益方面发挥了重要作用，海岸带航空摄影测量已经启动。海岸地形快速测图系统、海洋重力测量实时处理系统、海洋测量信息处理系统及海道测量数据库已经投入使用。海洋测量调查设备的研制呈现了可喜的局面，中远海测

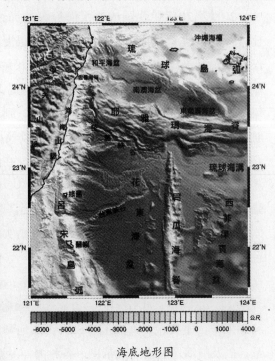

海底地形图

量系统、智能化测深仪、验潮仪、声速剖面仪等一批高性能的设备应用于测量作业。测绘数据的采集处理技术和手段，呈现数字化和多元化局面。

常规或传统的海洋深度测量主要以水面船只作为测量平台。由于其测量精度高、探测详细，今后仍将为海洋测量的主要作业模式。随着卫星遥感技术的应用，应用卫星遥感手段在浅水区修编海图方面达到实用化阶段。

以信息技术为主要标志的科技进步日新月异。可以预料，以岸基、船舶、飞机和卫星为平台的立体测量框架和综合要素测量，正成为海洋测绘的主要模式，地理信息系统和服务保障体系的建设，将进一步改变和丰富产品的形式，提高保障精度和效率。

海底世界的真实面貌——航海地图是怎样测绘的

陆地有地图，天空有星图，美丽的海洋也有它自己的"图"。描绘海洋的图叫做海图。

海图就是指"大海的地图"，是地图的一种，是以海洋为描绘对象的一种地图。海洋与陆地最大的不同是基岩上覆盖着海水。在海洋各处，海水有不同深度、温度、盐度、密度以及透明度。由于天文、气象以及地壳运动等原因引起海水不停运动，必须采用与陆地中不同的测量方法，这就导致海图的成图方式与地图大不相同。海图的内容和表示方法也明显不同于地图。如果按照用途分类的话，海图可以分为：通用海图、专用海图以及航海图。由于人类很早就用航海的方式开始了对海洋的探知，所以，航海图在海图中的数量最多。

公元前1世纪古希腊学者已经能够绘制表示海洋的地图。公元3世纪，中国魏晋时期，刘徽所著《海岛算经》中已有关于海岛距离和高度的测量方法的内容。1119年宋代朱彧所著《萍洲可谈》记载："舟师识地理，夜则观星，昼则观日，阴晦观指南针或以十丈绳钩取海底泥嗅之，便知所至。"说明当时已有测天定位和嗅泥推测船位的方法。现存最早的直接为海上活动服务的海图，是1300年左右制作的地中海区域的"波特兰"（航海方位）型航海图。15世纪中叶，中国航海家郑和远航非洲，沿途进行了一些水深测量和底质探测，编制了航海图集。15、16世纪航海、探险事业的活跃，大大促进了海洋测绘的发展。1899年在柏林召开的第7届国际地理学大会上决定出版

《大洋地势图》，并于1903年出了第一版。

1921国际海道测量局成立后，开展学术交流活动，修订《大洋地势图》，并陆续出版国际航海公用的《国际海图》，促进了国际合作。40年代开始，在海洋测绘中试验应用航空摄影技术。50年代以来，海洋测绘在应用新技术和扩大研究内容方面又取得了重大的进展。测深方面，除了使用单一波束的回声测深仪外，已开始使用侧扫声呐和多波束测深系统，海洋遥感测深也取得初步成功。定位手段，由采用光学仪器发展到广泛应用电子定位仪器。定位精度由几千米、几百米提高到几十米、几米，数据的处理已经采用电子计算机。

70年代以来，各主要临海国家已有计划地利用空间技术进行海洋大地测量和各种海洋物理场的测量（如海洋磁力测量），特别是应用卫星测高技术对海洋大地水准面、重力异常、海洋环流、海洋潮汐等问题进行了比较详细的探测和研究。在海图成图过程中已广泛采用自动坐标仪定位、电子分色扫描、静电复印和计算机辅助制图等技术。海洋测量工作已从测量航海要素为主，发展到测量各种专题要素的信息和建立海底地形模型的全部信息。为此建造的大型综合测量船可以同时获得水深、底质、重力、磁力、水文、气象等资料。综合性的自动化测量设备也有所发展。

1978年美国研制的960型海底绘图系统，就能够搜集高分辨率的测深数据，探明沉船、坠落飞机等水下障碍物，以及底质和浅层剖面数据等，并可同时进行海底绘图和水深测量、海底浅层剖面测量。海图编制除普通航海图的内容更加完善外，还编制出各种专用航海图（如罗兰海图、台卡海图）、海底地形图、各种海洋专题图（如海底底质图、海洋重力图、海洋磁力图、海洋水文图），以及各种海洋图集。

中国人系统绘制航海图集的历史已近600年。中国是海图"鼻祖"之一，而航海是人类认识海洋的重要手段。《论语·公冶长》有载，子曰："道不行，乘桴浮于海"足见在战国时期的山东地区已经可以航海出行了。《史记》"淮南衡山列传"中关于秦始皇派徐福率领童男童女数千人、入海求仙的记载也从侧面说明那时的人们已经具备长距离、长时间航海的能力了。唐代地理学家贾耽的《古今郡国县道四夷述》中记载了："……二曰登州海行入高丽渤海道……七曰广州通海夷道。"明确指明了海上的航行路线，可以说是中国早期海图的雏形。

中国古代航海业的鼎盛时期是明朝，郑和从永乐三年到宣德八年的28年中，七次率船队下西洋。在第六次下西洋后，绘制成整幅下西洋全图：《自宝船厂开船从龙江关出水直抵外国诸番图》，后人多简称为《郑和航海图》。《郑和航海图》是目前世界上最早的系统航海图集，比荷兰人瓦赫纳尔的著名海图集《航海明镜》要早一百多年。

现在的海上测绘人员中国人民解放军海军，根据2002年颁布的《中华人民共和国测绘法》第三章第十三条之规定，海军负责管理中华人民共和国的海洋基础测绘工作，中国人民解放军海军司令部航海保证部是中华人民共和国官方海道测量机构，也是中华人民共和国唯一法定的官方航海图书出版机构。在人民海军序列里，他们是特殊的军人：虽不曾万里远航，却熟知祖国的每一寸海疆——他们就是"丈量"大海的人，被称为"海图人"。

电子海图

随着时代变迁，更为精准的电子海图登上了历史的舞台。所谓电子海图就是以数字形式表示的、描写海域地理信息和航海信息的海图。它们的出现是海道测量领域和航海领域的一场新技术革命。

电子海图不仅具有常规海图的特性，也同时包含有船舶航行需要的各种信息，且更新及时，用户能灵活便捷地进行海图显示控制和各种信息查询，能为船舶导航、航运管理、港口工程等提供极大的便利，有助于提高航海安全。一套性能完善的电子海图系统可以进行航线辅助设计、船位实时显示、航向航迹监测、航行自动警报（如偏航、误入危险区等）。

目前能查询到的最早的电子海图系统出现在1979年。而中国在上世纪80年代也开始了电子海图的应用研究工作。

小知识："标准电子海图"指符合国际海道测量组织相关标准《数字化海道测量数据传输标准》（S-57）的电子海图，简称ENC。标准电子海图是描写海域地理信息和航海信息的数字产品，以描述海域要素为主，详细表示水深、航行障碍物、助航标志、港口设施、潮流、海流等要素的数字化信息。它是标准化程度最高、最具有权威性的电子海图数据类型，其产品基本覆盖了全球海域。中国的代码是"CN"。

电子海图的应用包括可以实施精确海洋划界，维护国家海洋权益；可以有效监测、预报和预防台风、厄尔尼诺等现象，从容应对重大海洋灾害；可以实现高效精确捕鱼；可以建立虚拟海洋实验室，开展可持续性海洋规划、开发。

电子海图对于国防军事而言，其应用更起到至关重要的作用。未来的战争是数字化的战争，而电子海图承载的海洋地理信息，是现代信息化海战的基础。从某种程度上讲信息化海战在海图准备过程中就已经打响。应用电子海图可以帮助舰艇实现自动导航；可以提高舰载导弹的打击精度；鱼雷也可根据电子海图提供的水深、流速、流向等水文要素精确打击目标。其基本测量方式包括：路线测量和面积测量。

海图编制的基本理论、方法和手段，同陆图编制相似。随着数字海洋基础框架的构建，我国海洋测绘发生了历史性的变革，进入了以数字式测量为主体、以计算机技术为支撑、以3S技术为代表的新阶段。海洋测绘的主要模式已经成为以岸基、舰船、飞机和卫星为平台的立体测量框架及综合要素探测。从而可以看出，海洋测绘事业的发展前景巨大而广阔。

南极科考站的距离路标

南极被发现的时间，目前有很多种说法。

英国人说是英国船长詹姆斯·库克于1774年1月把船驶到了南纬71°10'海域，俄国人说是俄罗斯航海家别林斯高晋率领的探险队1820年1月16日发现了南极大陆，挪威人说挪威海员博尔赫格列文于1895年登上了罗斯海入口处的岬角。法国人说法国人

南极冰川

布维1738~1739年发现的，他航海时发现了南极大陆附近的一个岛（今布维岛）。但现在一般认为南极大陆到19世纪才被真正发现，据说美国人于1820年首次看见南极大陆。这些都可以作为最早发现南极的依据。

小知识：南极被人们称为第七大陆，是地球上最后一个被发现、唯一没有土著人居住的大陆。南极大陆的总面积为1390万平方公里，相当于中国和印巴次大陆面积的总和，居世界各洲第五位。整个南极大陆被一个巨大的冰盖所覆盖，平均海拔为2350米。

南极洲蕴藏的矿物有220余种。主要有煤、石油、天然气、铂、铀、铁、锰、铜、镍、钴、铬、铅、锡、锌、金、铝、锑、石墨、银、金刚石等，主要分布在东南极洲、南极半岛和沿探寻资源宝库南极洲海岛屿地区。如维多利亚地有大面积煤田，南部有金、银和石墨矿，整个西部大陆架的石油、天然气均很丰富，查尔斯王子山发现巨大铁矿带，乔治五世海岸蕴藏有锡、铅、锑、钼、锌、铜等，南极半岛中央部分有锰和铜矿，沿海的阿斯普兰岛有镍、钴、铬等矿，桑威奇岛和埃里伯斯火山储有硫磺。根据南极洲有大煤田的事实，可以推想它曾一度位于温暖的纬度地带，有茂密森林经地质作用而形成煤田，后来经过长途漂移，才来到现今的位置。

南极到处都是冰，各国都是在哪建立考察站呢？

从各国南极科学考察站的分布来看，大多数国家的南极站都建在南极大陆沿岸和海岛的夏季露岩区。只有美国、俄罗斯（前苏联）和日本、法国、意大利、德国以及我国在南极内陆冰原上建立了常年科学考察站，其中美国建在南极点的阿蒙森——斯科特站、前苏联的东方站最为著名。

第一个到达南极极点的人是罗尔德·阿蒙森以及他的随行人员，到达时间是1911年12月14日。为纪念阿蒙森和斯科特，阿蒙森-斯科特南极站于1958年在国际地球物理年上建立，并永久性地为研究和职员提供帮助。

著名的南极科考站

南极科考站	国家	位置	建立时间
阿蒙森——斯科特站	美国	西经58° 58′，南纬62° 13′	始建1956年
哈利站	英国	南纬75° 35′，西经25° 40′	1956年
东方站	俄罗斯	南纬78° 28′，东经106° 48′，南极磁点附近	1957年
伊丽莎白公主站	比利时	南极圈内的毛德皇后地区	20世纪50年代
康科迪亚站	法国、意大利	南极圈内	20世纪50年代
长城站	中国	乔治王岛南部（南纬62° 12′59″，西经58° 57′52″，不在南极圈内）	1985.2.10
中山站	中国	南纬69° 22′ 24″，东经76° 22′ 40″	1989.1.26
萨纳伊Ⅳ	南非	南极冰原岛峰之上	1997年
昆仑站	中国	南纬80° 25′01″，东经77° 06′58″	2009.1.27
德国诺伊迈尔Ⅲ型	德国	南极洲毛德皇后地的埃克斯特罗姆冰架	2009.2.20

说起南极科考站，六大特色科考站不容错过，他们分别是伊丽莎白公主站、康科迪亚站、诺伊迈尔Ⅲ科考站、阿蒙森-斯科特站、哈利Ⅵ和萨纳伊Ⅳ。

● 伊丽莎白公主站（比利时）

长、宽、高分别为72.2英尺（22米）、72.2英尺（22米）和27.9英尺（8.5米）。

新伊丽莎白公主站是南极科考站中的精致花朵：小巧、美丽、高效，只在夏季开放。设立在南极圈内的毛德皇后地区，地处南极大陆面向大西

伊丽莎白公主站（比利时）

洋的部分，当地风力强劲，时速可达300公里。它是南极冰盖上第一座零碳设施，为了避免不必要的能源消耗，设计人员还为这座科考站设计了一套能源管理系统，该系统能够24小时监控科考站内的能源产出以及消耗，并可以按照需求自动安排能源消耗的优先秩序，充分利用它的52千瓦太阳能发电组和54千瓦风力发电组。站内每件设备每个电源出口都被排号，根据优先程度供电。

● 康科迪亚站（法国、意大利）

每个鼓状建筑物的直径为60.7英尺（18.5米），高度为39.4英尺（12米）。

康科迪亚站为极端条件下长期居住而设计，是少数几个全年都有人居住的南极内陆科考站之一，其鼓状的外形可以保证热能的最充分利用。欧

康科迪亚站（法国、意大利）

洲航天局（ESA）设计的废水处理系统可让淋浴和水槽中排出的废水循环使用。由于南极这种隔绝、封闭、拥挤的生活环境类似太空飞船，欧洲航天局正在研究这种长期枯燥的生活对15名冬季居民的心理和生理的影响。

● 诺伊迈尔Ⅲ科考站（德国）

长、宽、高分别为68米、26米和21.3米。

德国站的设计和建设上具有独到之处，它被建在16根大型支柱上，通过液压提升系统可抬升整个科考站，从而使科考站避免被逐年增高的积雪所掩

埋，大大延长了使用寿命。预计，该科考站的运行寿命为25年到30年，其大型支柱可以根据下面冰层移动不断调节，防止结构变形。

● 阿蒙森-斯科特站（美国）

长、宽、高分别为124米、45米和12米。

美国站是南极内陆最大的考察站，尽管所在区域是南极大陆上气温最低的区域，而且补给线最长，它仍然可以容纳150名科学家和后勤人员。这是唯一建造在南极点上的科考站，海拔2900米。以最早到达南极点的两位著名探险家阿蒙森、斯科特的姓氏命名，花了12个夏天才建成。所有建筑材料都用LC-130大力神飞机运送。考察站形状像一个机翼，由36根"高跷"支撑，距离地面10英尺，风在考察站底下加速，可以防止雪的堆积。当雪堆积得太厚，液压千斤顶可以再把建筑抬高两层楼。

诺伊迈尔Ⅲ科考站（德国）

阿蒙森-斯科特站（美国）

● 哈利Ⅵ（英国）

长、宽、高分别为19.7米、10米和10米。

研究者在这座考察站连续工作了54年，并且取得了许多具有重大价值的科学发现。因人类原因所致的臭氧层空洞就是最先在这里被发现的。该站的主要任务是对南极地区大气、气象、冰川、地震、地质等进行考察。

哈利Ⅵ（英国）

跟踪大气层的状况需要稳定的观察地点，哈利科考站想保持在原位却并不容易，因为布伦特冰架每年要移动半英里，恰如一条输送带把它往冰海方向拖动。旧站位移太多后被抛弃。新站更像一辆巨型野营车：当冰架移动后，这些安装有滑雪轮胎的小工作站可以被拖回原位。

● 萨纳伊Ⅳ（南非）

萨纳伊Ⅳ（南非）

总长175.6米（三个加在一起），宽14.8米，高10.2米。

南非国家南极考察队研究站于1997年竣工，它的位置优势弥补了技术上的不足。由于这个考察站建在海拔800英尺（243.8米）的冰原岛峰上，岛峰下面的空间像个大旋涡将雪吸进去，防止考察站被积雪掩埋。

萨纳伊位于内陆，距海约100英里（160.9公里），又建在坚固的岩石上，使之成为进行敏感的地震学和GPS研究的理想地点。近10名科学家、工程师、技师和医生在这里进行为期15个月的科学考察活动，人们称它为看得见风景的实验室。

2009年1月27日，农历大年初二，我国在南极内陆"冰盖之巅"成功建立了第三个南极科学考察站——昆仑站，这标志着我国已成功跻身国际极地考察的"第一方阵"，成为继美、俄、日、法、意、德之后，在南极内陆建站的第7个国家。目前，世界上共有28个国家在南极建立了53个科学考察站，绝大多数都建在南极边缘地区。巍然矗立在海拔4093米南极"冰盖之巅"的中国昆仑站，是目前南极所有科学考察站中海拔最高的一个。

南极气候那么恶劣，各国为什么要在南极建立考察站呢？

各国政府耗资巨大地支持南极探险和考察，在南极建立考察站其主要目的在于夺取南极大陆丰富的资源——尤其是能源。这些众多的考察站，根据其功能大体可分为：常年科学考察站、夏季科学考察站、无人自动观测站三类。其中，常年科学考察站有50多个，中国的昆仑站、南极长城站和中山站都是常年科学考察站；夏季科学考察站在南极洲大约有100多个，经常使用的有70~80个左右，中国在南极洲没有夏季科学考察站。

我国的科学家是怎么到达南极？他们经历了哪些困难，又是如何解决这些困难的？

我国第一次对南极洲和南大洋的科学考察活动，是从1984年11月开始进行的。这次赴南极考察编队共有近600人，分乘向阳红10号远洋考察船及担任装备运输任务的J121号船，11月20日从上海出发，横渡浩瀚的太平洋，于

12月26日挺进南极洲南设得兰群岛乔治岛民防湾。然后，编队兵分两路，南极洲考察队在J121号船全力协助下，在南极洲建站和进行极地考察；南大洋考察队在向阳红10号船全力协助下，对南大洋进行考察。

南极洲考察队经过艰苦奋战，于1985年2月15日在乔治岛建成我国第一个南极考察站长城站，地理坐标为南纬62° 12'59"，西经58° 57'52"、距北京17501.9千米。1988年11月20日至次年4月10日中国东南极考察队在南极大陆拉斯曼丘陵上建立了中国南极中山站，地理坐标为南纬69° 22'24"、东经76° 22'24"，距北京12553.2千米，距南极点2903千米。

科学家不远万里到达南极究竟为了什么？南极上到底有什么吸引着他们？科学家到南极是为了开展极地科学考察，主要进行地质、地貌、生物、气象、测绘、地球物理、海洋环境和高空大气物理等学科的考察。他们探测记录了60小时宇宙大气"哨声"；监测记录了18次南极半岛地区的地震信号，并取得了一批宝贵的标本、样品、数据和资料。

南大洋考察队完成了10万平方千米海域的多学科多项目的综合考察，获得了数以万计的数据、样品和资料，其中包括开展冰川深冰芯科学钻探计划、冰下山脉钻探、天文和地磁观测、卫星遥感数据接收、人体医学研究和医疗保障等诸多内容。

我国第一次对南极洲和南大洋的科学考察，从出航到回国，历时142天，行程48955千米，是中国科学考察史上一次空前的壮举。它标志着我国的极地考察事业进入了一个崭新的阶段，使我国从此跻身于世界南极考察的行列之中。

为了在南极内陆建站，从1996年至2008年，我国南极考察工作者锲而不舍地进行了6次南极内陆考察。我国第21次南极考察冰盖队在人类历史上首次成功到达了南极内陆冰盖的最高点——冰穹A地区，为我国在南极内陆建站奠定了坚实的基础；2008年1月12日，我国第24次南极考察冰盖队再次成功登顶，为内陆站建设开展选址工作。

● 科学家是如何找到和确定建造考察站的具体位置的呢？这些要归功于勤劳勇敢的测绘人。他们通过精密角度测量、距离测量、水准测量等方法确定地球及地面的形状与位置；通过重力测量确定地球形状与重力场；最重要的是通过以上结论、地球椭球面计算与投影变换确定地球几何模型。

● 那么在南极他们都需要测量什么？雷达测冰厚；进行冰川运动和应变

观测；断层运动形变进行监测；接收卫星观测数据；激光测边；对站区的地面影像进行了航摄；气象场风标指向的方位角进行复测；湿地踏勘；连续观测电离层、宇宙噪声、甚低频、多普勒和单边带短波，确保资料数据可靠；地磁、地震观测；地磁、哨声常规观测；对东南极拉斯曼丘陵斯托尼斯半岛的自然界面系统的区域采样和剖面测量，施测地面控制点33个，从而在拉斯曼丘陵建立了完整的地面控制网；进行了站区的碎部测量，将新增建筑物补测在站区平面图上；野外重力测量等。

　　小知识：南极科考站的距离路标是指科考站与世界某些地方的距离。这么多的距离是怎么测出来的呢？

　　距离测量就是指测量地面上两点连线长度的一种测绘工作，是测量工作中最基本的任务之一。通常需要测定的是水平距，即两点连线投影在某水准面上的长度。它是确定地面点的平面位置的要素之一。在三角测量、导线测量、地形测量和工程测量等工作中都需要进行距离测量。距离测量的方法有量尺量距、视距测量、视差法测距和电磁波测距等，可根据测量的性质、精度要求和其他条件选择测量方法。

如何把科考站上的点与世界上其他地点进行距离观测的？

　　利用卫星GPS先进技术和激光测距手段，进行野外数据采集和资料预处理。即卫星激光测距技术也称作激光测卫，是目前空间大地测量技术中精度最高的一种。卫星激光测距是利用安置在地面上的卫星激光测距系统所发射的激光脉冲，跟踪观测装有激光反射棱镜的人造地球卫星，以测定测站到卫星之间的距离的技术和方法。它是卫星单点定位中精度最高的一种，已达厘米级。可精确测定地面测站的地心坐标、长达几千千米的基线长度、卫星的精确轨道参数、地球自转参数、地心引力常数、地球重力场球谐系数、潮汐参数以及板块运动和地壳升降速率等。随着GPS观测技术的出现，使得利用星载GPS观测技术进行卫星轨道确定成为卫星精密定轨的一个有效手段。

　　虽然，我们的测量技术是先进的，比起以前的测绘可以节省很多的人力物力，但是仍然需要许多的计算和测量。南极洲是地球上最遥远最孤独的大陆，它严酷的奇寒和常年不化的冰雪，长期以来拒人类于千里之外。在南极这样的艰苦环境下能够完成测量任务，充分体现了我们测绘人不怕苦、不怕累的精神。数百年来，为征服南极洲，揭开它的神秘面纱，数以千计的探险家前仆后继，奔向南极洲，表现出不畏艰险和百折不挠的精神，创造了可歌可泣的业绩，为今天能够认识神秘的南极做出了巨大的贡献。我们在欣赏南极美丽壮观景色的同时，不会忘记对他们表示我们崇高的敬意。

由"无瑕号"事件说开去

2009年3月8日，美国海军称美海军潜艇监测船"无瑕号"在中国南海与5艘中国船只发生对峙事件。之后，美海军派出"钟云号"驱逐舰于当天起航，为"无瑕号"监测船护航。"钟云号"是美国海军史上第一艘以华人名字命名的军舰。这艘DDG93驱逐舰是为纪念二战时击退日本神风敢死队的华裔海军少将钟云而命名的，配有"宙斯盾"作战系统，是目前世界海军最先进的驱逐舰之一。

美国海军在声明中指出："无瑕号"是一艘由平民操纵的船只，是美国的5艘海洋监测船之一，直接为美国海军舰队服务。该海洋监测船从事的并非一般的科研任务，而是重要的军事任务。它装备有被动和主动低频列阵声呐，可以有效地侦测和跟踪潜艇，还装备有拖曳线列阵声呐

美国"无瑕号"监测船

系统（一种被动线式水下监听列阵拖缆），是一种深水潜艇探测系统。确切地说，按照美国海军的标准，"无瑕号"是一种装备拖曳线列阵声呐系统和主动低频列阵声呐的平台。

"无瑕号"事件发生的地点位于海南岛榆林海军基地以南75英里。

2008年2月，卫星图片情报显示：一艘"晋"级弹道导弹核潜艇（094型）首次出现在海南岛的海军基地。以后，就没有"晋"级弹道导弹核潜艇的卫星图片。日本《经济新闻》引述美国"全美科学联盟"指出，中国已经将最新锐的晋级潜舰部署在最南方的海南岛榆林港。中国计划要建造5艘晋级潜舰，被部署在海南的这艘是在2004年下水的第一艘。由于这型潜舰配属有"巨浪二号"弹道飞弹，是不太容易探测的弹道飞弹，不仅可以对美国本土进行直接攻击，印度也都在其射程范围之内，给此一地区带来了新的紧

张。2008年9月，军事情报家利用商业卫星图片，显示有2艘"商"级核潜艇停泊在榆林海军基地。

外界认为，"无瑕号"这次的军事任务，极可能是针对中国最新部署在榆林港的"商"级核潜艇和对榆林港的海底地貌的探测。美国军方更多次为事件"护航"。美国表示，中方认为事件发生地属于中国专属经济区所规定的200海里内区域，但美国有权力进入这片水域。美参议院军事委员会表示，这是八年前中美撞机事件以来，两国之间发生的最严重事件。美国军事与核问题专家发表文章称，"无瑕号"很有可能是在执行探测中国在南海新型核潜艇的军事任务。俄观察家认为，这表明在中国南海和黄海地区中美之间的资源和战略要地争夺战进入新阶段。

中国外交部评美国的说法是"完全不符合事实和错误的"。从常理判断，"无瑕号"是一艘由美国军方雇用的海洋监视船，本身就等于军事情报船。"无瑕号"在中国专属经济区从事情报搜集工作，当然是危害中国的海防安全。

其实导致摩擦的最直接原因就是以海上监测船为代表的美国"间谍船"一直非法在中国周边海域活动，伺机搜集情报。2002年9月，美国海军"鲍迪奇"号测量船在中国黄海专属经济区作业，中国海军舰艇和飞机数次警告。2003年、2004年、2005年，在中国的黄海、东海专属经济区，中国海军多次与美国海军测量船、海洋调查船和电子情报侦察船"相遇"。

🌐 小知识：海洋调查船是专门用来对海洋进行科学调查和考察活动的海洋工程船舶，它是开发海洋的尖兵。海洋调查船上装有专门的海洋调查、考察的仪器、设备。

海道、水文测量船，则设有集控机舱，其导航、定位、测深、计程和通信系统完备，并且船上一般备有测深仪、电台、雷达等。

电子情报船是指使用专门的电子技术设备进行侦察的船只，可进行无线电技术侦察、雷达侦察和电视侦察等。主要

海洋调查船

任务是侦察、侦听敌方雷达、无线电通信、导弹制导等电子设备发射的信号，获取其技术参数、通信内容、所在位置等情报。美国这么多次的海上"行为"，严重地侵犯了我国的中国的领土、领海主权。

首先，介绍一下什么是领土。

🌐 小知识：领土是包括一个国家的陆地、河流、湖泊、内海、领海以及它们的底床、底土和上空（领空），是主权国管辖的国家全部疆域。指位于国家主权下的地球表面的特定部分，以及其底土和上空。

领土是国家行使主权的空间。国际法承认国家在其领土上行使排他的管辖权。领土同时也是国家行使主权的对象，是国际法的客体，国家构成要素之一，国家必须具备一定的领土，不问其大小。逐水草而居的游牧部落，在国际法上不构成国家。领土包括陆地和水域及其底土和上空。

国家领上分为领陆、领水（包括内水和领海）和领空3个部分，上及高空，下及底土。领水附随于领陆。领空和底土又附随于领陆和领水。因此领陆是最重要的部分，是领土的主要成分，领陆如发生变动，附随于领陆的领水、领空和底土亦随同变动。 如果是岛国或群岛国，领陆就由其全部岛屿或群岛构成。国家有权对所属陆地地表以下深度无限的地下资源进行勘探、开采，修建隧道，铺设管道和经营其他事业。

1958年9月4日《中华人民共和国政府关于领海的声明》宣称，中国领土除大陆外，还包括沿海岛屿和同大陆及其沿海岛屿隔有公海的台湾及其周围各岛、澎湖列岛、东沙群岛、西沙群岛、中沙群岛、南沙群岛以及其他属于中国的岛屿。中国领海宽度为12海里，并采用直线基线，在基线以内的水域，包括渤海湾、琼州海峡在内都是中国的内海。在基线以内的岛屿，包括东引岛、高登岛、马祖列岛、白犬列岛、乌岞岛、大小金门岛、大担岛、二担岛、东椗岛在内，都是中国的内海岛屿。中国的领土有960万平方公里，中国的领土面积在全世界排名第三。

领陆是指国家国界范围内的陆地及其底土，是国家领土组成的基本部分。领陆包括其大陆部分，也包括其所属岛屿。

其次，知道什么叫领海吗?

🌐 小知识：领海在地理上是指与海岸平行并具有一定距离宽度的带状海洋水域。按海洋法，领海定义为："国家主权扩展于其陆地领土及其内水以外邻接其海岸的一带海域，称为领海。"

主权不仅是指水域，而扩展于领海之上的空间及海底和底土。领海中的"一带海域"的确定涉及领海的基线、领海的宽度和领海的外沿线的确定。领海的基线是指"沿海国官方承认的大比例尺海图所标明的沿岸低潮线"。但是，"在海岸极为曲折的地方，或者如果紧接海岸有一系列岛屿，测算领海宽度的基线的划定可采用连接各适当点的直线基线法"。直线基线法就是在岸上向外突出的地方和一些接近海岸的岛屿上选一系列的基点，各基点依次相连，各点间的直线就连成沿海岸的折线。

关于基线向外的宽度的界定有个发展过程。在18世纪，以海岸边大炮所能打到的距离为限。那时大炮射程约为5.6千米，故被当时的海洋大国所接受。而后，由于炮的射程增大，各国遂把领海向外扩大到7、11、22千米或更多，不过采用22千米的占多数。到1972年，南美秘鲁等国家带头，为保护其沿海渔业资源，把领海扩大到约370千米。1973年召开了第三次海洋法会议第一期会议。经过九年的艰苦谈判，新的海洋法公约（即《联合国海洋法公约》）于1982年4月30日在第三次联合国海洋法会议第十一期会议上通过。《公约》规定："每一个国家有权确定其领海的宽度，直至从按照本公约确定的基线量起不超过22千米的界限为止。"但有些拉美国家仍坚持370千米，未签署此公约。

领海的外部界限是指"一条其每一点同基线最近点的距离等于领海宽度的线"。领海基线 指沿海国划定其领海外部界限的起算线。

在国际实践中，领海基线有两种：一种是低潮线，即退潮时海水退出最远的那条海岸线；另一种是直线基线，即在大陆岸上和沿海岸外缘岛屿上选定适当点作为基点，然后将相邻的基点连接起来的直线，从这直线基线向外划出一定宽度的海域构成领海。直线基线与陆地之间的海域为内水。这种划法适用于海岸线极为曲折，或紧接海岸有一系列岛屿的地方。

与"领海"相关的法律制度有哪些？

● 无害通过。领海是沿岸国领土的一部分，属于沿岸国的主权，但在一国领海内，外国船舶享有无害通过权。"通过"指为下列目的通过领海的航行：一是穿过领海但不进入内水或停靠内水以外的泊船处或港口设施；二是驶往或驶出内水或停靠这种泊船处或港口设施。通过应继续不停和迅速进行，通过包括停船和下锚在内，但以通常航行所附带发生或由于不可抗力或遇难所必要或为救助遇险或遭难人员、船舶或飞机的目的为限。

无害通过权的条件：一是外国船舶通过领海必须是无害的。"无害"指不损害沿岸国的和平、良好秩序或安全，也不违反国际法规则。1982年《联合国海洋法公约》规定，损害沿岸国的和平、良好秩序和安全的行为包括：非法使用武力、进行军事演习、搜集沿岸国的防务情报、影响沿岸国安全的宣传行为、在船上起落飞机、发射或降落军事装置、故意污染海洋、非法捕鱼、进行研究或测量活动、干扰沿岸国通讯系统等等。二是外国船舶通过一国领海时，应当遵守沿岸国的有关法令，例如关于海关、财政、移民、卫生、航行安全、养护海洋生物资源、环保、科研与测量等事项的法律规章。

中国政府发表的领海声明中就明确规定："任何外国船舶在中国领海航行，必须遵守中华人民共和国政府的有关法令。"1958年《领海及毗连区公约》和1982年《联合国海洋法公约》都没有规定军舰不享有无害通过权，但许多国家对军舰在领海通过，做出一定限制性的规定，如限制每次通过的舰只或吨位，或要求事先通知，或经事先许可。中国政府的领海声明和1992年《领海及毗连区法》都指出，一切外国飞机和军用船舶，未经中华人民共和国政府的许可，不得进入中国的领海和领海上空。

● 司法管辖。根据国家的属地优越权，各国对在本国领海内发生的一切犯罪行为，包括发生在外国船舶上的犯罪行为，有权行使司法管辖。但在实践中，对领海内外国商船上的犯罪行为是否行使刑事管辖权，各国大都从罪行是否涉及本国的安全和利益考虑。

最后，让我们了解一下什么是领空。

📖 小知识：领空是隶属于国家主权的国家的领陆和领水的上空。

20世纪以前，关于国家对领陆和领水的上空是否拥有完全的主权，曾有以下4种不同的主张：

认为整个空间是自由、不可占有的，国家对其国土的上空不拥有主权；认为离地面一定高度以下的空间为领空，其上为公共空间，公空和公海一样是完全自由的，不属于任何国家；承认国家对领空的主权，但以允许外国飞机无害通过为条件；认为国家对领陆和领水的上空，即空气空间，具有完全的主权。

中日东海油气田之争就起因于中日专属经济区界线的划分之争。

按照《联合国海洋法公约》的规定，沿岸国可以从海岸基线开始计算，把200海里以内的海域作为自己的专属经济区。专属经济区内的所有资源归沿岸国拥有。中日两国之间的东海海域很多海面的宽度不到400海里，日本主张以两国海岸基准线的中间线来确定专属经济区的界线，即所谓的"日中中间线"。由于没有依据，中方一直没有承认。东海海底的地形和地貌结构决定了中日之间的专属经济区界线划分应遵循"大陆架自然延伸"的原则。《联合国海洋法公约》第76条规定："沿岸国的大陆架包括领海以外，依其陆地领土的全部自然延伸，扩展到大陆边外缘的海底区域的海床和底土"，如不到200海里则扩展到200海里。按照这一定义确定的大陆架自然延伸原则，包含钓鱼岛所处的海床在内，东海大陆架是一个广阔而平缓的大陆架，向东延至冲绳海槽。这个大陆架原本就是中国大陆架的水下自然延伸部分，天然地属于中国。

　　作为测绘人，要清楚地知道这些基本的知识，为更好地保卫我们祖国的疆域，土地、海洋和天空打好基础。

第2章

切西瓜的技巧

——地图学

 格林尼治天文台的故事

大家知道地球是一个球体，可以经、纬度来确定地球上任一点的位置。确定地球上某点的纬度相对容易，因为地球自转轴的北极始终指向一颗普通的二等星——小熊座 α ，也叫北辰或北极星。从地面上看，北极星总是处于北方的天空。站在北极，它就在头顶；站在赤道，它就在非常靠近地平线的地方。因此，在北半球，北极星与地平线的夹角就是观察者所处的纬度。

与纬度相比，地球上某点经度的确定可没有这样简单。零纬度在赤道是无可争议的，但零经度却可以随便定义，因为没有哪条子午线更特别一些。航海者把自己或大家熟知的点定义为零经度，测出自己与零经度线之间的经度差，再加上纬度的数据，就能确定自己所在的位置。然而，茫茫大海，怎样确定经度差呢？而且，海上不比陆地，如果认错了方向，可能会带来触礁、迷航、全体船员葬身鱼腹等后果。指南针能指出南北方向，并不能解决经度的量测问题。

经度量测的困难，严重影响了当时的航海活动。航海船只通常只能先沿着海岸线行驶，到达想要的纬度后，再沿着纬度圈行驶，直到遇见陆地，再沿岸航行到达

弗拉姆斯提德之宅（Flamsteed House）

目的地。这种古老的航海模式，影响了航海事业的发展。航海者急需找到一种能确定海上某点经度的方法。

1530年，荷兰天文学家杰马·弗里西斯（Gemma Frisius）提出了"以时间确定经度"的原理。24小时，地球自转一圈360°，12小时相当于180°，1小时相当于15°，4分钟相当于1°。这就是说，经度差可以用当地时间的差别来衡量。弗里西斯说，只要带上一只走得非常准确的钟，用来记录出发点的当地时间（不是当代用时区标度的实用时间，而是地球上的那一点唯一对应的天文时间）；同时用其他方法准确测量目前所在地的当地时间，两个时间之差就是两地之间的经度差。由于当时一是没有高精度的钟，二是很难精确测定当地时间，这个方法只能理论上说说而已。

当时的航海活动异常频繁，西欧各国通过海上交通要道去掠夺海外殖民地。谁的航海术技高一筹谁就可以成为海上霸主，寻找经度成了关乎国家命运的大事。格林尼治天文台，就是为了航海的经度而建造起来的。

1660年，查理二世在国外流亡了15年之后回到英国，登上王位。查理二世对海军和海上贸易非常重视，非常想找到确定海上经度的简便方法。1674年，一位法国人向国王建议，通过月亮相对于恒星的运动来确定经度。查理二世派人带着这个想法向著名天文学家约翰·弗拉姆斯提德（John Flamsteed）请教，弗拉姆斯提德说，由于没有精确的星表和月亮位置的图表，这方法无法确定航行的经度。查理二世当即决定请弗拉姆斯提德画一张精确的星表和月亮位置。于是拨款建造一座天文台，观测星表和月亮的位置，同时任命弗拉姆斯提德为首任台长。

天文台的地址定在格林尼治，这里有一座小山，地势稍高，离市中心较远，不容易受到空气污染的干扰。同时，它又靠泰晤士河很近，并不偏僻。天文台由另一位天文学家克里斯托弗·任恩（Christoper Wren）设计，分为三层。地下是厨房和洗衣房，会客室、书房、餐厅和卧室在一楼，最

八角观星室

上面是八角形的观星室。这座最早建成的主体建筑，称为"弗拉姆斯提德之宅"（Flamsteed House）。它于1675年8月10日下午3点14分奠基。1675年圣诞节前夕，完成外部结构，1676年7月10日弗拉姆斯提德迁入。

八角观星室能够观察到大部分的天区，其建筑结构也适合放置十七世纪那种特别长的折射式望远镜。除了望远镜和一个用来测天体高度的象限仪，两只摆钟就是房间里最重要的工具了。在寻找测量经度的方法之前，需要先确定地球的确是以均匀速度自转的。"英国钟表业之父"托马斯·托姆皮恩（Thomas Tompion）为天文台特制了两只摆长13英尺（将近4米）的钟，精确到每年只差两秒。借助这两只高精度的钟表，弗拉姆斯提德发现，在当时的观测技术下，地球确实在匀速自转。

剩下的工作是画一张精准的天空星图，这就必须把望远镜固定架设在一条子午线（或纬线也可以）上，记录星星在子午线上方出现的时间。在同一条子午线上要作数千次观测，把不同时间的数据对比、融合，从而画出较准确的星图。但天文台基于一座老楼，朝向没有正对着子午线方向，弗拉姆斯提德只得放弃了八角观星室，在花园里造了一个小棚子，装上可以开合的屋顶，在砖墙上标出自己的子午线，在伦敦清冷的空气里观察星星位置的变迁持续了43年。

1719年弗拉姆斯提德去世。第二年，天文学家埃德蒙·哈雷（Edmond Halley）成为第二任台长。他在发现画子午线的砖墙有点下沉后，在东侧又造了一座新的子午线墙，并新增了两架象限仪。此后，天文台每增添一架固定望远镜，就在东边添一个新房间，观测用的子午线也往东移一点儿。今天的游客在格林尼治天文台看到的自西向东排列的子午线房间，可以先后看到弗拉姆斯提德、哈雷、布拉德利（James Bradley，第三任台长）、艾利（George Biddell Airy，第七任台长）的四条子午线。

在国际本初子午线诞生之前，各国出版的地图都以自己的首都或主要天文台所在经度为零经度点。航海家们有时候还喜欢以某次航行的起点为零经度点。1634年，法国的里舍利厄大主教在巴黎举行会议，以加纳利群岛为本初子午线所在

本初子午线

地，与托勒密当年的设定相同。后来，英国击败了荷兰和西班牙，成为新的海上霸主，所出版的航海历产生较大影响，格林尼治子午线也逐渐成为实际的本初子午线。1884年10月，国际子午线会议在华盛顿决定，以格林尼治天文台的艾利子午线作为国际本初子午线（Prime Meridian）。

地面上的这条金属线就是本初子午线。游客参观格林尼治天文台一定脚踏本初子午线照张相，跨越了两个半球，感觉整个世界。

数学家高斯的发明

高斯与高斯-克吕格投影

大家都十分熟悉德国著名数学家高斯（1777—1855）。我们顺口就可以说出他的贡献：19岁发明了用直尺、圆规绘制正十七边形、高斯分布、质数分布定理和最小二乘法等等，他和牛顿、阿基米德被誉为三大数学家，有"数学王子"或"数学大王"之称。

高斯还是伟大的大地测量学家。他在1818年兼任普鲁士王朝汉诺威王国测量局的行政长官，31年潜心研究大地测量。高斯对大地测量学的发展作出了卓越的贡献。1794年，他首创了最小二乘法理论，并应用于谷神星（小行星1号）轨道和星历的计算。使最小二乘法成功应用于测量平差，极大地推动了19世纪大地测量的发展。

高斯是椭球面大地测量学的开拓者。他深入研究了微分几何和曲面理论，在1822年首创了将椭球面投影到平面上的正形投影法，解决了在有限区域内保持投影后的图形同原图形相似的问题，为以汉诺威子午圈弧度测量为基础的地形测量提供了平面坐标系，因此于1823年获得丹麦科学院奖金。

地球是三维的，地图是二维的，测绘学要解决的问题之一 就是如何将三维的地球表面投影到二维的地图平面，而且球面投影到平面应使小范围的图形同原来相似。高斯研究了微分几何和曲面的理论，发明了正形投影（后人称"高斯投影"）。高斯之后德国大地测量学家克吕格（Johannes Kruger）于1912年对投影公式又进行了补充，该投影也叫"高斯-克吕格投影"。高斯指出大比例尺地形图的特征是正形性，陆地测量最好采用正形平面坐标，他推导出从旋转椭球到圆球的两种正形投影公式、等角横切椭圆柱投影即高斯投影、立体投影、正形标准圆锥投影及双投影等的公式。

高斯–克吕格（Gauss–Kruger）投影，是一种"等角横切圆柱投影"。其原理是假想用一个圆柱横切于球面上投影带的中央经线，按照投影带中央经线投影为直线且长度不变和赤道投影为直线的条件，将中央经线两侧一定经差范围内的球面正形投影于圆柱面。然后将圆柱面沿过南北极的母线剪开展平，由此获得的投影平面为高斯–克吕格投影平面。投影后的平面，像一片片切开的西瓜，经差是3°和6°的高斯–克吕格投影。

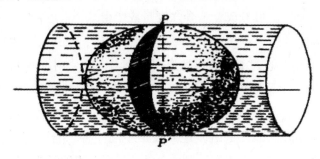

高斯–克吕格投影

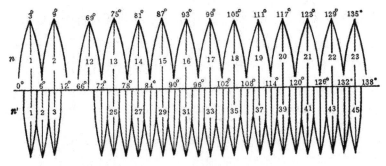

经差是3度和6度的高斯–克吕格投影

高斯–克吕格投影后，除中央经线和赤道投影为直线外，其他经线都投影成对称于中央经线的曲线。高斯–克吕格投影是正形投影，没有角度变形，在长度和面积上变形有规律：中央经线上无长度变形，从中央经线向投影带边缘，变形逐渐增加，一个投影带内赤道的两端变形最大。高斯–克吕格投影精度高，变形小，而且计算简便（各投影带坐标一致，只要算出一个带的数据，其他各带都能应用），因此在大比例尺地形图中应用，可以满足军事上各种需要，并能在图上进行精确的量测计算。

高斯投影中，按照经差把地球椭球面分成若干投影带，这是限制长度变形的好方法。分带时要控制长度变形使其不大于测图误差，同时带数不要过多，否则会引起繁杂的换带计算。为方便分带投影，地图制图学家地球椭球面沿子午线划分成经差相等的瓜瓣形地带。一般分为经差6°的六度带或经差3°的三度带。六度带自本初子午线起每隔经差6°自西向东分带，带号依次编为第1、2……60带。三度带在六度带的基础上划分，它的中央子午线与六度带的中央子午线和分带子午线完全一致：自1.5°子午线起每隔经差3°自西向东分带，带号依次编为三度带第1、2……120带。我国的经度范围西起73°东至135°，可分成十一个六度带或二十二个三度带。其中六度带的中央经线依次为75°、81°、87°、……、117°、123°、129°、135°。其中小于等于50万的大中比例尺地形图，我国一般采用六度带高斯–克吕格投影。城市大比例尺地图一般采用三度带高斯–克吕格投影，如城市地方坐标大多采用三度带高斯–克吕格投影。

高斯–克吕格投影只是诸多地图投影中的一种，常见的地图投影还有"墨卡托投影"、"UTM投影"和"兰勃特投影"等。

墨卡托（Mercator）投影

墨卡托（Mercator）投影，是一种"等角正切圆柱投影"。它是荷兰地图学家墨卡托（Gerhardus Mercator 1512—1594）在1569年拟定的，假设地球被围在一中空的圆柱里，其标准纬线与圆柱相切接触，然后再假想地球中心有一盏灯，把球面上的图形投影到圆柱体上，再把圆柱体展开，这就是一幅选定标准纬线上的"墨卡托投影"绘制出的地图。

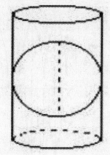

墨卡托（Mercator）投影

由于墨卡托投影在地图上保持方向和角度正确，墨卡托投影广泛应用于航海图和航空图的制作。

我国《海底地形图编绘规范》（GB/T 17834–1999）国标规定1:25万及更小比例尺的海图采用墨卡托投影，基本比例尺海底地形图（1:5万，1:25万，1:100万）采用统一基准纬线30°。

UTM投影

UTM投影全称为"通用横轴墨卡托投影"（Universal Transverse Mercator），是一种"等角横轴割圆柱投影"，由美国于1948年完成通用投影系统的计算。UTM投影分带方法与高

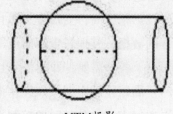

UTM投影

斯–克吕格投影相似，是自西经180°起每隔经差6°自西向东分带，将地球划分为60个投影带。UTM投影常用于我国的卫星影像资料。

兰勃特（Lambert）投影

由德国数学家兰勃特提出，是将一圆锥面套在地球椭球外面，将地球表面上的要素投影到圆锥面上，然后将圆锥面沿某一母线（经线）展开所获得的投影。

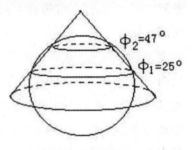

全国地图经常采用的兰勃特
（Lambert）投影

该投影适用于1∶100万（包括1∶100万）及以下的小比例尺地形图。

我国地处中纬度地区，全国和各省的小比例尺地图经常采用割圆锥投影，中国地图的中央经线常位于东经105°（110°），两条标准纬线分别为北纬25°和北纬47°，一幅图即可覆盖我国境内领土。

 ## 怎样用地图表示地球

地图投影解决了地图从三维地球向二维平面地图映射的数学运算问题，具体到地球上的地物如何表示到地图上呢？

传统的地图制作过程包括地图资料收集、地图设计（包括地图投影选择和图幅设计、内容设计等）、地图编绘、地图清绘、地图整饰和地图出版等过程。计算机地图制图技术的发展颠覆了传统作业方法，现在的地图制作过程基本可凝练为：地图设计、数据录入与存储、数据可视化处理、地图输出。

地图设计阶段的工作包括：相关地图或文字资料收集，地图投影和比例尺的确定，地图内容和表示方法的确定，地图数据库与符号库的设计，地图制作软件的选择。

数据录入与存储工作包括地理底图、专题资料、文字、多媒体等资料的数字化及其编辑，数据检查无误后，可将相关数据导入数据库，为地图制作准备好数据。此时数据库中存储的是未进行符号化或可视化处理的地理空间数据，是一大堆坐标串或文字信息等。它们一般分层储存，如一个居民地层、一个水系层、……、一个注记层等。该项工作一般由经过培训的数字化

员在地图制图专业人员指导下借助地图制图软件完成。

数据的可视化处理工作包括地理空间数据的符号化和地图注记配置、要素间空间关系协调处理、地图整饰等工作，一般按照地图设计书要求借助地图制图软件完成。地图可以看成地球或其局部的一个缩影，普通地图表示的内容包括居民地、水系、交通网、地貌、土质植被、境界等几大要素。专题地图则侧重于以相对概略的普通地图（一般称为地理底图，地理底图表示的地理要素为基础地理要素）为背景或定位基础，表示其中的一个或若干个普通地图中的要素或其他专题要素如人口、经济统计数据等。

未进行可视化处理的地理空间数据是一堆无人能读懂的点、线、面坐标串。数据的可视化处理阶段—地理空间数据的符号化，包括基础地理要素和专题要素的符号化。此时制图员可在地理空间数据的基础上分层借助专业地图制图软件调用地图符号库，符号化基础地理要素和专题要素，如公路用双线符号表示，铁路用黑白相间的符号表示，河流用渐粗的单线符号表示等。在进行要素的符号化时存在先后顺序，一般专题要素在先，底图要素在后，点状要素在先，线面状要素在后。地理空间数据的符号化完成后还要增加一些文字注记信息如地名，要素的某些属性信息等。由于地图的物理空间范围限制，不同图层以及文字注记之间可能有压盖、重叠等关系冲突，制图员要根据制图法则将这些发生冲突的要素图形编辑好，如移位、删除等。

在数据可视化处理完成后就可以考虑地图输出了，这时应增加一些传统制图作业时的地图整饰工作，如为地图配置图例、图名、图框、地图比例尺、接图表、指北针、作者单位、制图时间，设置地图幅面大小等。这些工作完成之后要保存地图的模板信息以备以后再用，之后一张或若干张成品地图就可以打印输出了。

教你看地图

地图可以为我们提供许多简洁、有用的方位信息。

看地图首先要解决方向问题，传统地图的方位是上北下南，左西右东。也就是说地图的上方表示正北方向，下方表示正南方向，左方表示正西方向，右方表示正东方向。当然，有时为了解决纸张，兼顾地形，也有把地图方向旋转的情况发生，例如甘肃省的边界呈西北东南走向，若采用正北方定向，纸张的西南角和东北角空白，存在很大的纸张浪费，在地图设计时常逆时针旋转45度，图面配置更为紧凑、合理，其缺点是不适合读者定向习惯。一般上方不表示正北方向的地图均配有指北针以方便使用者定位，一些专业的中小比例尺地形图还标有三北方向图以精确定向。

确定地物的空间位置是地图最重要的功能。空间位置有绝对位置和相对位置，相当于高中数学里关于点位的直角坐标和极坐标表示法。中小比例尺地图上的经纬线分别表示南北方向和东西方向，它们交织成的网络叫经纬网。大比例尺地形图上有表示单位长度的坐标方里网。利用经纬网或方里网，我们可以确定地面上任何地点的地理位置（绝对位置）。通过量测指定地物到某个地物特征点（如河流交叉点或道路交叉点、经纬网交叉点、方里网格点）的距离方位可以确定地物的相对位置。距离的量测可通过量测图上距离除以比例尺得到，方位的量测可通过量测两点连线与东西方向的夹角。一般地图的正下方均标有地图的比例尺。地图比例尺有数字式、说明式和图解式。

确定了地图的方位之后，下一步是识别地物的类别、属性等信息。地图符号是地图的语言，不同的地物在地图上用不同的地图符号表示，如山、水、树、房屋、桥、路等用等高线、渐粗线等不同的地图符号表示。地图符号的类型包括点状符号、线状符号和面状符号。人们阅读地图时，首先要弄懂符号的含义，这些符号的含义是通过地图上的图例给出解释的。图例在的地图上的位置一般在地图的右下角或其他角落位置，地图集的图例一般在目录后正文前的位置。图例给出了地图符号的正确解释，应先读图例再读图。对于不同地图，国家或地方有专门的图式，相当于通用图例。在现今的计算机地图制图时代，专门的计算机地图制图软件都配有地图符号库，地图符号库给出了地图符号的代码、含义及图形信息。

单用地图符号还是不够的，如居民地的名称、高程点的高程等，还必须配合文字或数字加以说明。地图上起说明作用的各种文字和数字称为注记，也是地图的语言。地图注记用不同字体、字号排列表示地物的类别和级别，用不同颜色表示不同语义、名称及质量、数量等特征。

地图制图有讲究

地图全面而简要地显示了地球表面的各种地物或现象，高质量的地图可以正确而有效地表达很多地理事实。地图具有精确性、概括性、一览性等特点。

首先，地图要把分布在地球曲面上的地物或现象表达到平面上，也就是说它要进行从球面到平面的地图投影变换，通过这种变换把地理坐标转为平面直角坐标，即把地球上的一系列经纬网转为平面地图的经纬网，这个变换过程有严格的数学基础和精度要求，这是地图的精确性。

其次，地图按比例把地球表面的地物或现象缩小到地图平面上，由于图面空间有限，制图者不可能表示全部地物或现象，只能通过制图综合的方法有选择表示甚至夸大表示一些主要的反映本质特征的地物或现象，舍去那些次要的、非本质的地物或现象，以保持图面的清晰易读。这是地图的概括性。

另外，地图用专门的地图语言来传递信息。地球上的地物现象种类繁多，表现形式多样，个体大小相差悬殊，采用写生的方法根本无法一一表示的地图上，必须按其特征用颜色、地图符号、文字注记等方法对其进行科学、系统的表示。这是地图的一览性。

综上所述，地图是根据相关法则，经制图综合，运用地图符号等地图语言把地球表面缩绘到平面上的图形。

聊聊比例尺

比例尺表示地图上距离比实地距离缩小或扩大的程度。公式为：比例尺=图上距离：实际距离。根据比例尺，可以量算图上两地之间的实地距离；根据两地的实际距离和比例尺，可计算两地的图上距离；根据两地的图上距离和实际距离，可以计算比例尺。

根据地图的用途、所表示地区范围的大小、图幅的大小和表示内容的详略等不同情况，制图选用的比例尺有大有小。地图比例尺中，通常大于等于十万分之一的地图称为大比例尺地图；比例尺小于十万分之一大于一百万分

之一的地图，称为中比例尺地图；比例尺
小于等于一百万分之一的地图，称为小比
例尺地图。在同样图幅上，比例尺越大，
地图所表示的范围越小，图内表示的内容
越详细，精度越高；比例尺越小，地图上
所表示的范围越大，反映的内容越简略，
精确度越低。大比例尺地图，内容详细，
几何精度高，可用于图上测量。小比例尺
地图，内容概括性强，图上测量精度低。

我国的国家基本比例尺地图的比例尺
为：1：1万、1：2.5万、1：5万、1：10万、
1：25万、1：50万、1：100万。

比例尺有三种：数字式、线段式、和
文字式，三种表示方法可以互换。

DZ

中华人民共和国地质矿产行业标准

DZ/T 0160—1995

1：200 000
地质图地理底图编绘规范及图式

1996-01-07发布   1996-06-01实施

中华人民共和国地质矿产部 发布

1:200 000地质图地理底图编绘规范及
图式

● 数字式，用数字的比例式或分数
式表示比例尺的大小。例如地图上1厘米代表实地距离500千米，可写成：
1：5000万或写成：1/50 000 000。

● 线段式，在地图上画一条线段，并注明地图上1厘米所代表的实际距离。

● 文字式，在地图上用文字直接写出地图上1厘米代表实地距离多少千
米，如：图上1厘米相当于地面距离500千米，或五千万分之一。

地图上的色彩难题（地图着色及表达）

地图符号、色彩、注记称为地图语言。运用色彩可以强化地图要素的
分类、分级，反映制图对象质量与数量特征的变化。利用色彩与自然地物景
色的象征性，可增强地图的感受力。色彩还可以简化地图符号的图形差别和
减少符号的数量（如人口密度分级图上可用浓淡不同的红色表示人口密度分
级）。运用色彩又可使地图内容相互重叠而区分为几个"层面"（如专题地
图上常用较为浅淡的灰色或土黄色表示背景，饱和亮丽的颜色表示专题内容
等），提高地图的表现力和科学性。

地图色彩设计是地图设计中最复杂困难的技术，专业人员也常会对色谱

中五彩缤纷的色彩一筹莫展。色彩理论专家约翰内斯·伊顿指出"色彩效果最深刻、最真实的奥秘甚至肉眼也看不见，它只能为心灵所感受，重要的是避免概念上的公式化"。

与其他内容的设计一样，地图色彩的设计也是先宏观后微观，先整体后局部。在地图色彩设计中，首先要根据地图的主题、功能、读者需求确定图幅、图组或图集的主色调，然后再围绕这个主色调进入局部的色彩设计。既然是色彩设计，就不止是一种颜色的搭配，存在颜色搭配就有色彩的对比和协调的问题。颜色搭配的目的就是要主题突出、富有层次感、色彩明亮、充满生机。

色彩对比包括明度、色相、纯度、冷暖、色面积、色形状等多种类型的对比。明度对比最为重要，不同的色彩明度传达不同的情感，色彩的层次就是由不同明度的色彩组合而成。例如专题地图的专题内容明度高亮，地理底图内容相对灰暗或暗淡。地图符号包括点状、线状、面状，给不同类型的地图符号设色，构成了不同几何形状的色彩。色彩设计时，不能孤立对待某一种色彩，一定要顾及周围色彩对它的影响，也就是说色彩设计要通盘考虑，选择确定色彩的构成关系。例如如果把红色色块置于橘红色背景时就显得暗淡，置于绿色背景时则感到鲜明。

地图色彩运用的技巧，可归纳为强调、分隔、平衡、单纯化、呼应等五点。

● 强调是在小部分色面上使用醒目突出的颜色，使得整体配色效果更为醒目和强烈，破除整体色调的单调平庸之感。强调色应用于小面积、对比色，如整体冷色调的图用暖色强调，整体暖色调的图用冷色强调，整体色调灰暗的图用鲜艳色强调等。

● 分隔是在两个色相、明度、纯度相似或对比过于强烈的颜色之间用另一种颜色区别开来，以加大或弱化颜色对比。如为点状彩色符号增加黑色边线等。

● 平衡是指多种色彩搭配在一起时，视觉上其上下左右有平稳安定之感。色彩的平衡除应考虑色相、明度和纯度因素外，用色的面积比例也是一个重要因素。色彩的平衡是最难掌握的色彩设计技巧，不能单靠数量解决，主要仰仗于个人艺术素养和心灵对色彩的体验。

● 单纯化也就是简洁化，它是指用最少的色数和最单纯的配色关系表达地图主题内容。较少的颜色和简单的几何形状可以更集中、强烈、突出地表达地图主题，更具有感召力，收到良好的可视化效果。

● 呼应也是较难掌握的地图色彩设计技巧，它要求考虑地图色彩之间的呼应关系，在进行地图集设计时更为重要，不仅要考虑图幅内的色彩呼应，还要考虑整个图组乃至整部图集的色彩呼应，这样可以给读者留下深刻的具有一种格调的总体印象，增加了地图作品的完整性，同时还给读者一种节奏感和韵律感。

第3章

地球真不是圆的

—— 地球形状及大地测量

 ## 古人如何知道地球是圆的

"地圆"说提出前人们对地球的认识

在古代文学作品中和《百家讲坛》老师们的讲述中都经常出现"天圆地方"这个词，为什么呢？原来在远古时代，由于科学技术、测量技术还没得到发展，人类只能通过简单的观察和想象来认识地球。例如，中国的古人观察到"天似穹窿"，就提出了"天圆地方"的说法，当时人类看到天空像一个巨大的盖子一样笼罩着大地，就认为天是圆的，而我们所处的地球是方形的。北朝民歌《敕勒歌》里面就蕴含了"天方地圆"这个说法：

敕勒川，阴山下，天似穹庐，笼盖四野。

天苍苍，野茫茫，风吹草低见牛羊。

"天似穹庐"就是说"环顾四野，天空就像奇大无比的圆顶毡帐将整个大草原笼罩起来"，这个时代的人们认为天是圆的，而地是四四方方的。

西方的古人也按照自己所居住的陆地为大海所包围，就认为"地如盘状，浮于无垠海洋之上"。

人类是从什么时候开始知道地球并不是所想象的那样的呢？当时又是用什么方法手段来证明我们做赖以生存的地球是圆形的呢？

中国早期的"地圆说"

中国古代大约在明朝的天文学家，通过对宇宙星体特别是月亮的观察，提出了地球是圆的这么一个说法。在《明史》里有记载"曰地居天中，其体浑圆。"认为地球处在宇宙的中心，它的形状是圆的；《明史》里也用了更为形象和有趣的文字来描述当时人们对地球的认识——"天包地如卵里黄"，意思是说宇宙包围着地球，就像鸡蛋裹着里面的蛋黄一样，我们赖以生存的地球就是宇宙这个"大鸡蛋"中的蛋黄，地球的形状是圆的！这是我们聪明的祖先用原始简单的天文测量来推测地球是圆的。

到了汉代，神仙样的天文学家张衡在前人的基础上用天文测量技术进一步确定了地球是圆的，并在此基础上，观测记录了两千五百颗恒星，创制了世界上第一架能比较准确地表演天象的漏水转浑天仪！他在《浑天仪注》是这样描述地球的形状的："天如鸡卵，地如卵黄。"

浑天仪是浑仪和浑象的总称。浑仪是测量天体球面坐标的一种仪器，浑象是古代用来演示天象的仪表。浑天说认为天是一个圆球，把地包在球中，圆球不停转动。这个浑天仪非常生动形象地给我们展示了当时的人们对宇宙和地球的认识！

西方国家对"地圆说"的探讨

大约从公元前8世纪开始，希腊学者们试图通过自然哲学来认识地球。公元前五、六世纪的古希腊有个名叫毕达哥拉斯的数学家和哲学家，认为地球的形状肯定是几何形体中的一种，他觉得圆球是最完美的几何形状，所以他认为我们居住的美丽的地球也应该是像圆球一样，就这样，因为毕达哥拉斯对圆球情有独钟，率先提出了地球是一个球形的概念。

两个世纪之后，亚里士多德，一个古希腊斯吉塔拉人，他不但是世界古代史上最伟大的科学家和教育家之一，而且是一个非常有成就的哲学家。在一个发生月食的晚上，他在广场上仔细观看圆圆的皎洁的月亮慢慢地被"天狗"吃掉，他一边观察月亮被吞掉的形状变化，一边看着被吃掉的那一部分的情形变化。在月亮完全被吃掉的时候他惊奇地发现，在被吞掉而变暗的月亮面上呈现地球的形状，出现的这个地球的影子是圆的。其实亚里士多德所用的方法就是我们测绘中的投影方法，从而得出大地是球形结论，并接受其老师柏拉图的观点，发表了"地球"的概念。

亚里士多德

到了公元前3世纪，一位名叫埃拉托色尼的古希腊天文学家、哲学家、诗人和地理学家，在饭馆吃意大利面时，观察到灯光照射着叉子，映射在桌子上，这个情景让他想起了他看过的那本几何书里描述的距离的计算与比例。可以根据阳光照射地球投影和比例的原理来计算地球的周长！

埃拉托色尼跑回实验室，拿来尺子和记录的数字，并叫上他的助手，两个人在正午的烈日下，先确定两个点，记好记号，然后用尺子测量这两个点之间的距离。为了测得的数据比较好，他们一连测了10组数据。然后拿着这些数据回到实验室进行数学计算。

为了让计算的数据更精确，埃拉托色尼改进了实验的方式。在夏至日那天，分别在两地同时观察太阳的位置，并根据地物阴影的长度之差异，加以研究分析，从而总结出计算地球圆周的科学方法。这种方法比自攸多克索以来习惯采用的单纯依靠天文学观测来推算的方法要完善和精确得多，因为单纯天文学方法受仪器精度和天文折射率的影响，往往会产生较大的误差。

埃拉托色尼选择同一子午线上的两地西恩纳（Syene，今天的阿斯旺）和亚历山大里亚，在夏至日那天进行太阳位置观察的比较。在西恩纳附近，尼罗河的一个河心岛洲上，有一口深井，夏至日那天太阳光可直射井底。它表明太阳在夏至日正好位于天顶。与此同时，他在亚历山大里亚选择了一个很高的方尖塔作参照，并测量了夏至日那天塔的阴影长度，这样他就可以量出直立的方尖塔和太阳光射线之间的角度。获得了这些数据之后，他运用了泰勒斯的数学定律，即一条射线穿过两条平行线时，它们的对角相等。埃拉托色尼通过观测得到了这一角度为7°12′，即相当于圆周角360°的1/50。由此表明，这一角度对应的弧长，即从西恩纳到亚历山大里亚的距离，应相当于地球周长的1/50。下一步埃拉托色尼借助于皇家测量员的测地资料，测量得到这两个城市的距离是5000希腊里。用这个结果，地球周长只要乘以50即可，结果为25万希腊里。为了符合传统的圆周为60等分制，埃拉托色尼将这一数值提高到252 000希腊里，以便可被60除尽。埃及的希腊里约为157.5米，可换算为现代的公制，地球圆周长约为39 375公里，经埃拉托色尼修订后为39 360公里，与地球实际周长引人注目地相近。

埃拉托色尼根据正午射向地球的太阳光和两观测地的距离，第一次算出地球的周长，首创子午圈弧度测量法，实际测量纬度差来估测地圆半径，最早比较科学地证实了"地圆说"。这一测量结果出现在2 000多年前，的确是了不起的，是载入地理学史册的重大成果。

比较成熟的"地圆说"的研究

从公元6世纪开始，西方在宗教桎梏之下，人们不但不继续沿着认识物质世界的道路迈步前进，反而倒退了。相反，中国的科学技术这时却在迅速发展。公元724年我国唐代天文学家一行主持了全国天文大地测量，利用北极高度和夏日日长计算出了子午线一度之长和地球的周长。

一行高僧原名张遂，是唐代著名的天文学家和测量学家。

一行根据修改当时沿用了五六十年的天文历法的需要，于公元724年，组织领导了我国古代第一次天文大地测量，也是一次史无前例、世界罕见的全国天文大地测量工作。以实测的资料否定了古人传统的"日影一寸，地差千里"的错误结论，提供了地球子午线一度弧长相当精确的数值，为人类正确认识地球做出了巨大贡献，开创了人们通过实测认识地球形状和大小的道路，这是世界测绘史上一项辉煌的成果。

一行高僧（张遂）

直到1522年，航海家麦哲伦率领船队从西班牙出发，一直向西航行，历尽千辛万苦，横渡大西洋，穿越美洲，跨越太平洋和印度洋，最后回到西班牙，完成了环球的航行，用实践证实了地球确实是个圆球！

麦哲伦

其实地球不是圆的

地球到底是什么样子，人类是怎样认识它的

测绘技术越来越发达、测绘仪器越来越先进的今天，我们可以用卫星在太空拍摄地球，清楚地知道地球的形状；也可以用航天遥感技术来对地球进行测量，从而知道地球这个球体的各种参数。因此人类对自己居住的地球面貌已愈来愈清楚明白。但是，人们对地球到底是什么样子的认识，是经历了相当漫长的过程的。

在古代，我们的先民主要生活在旧大陆上，就是一片相连的亚洲、欧洲、非洲。我们常讲的丝绸之路，是从亚洲到欧洲就需要四年，回来又要四年。所以，大部分先民活动范围很小，视野非常狭窄，感觉地是平的，天是圆的。

卫星拍摄到的地球

但不管地是平的，还是曲的，太阳都是东升西落，亚洲这一边就是"亚细亚"，即太阳升起的地方，欧洲这一边就是"欧罗巴"，即太阳落下去的地方。在这辽阔的旧大陆的周围是什么呢？许多人知道，那是无边无际的大海。在大海的外面还有什么呢？

大约从公元前8世纪开始，希腊学者们试图通过自然哲学来认识地球。到公元前6世纪后半叶，毕达哥拉斯提出了地为圆球的说法。又过了两个世纪之后，亚里士多德根据月食等自然现象也认识到大地是球形，并接受其老师柏拉图的观点，发表了"地球"的概念，但都没有得到可靠的证明。

"地圆说"一出现就遭到了众人的嘲笑：地怎么会是圆的！真是圆的，上面站得稳，侧面和下面的怎么站得稳嘛。当然我们现在都知道了，为什么地球四周都能站稳，因为物质都有重量，方向指向地心。

直到公元前3世纪，亚历山大学者埃拉托色尼首创子午圈弧度测量法，最早证实了"地圆说"。稍后，我国东汉时期的天文学家张衡在《浑仪图注》中对"浑天说"作了完整的阐述，也认识到大地是一个球体。

公元8世纪的20年代，唐朝高僧一行派太史监南宫说在河南平原进行了弧度测量，之后，阿拉伯也于9世纪进行了富有成果的弧度测量，直到400多年前的1522年，航海家麦哲伦率领船队从西班牙出发，一直向西航行，经过大西洋、太平洋和印度洋，最后又回到了西班牙，才得以事实证明，地球确确实实是一个球体。

人们为什么会怀疑地球不是圆的

科学家已经通过各种方法采用各种测绘技术（有天文测量、海洋测量、大地测量）结合其他学科的理论证实了地球是一个球体。然而这些结论并没有阻止人类对地球探索的前进脚步。英国的天才——牛顿就是第一个推动这个探索进程的人！牛顿，全名艾萨克·牛顿爵士，是英国物理学家、数学家、科学家和哲学家，还是英国当时炼金术热衷者。他在1687年7月5日发表的《自然哲学的数学原理》里提出的万有引力定律以及他的牛顿运动定律是经典力学的基石。万有引力定律，让人们知道所有的有质量的物体除了受到彼此之间的吸引之外，还受到自己本身的吸引力。

地球是一个大球，它的质量大到我们无法想象，所以，地球受到本身的吸引力也是非常大的。力是物体运动的动力，那地球受到本身的吸引力会做怎么的运动呢？牛顿经过很多次的思考和实验，得出结论：地球受到自身的引力导致地球自西向东地不停自转，所以就有了晨昏的现象。但是牛顿从力学运动的角度探讨地球的自转对地球形状的影响，认为在自转的影响下，地球不可能是一个完美的球体，而应该是一个赤道略为隆起，两极略为扁平的椭球体。而后惠更斯等学者根据也万有引力理论，提出地扁学说，认为地球不停地围绕地轴旋转，其形状必然为两极略扁的椭球。因此人们开始怀疑之前的"地圆说"，人类对地球的探索更进一步了！

人们是怎么样发现地球其实不是圆的

牛顿等学者提出"地扁说"，但是还没有被证实，这一学说为法国在1733～1744年期间的大地测量结果所证实。从地圆说到地扁说，是人类对地球形状的认识的一次飞跃，但却经历了两千年。

1733年巴黎天文台的研究员们聚在一起讨论以前提出的"地圆说"与当时正流行的"地扁说"，一致同意要做一些实验来对这两种说法进行证明。于是就派出两个考察队，一个队前往南纬2°的秘鲁，而另一个队前往北纬66°的拉普林，因为这两个地方分别靠近地球的赤道和北极。在地球的两端进行大地测量，如果测得的数据符合圆球的形状参数，那么地球就是球体，如果不是，那么"地扁说"就成立。两队考察人员分别在这两个地方进行大地测量，结果所测得的数据说明：靠近两极的子午椭圆曲率小，其曲率半径大；而靠近赤道的子午椭圆曲率大，曲率半径小，证明了牛顿的推测。

在现在的科学研究中，地球是什么形状

人类对地球的认识并未就此结束。随着科学技术的发展和大地测量学科的形成与丰富，人们观测和认识地球形状的方法和手段越来越多。三角测量、重力测量、天文测量等等都是重要手段。近代科学家牛顿曾仔细研究了地球的自转，得出地球是赤道凸起，两极扁平的椭球体，形状像个橘子。到20世纪50年代末期，人造地球卫星发射成功，通过卫星观测发现，南北两个

半球是不对称的。南极离地心的距离比北极短40米。因此，又有人把地球描绘成梨形。

20世纪人造卫星上天，为大地测量添加了新的手段。现已精确地测出地球的平均赤道半径为6 378.14千米，极半径为6 356.76千米，赤道周长和子午线周长分别为40 075千米和39 941千米，北极地区约高出18.9米，南极地区低下去24.3米。有人说地球像一只倒放着的大鸭梨。其实，地球的这些不规则部分对地球来说是微不足道的。从人造地球卫星拍摄的地球照片来看，它更像是一个标准的圆球。

1969年7月20日，美国登月宇宙飞船"阿波罗"11号的宇航员登上月球的时候，就看到了带蓝色的浑圆的地球，有如在地球上观月亮一样。科学家们根据以往资料和宇航员拍下的像片，认为最好把地球看作是一个"不规则的球体"。

至此，人类对地球形状的认识是否完成了呢？还没有。这是因为地球实在太大了！而且无时无刻不在不停地运转着、变化着。

哥伦布发现新大陆

哥伦布是谁

很多人从《海贼王》这部动画片开始对古今中外的航海感兴趣，也对意大利著名的航海家哥伦布很熟悉。

哥伦布，全名是克里斯托弗·哥伦布（Christopher Columbus），1451年出生于意大利热那亚的一个工人家庭。他在青年时代对航海和来往于地中海之上的商船发生了浓厚的兴趣，他先后移居葡萄牙和西班牙，他相信大地球形说，认为从欧洲西航可达东方的印度和中国。后来，在西班牙国王支持下，先后4次出海远航（1492~1493年，1493~1496年，1498~1500年，1502~1504年）发现了美洲大陆，开辟了横渡大西洋到美洲的航路。他先后到达巴哈马群岛、古巴、海地、多米尼加、特立尼达等岛，在帕里亚湾南岸首次登上美洲大陆。考察了中美洲洪都拉斯到达连湾2 000多千米的海岸线；发现和利用了大西洋低纬度吹东风，较高纬度吹西风的风向变化。他误认为到达的新大陆是印度，并称当地人为印第安人。

哥伦布为什么想去探索新世界

哥伦布从小就有成为航海家的梦想，还有什么原因促使他去探索新世界，开辟新的航道呢，当时给他提供航海探险的现实条件是什么呢？

哥伦布

在哥伦布25岁那年，也就是1476年，满头红发、身材高大的他随着一艘沉船的残骸安全地游到了葡萄牙。以后的几年，他就住在葡萄牙并且结了婚，有了孩子。不幸的是，他的年轻的妻子不久就死了。本可以在葡萄牙近海的商船上继续稳稳当当地做水手度日的哥伦布却总是梦想得到财富和荣誉，憧憬着西边的神秘的地方。

《马可·波罗行纪》一书是哥伦布少年时代就喜欢读的，他不仅精读了此书，并且还做了研究。一部拉丁文的《马可·波罗行纪》至今还保存在坐落于西班牙塞维尔的哥伦布纪念馆中，书上还保存着许多哥伦布的眉批。他喜欢读这本书的缘故不仅是此书像《天方夜谭》一样有趣，更是由于这本书合乎他的作为一个拜金狂的理想。他对书中描写的地方非常仰羡，他仰羡中国和印度的珠宝金银，但使他最欣羡不已的是其中对日本的描述。

没有到达日本的马可·波罗是根据传闻写了关于日本的几章。根据他的记述，日本位于距中国海岸2 400公里的海上，国内有取之不尽的黄金。因为国王不允许输出黄金，所以到那里做生意的商人很少。在那个充满黄金的日本国里，用黄金盖成了国王的宫殿，在宫中用4厘米厚的金砖铺起了道路以及房间的地板，甚至用金子做窗户框。并且在那里还到处都能采集到玫瑰色的珍珠，书中记叙了元帝国皇帝发动对日本的战争是由于听信了传闻所致。

哥伦布处心积虑地要闯出一条抢先到达东方的航路，梦想达到忽必烈没有达到的目的。他曾在一封信中说自己日夜祈求从上帝那里得到产金的土地："黄金是一切商品中最宝贵的，黄金是财富，谁占有黄金，就能获得他在世上所需要的一切，同时也就取得了把灵魂从炼狱中拯救出来并使灵魂重享天堂之乐的手段。"

哥伦布的好奇心也被马克·波罗博览群书和长期的航海实践所激发着。

他日记中有这样一段话："我自年轻的时候出海以来，至今还不曾离开海上的生活。这种职业，似乎使所有干这一行的人，都产生了一种想知道世界奥秘的心情。"

1476年，哥伦布加入了一只法国的海盗船队。在一次攻打意大利船只的战斗中，他所乘的船起火下沉，他跳海逃生，他认为他能大难不死并且到达了葡萄牙都是上帝对他做的安排。

在葡萄牙这一"探险者"的国度里，哥伦布学到了很多航海知识，知道了怎样使用罗盘、海图和各种新航海仪

马可·波罗

器，获得了怎样利用太阳、星星的位置来确定船的位置的方法，并且随船参加了多次的远洋航行。有一次，他获得了一个航行到冰岛的机会，他到达冰岛后又继续航行了160公里，这很大程度地影响了哥伦布后来西航的志向。但对他有更大感召力的可能是关于北欧海盗的故事。

对于艾列克逊探险到汶兰一事，哥伦布对此深信不疑。他坚信横跨大西洋可以到达陆地，并且认为"汶兰"就是东亚的某一国家。一些传闻和古希腊学者波昔多尼指出的大地的球形说以及中世纪思想家培根关于地球概念的影响，这一切都促使他去冒险。

由于托勒密的《地理学》译文中的"海里"阿拉伯的计量单位，而哥伦布未经换算成欧洲的"海里"就进行了计算，所以哥伦布又犯了错误。假使从加纳利群岛出发朝正西航行，由于该地的经度比赤道经度距离短，这样每个经度的距离将减至50海里（合80公里）。这样，由加纳利群岛向正西航行6400公里，那么就到了中国、日本和印度。

促使哥伦布发现新大陆的除了他的冒险精神以及对神秘东方的向往，还有当时盛行的地圆说。一方面，地圆说的理论尚不十分完备，另一方面，当时，西方国家对东方物质财富需求除传统的丝绸、瓷器、茶叶外，最重要的是香料和黄金。其中香料是欧洲人起居生活和饮食烹调必不可少的材料，需求量很大，而本地又不生产。当时，这些商品主要经传统的海、陆联运商路

运输。经营这些商品的既得利益集团也极力反对哥伦布开辟新航路的计划。哥伦布为实现自己的计划，到处游说了十几年。直到1492年，西班牙女王伊莎贝拉慧眼识英雄，她说服了国王，使哥伦布的计划才得以实施。在哥伦布发现美洲之前，葡萄牙人已经控制了从非洲好望角直达印度的航路，葡萄牙人经过精密的计算发现其实从欧洲到达亚洲东方的最近的路途就是他们控制的航线，这也是葡萄牙人拒绝支持哥伦布的原因。当然也有观点认为，哥伦布恰恰清楚葡萄牙人的航路是通往东方的要道，但是葡萄牙人已经牢牢控制了这里了，他只有重新选择一条新的道路。于是，他从这条新的道路开始了他的航海人生！

新大陆是怎么被发现的

当时的西班牙国王同意了哥伦布出航的提议，并提供了足够的物质资金帮助，哥伦布开始了他的航海生涯，开始了他的梦之旅！

哥伦布在1492年8月3号开始进行第一次出海远航，他率船员约90人，分乘3艘船从西班牙巴罗斯港出发，于10月12号到达并命名了巴哈马群岛的圣萨尔瓦多岛。10月28号到达古巴岛，他误认为这就是亚洲大陆。随后他来到西印度群岛中的伊斯帕尼奥拉岛（今海地岛），在岛的北岸进行了考察，于1493年3月15号返回西班牙。

第二次航行始于1493年9月25号，他率船17艘从西班牙加的斯港出发。目的是要到他所谓的亚洲大陆印度建立永久性殖民统治。参加航海的达1 500人，其中有王室官员、技师、工匠和士兵等。他率船3艘在古巴岛和伊斯帕尼奥拉岛以南水域继续进行探索"印度大陆"的航行。在这次航行中，他的船队先后到达了多米尼加岛、背风群岛的安提瓜岛和维尔京群岛，以及波多黎各岛。1496年6月11号回到西班牙。

第三次航行是1498年5月30号开始的。他率船6艘、船员约200人，由西班牙塞维利亚出发。航行目的是要证实在前两次航行中发现的诸岛之南有一块大陆（即南美洲大陆）的传说。7月31号船队到达南美洲北部的特立尼达岛以及委内瑞拉的帕里亚湾。这是欧洲人首次发现南美洲。

第四次航行始于1502年5月11号。他率船4艘、船员150人，从加的斯港出发。哥伦布第三次航行的发现已经震动了葡萄牙和西班牙，许多人认为他所到达的地方并非亚洲，而是一个欧洲人未曾到过的"新世界"。他到达伊斯帕尼奥拉岛后，穿过古巴岛和牙买加岛之间的海域驶向加勒比海西部，然后向南折向东沿洪都拉斯、尼加拉瓜、哥斯达黎加和巴拿马海岸航行了约1 500公里，寻找两大洋之间的通道。哥伦布于1503年6月在牙买加弃船登岸，次年11月7号返回西班牙。

到此为止，哥伦布历尽千辛万苦，终于发现了新大陆——美洲！

哥伦布航海的意义以及和测绘的关系

哥伦布这一创时代的举动所带给人类社会和文明的影响无疑在人类历史上占有举足轻重的地位，每一历史时代对他的评价都会有所不同，但他开创新时代的影响是不容置疑的。

哥伦布的远航是大航海时代的开端。新航路的开辟，改变了世界历史的进程。它使海外贸易的路线由地中海转移到大西洋沿岸。从那以后，西方终于走出了中世纪的黑暗，开始以不可阻挡之势崛起于世界，并在之后的几个世纪中，成就海上霸业。一种全新的工业文明成为世界经济发展的主流。

哥伦布发现新大陆这一航行对海洋测绘也有重大的意义：不但开拓和发展了海洋测绘，而且也为后人进行海洋地图的测绘起了一个很重要的开端！

唐僧一行为何要测量中原的四段距离

唐僧一行为何许人

这里的"唐僧一行"里的唐僧并不是我们所熟悉的《西游记》里的玄奘，而是另一个唐代的高僧，他的名字叫一行。

一行（683—727），中国唐代著名的天文学家和佛学家，本名叫张遂，魏州昌乐（今河南省南乐县）人。生于唐高宗弘道元年，卒于玄宗开元十五年。

张遂的曾祖是唐太宗李世民的功臣张公瑾。张氏家族在武则天时代已经衰微。张遂自幼刻苦学习历象和阴阳五行之学，青年时代即以学识渊博闻名于长安。为避开武则天的拉拢，剃度为僧，取名一行。先后在嵩山、天台山学习佛教经典和天文数学。曾翻译过多种印度佛经，后成为佛教一派——密宗的领袖。

中宗神龙元年（公元705年）武则天退位后，李唐王朝多次召他回京，均被拒绝。直到开元五年（公元717年），唐玄宗李隆基派专人去接，他才回到长安。

开元九年（公元721年），据李淳风的《麟德历》几次预报日食不准，玄宗命一行主持修编新历。一行一生中最主要的成就是编制《大衍历》，他在制造天文仪器、观测天象和主持天文大地测量方面也颇多贡献。

一行主张在实测的基础上编订历法。为此，首先需要有测量天体位置的仪器。他于开元九年（公元721年）率府兵曹参军梁令瓒设计黄道游仪，并制成木模。一行决定用铜铁铸造，于开元十一年（公元723年）完成。这架仪器的黄道不是固定的，可以在赤道上移位，以符合岁差现象（当时认为岁差是黄道沿赤道西退，实则相反）。

后来，一行和唐代画家、天文仪器制造家梁令瓒等又设计制造水运浑象。这个以水力推动而运转的浑象，附有报时装置，可以自动报时，称为水运浑天或开元水运浑天俯视图。一行等以新制的黄道游仪观测日月五星的运动，测量一些恒星的赤道坐标和对黄道的相对位置，发现这些恒星的位置同汉代所测结果有很大变动。

一行与测绘

一行在受诏改历后组织发起了一次大规模的天文大地测量工作。主要目的有两个。第一个是，中国古代有一种传统理论："日影一寸，地差千里。"刘宋时期的天算家何承天提出了用实测结果来否定这一错误说法的具体计划："请一水工，并解算术士，取河南北平地之所，可量数百里，南北使正。审时以漏，平地以绳，随气至分，同日度影。得其差率，里即可知。则天地无所匿其形，辰象无所逃其数，超前显圣，效象除疑。"此建议在隋朝没有被采纳。一行的测量则实现了这一计划。第二个是，当时发现，观测地点不同，日食发生的时刻和所见食象都不同，各节气的日影长度和漏刻昼夜分也不相同。这就需要到各地进行实地测量。

一行高僧坐禅图

这次测量过程中，由太史监南宫说及太史官大相元太等人分赴各地，"测候日影，回日奏闻"。而一行"则以南北日影较量，用勾股法算之"。可见，一行不仅负责组织领导了这次测量工作，而且亲自承担了测量数据的分析计算工作。

当时测量的范围很广，北到北纬51°左右的铁勒回纥部（今蒙古乌兰巴托西南），南到约北纬18°的林邑今越南的中部）等13处，超出了现在中国南北的陆地疆界。这样的规模在世界科学史上都是空前的。

由于对唐尺数值的大小，人们目前的看法还不一致，故评价一行这次子午线测量的精度受到限制。

国外最早的子午线实测是在公元814年，由天文学家阿尔·花剌子米（约783—850）参与组织，在幼发拉底河平原进行了一次大地测量，测算结果得出子午线一度长为111.81千米（现代理论值为110.60千米），相当精确。但这已在一行之后90年了。

一行为何要测量中原的四段距离

为了用实测的测量数据证明传统理论的错误，也为了弄清楚"观测地点不同，日食发生的时刻和所见食象、各节气的日影长度和漏刻昼夜分也不相同"的情况，一行组织发起了一次大规模的天文大地测量工作。在全国范围内设了13个测量点，使用的仪器、实施的方法、测量的内容，都在一行领导下统一进行审定。在各个测点，除了用传统的圭表测量两至、两分的正午日影长度和各地的漏刻分差以外，还测量了各点的北天极（北极）的高度（当时的地理纬度）。测量北极高度使用的仪器，运用的原理、方法，均为一行首创。一行研制了"复矩"，只要用直角尺的一边指向北极，另一条边与悬于直角顶点的铅锤悬线间形成的夹角角度，就是北极的地平高度。整个测量工作于第二年完成。

这次测量中，以天文学家、太史监南宫说（音悦）率领的测量队最为重要。南宫说在黄河两岸的白马（今河南滑县）、浚仪（今河南开封市西北）、扶沟（今河南扶沟县）、上蔡（今河南上蔡县）设了四个观测点。

一行从南宫说等人测量的大量数据中，通过计算，得出了结果：北极高度相差1°，南北距离就相差351里80步。这就是子午线1°的长度。唐开元时，5尺为1步，300步为1里，1尺为24.56厘米。351里80步折合今制为131.3千米；现代科技算出的子午线1度为111.2千米。二者相比，误差为20千米。这是世界上第一次测量子午线的记录，有极其宝贵的科学价值。因为测量子午线的长度，对测知地球大小有很大关系。经过此次测量，证明"日影一寸，地差千里"的说法是不正确的。

一行还引出了一个光辉的科学思想：即在很小的、有限的空间探索出来的正确科学理论，如果不加分析地、任意向很大的、甚至无限的空间去推广，就会导出荒谬的结论。

这次测量除了为修改历法提供可靠数据之外，更重要的就是为了求出同一时刻日影差一寸和北极高差一度在地球上的相差距离，以实测的资料否定了传统的"日影一寸，地差千里"的错误结论，提供了地球子午线一度弧长相当精确的数值，为人类正确认识地球做出了巨大贡献，是世界测绘史上一项辉煌的成果。

圆周率是测量出来的吗——π 与测量

什么是圆周率

圆周率，以 π 来表示，是一个在数学及物理学普遍存在的常数（约等于3.141592654）。它定义为圆形之周长与直径之比，也等于圆形之面积与半径平方之比，是精确计算圆周长、圆面积、球体积等几何形状的关键值。 在分析学上，π 可以严格地定义为满足 sin（x）= 0 的最小正实数 x。

π 是一个无理数，即是一个无限不循环小数。日常生活中，通常都用3.14来代表圆周率去进行计算，即使是工程师或物理学家进行较精密的计算，也只取值至小数点后约20位。

π（读作"派"）是第十六个希腊字母，大数学家欧拉在一七三六年开始，都用 π 来代表圆周率。古希腊欧几里得《几何原本》（约公元前3世纪初）中提到圆周率是常数，中国古算书《周髀算经》（约公元前2世纪）中有"径一而周三"的记载，也认为圆周率是常数。历史上曾采用过圆周率的多种近似值，早期大都是通过实验而得到的结果。第一个用科学方法寻求圆周率数值的人是阿基米德，他在《圆的度量》（公元前3世纪）中用圆内接和外切正多边形的周长确定圆周长的上下界，从正六边形开始，逐次加倍计算到正96边形，得到（3+（10/71））<π<（3+（1/7）），开创了圆周率计算的几何方法（亦称古典方法，或阿基

π
3.141
5926535
8979323846
2643383279502
8841971693993751

圆周率的值

米德方法），得出精确到小数点后两位的π值。

中国数学家刘徽在注释《九章算术》（263年）时只用圆内接正多边形就求得π的近似值，也得出精确到两位小数的π值，他的方法被后人称为割圆术。他用割圆术一直算到圆内接正192边形，得出π≈根号10。（约为3.16）。

南北朝时期著名数学家祖冲之进一步得出精确到小数点后7位的π值（约5世纪下半叶），给出不足近似值3.1415926和过剩近似值3.1415927，还得到两个近似分数值，密率355/113和约率22/7。他的辉煌成就比欧洲至少早了1 000年。其中的密率在西方直到1573年才由德国人奥托得到，1625年发表于荷兰工程师安托尼斯的著作中，欧洲不知道是祖冲之先知道密率的，将密率错误的称之为安托尼斯率

阿拉伯数学家卡西在15世纪初求得圆周率17位精确小数值，打破了祖冲之保持近千年的纪录。德国数学家柯伦于1596年将π值算到20位小数值，于1610年算到小数后35位数，该数值被用他的名字称为鲁道夫数。

无穷乘积式、无穷连分数、无穷级数等各种π值表达式纷纷出现，π值计算精度也迅速增加。1706年英国数学家梅钦计算π值突破100位小数大关。1873 年另一位英国数学家尚可斯将π值计算到小数点后707位，可惜他的结果从528位起是错的。到1948年英国的弗格森和美国的伦奇共同发表了π的808位小数值，成为人工计算圆周率值的最高纪录。

阿基米德画像

祖冲之画像

如何得到圆周率

从古至今，人们用各种各样的方法来获得圆周率的具体数值，阿基米德用的方法是利用圆内接正多边形和圆的外切正多边形进行研究；刘徽用的是"割圆术"；祖冲之继承和发展了刘徽的割圆术理论，为了计算圆周率，他在自己书房的地面画了一个直径1丈的大圆，从这个圆的内接正六边形一直做到正12288边形，然后一个一个算出这些多边形的周长。那时候的数学计算不是用现在的阿拉伯数字，而是用竹片做的筹码计算。他夜以继日、成年累月，终于算出了圆的内接正24576边形的周长等于3丈1尺4寸1分5厘9毫2丝6忽，还有余。因而，得出圆周率的值就在3．1415926与3．1415927之间，准确到小数点后7位，达到了当时世界最高水平。

圆周率的发展

在我国古代，在《周髀算经》中就有"径一周三"的记载，取π值为3。

魏晋时，刘徽曾用使正多边形的边数逐渐增加去逼近圆周的方法（即"割圆术"），求得π的近似值3.1416。汉朝时，张衡得出π的平方除以16等于5/8，即π等于10的开方（约为3.162）。虽然这个值不太准确，但它简单易理解，所以也在亚洲风行了一阵。王蕃（229—267）发现了另一个圆周率值，这就是3.156，但没有人知道他是如何求出来的。公元5世纪，祖冲之求出圆周率约为355/113，和真正的值相比，误差小于八亿分之一。这个纪录在一千年后才被打破。

婆罗门笈多采用另一套方法，推论出圆周率等于10的算术平方根。

斐波那契算出圆周率约为3.1418。

韦达用阿基米德的方法，算出3.1415926535<π<3.1415926537，他也是第一个以无限乘积叙述圆周率的人。

鲁道夫万科伦以多边形算出有35个小数位的圆周率。

华理斯在1655年求出一道公式 π/2=2×2×4×4×6×6×8×8……/3×3×5×5×7×7×9×9……

电子计算机的出现使π值计算有了突飞猛进的发展。1949年美国马里兰州阿伯丁的军队弹道研究实验室首次用计算机（ENIAC）计算π值，算到2037位小数，突破了千位数。1989年美国哥伦比亚大学研究人员用克雷–2型和IBM–VF型巨型电子计算机计算出π值小数点后4.8亿位数，后又继续算到小数点后10.1亿位数，创下最新的纪录。2010年1月7日法国一工程师将圆周

率算到小数点后27 000亿位。2010年8月30日日本计算机奇才近藤茂利用家用计算机和云计算相结合，计算出圆周率到小数点后5万亿位。

康熙、乾隆与全国地图的测绘

我国是世界上绘制和应用地图最早的国家之一。西晋时开始采用的"计里画方"法，其内容之丰富、山川城邑之翔实程度，都在我国和世界的地图发展史上占有重要的地位。由于这种制图方法是建立在平面测量基础上的，在较小范围内可以达到较高的精度，而对于大范围的全国地图和世界地图，误差则非常明显。

15世纪时，欧洲资本主义开始萌芽，随着航海探险事业的发展，经纬度测量和几何投影制图技术得到了很大的发展。这些新的地图测绘方法，在16世纪末由意大利传教士利玛窦介绍到了中国。但当时明王朝封建统治阶级正处在内外交困的情况下，这种新的测绘技术并没有引起明政府的重视及应用。直到清康熙年间（17世纪末到18世纪初），中国出现了空前的强大和统一，为全国大规模的地图测绘提供了可能，维护国家领土的完整统一，为了治理广阔的国家领土的需要，开展全国性经纬度测量和绘制精确的全国地图就非常必要的了。

康熙二十八年（1689年）中俄尼布楚条约之后，康熙帝深感中国地图之不足。这时西洋教士张诚乘机进呈"亚洲地图"，康熙帝对其测绘方法颇为赞赏，于是便命诸教士向他讲解算理。康熙帝亲自学习，孜孜不倦，并让他们推荐专家，购买仪器，为测量作准备。以后康熙帝几次出征蒙古，游历满洲，以及巡幸江南，都命张诚随行测量经纬度。又命天主教神父试测北京附近地图。康熙帝亲自校勘，认为远胜旧图后，方命令开始测制各省地图。

从康熙四十七年（1708年）开始，康熙亲自主持了史无前例的、规模宏大的测绘中国全图活动。四月十六日（公历7月4日），康熙命白晋、雷孝思与杜德美（均为法国教士）从长城测起至次年一月绘成一长逾十五尺的带状地图，凡长城之各门（共有300个）、各堡以及附近之城寨、河谷、水流等都绘在图上。同年还继续测绘了北直隶（今河北省）。

康熙四十八年（1709年）五月，又命雷孝思、杜德美与日耳曼教士费稳等测定东北地区，所测范围东南到图们江，东北到松花江，测绘有《盛京全图》、《乌苏里江图》、《黑龙江口图》、《热河图》等。次年七月，康熙又派诸教士赴黑龙江，测定了包括齐齐哈尔、墨尔根（今嫩江县）直至黑龙江城在内的广大地区，十二月完工。康熙对测量要求非常严格，图送至京城后，因"鸭绿图们二江间未详晰，五十年（1711年），命乌拉总管穆克登偕按事部员复往详察"（据《清史稿·何国宗传》）。

次年，为加快进度，康熙命令补充人员。兵分两路同时前进，以雷孝思、麦大成、卡多罗等为一队，测绘山东及其沿海一带，然后协助二队测陕西、甘肃和山西；以杜德美、费稳、奥古斯丁等为二队，出长城至哈密，测定喀尔喀蒙古（今属蒙古人民共和国），归途会同一队测绘陕、甘、晋。次年回京成图。

康熙五十一年（1712年），康熙又命雷孝思、冯秉正等到河南测量。后合测江苏、安徽、浙江及福建。命费稳、奥古斯丁等合测四川、云南。后因奥古斯丁病死云南边境，费稳又染病在身，不能继续工作，康熙五十四年（1715年）三月，又派雷孝思前往云南和费稳共同主持云南、贵州及湖北、湖南一带的测绘工作。康熙五十六年（1717年），康熙派在钦天监学过数学和测绘技术的喇嘛楚儿沁藏布兰木占巴和理藩院主事胜住等前往西藏调查测绘地图。他们从西宁到拉萨、再到恒河源，于当年编绘出《拉藏图》、《牙鲁藏布江图》、《罔底斯阿林图》、《金沙、澜沧等江源图》等，交西洋传教士审定。西藏图远不如内地各省和满蒙地区各图精确，并有不少错误，但边境上的世界第一高峰——珠穆朗玛峰，是在这次测绘时发现并命名的，比印度测量局的英国测量员埃非尔士1852年测绘此峰早130多年。

这次大规模测绘工作，南到海南岛，北达黑龙江，东及台湾，西至西藏和新疆的哈密，共包括了关内十五省和关外满蒙各地，历时10年之久。参加测绘的西洋传教士，除上面已提及的，还有潘如、汤尚贤、马侠。中国方面参加的还有何国栋、索柱、白映棠、贡额、那海、李英、照海等，而间接参加和支援这次大规模野外测量活动的人则在200人以上。最后在杜德美领导之下，编绘完成了《皇舆全览图》。

康熙年间的测量，因新疆准噶尔之叛乱尚未平定，故测量仅止于哈密，而楚尔沁藏布兰木占巴、胜住等喇嘛奉旨测量至恒河源，因碰上策妄入侵西藏，使西藏部分地区也没有测绘。到乾隆年间，数次平定西部叛乱之后，即派人继续进行测量，完成康熙时未完成的事业，其规模仅次于康熙时。

　　乾隆十五年（1750年），清军平定西藏叛乱，乾隆即命测算家实地进行了测量。乾隆二十年（1755年），清军直抵伊犁，平定准噶尔叛乱，与此同时，乾隆即派何国宗等分道测量。但不久因准噶尔再次叛乱，清军退守巴里坤。次年，清军再次收复伊犁后，乾隆"因会命都御史何国宗率西洋人，由西北二路，分道至各鄂托测量星度，占候节气，问询其山川险易，道里远近，绘图一如旧制"（乾隆题《大清一统舆图》诗自注）这次测量除当年康熙年间的测算家何国宗、明安图外，还有刘统勋、努克三、那海、富德、哈清河等人。乾隆二十四年（1759年），清军收复南疆，乾隆又命明安图前往测定天山北南路包括今独联体国家塔什干等广大地区。

　　乾隆二十六年（1781年），新疆全境地图皆测绘完毕，何国宗与刘统勋依新测资料编绘《皇舆西域图志》一册，奉旨交军机处方略馆。同年，参加过赴疆实地测量的法国教士蒋友仁在康熙《皇舆全览图》的基础上，增加西藏、新疆资料编汇成《乾隆内府舆图》。蒋友仁于乾隆三十九年至四十年在法国巴黎制成铜版一百零四方，共十三排，故又称《乾十三排图》。《乾隆内府舆图》采用梯形投影，经纬度都画成直线，中央经线是通过北京的子午线。比例尺为1∶140万，内容范围比《皇舆全览图》大出许多，北至北冰洋，南抵印度洋，西达波罗的海、地中海和红海。

　　康熙、乾隆时期编绘的《皇舆全览图》和《乾隆内府舆图》，是我国第一次采用地理坐标，即经纬网的方法，在实测的基础上，结合调查采访的丰富资料编绘而成的，是采用近代先进科学技术实测全国地图最终完成的标志，它的数学要素和地理要素都达到了较高的科学水平，在我国地图史上占有举足轻重的地位，在人类文明史上也产生深远的影响。

　　虽然我国早在唐开元十二年（1725年），就开始了纬度测量，但这些测量主要是由天文历算家来进行的，明末以来利玛窦等西洋传教士，虽然也曾在中国测量过几个城市的经纬度，为数极少。康熙时的测量则是第一次有计划有组织地制定了以北京为中心的经纬网，并通过天文测量和三角测量的方法在全国实测出641个经纬点。乾隆年间又在哈密以西测出92个经纬点，两者合计共733处。因而第一次出现了比较正确的地理轮廓，奠定了我国基本地图的基础。成为后来各种地图的蓝本，同时康熙乾隆两朝是我国统一的多民族国家伟大疆域形成的重要时代，经纬度测量和地图的绘制是国家统一的重要标志，对遏制外部侵略也有着重要的意义。

中国地域这样辽阔，仅靠实测的几百个经纬点来编绘全国总图，显然是有困难的，还有赖于丰富的中国地理文献的补充。这样中西知识相互结合，互相补充，才能在较短时间内，完成此巨作。它填补了当时西方人对东方地理知识空白，也使我国地图测绘事业进入了一个新的发展阶段。

 ## 《两小儿辩日》中的测量

两小儿辩日的故事

《两小儿辩日》是我们耳熟能详的故事。它选自《列子·汤问》，相传是战国时郑国人列御寇所著。文章通过两小儿辩日使孔子不能判断谁是谁非，说明宇宙之大，知识之广，上下纵横，虽智者也不能事事尽知。孔子没有"强不知以为知"，而是本着"知之为知之，不知为不知"的实事求是的态度，从而体现孔子谦虚谨慎、实事求是的科学态度。其实这里面也蕴含着测绘的知识呢。

这则故事的原文是：

孔子东游，见两小儿辩斗，问其故。

一儿曰："我以日始出时去人近，而日中时远也。"

一儿以日初出远，而日中时近也。

一儿曰："日初出大如车盖，及日中则如盘盂（yú），此不为远者小而近者大乎？"

一儿曰："日初出沧（cāng）沧凉凉，及其日中如探汤，此不为近者热而远者凉乎？"

孔子不能决也。

两小儿笑曰："孰为汝多知乎？"

它的意思是说：有一天，孔子在路上碰到两个孩子正争得面红耳赤。孔子上前问他们说："你们为什么事争得不可开交呀？"两个孩子争先恐后地告诉孔子，他们正在争论早晨和中午的太阳哪一个离我们近。一个孩子说："我认为早晨太阳出

两小儿辩日

来时离人近，中午的时候离人远。因为早晨的太阳看起来有车盖那么大，中午的太阳看起来只有菜盘子那么小。这不就说明早晨的太阳离我们近才显得大，中午的太阳离我们远才显得小吗？"孔子听了觉得有道理。另一个孩子反驳说："早晨太阳出来时，到处凉气袭人，中午却热得像站在沸水边一样难

早晨的太阳

受，这不是因为早晨太阳离我们远才觉得凉，中午太阳离我们近才觉得热吗？"孔子一听也觉得有道理。可这样一来他就无法断定两个孩子谁说的真有道理了。两个孩子看到孔子似是而非的样子，急得直跺脚，一个拉着孔子一只手说："孔大人，您可得给我们评个理，看到底谁说得对呀！"满腹经纶的孔子无可奈何地摇摇头，承认自己搞不清谁是谁非。两个小孩十分失望，望着孔子远去的背影取笑说："还说他学问大得很呢！原来也不过如此而已！"

故事所蕴含的测量

这则故事中，两个小孩争辩的原因是他们根据不同的感觉来说明地面距离太阳的远近。当时的人们对宇宙和地球的了解并不是很深，所以就是当时最聪明的人——孔子也没办法解决这个问题。

一个小孩说因为早晨太阳冷，中午的热所以早上远中午近，另外一个说早上的太阳大，中午小，所以早上的近中午的远。事实的观察的确如此，那么如何解释？

初升的太阳看上去比中午的大，是因为早晨阳光进入大气层折射角比较大，我们看到的是被放大了的太阳的像，看起来早晨的太阳比中午时大些是因为眼睛的错觉。我们看白色图形比看同样大小的黑色图形要大些。这在物理学上叫"光渗作用"。太阳初升时，四周天空是暗沉沉的，因而太阳显得明亮，而在中午时，四周天空都很明亮，相对之下，太阳与背衬的亮度差没有那样悬殊，这也是使我们看起来太阳在早晨比中午时大些的原因。

事实上由于中午的太阳辐射过于强烈，用肉眼直接观察太阳的大小是不现实的。这造成了在人们的印象中，中午的太阳只是一个明亮的点，而日出日落的太阳是可以观察到的一个圆形。

中午时太阳光是直射在地面上，而早晨太阳光是斜射在地面上，可以看出太阳光直射时，地面和空气在相同的时间里、相等的面积内接受太阳的辐射热较早晨太阳光斜射时多，因而受热最强。所以中午比早晨时热。

中午的太阳

天气的冷热主要决定于空气温度的高低。影响空气温度的主要因素，是由太阳的辐射强度所决定的，但太阳光热并不是直接使气温升高的主要原因。因为空气直接吸收阳光的热能只是太阳辐射总热能的一小部分，其中大部分被地面吸收了。地面吸收了太阳辐射热后，再通过辐射、对流等传热方式向上传导给空气，这是使气温升高的主要原因。

所以，每天中午较热，早晨较冷，并非太阳离我们地面有远有近之故。

相对论大家都知道，就是以一个点为中心，在一个点做对照。也就是说在文中应该有2个中心点，一个就是地球，一个就是两个小儿所在的地区。如果以地球为中心点，那么太阳离地球的距离不变的在早上还是中午时都是一样的；如果以两个小儿所在的地区为中心点，那么就应该是中午的时候会更近些。太阳和地球都是球体，先把两小儿所在的地区假设到地区圆形的正上方，而太阳就假设到地球的左边。这时两小儿所在的地区看到的太阳就是早晨的太阳。而只要把两小儿所在的地区假设到太阳的正下方，这时的太阳就是中午的太阳。两点之间线段最短，可以知道在以两个小儿所在的地区为中心点时，早上的太阳比中午的太阳离两个小儿所在的地区较远。而文中当时的两个小孩根本不知道地球，所以他们是以自己所在的地区做中心点，这就能判断出谁对谁错了。

文中需要解决三个问题：

1. 日出时太阳离地球近，还是正午太阳离我们近？

大家都知：地球绕着太阳转的轨道是椭圆轨道，太阳位于其中的一个焦点上。一月初日地距离最近，七月初日地距离最远。因此一月初到七月初是早晨的太阳离地球近，正午的太阳离地球远；七月初到第二年一月初是早晨的太阳离地球远，正午的太阳离地球近。

2. 为什么"日初出大如车盖，及日中，则如盘盂"？

这主要是参照物的大小差异所造成的视觉差异。日出之初在天边，参照物是范围小的天边、山、树等，这样太阳看起来就比较大，如车盖。日中时太阳在正中天，参照物是范围很大的整个天空，太阳看起来就小，如盘盂。

3. 为什么"日初出沧沧凉凉，及其日中如探汤"？

因日出之初太阳光斜得厉害，太阳高度小，地面单位面积所获得的太阳辐射少，同时太阳光所经过的大气层更厚，大气对太阳辐射的削弱作用强，所以"日初出沧沧凉凉"。而正午太阳高度大，地面单位面积所获得的太阳辐射要多得多，同时太阳光所经过的大气层比较薄，大气对太阳辐射的削弱作用比较弱，所以"日中如探汤"。

第4章

新型指南车

——GPS

 ## 人造星座

什么是人造卫星？

从古代开始，人类对天上的星星永远有着一种无法释怀的感情，有关星空的神话故事特别多。

在没有月亮的晴朗的夜空中，可以看到很多星星在眨眼，其中也有我们人类放上去的星星。科学家们是用什么办法把我们自己做的星星放上去的？

我们把科学家做好的并放到天上的"星星"叫做"人造卫星"。人造卫星就是环绕地球在空间轨道上运行（至少一圈）的无人航天器。人造卫星基本按照天体力学规律绕地球运动，但因在不同的轨道上受非球形地球引力场、大气阻力、太阳引力、月球引力和光压的影响，实际运动情况非常复杂。人造卫星发射数量约占航天发射器总数的90%以上。

科学家用火箭把它发射到预定的轨道，使它环绕着地球或其他行星运转，以便进行探测或科学研究。围绕哪一颗行星运转的人造卫星，我们就叫它哪一颗行星的人造卫星，比如最常用于观测、通讯等方面

人造卫星

的人造卫星。地球对周围的物体有引力的作用，因而抛出的物体要落回地面。但是，抛出的初速度越大，物体就会飞得越远。牛顿在思考万有引力定律时就曾设想过，从高山上用不同的水平速度抛出物体，速度一次比一次大，落地点也就一次比一次离山脚远。如果没有空气阻力，当速度足够大时，物体就永远不会落到地面上来，它将围绕地球旋转，成为一颗绕地球运动的人造地球卫星，简称人造卫星。

人造卫星是发射数量最多、用途最广、发展最快的航天器。1957年10月4日苏联发射了世界上第一颗人造卫星。之后，美国、法国、日本也相继发射了人造卫星。我国于1970年4月24日发射了自己的第一颗人造卫星"东方红一号"。人造卫星一般由专用系统和保障系统组成。专用系统是指与卫星所执行的任务直接有关的系统，也称为有效载荷。应用卫星的专用系统按卫星的各种用途包括：通信转发器，遥感器，导航设备等。科学卫星的专用系统则是各种空间物理探测、天文探测等仪器。技术试验卫星的专用系统则是各种新原理、新技术、新方案、新仪器设备和新材料的试验设备。保障系统是指保障卫星和专用系统在空间正常工作的系统，也称为服务系统。主要有结构系统、电源系统、热控制系统、姿态控制和轨道控制系统、无线电测控系统等。对于返回卫星，则还有返回着陆系统。

人造卫星的运动轨道取决于卫星的任务要求，区分为低轨道、中高轨道、地球同步轨道、地球静止轨道、太阳同步轨道，大椭圆轨道和极轨道。人造卫星绕地球飞行的速度快，低轨道和中轨道，高轨道卫星一天可绕地球飞行几圈到十几圈，不受领土、领空和地理条件限制，视野广阔。能迅速与地面进行信息交换、包括地面信息的转发，也可获取地球的大量遥感信息，一张地球资源卫星图片所遥感的面积可达几万平方千米。在卫星轨道高度达到35 786千米，并沿地球赤道上空与地球自转同一方向飞行时，卫星绕地球旋转周期与地球自转周期完全相同，相对位置保持不变。此卫星在地球上看来是静止地挂在高空，称为地球静止轨道卫星，简称静止卫星，这种卫星可实现卫星与地面站之间的不间断的信息交换，并大大简化地面站的设备。目前绝大多数通过卫星的电视转播和转发通信是由静止通信卫星实现的。

人类为什么要做人造卫星？

天上的星星可以像月亮一样，给黑暗中的人们带来光亮，它们还可以给夜里迷失方向的人们和动物们指明方向，特别是航海。在古代，还没有指南针出现时，人们晚上出海捕鱼时靠的就是天上的星星来航行的，例如北极星、启明星等这些星星给人们的生活生产带来了很大的方便。那么，现在的科学家们为什么把人造卫星带到天空中呢？人造卫星给我们人类带来什么样的帮助？

人类发射到太空中的人造卫星按它们对人类的帮助可以分为三种类型，分别是：科学卫星、技术试验和应用卫星。

科学卫星是用于科学探测和研究的卫星，主要包括空间物理探测卫星和天文卫星，用来研究高层大气，地球辐射带，地球磁层，宇宙线，太阳辐射等，并可以观测其他星体。

技术试验卫星是进行新技术试验或为应用卫星进行试验的卫星。航天技术中有很多新原理，新材料，新仪器，其能否使用，必须在天上进行试验；一种新卫星的性能如何，也只有把它发射到天上去实际"锻炼"，试验成功后才能应用；人上天之前必须先进行动物试验……这些都是技术试验卫星的使命。

应用卫星是直接为人类服务的卫星，它的种类最多，数量最大，其中包括：通信卫星、气象卫星、侦察卫星、导航卫星、测地卫星、地球资源卫星、截击卫星和军用卫星等。

总的来说，人造卫星的用途很广，勘探卫星能测量地形，调查地面资源，勘探地下矿藏；气象卫星能拍摄云图，观测风向和风速；间谍卫星能搜集军事情报；实验卫星能帮助科学家在太空中做许多地面不能做的实验；救援卫星能搜寻到遇难者发出的求救信号等。

人造卫星就像是神通广大的调研员。比如，黄河究竟发源于何处？几百年来，由于黄河源头地理条件复杂，人们虽经多次考察，却一直没能弄清楚。在教科书上写的是发源于雅合拉达泽山。人造卫星遥感测量则给了我们肯定的回答：黄河发源于卡日曲。又如，几个世纪以来，各国探险家曾对青藏高原的自然面貌进行过100多次的调查，但究竟有多少湖泊，仍没有搞清楚。有了卫星，人们对此了如指掌，知道高原上共有湖泊800多个。

卫星还被用于各种科研领域。有不少是主要为了太空开发目的而设计的科研项目。譬如用卫星搭载一些动植物，以确认其在太空环境下所可能引起的变化；利用卫星测试某些材料暴露在太空条件下的强度变化、使用寿命等等。卫星也被应用于其他一些领域。极光是一种地球物理现象，主要出现在极地的高空，并总是突然地出现，又突然地消失，致使人们很难掌握其变化的规律，对其形成的机理、内部的结构特征等等也均不甚了解。为了对极光现象进行深入研究，1989年，日本特意发射了一颗被命名为"曙光"的极光观测卫星，结果首次发现，就像太阳会刮出被称为太阳风的高速等离子流一样，地球的两极也会出现等离子流——极风，正是这种极风与极光的出现有着密切的关系。

卫星也被用来进行大地构造的研究，如当代流行的板块构造学说认为，整个地球的表面岩石圈，是由若干大小不同的板块拼合而成，板块与板块之间会发生相对的位移。但该学说的倡导者只是根据地质现象作出以上判断，拿不出确切的实测证据。后来，人们通过卫星大地测量，果真发现一些板块正以每年一到几个厘米的速度在相对移动。卫星还被用于考古，它以敏锐的"视力"，从沙海茫茫的撒哈拉沙漠中，找到了20万年前已湮没的一条像尼罗河那样的大河；在哥斯达黎加密密的热带雨林中，发现了埋在地下的古代人行小道。人们还用卫星寻找早已失踪的古代城堡、巨大的陵墓……

总之，伴随着我们人类的科学技术日新月异的发展，越来越多的人造卫星被发射到太空中，使得人们的生活越来越方便！

人造卫星的发展

到现在为止，太空中已经有了很多的人造卫星了，而且发射人造卫星的技术越来越娴熟。这项科学技术发展到今天，科学家们进行了漫长时间的探索和钻研！

1957年10月4日，这是一个值得我们人类纪念的日子，因为从那天开始，我们不再觉得星空是遥不可及！这一天，苏联宣布成功地把世界上第一颗绕地球运行的人造卫星送入轨道，这颗卫星当时命名为Sputnik-1。美国官员宣称，他们不仅因为苏联首先成功地发射卫星感到震惊，而且对这颗卫星的体积之大感到惊讶。这颗卫星比美国准备在第二年初发射的卫星重8倍。苏联宣布说，这颗卫星绕地球一周需1小时36分，距地面的最大高度为900公里，用两个频道连续发送信号。由于运行轨道和赤道成65°夹角，因此它每日可两次在莫斯科上空通过。苏联对发射这颗卫星的火箭没做详细报道，不过曾提到它以每秒8公里的速度离开地面。他们说，这次发射开辟了星际航行的道路。

第一颗人造地球卫星呈球形，直径58厘米，重83.6公斤。它沿着椭圆轨道飞行，每96分钟环绕地球一圈。人造地球卫星内带着一台无线电发报机，不停地向地球发出"滴——滴——滴"的信号。一些人围着收音机。侧耳倾听着初次来自太空的声音。另一些人则仰望天空，试图用肉眼在夜晚搜索人造地球卫星明亮的轨迹。

当时很少有人了解人造地球卫星是载人宇宙飞船的前导，科学家正在加紧准备载人空间飞行。一个月后，1957年11月3日，苏联又发射了第二颗人造地球卫星，它的重量一下增加了5倍多，达到508公斤。这颗卫星呈锥形，为了在卫星上节省出位置增设一个密封生物舱，不得不把许多测量仪器移到最末一节火箭上去。在圆柱形的舱内安然静卧着一只名叫"徕卡依"的小狗。小狗身上连接着测量脉搏、呼吸、血压的医学仪器，通过无线电随时把这些数据报告给地面。为了使舱内空气保持新鲜清洁，还安装了空气再生装置和处理粪便的排泄装置。舱内保持一定的温度和湿度，使小狗感到舒适。另外还有一套自供食装置，一天三次定时点亮信号灯，通知徕卡依用餐。使人遗憾的是，由于当时技术水平的限制，这颗卫星无法收回，试验狗在卫星生物舱内生活了一个星期，完成全部实验任务后，只好让它服毒自杀，成为宇航飞行中的第一个牺牲者。

苏联的这一成功发射人造卫星，揭开了人类向太空进军的序幕，大大激发了世界各国研制和发射卫星的热情！

1958年1月31号，美国也不甘落后，在这天也成功地发射了第一颗"探险者一号"人造卫星。该星重8.22公斤，锥顶圆柱形，高203.2厘米，直径15.2厘米，沿近地点360.4公里、远地点2531公里的椭圆轨道绕地球运行，轨道倾角33.34°，运行周期114.8分钟。发射"探险者一号"的运载火箭是"丘比特-C"四级运载火箭。

法国在1965年11月26日成功地发射了第一颗"试验卫星"（A-1）号人造卫星。该星重约42公斤，运行周期108.61分钟，沿近地点526.24公里、远地点1 808.85公里的椭圆轨道运行，轨道倾角34°24′。发射A1卫星的运载火箭为"钻石-A"号三级火箭，其全长18.7米，直径1.4米，起飞重量约18吨。

日本也于1970年2月11日成功地发射了第一颗人造卫星"大隅"号。该星重约9.4公斤，轨道倾角31.07°，近地点339公里，远地点5138公里，运行周期144.2分钟。发射"大隅"号卫星的运载火箭为"兰达-4S-5"四级固体火箭，火箭全长16.5米，直径0.74米，起飞重量9.4吨。第一级由主发动机和两个助推器组成，推力分别为37吨和26吨；第二级推力为11.8吨；第三、四级推力分别为6.5吨和1吨。

中国是在1970年4月24日成功地发射了第一颗人造卫星"东方红"1号。该星直径约1米，重173公斤，沿近地点439公里、远地点2384公里的椭圆轨道绕地球运行，轨道倾角68°5′，运行周期114分钟。发射"东方红"1号卫星的运载火箭为"长征"1号三级运载火箭，火箭全长29.45米，直径2.25米，起飞重量81.6吨，发射推力112吨。

我国第一颗人造卫星

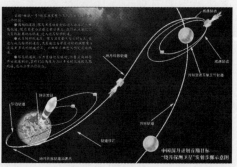
嫦娥一号轨道示意图

到现在为止，我们人类送到天空中的人造卫星已经超过6000多个了……

继2007年10月24号嫦娥发射成功后，我国又陆续地成功发射了好几颗卫星。新发射的一颗卫星是"天宫一号"（Tiangong-1），它是中国第一个目标飞行器，于2011年9月29日21时16分3秒在酒泉卫星发射中心发射，飞行器全长10.4米，最大直径3.35米，由实验舱和资源舱构成。它的发射标志着中国迈入中国航天"三步走"战略的第二步第二阶段，同时也是中国空间站的起点，标志着我国已经拥有建立初步空间站，即短期无人照料的空间站的能力。

由于"天宫一号"是空间交会对接试验中的被动目标，所以叫"目标飞行器"。而之后发射的神舟系列飞船，将称作"追踪飞行器"，入轨后主动接近目标飞行器。它的名

等待发射的天宫一号

称来源也是很有意思的。"天宫"是中华民族对未知太空的通俗叫法，如《西游记》中的孙悟空大闹天宫，拥有民族神话气息。

分析人士认为，相比于国外的空间站，中国试验性空间站设计更加独特，安全性更强。

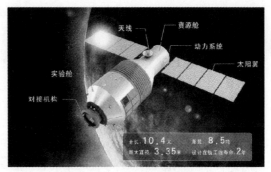

天宫一号结构示意图

"天宫一号"与国外试验性空间站在功能和用途方面有相似之处，但质量较小，约为8吨，而国外试验性空间站都为20吨级以上，因此称其为简易"空间实验室"更加合适。

国际上的空间站的情况是怎么样的呢？我们一起来了解一下。

国际空间站的设想是1983年由美国总统里根首先提出的，由于受到当时的政治、经济、技术等方面制约，在经过近十余年的探索和多次重新设计之后，直到苏联解体、俄罗斯加盟，国际空间站才于1993年完成设计并开始实施。它是一项由六个太空机构联合推进的国际合作计划，也指运行于距离地面360公里的地球轨道上的该计划发射的航空器，该空间站以美国、俄罗斯为首，包括加拿大、日本、巴西和欧空局（11个国家，正式成员国有比利时、丹麦、法国、德国、英国、意大利、和荷兰、西班牙、瑞典、瑞士和爱尔兰）共16个国家参与研制。其设计寿命为10~15年，总质量约423吨、长108米、宽（含翼展）88米，运行轨道高度为397千米，载人舱内大气压与地表面相同，可载6人。

装配完成后的国际空间站长110米，宽88米，大致相当于两个足球场的大小，总质量达400余吨。国际空间站由航天员居住舱、实验舱、服务舱，对接过渡舱、桁架、太阳能电池等部分组成，是有史以来规模最为庞大、设施最为先进的宇宙空间站。

除了国际空间站之外，还有俄罗斯的"和平站"。和平号是苏联/俄罗斯的第3代空间站，亦为世界上第一个长久性空间站（设计成在轨多模块组装，站上长期有人工作。和平号空间站的轨道倾角为51.6°，轨道高度300~400千米。自发射后除3次短期无人外，站上一直有航天员生活和工作。

和平号空间站原设计寿命5年，到1999年它已在轨工作了12年多，除俄罗斯的航天员外，还接待了其他国家和组织的航天员，他们在和平号空间站上取得了丰硕的研究成果。但由于和平号设备老化，加之俄罗斯资金匮乏，从1999年8月28日起，和平号进入无人自动飞行状态，准备最终坠入大气层焚毁，完成其历史使命。

美国的GPS为什么中国能免费用

什么是GPS

在现代的生活中，随着科学技术日新月异地发展，越来越多的高科技融入我们的生活，例如导航、高铁等等。在这些高端的科学技术产品中，GPS在我们的生活中被广泛应用，我们周末或假期开车去外地玩时，对当地的路况信息并不熟悉，为了不迷路，我们经常会打开汽车的导航系统。我们会看到在驾驶员前面有一个小电视一样的屏幕，屏幕上有地图，地图上有一条公路，公路上有一辆车在奔跑。屏幕上的显示的公路就是当时我们正在走的路，那辆车就是我们开的车的示意图。除了看到车在屏幕的路上不断飞驰，还可以听到一个声音在提醒我们前面多远会有岔路口，提醒我们要继续往前开还是往左或往右拐，有些还会提醒哪里有摄像头。这种生活中常用的GPS，很多人都知道，但对整体的GPS了解得还不是很多。现在我们就一起来全方位地了解GPS。

GPS是英文Global Positioning System（全球定位系统）的简称，是利用卫星，在全球范围内实时进行定位、导航的系统，而其中文简称为"球位系"。GPS是20世纪70年代由美国陆海空三军联合研制的新一代空间卫星导航定位系统，其主要目的是为陆、海、空三大领域提供实时、全天候和全球性的导航服务，能为各类用户提供精密的三维坐标速度和时间，并用于情报收

GPS导航卫星

集、核爆监测和应急通讯等一些军事目的。经过20余年的研究实验，耗资300亿美元，到1994年3月，全球覆盖率高达98%的24颗GPS卫星星座已布设完成。在机械领域GPS则有另外一种含义：产品几何技术规范（Geometrical Product Specifications）——简称GPS；另外一种解释为G/s（GB per s）。

GPS功能必须具备GPS终端、传输网络和监控平台三个要素；这三个要素缺一不可；通过这三个要素，可以提供车辆防盗、反劫、行驶路线监控及呼叫指挥等功能。

GPS系统的前身为美军研制的一种子午仪卫星定位系统（Transit），1958年研制，1964年正式投入使用。该系统用5到6颗卫星组成的星网工作，每天最多绕过地球13次，并且无法给出高度信息，在定位精度方面也不尽如人意。然而，子午仪系统使得研发部门对卫星定位取得了初步的经验，并验证了由卫星系统进行定位的可行性，为GPS系统的研制埋下了铺垫。由于卫星定位显示出在导航方面的巨大优越性及子午仪系统存在对潜艇和舰船导航方面的巨大缺陷，美国海陆空三军及民用部门都感到迫切需要一种新的卫星导航系统。

为此，美国海军研究实验室（NRL）提出了名为Tinmation的用12到18颗卫星组成10 000千米高度的全球定位网计划，并于1967年、1969年和1974年各发射了一颗试验卫星，在这些卫星上初步试验了原子钟计时系统，这是GPS系统精确定位的基础。伪随机码的成功运用是GPS系统得以取得成功的一个重要基础。海军的计划主要用于为舰船提供低动态的二维定位，空军的计划能够提供高动态服务，然而系统过于复杂。由于同时研制两个系统会造成巨大的费用而且这里两个计划都是为了提供全球定位而设计的，所以1973年美国国防部将二者合二为一，并由国防部牵头的卫星导航定位联合计划局（JPO）领导，将办事机构设立在洛杉矶的空军航天处。该机构成员众多，包括美国陆军、海军、海军陆战队、交通部、国防制图局、北约和澳大利亚的代表。

最初的GPS计划在联合计划局的领导下诞生了，该方案将24颗卫星放置在互成120度的三个轨道上。每个轨道上有8颗卫星，地球上任何一点均能观测到6至9颗卫星。这样，粗码精度可达100米，精码精度为10m。由于预算压缩，GPS计划部得不减少卫星发射数量，改为将18颗卫星分布在互成60°的6

个轨道上。而这一方案使得卫星可靠性得不到保障。1988年又进行了最后一次修改：21颗工作星和3颗备用星工作在互成30°的6条轨道上。这也是现在GPS卫星所使用的工作方式。

GPS的构成

GPS是一个庞大的系统，并不是一个单一的部件。它是由各种负责自己功能的部分有机地组合起来的，就像我们的政府，是由各个分管各种政务的部门有机地组合在一起，才形成了强大的系统！我们来看看这庞大神秘的GPS是由什么构成的。

大体上，一个完整的GPS是由三部分构成的，分别是空间部分、地面控制系统和用户设备部分。

GPS的空间部分由24颗卫星组成，科学家们把这24颗卫星发射到太空，21颗工作星和3颗备用星工作在互成30度的6条轨道上，它位于距地表20 200千米的上空，均匀分布在6个轨道面上（每个轨道面4颗），轨道倾角为55°。卫星的均匀分布使得在全球任何地方、任何时间都可观测到4颗以上的卫星，有时候可以观测到9颗卫星，并能在卫星中预存导航信息，并能保持良好定位解算精度的几何图像。这就提供了在时间上连续的全球导航能力。GPS卫星产生两组电码，一组称为C/A码；一组称为P码，P码因频率较高，不易受干扰，定位精度高，因此受美国军方管制，并设有密码，一般民间无法解读，主要为美国军方服务。C/A码人为采取措施而刻意降低精度后，主要开放给民间使用。GPS的卫星因为大气摩擦等问题，随着时间的推移，导航精度会逐渐降低。

地面控制系统由监测站、主控制站、地面天线所组成，主控制站位于美国科罗拉多州春田市。地面控制站负责收集由卫星传回之讯息，并计算卫星星历、相对距离、大气校正等数据。

用户设备部分即GPS信号接收机。其主要功能是能够捕获到按一定卫星截止角所选择的待测卫星，并跟踪这些卫星的运行。当接收机捕获到跟踪的卫星信号后，就可测量出接收天线至卫星的伪距离和距离的变化率，解调出卫星轨道参数等数据。根据这些数据，接收机中的微处理计算机就可按定位解算方法进行定位计算，计算出用户所在地理位置的经纬度、高度、速度、时间等信息。接收机硬件和机内软件以及GPS数据的后处理软件包构成完整的GPS用户设备。

GPS 接收机的结构分为天线单元和接收单元两部分。接收机一般采用机内和机外两种直流电源。设置机内电源的目的在于更换外电源时不中断连续观测。在用机外电源时机内电池自动充电。关机后机内电池为RAM存储器供电，以防止数据丢失。目前各种类型的接收机体积越来越小，重量越来越轻，便于野外观测使用。其次则为使用者接收器，现有单频与双频两种，但由于价格因素，一般使用者所购买的多为单频接收器。

GPS的应用

GPS应用的范围很广，几乎涉及人们生活的各个方面。

主要有为船舶、汽车、飞机等运动物体进行定位导航。例如：船舶远洋导航和进港引水；飞机航路引导和进场降落；汽车自主导航；地面车辆跟踪和城市智能交通管理；紧急救生；个人旅游及野外探险；个人通讯终端（与手机，PDA，电子地图等集成一体）；各种等级的大地测量，控制测量；道路和各种线路放样；水下地形测量；地壳形变测量，大坝和大型建筑物变形监测等等。

GPS在道路工程中的应用，目前主要是用于建立各种道路工程控制网及测定航测外控点等。随着高等级公路的迅速发展，对勘测技术提出了更高的要求，由于线路长，已知点少，因此，用常规测量手段不仅布网困难，而且难以满足高精度的要求。目前，国内已逐步采用GPS技术建立线路首级高精度控制网，然后用常规方法布设导线加密。实践证明，在几十公里范围内的点位误差只有2厘米左右，达到了常规方法难以实现的精度，同时也大大提前了工期。GPS技术也同样应用于特大桥梁的控制测量中。由于无需通视，可构成较强的网形，提高点位精度，同时对检测常规测量的支点也非常有效。GPS技术在隧道测量中也具有广泛的应用前景，GPS测量无需通视，减少了常规方法的中间环节，因此，速度快、精度高，具有明显的经济和社会效益。

GPS的发展

GPS从1958年开始研制到现在，历经了科学家们50多年的刻苦钻研。

到了20世纪70年代，GPS系统的开发时代来临了。在上个世纪70年代，美国和苏联正处在冷战时期，这两个国家都想成为世界第一经济和军事大国，成为世界的霸主，他们之间进行着科学技术的竞争，科学技术是第一生产力，谁掌握了最先进的技术谁的手中就握有主动权。随着美苏军备竞赛的升级，美国的军事领域迫切需要能够在世界范围精确定位的系统。美国国防部不惜斥资120亿美元研制军用定位系统。1978年，美国成功发射了第一颗用于GPS系统的卫星，此后GPS逐渐发展成为目前广泛使用的系统。

美国从20世纪70年代开始对建立GPS系统进行实验和计划实施，计划实施分为三个阶段：

第一阶段是方案论证和初步设计阶段。从1978年到1979年，由位于加利福尼亚的范登堡空军基地采用双子座火箭发射了4颗试验卫星，卫星运行的轨道长半轴为26 560km，倾角是64°。轨道高度为20 000km。在这一阶段里，美国科学家们主要研制了地面接收机及建立地面跟踪网。

第二阶段是全面研制和实验阶段。从1979年到1984年，又陆续发射了7颗称为"BLOCK I"的试验卫星，并研制了各种用途的接收机。通过多次的实验，结果表明，GPS定位精度远远超过设计标准，利用粗码定位，其精度就可达14米。

第三阶段是实用组网阶段。1989年2月4日第一颗GPS工作卫星发射成功，这一阶段的卫星称为"BLOCK II"和"BLOCK IIA"。此阶段宣告GPS系统进入工程建设状态。1993年底实用的GPS网即（21+3）GPS星座已经建成，今后将根据计划更换失效的卫星。

为什么我们可以免费使用GPS？

GPS是美国通过不断地实验研制和建立起来的对人们生活帮助很大的高科技产品，他们在建立时花了大量的人力和财力，而且要花很多精力来维护这个系统，那为什么美国把这个系统公开给世界上的各个国家免费使用呢？

GPS的信号有两种，一种是精度比较高的，这种信号美国并对外不公开，只供本国的军方使用；另一种信号精度是比较低的，对全世界的各国都公开，世界各地的人都可以免费接收。虽然美国公开这种民用的信号，但是美国不会对这信号造成的任何不良后果负任何的责任，而且美国内部想对GPS系统做任何调整，也不会对外部公开。如果采集GPS数据的那段时间，美国内部改变了GPS的参数，使得发

"北斗"导航卫星

出的信号不正确，就会导致实验结果产生很大的偏差。

　　从美国对GPS民用信号的公开的态度，可以知道即使现在我们可以免费使用GPS的信号，但是很不安全，如果用GPS进行科研项目的话，机密也会被美国所知道。我们要发展自己国家的导航系统，如"北斗"导航系统，国家的机密才有保障，人们使用过程中也不会产生不知所谓的错误。

 ## P码和C／A码

什么是P码和C／A码

　　"P码和C/A码"代表什么？他们的作用是什么？

　　如果把P码、C/A码和GPS联系起来，就容易理解得多了。

　　全球定位系统（GPS）用于对全球的民用及军用飞机、舰船、人员、车辆等提供实时导航定位服务。它采用典型的CDMA体制，这种扩频调制信号具有低截获概率特性。该系统主要利用直接序列扩频调制技术，采用的伪码有C／A码、P码和Y码三种。GPS系统中P码的捕获通常是先捕获到C／A码，然后利用C／A码调制的导航电文中的转接字（HOW）所提供的P码信息对P码进行捕获。然而，C／A码的码长短、码速率低，易受敌方干扰和欺骗，在强干扰和欺骗的战争环境下，很难通过C／A码来捕获到P码。因此，直接捕获P码一直备受美国军方的关注。产生P码并对其特性进行分析对进一步研究直接P码的捕获有着重要的意义。

　　P码和C／A码是GPS卫星发出的一种伪随机码的简称，C/A码（Coarse/Acquisition Code）和P码（Precise Code）。

　　C/A码是用于进行粗略测距和捕获P码的粗码，也称捕获码，周期Tu为1毫秒，是一种公开的明码，可供全球用户免费使用。但C/A码一般只调制在L1载波上，测距精度一般为±（2~3）米。

　　P码是精确测定从GPS卫星到用户接收机距离的测距码，也称精码。实际周期为一周。P码同时调制到L1载波和L2载波上，测距精度为0.3米。因其巨大的军事价值，1994年起美国实施了AS政策，故目前只有美国及其盟友的军方以及少数美国政府授权的用户才能够使用到P码。普通用户可以先捕获C/A码，在通过导航电文提供的数据计算出P码在整个序列码中的位置。

　　由于P码在战争中显得十分重要，而且C/A码在民用中也发挥了很重要的作用，所以研究并实现C/A码具有一定的实际价值。

C/A码除了用于捕获卫星信号外还可以过渡到捕获P码，现在导航接收机的伪距测量分辨率可达到0.1m。

P码和C／A码有什么用

我们可以通过了解GPS的工作原理来了解P码和C/A码在GPS系统运作中的作用。

GPS 的定位原理实质上就是测量学的空间测距定位，利用在平均20 200千米高空均匀分布在6 个轨道上的24 颗卫星发射测距信号码和载波，用户通过接收机接收这些信号测量卫星至接收机之距，通过一系列方程演算便可知地面点位坐标。

GPS 由三部分组成GPS 空间部分地基监控站和GPS 用户接收机部分。

我们从几个有关GPS 工作的问题入手剖析。

1. 信号与多通道：为了获得位置坐标，用户必须从4 颗卫星获得信号，这可以通过几种不同的方法来实现。单通道接收机按顺序接收4 颗卫星的信号，用户大约每5 秒钟就可以获得一次定位信息这种定位系统成本最低。多通道接收机通过4 个通道锁住4 颗卫星的信号，第5 个通道用于获取低频导航数据，这种方法得到了最高的信噪比。

2. 差分工作方式与独立工作方式。

3. 载波相位与码相位：码接收机是通过码相位来测量用户和卫星的伪距的，由于C/A码片对应空间距离为293 米，相位检测精度能达到1%，所以能得到均方误差为3 米的精度。

4. 操作码：普通操作码需要 4 颗卫星，另外还有视野最优操作码和全视野码，以及高度—辅助码，适于机载应用这些码应用时可相互转换。

5. 系统精度：GPS 提供两种水平的导航服务—精密定位服务PPS 和标准定位服务SPS。美国的GPS 政策所定使用单频C/A 码还要受到SA 的影响，即为降低精度而人为加入的一些干扰，因此一般单机定位精度为二维100 米左右。GPS 传输信号分类被传输的信号包含四种不同的信息：

第一种是频率为10.23MHz 的军用P 码，

第二种是C/A 码频率为1.023MHz 用户用该码可以得到基本的定位信息，

第三种信息是一种调制在同一载波上的50 位/秒的低频数据信号，

最后是载波相位信息，可以用来进行精确的大地测量和其他测量应用。

在L2 载波上只用P 码进行双相调制其信号结构。结构中包含有P码和C/A码的振幅Pi（t），以及为精测距码P 码和粗测距码C/A 码，还有卫星电文的数据流。根据这一原理 GPS 工作所需的信号按相应的方案进行合成，然后向全球发射形成现在随时随地都能接收到的信号。

中国的"北斗"你见过吗

中国北斗卫星导航系统是继美国全球定位系统（GPS）、俄罗斯GLONASS（格罗纳斯）定位系统之后的第三个成熟的卫星导航系统。北斗卫星导航系统的目标是向全球用户提供优质的定位、导航和授时服务，北斗系统的建设与发展遵循开放性、自主性、兼容性、渐进性的原则。

目前北斗卫星导航系统的空间部分是由5颗静止轨道卫星和30颗非静止轨道卫星组成，提供两种服务方式：开放服务和授权服务（属于第二代系统）。两种服务针对不同的用户。北斗导航系统的开放服务是在服务区免费提供定位、测速和授时服务，定位精度为10米，授时精度为50纳秒，测速精度0.2米/秒。授权服务是向授权用户提供更安全的定位、测速、授时和通信服务以及系统完好性信息。中国北斗卫星导航系统（COMPASS，中文音译名称BeiDou），作为中国独立发展、自主运行的全球卫星导航系统，是国家重要空间信息基础设施，可广泛用于经济社会的各个领域。

北斗卫星导航系统能够提供高精度、可靠的定位、导航和授时服务，具有导航和通信相结合的服务特色。通过多年的发展，这一系统在测绘、渔业、交通运输、电信、水利、森林防火、减灾救灾和国家安全等诸多领域得到应用，产生了显著的经济效益和社会效益，特别是在四川汶川、青海玉树抗震救灾中发挥了非常重要的作用。

北斗卫星导航系统2012年将

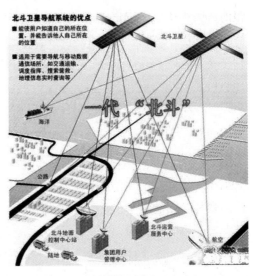

北斗卫星导航系统的优点

覆盖亚太区域，2020年将形成由30多颗卫星组网，具有覆盖全球能力的大型航天系统。高精度的北斗卫星导航系统实现自主创新，既具备GPS和伽利略系统的功能，又具备短报文通信功能。

北斗卫星导航系统的建设目标是：建成独立自主、开放兼容、技术先进、稳定可靠的覆盖全球的北斗卫星导航系统，促进卫星导航产业链形成，形成完善的国家卫星导航应用产业支撑、推广和保障体系，推动卫星导航在国民经济社会各行业的广泛应用。该系统由空间段、地面段和用户段三部分组成，空间段包括5颗静止轨道卫星和30颗非静止轨道卫星，地面段包括主控站、注入站和监测站等若干个地面站，用户段包括北斗用户终端以及与其他卫星导航系统兼容的终端。

"三步走"计划

第一步即区域性导航系统，已由北斗一号卫星定位系统完成，这是中国自主研发，利用地球同步卫星为用户提供全天候、覆盖中国和周边地区的卫星定位系统。中国先后在2000年10月31日、2000年12月21日和2003年5月25日发射了3颗"北斗"静止轨道试验导航卫星，组成了"北斗"区域卫星导航系统。北斗一号卫星在汶川地震发生后发挥了重要作用。

第二步即在"十二五"前期完成发射12颗到14颗卫星任务，组成区域性、可以自主导航的定位系统。

第三步即在2020年前，有30多颗卫星覆盖全球。北斗二号将为中国及周边地区的军民用户提供陆、海、空导航定位服务，促进卫星定位、导航、授时服务功能的应用，为航天用户提供定位和轨道测定手段，满足导航定位信息交换等的需要。

中国北斗导航卫星发射大事记

2007年4月14日4时11分，我国西昌卫星发射中心用"长征三号甲"运载火箭，成功将第一颗北斗导航卫星送入太空。发射的北斗导航卫星（COMPASS—M1），是中国北斗导航系统（COMPASS）建设计划的第一颗卫星，飞行在高度为21 500千米的中圆轨道。这颗卫星的发射成功，标志着我国自行研制的北斗卫星导航系统进入新的发展建设阶段。这是长征系列运载火箭的第97次飞行。

2009年4月15日15零时16分，我国西昌卫星发射中心用"长征三号丙"运载火箭，成功将第二颗北斗导航卫星送入预定轨道。这次发射的北斗导航卫星，是中国北斗卫星导航系统（COMPASS）建设计划中的第二颗组网卫星，是地球同步静止轨道卫星，对于北斗卫星导航系统建设具有十分重要的意义。这是长征系列运载火箭的第116次飞行。

2010年1月17日0时12分，中国西昌卫星发射中心用"长征三号丙"运载火箭成功发射第三颗北斗导航卫星，这标志着北斗卫星导航系统工程建设又迈出重要一步，卫星组网正按计划稳步推进。这是长征系列运载火箭的第122次飞行。

2010年6月2日23时53分，我国西昌卫星发射中心用"长征三号丙"运载火箭，成功将第四颗北斗导航卫星送入太空预定轨道，这标志着北斗卫星导航系统组网建设又迈出重要一步。这是长征系列运载火箭的第124次飞行。

2010年8月1日5时30分，中国西昌卫星发射中心用"长征三号甲"运载火箭，成功发射第五颗北斗导航卫星，并将卫星送入太空预定转移轨道。这是一颗倾斜地球同步轨道卫星，是中国2010年连续发射的第三颗北斗导航系统组网卫星。本次卫星发射也是中国"长征"系列运载火箭第126次航天飞行。

2010年11月1日0时26分，我国西昌卫星发射中心用长征三号丙运载火箭成功将第六颗北斗导航卫星送入太空。这是我国2010年连续发射的第4颗北斗导航系统组网卫星。在这次发射中，中国卫星导航系统管理办公室首次在运载火箭上使用了北斗卫星导航系统标志。这是长征系列运载火箭的第133次飞行。

2010年12月18日4时20分，我国在西昌卫星发射中心使用长征三号甲运载火箭，成功将第七颗北斗导航卫星送入太空预定转移轨道。至此，2010年我国共进行了15次航天发射，全部获得成功。这是长征系列运载火箭的第136次飞行。

2011年4月10日4时47分，我国在西昌卫星发射中心用"长征三号甲"运载火箭，成功将第八颗北斗导航卫星送入太空预定转移轨道。这是一颗倾斜地球同步轨道卫星。这次发射是2011年北斗导航系统组网卫星的第一次发射，也是我国"十二五"期间的首次航天发射，标志着北斗区域卫星导航系统的基本系统建设完成，我国自主卫星导航系统建设进入新的发展阶段。这是长征系列运载火箭的第137次飞行。

2011年7月27日5时44分，我国在西昌卫星发射中心用"长征三号甲"

运载火箭，成功将第九颗北斗导航卫星送入太空预定转移轨道，这是北斗导航系统组网的第四颗倾斜地球同步轨道卫星，标志着我国北斗区域卫星导航系统建设又迈出了坚实一步。

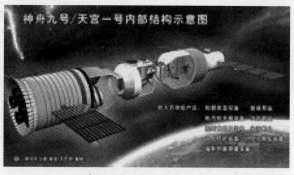

神九-"天宫一号"

2012年6月16日18时37分24秒，"神舟九号"飞船在酒泉卫星发射中心发射升空。2012年6月18日转入自主控制飞行，并与"天宫一号"成功实施自动交会对接，标志着中国较为熟练地掌握了自动交会对接技术及载人航天技术的进一步成熟。

北斗导航定位系统的开发为从根本上打破卫星定位导航应用市场由GPS垄断局面具有重要意义。据了解，北斗导航定位系统除具有强大的政治和国防意义，还可以广泛应用于海陆空交通运输，有线、无线通信等领域。

"北斗一号"卫星定位系统由两颗地球静止卫星、一颗在轨备份卫星、中心控制系统、标校系统和各类用户机等部分组成。

"北斗一号"卫星导航系统与GPS系统

● 覆盖范围：北斗导航系统是覆盖我国本土的区域导航系统。覆盖范围东经约70°~140°，北纬5°~55°。GPS是覆盖全球的全天候导航系统。能够确保地球上任何地点、任何时间能同时观测到6-9颗卫星（实际上最多能观测到11颗）。

● 卫星数量和轨道特性：北斗导航系统是在地球赤道平面上设置2颗地球同步卫星颗卫星的赤道角距约60°。GPS是在6个轨道平面上设置24颗卫星，轨道赤道倾角55°，轨道面赤道角距60°。航卫星为准同步轨道，绕地球一周11小时58分。

● 定位原理：北斗导航系统是主动式双向测距二维导航，GPS是被动式伪码单向测距三维导航。

● 定位精度：北斗导航系统三维定位精度约几十米，授时精度约100纳秒。GPS三维定位精度P码目前已由16米提高到6米，C/A码目前已由25-100米提高到12米，授时精度日前约20纳秒。

● 用户容量：北斗导航系统由于是主动双向测距的询问——应答系统，用户设备与地球同步卫星之间不仅要接收地面中心控制系统的询问信号，还要求用户设备向同步卫星发射应答信号，用户设备容量是有限的。GPS是单向测距系统，用户设备只要接收导航卫星发出的导航电文即可进行测距定位，设备容量是无限的。

● 生存能力："北斗一号"对中心控制系统的依赖性明显要大很多，因为定位解算在那里而不是由用户设备完成的。为了弥补这种系统易损性，GPS正在发展星际横向数据链技术，使万一主控站被毁后GPS卫星可以独立运行。

从近年的情况考察，全球卫星导航系统有如下发展趋势。一是向多系统组合式导航方向发展。可以预料，未来几年内将会出现多种系统并存的局面。通过对全球定位系统、北斗、格罗纳斯、伽利略等信号的组合利用，不但可提高定位精度，还可使用户摆脱对一个特定导航星座的依赖，可用性大大增强，多系统组合接收机有很好的发展前景。二是与惯性导航和无线电导航技术相结合。三是向差分导航方向发展。差分导航将应用于车辆、船舶、飞机的精密导航和管理，大地测量，航测遥感和测图，地籍测量和地理信息系统，航海、航空的远程导航等领域。其本身也会从目前的区域差分向广域差分、全球差分发展，其导航精度将从近程的米级、分米级提高到厘米级，从远程的米级提高到分米级。四是发展数字化铯钟技术。全球定位系统卫星在轨寿命主要取决于原子钟的寿命。需要开发计算机控制的数字化铯钟，通过调整内部参数和补偿环境影响使铯钟性能达到最佳化。

卫星定位导航——生活的好帮手

1991年海湾战争时美军的导弹在卫星定位系统的导航下准确击中了目标，从此，GPS技术也就是卫星导航技术引起了人们的关注。随着GPS技术向民用的开放，它所蕴藏的巨大商机被挖掘出来，在欧美等发达国家，GPS产业每年创造效益达到数百亿美元。特别是随着卫星导航接收机的集成微型化，出现各种融通信、计算机、GPS为一体的个人信息终端，卫星导航技术从专业应用走向大众，成为继通信、互联网之后的信息产业第三个新的增长点和国家综合国力的重要组成部分，给我们的生活带来很多的便利！

准确调度公交车

在北京的二环和三环路上，如果发生追尾事故，交警的处理速度平均为3分钟。而在一年半之前，这个数字还是10分钟。如今有了卫星定位，只要鼠标一点，距事故发生地最近的几辆警车位置立刻就出现在指挥室的屏

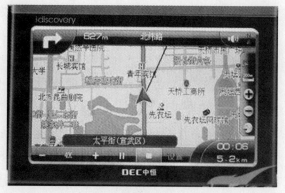

车载GPS

幕上，最佳位置的警员快速到达现场。这7分钟的差距意味着什么呢？一位专家形象地说，至少减少拥堵1 000米左右。

许多公交车安装了卫星定位系统，有效地减少乘客等车过程中的间隔不均现象。在调度室中所有车的运行情况都一目了然地显示在电脑屏幕上。红箭头代表快点车，黑箭头代表晚点车，而蓝箭头代表正点车。调度员用鼠标在一个红箭头上轻轻一点，屏幕上立刻显示出了该车的车号、速度、位置等信息。该系统还能放大运行图的局部，为调度员提供更加详细直观的信息。调度员一呼叫，听筒里马上传出了司机清晰的应答，调度员通过这种方式与司机进行及时有效的信息沟通，为控制发车时间提供更加准确可靠的依据。

防盗抓贼显神威

1996年发生了震惊全国的鹿宪洲持枪抢劫银行、运钞车系列案件。运钞车防抢已成了金融单位防范的重中之重。有卫星定位技术，大大提高了银行营业场所的防范能力。

无独有偶，加入了"奥星天网"信息服务系统的吉林省某出租汽车公司，在卫星网络系统的帮助下，抓获了一个活动猖獗的六人盗车团伙。原来，事发当天，一辆出租车迟迟未归，司机也没办理交接手续，车内的脚踏报警器更没有发出警报。得知这一情况，"奥星天网"中心立即启动实时自动跟踪系统，发现该车正在吉林通往内蒙古的高速公路上疾驰，于是监控中心立即向"110"报警。由于系统监控，可以立即对该车进行紧急断油和反锁车门等措施，但是由于车在高速行驶，车内情况不明，为了减少不必要的人员伤亡，于是监控中心一直对此车进行跟踪并启动自动监听录音系统。当车下了高速公路，中心根据监听情况确认警情，同时中心向警方提供了该车

位置，测定的精确度在10米内。终于协助警方，救出了已被打晕的司机，破获了盗车案。

完璧归赵寻失物

卫星定位技术不仅仅应用在"特殊领域"，也一天天地走进人们的生活。出租车上安装了卫星定位系统，乘客如不小心将贵重物品遗失在出租车上，失主只要打一个电话，

3G智能公交

说清上车时间和地点，出租车调度中心就可以利用GPS系统帮助寻找。

卫星定位技术也为有车族带来切实便利。差旅途中若出现了事故，人生地不熟，车上如安装了卫星定位系统，就可以按下求救按钮，定位网络10秒内便查到车的具体位置，并可提供最近的加油站、医院及维修点的位置。

在北京2008年奥运申办报告中，北京在交通方面承诺："为提高交通运营的效率，北京将采用一系列高科技手段用于交通控制和管理。"而全球卫星定位技术无疑为这一承诺的兑现迈出了坚实的一步。随着中国有车族及驾乘人员的增加，卫星定位网络服务将如一日三餐那样平常。

GPS丰富了电子游戏的娱乐方式

相信喜欢电子产品的朋友们一定对游戏也非常感兴趣，就好像绝大多数DIY用户都很喜欢电子游戏一样。GPS定位功能其实很早以前就被应用到游戏方面了，虽然与我们平时所说的电子游戏有一些区别，更多地倾向于户外运动方面。

首先就是户外寻宝了。通过将一些物品藏在户外的某一个地方，然后通过坐标谜题提示给其他GPS用户，他们就可以在相应的地点寻找到物品，并且可以从中交换，便于不认识的人来持续的玩下去。

通过定位寻宝游戏，逐渐被扩展到其他用途上，结合了现代的电子游戏

之后，GPS游戏表现得更加有趣。例如国外举办了一场利用GPS定位的LBS服务的游戏，只要其中一位用户能够保证在一周的时间内距离其他游戏用户一定距离，避免自己的汽车被抢走，就能够赢得一台真实的同款汽车。

我们以往所遇到的游戏方式都比较静态，因为无论是游戏机、桌游还是一些常规的娱乐方式是没有办法获取我们的移动的数据的，就连最新一代的家用电子游戏机也只能进行小范围的动作捕捉。想要将游戏玩到户外，能够进行大范围移动的话，那么GPS卫星定位的数据是必不可少的一种方式。

GPS让社交更加无间隔

细心的朋友一定发现了，现在不少数码相机产品已经开始内置GPS功能，而内置GPS硬件的数码相机主要是在用户捕捉照片的同时，可以将坐标信息写入照片中（类似MP3文件中有部分字段可以写入名称一样）。通过EXIF信息就可以看到照片中的坐标信息，可以直接通过软件或者带有相应功能的网站读取，这样照片就可以按照所拍摄的地点进行定位。

以往相机在没有内置GPS硬件的时候，我们是通过记录GPS轨迹，并与照片拍摄时间进行匹配达到相同的功能的。GPS轨迹因为每一个航点都是带有准确的时间数据的，所以只要相机的设置时间准确也可以进行准确的定位。

随着国外不少照片分享网站开始主动支持地理标记相片的功能，推出内置GPS硬件的相机也有了庞大的用户基础，这也就孕育了GPS的另外一个新的功能，就是与他人进行社交的能力。

GPS的社交功能，在实际应用上，也充斥了我们生活的每一处。首先涉及GPS社交功能比较早的就是Google。Google的智能手机系统Android中内置了一个名为Google Latitude（译为谷歌纵横），通过这个软件就可以与好友进行位置共享，并且在需要的时候以用户为目的地进行导航，非常便利。

除此之外，目前逐渐流行起来的签到功能也是这样的一个功能，当然签到的玩法其实也很符合GPS游戏。GPS社交用一句简单的话来说就是希望通过相同或相近位置的用户能够进行更有针对性的交流，透过GPS导航应用，进一步拉近用户间的距离。

卫星导航手机

如彩电、VCD一样，手机又创造了一个中国神话，目前中国手机的普及程度甚至超越了一些发达国家。在短短十数年的时间里，手机体积也在不断缩小，短信、摄像、彩信、彩铃等丰富多彩的功能也让消费者品尝到移动多媒体的甜头。自此，消费者们对手机的要求已经不是简单的通讯，而是上升到通讯＋计算＋应用，随着手机3G时代的到来，下一代的手机将是什么样的手机呢？显而易见，功能丰富、扩展能力强的智能手机由于符合消费群体对功能多样性的需求，将占据霸主地位。

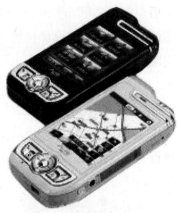

卫星导航手机

全球某权威调研机构对世界范围的智能手机发展分析和预测表明，2005年度，全球智能手机销售量为5.7千万部，预测2006年销售量上升为8千万部，2009年突破1.8亿部，平均年增长率高达53.9%，2011年。与智能手机强劲的增长趋势相比，只带有基本功能的普通手机的7%的增长率则显得十分疲软。智能手机取代普通手机将成为必然趋势。

过去消费者对手机的思维是以实用性为主导，一度认为手机只要能通讯、发短信就可以了。现在消费者处处张扬个性，体现创新，所以对手机的思维也改变为以个性为主导。因此，智能手机的特色功能也如雨后春笋般迸发出来。邮件与网络服务、个人时尚以及以GPS功能为代表的扩展功能。

邮件与网络服务满足了消费者的一些商务需求，而个人时尚则是展现自我的一个很好的方式，扩展功能中包括的功能则显得十分丰富：GPS、电视、电影、游戏等。值得一提的是GPS是近期在智能手机行业最热门的功能，例如宇达电通推出的Mio DigiWalker A700（以下简称Mio A700）成功的开创了GPS智能手机的先河，它通过卫星进行定位与导航，并提供了一些GPS相关功能，方便的手机用户的日常出行。

目前多数GPS只是运用在个人消费者的使用上，为消费者导航、寻找特色餐馆、旅游景点等。实际上，作为终端设备的GPS智能手机还能应用于很多行业，2005年国内150.4亿元的GPS应用中，个人导航产业产值约为25.0亿元，只占到总额的16.7%，由此也能看到GPS智能手机广阔的发展空间。

除了个人的定位导航之外，GPS智能手机还可应用于诸如公安、车队管理、物流、测绘和GIS等行业。使用方便、稳定、定位精度高、经济效益好、不受天气影响等优点，使得GPS智能手机成为这些行业进行信息化改造时的首选。以车队管理为例，如果为车队中的每个司机配备一部GPS手机，不但解决了实际出行中的导航问题，而且司机还可以定时通过Mio A700的"短信传址"将自己的位置经纬度发回车队，方便车队能及时了解每部车的准确位置。当车队需要派出车辆前往某目的地时，就可以安排离目的地最近的空闲车辆前往，将目的地的经纬度发送给该车辆。该车辆在接收短信之后，可以直接在导航地图上定位该点，并设为目的地，极大地缩短的车辆选择、指令传播、接收指令以及反应时间，提高了车队的实际工作效率。当车辆遇险时，还可以通过"紧急呼救"功能，向车队总部求援，车队在接收到车辆的求援同时还掌握了车辆的准确位置，方便了救援工作的进一步进行。

卫星定位精密导航，飞行安全更有保证

海南航空一架配备RNP APCH导航设备的空客A330型飞机，运用卫星定位系统的精确导航技术，在三亚凤凰机场上空进行了验证飞行。两个小时的验证飞行之后，飞机平稳降落三亚凤凰机场，宣告此次验证飞行取得圆满成功，海航成为中国首家获得RNP APCH运行资质的航空公司。

RNP（Required Navigation Performance）精密导航技术，是利用飞机自身机载导航设备和全球定位系统引导飞机起降的新技术，是目前航空发达国家竞相研究的新课题，国际民航界公认的未来导航发展的趋势，也是中国民航大力推进的一项新技术。与传统导航技术相比，飞行员不必过多依赖地面导航设施即能沿着精准定位的航迹飞行，使飞机在能见度极差的条件下安全、精确地着陆，极大提高飞行的精确度和安全水平。加装精密导航系统的飞机亦能突破机场目前的起飞天气标准和最低下降高度限制，减少天气原因导致航班延误、返航的现象，增强机场航空客货运输能力。

海航在三亚凤凰机场实施RNP运行项目，并成为《中国民航基于性能的导航（PBN）实施路线图》的重要组成部分。

验证飞行过程中，海航飞行员根据测试条件的变化，运用精确的导航技术，在各个测试点完成了验证项目。

此次海航RNP APCH项目验证飞行取得的成功，促进了我国民航安全事业向前发展。在航空运输领域，PBN飞行程序能更有效促进民航持续

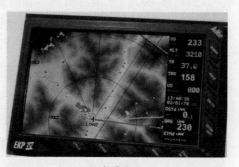

航空导航仪

安全，增加空域容量，减少地面导航设施投入，提高节能减排效果。

卫星导航在航海上的应用

卫星技术用于海上导航可以追溯到60年代的第一代卫星导航系统TRANSIT，但这种卫星导航系统最初设计主要服务于极区，不能连续导航，其定位的时间间隔随纬度而变化。在南北纬度70度以上，平均定位间隔时间不超过30分钟，但在赤道附近则需要90分钟。80年代发射的第二代和第三代TRANSIT卫星NAVARS和OSCARS弥补了这种不足，但仍需10至15分钟。此外采用的多仆勒测速技术也难以提高定位精度（需要准确知道船舶的速度），主要用于二维导航。

GPS系统的出现克服了TRANSIT系统的局限性，不仅精度高、可连续导航、有很强的抗干扰能力；而且能提供七维的时空位置速度信息。在最初的实验性导航设备测试中，GPS就展示了其能代替RANSIT和路基无线电导航系统，在航海导航中发挥划时代的作用。很难想象哪一条船舶不装备GPS导航系统和设备，航海应用已名副其实成为GPS导航应用的最大用户，这是其他任何领域的用户都难以比拟的。

GPS航海导航用户繁多，其分类标准也各不相同，若按照航路类型划分、GPS航海导航可以分为五大类：远洋导航、海岸导航、港口导航、内河导航、湖泊导航。

GPS导航仪

不同阶段或区域，对航行安全要求也因环境不同而各异，但都是为了保证最小航行交通冲突，最有效地利用日益拥挤的航路，保证航行安全，提高交通运输效益、节约能源。

日常生活中，还有很多用到GPS的地方，例如广告推广、旅游等。

第5章

你的表几点了

 时间可以倒退吗

"时间可以倒退吗？" 每个人从儿童时期都曾朦胧地对时间产生过类似这样的疑问。屈原在其名篇《离骚》《天问》《九歌》等作品中就涉及了很多时间现象。人们对"时间"概念的形成和探寻，是从朴素的观察和生活体验出发的。人们普遍认为：时间是停不住的，也是不可倒退的。中国有句俗语："世上没有卖后悔药的"，其含义也是与时间不可倒流的生活经验有关。在近代科学兴起以前，时间的不可倒退性，已经成为一条公理为大众所接受。然而自从爱因斯坦提出了相对论之后，"时间可以倒退吗？"就成为了科学讨论的热点话题。

随着科学技术的进步，这个问题越来越被广泛地提及、科学地讨论和验证。甚至关于时间可以像磁带机一样能够倒退和前进的话题，也日益进入到普通百姓生活中，写成了各种小说，编成了电影和电视剧。于是"时间旅行"、"时光隧道"、"时间机器"，成了现代科幻的基本常识要素之一。在当前的信息化网络时代，"穿越"成为了时间倒退或快进的另一种代称，成为了一代新新人类的日常用语，甚至超出了在时空的使用范畴。

当今流传的与UFO有关的神秘传说中也有很多关于时间倒退的传闻。

1971年8月，苏联飞行员驾驶米格飞机在做例行飞行时，无意中"闯入"了古代埃及，他看到了金字塔正在建造的场面；据说北约空军的绝密报告中曾有记录，一位北约飞行员在1982年的一次飞行训练中"闯入"了史前大陆，他竟然看见了数百只恐龙在原野上游荡；还有一位北约飞行员在飞行途中，竟然感觉到有那么1分钟的时间，他"进入"了第二次世界大战的战场，那些驾驶着二战时期的飞机的盟军和德军的驾驶员与他在空中对视，大为惊讶；1986年，一位美国飞行员驾驶高空侦察机突破"时空屏障"，出现在了中世纪的欧洲上空；1994年，一架意大利客机在非洲海岸上空飞行时，突然从控制室的雷达屏幕上消失了20分钟，后来这架客机安全降落后，机组人员和乘客发现每个人的手表都莫名其妙地慢了20分钟；还有，二战期间在大西洋百慕大三角地区失踪的船员，几十年后突然出现在现代人的海滩上，却依旧保持当年的容貌。对诸如此类的神秘现象，研究UFO的专家们认为唯一合理的解释就是出现了时光倒流或时间停止。但是严肃的政府部门、科学研究机构，并不认可这些传闻。

要想知道时间是否可以倒退的答案，就必须先搞清楚时间是什么。从古到今，对于时间问题一直在争辩中认识和发展。从传世的世界各国的古代文献中，都可以找到关于认识时间的影子。占罗马的奥古斯丁在《忏悔录》中写出了自己对时间的困惑："时间是什么？如果没有人问我，我很清楚；可是当有人问我时，我便茫然。"

自从16、17世纪，意大利人伽利略、英国人牛顿等科学家开创了经典物理学之后，科学上就认为时间是绝对的，永恒地向前流动的；时间是不受其他因素干扰而独立存在的一种基本的宇宙要素；时间是一个独立于自然界的概念，可以永久存在。这在人类生活的这个尺度空间（即不是宇宙星系那种宏大尺度空间，也不是原子分子那种微观尺度空间）和运动速度（远远小于光速）下，有关时间的物理规律一直到如今都是成立的。但是到了20世纪初有了变化。自从生于德国的爱因斯坦发表了他的狭义相对论和广义相对论学说之后，人们对时间的认知有了科学的一次大巨变：时间与空间是有密切关联的，是与物体运动紧密联系在一起的一个基本物理观测量；时间不再是绝对的，而是相对的；时间是有开始的，即时间也是可变化和演化的。

相对论的出现，最先是从天文观测中衍生的问题开始的。在哈勃发现了宇宙星体存在"红移"现象（快速远离我们的天体，其发出的光的频率变慢、波长变大，其天体发出的光谱会产生向红光方向移动的一种现象）之后，科学家们从而测量出宇宙在向各个方向飞速膨胀，因而按时间倒退回去，逆向考察宇宙膨胀的反方向，整个宇宙的膨胀其实是从一个非常小的、质量和温度非常大的点上开始的。理论物理学家借用数学工具进行研究，认为现今的宇宙，包括时间，都是从100亿~200亿年以前的一个数学的"点"

上开始爆发出现的，这就是宇宙起源大爆炸的假说理论。支持这个理论的一个著名实验是，在宇宙空间背景上测量到了广泛存在的低温微波辐射，这与大爆炸理论推导相吻合。

相对论在实际应用中已有利用，如提高了通讯卫星上的时钟精度和现代时间授时与守时的精度问题。因为按相对论理论，钟表离地面越高，其显示的时间与地面钟表显示的时间的差距就越大。然而这个时间差距是很微弱的，例如放在珠穆朗玛峰顶上的时钟，每秒要比海平面上的时钟快一万亿分之一秒。1971年，美国物理学家将4个极为精确的原子钟放在两架飞机上，在高空分别向东西两个方向绕地球飞行，之后将这些飞机上的原子钟与放在地面的原子钟相比，发现的确差了59纳秒和273纳秒。它不仅证明相对论完全正确，也说明人们通过坐飞行器来减慢或加快时间，在理论上是可行的，所不同的是目前的效果太微弱了。

根据相对论可以作出一些惊人的推断。例如：如果人能够以接近光速旅行，那么时间对于他来说就会停滞，当他回到出发地时，由于出发地的时间一直在前进，于是他就是进入了时间的未来；如果能反过来出发，就是从时间的未来回到了过去。于是相对论引起了关于时间旅行的热烈讨论。1915年，爱因斯坦的广义相对论问世，广义相对论把引力、空间、时间这几者联系起来，预言引力会使时空发生弯曲。对于时空旅行来说，时空弯曲就好比把一张纸对折，原本位于同一纸面的很远的两个点可以一下子挨得很近，只隔着两张纸的厚度，从纸张上打个洞就可以实现短距离短时间的访问。

目前，这些时间问题的研究都是建立在数学公式推导之中，并用观测和实验加以部分验证的，但这并不能保证将来这些理论没有瑕疵和问题。相对论的产生，把时间和空间统一在完美的数学方程式上，在相对论数学公式中出现了一个不能动摇的数学前提：虚空中的

时光机器

光速是不变的，光速是最快的速度，不可能存在比光速还快的速度。否则，相对论就难以成立，天文现象就会与天文观测事实相矛盾。例如，大家都知道天上的星星看起来都是一个点，但是如果光速有快有慢的变化，那么按数学上的推算，天上的星星就不是一个点而是呈现为一条线了。因此，光速是速度的极限，成为相对论的一个标志，也是相对论推导时间可以变慢甚至倒退、前进的一个理论基础。

2009年据美国广播公司报道，美国两名物理学家认为他们已经找到如何在不违背物理学定律情况下实现超光速飞行的途径。然而，2011年7月香港科技大学的物理学家表示，他们证明了单一光子的移动速度符合爱因斯坦的理论，即任何物质的移动速度都不可能超过光速，说明时间旅行只能在科幻作品中出现，而无法成为现实。接着，2011年9月底，欧洲核物理研究的科学家宣布，历经3年1.5万次测试，发现在730公里长的距离上接收到的中微子竟然比光子提前60纳秒到达，这意味着中微子的速度竟然超过了光子的速度，即发现了超光速的物质。虽然科学家们都认为超光速是不可能的，其中必然发生了什么差错，但是目前还没找到原因。如果超光速现象确实存在，势必需要新的理论解释。

目前相对论的很多推论都得到过证实，推翻相对论很难。但相对论也有很多推论出现了似是而非、令人费解的悖论。如时间可以倒流，那么人可以回到过去杀死自己未结婚的母亲，那么自己会存在于这个世界上吗？为了解决相对论下的各类时间悖论，科学家开始试图利用量子理论来解决。在量子理论指导下，科学家对时间问题构建了各种假说模型，如超弦理论、虫洞理论、多层平行宇宙理论等，尝试着完美回答这些时间倒退和快进的问题。

量子理论认为，宇宙是有限的，但无法找到边际，这如同地球表面有限的但无法找到边际一样。多层平行宇宙理论认为，时间旅行者的确能够回到真的历史中，但由于受到了时空上的限制，时间旅行者是永远也无法与历史中自己的祖先以及过去的自己发生直接的接触与联系的。你回到过去，但那不是你自己的世界，而是和你的历史相似的另一个宇宙。这样，即便你打死了自己的未结婚的母亲，她在那个世界也的确死了，但当你回到未来这个世界时，她依然活得好好的。

霍金被认为是当代最伟大的物理学家，他曾发表演讲认为，时间或许可以快进、减慢，"时间机器"能够制造出来。例如或许可以利用宇宙中的黑洞的超强吸引力转化为推动力，利用6年时间实现飞行器加速到接近光速，从而让时间变慢，飞行器上的一天可以相当于地球上的一年，当这个飞行器上的人回到地球上时，就发现自己进入了地球上的未来时间。

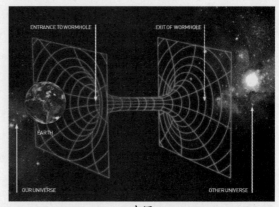

虫洞

"虫洞"理论认为，任何物质都不是完美平滑连续的，如果放大仔细观察物体，会发现它们上面都存在小孔和裂缝，这是一个基本的物理原理，因此宇宙中的时空也是不连续的，时间也存在许多微小的裂缝、褶皱和空洞。在最小的刻度下（比分子甚至原子都小），存在一个称为"量子泡沫"的地方，这里就存在着微小的"虫洞"。"虫洞"是时空结构中的"豁口"，是一条贯穿空间和时间的隧道。这个洞的两端连接着过去与未来的某一点，使它扩大并稳定，使得达到人可以穿越的条件，从而可以实现宇宙时间旅行。据说已经有科学家证明出来，这个"虫洞"的两端都是可以进入的，从而实现从"现在"回到"过去"，也可以从"过去"跳跃到"未来"。然而根据量子理论，"虫洞"这个时空中的微小隧道，虽然不停地在这个量子世界中形成、消失和重新形成，但在强力的作用之下，是瞬间存在和关闭的。因此要想利用它们连接两个隔离着的空间以及两个不同的时间，就必须保持虫洞的长时间稳定，然后扩大孔径直到可以容纳飞行器出入，这需要消耗巨大的能量，据说把一个木星全部拿来做能量消耗掉，也只能维持一次通过。

目前科学家对"时间可以倒退吗？"其实并没有形成一个肯定的答案，直到如今也是众说纷纭。由于没有物理定律可以完全否定"时间旅行"的存在，科学家们不得不做着有益的尝试和努力，慎之又慎地对待这个古老的时间问题，不断地试图做出回答。这些科学讨论，目前仅仅是建立在理论假说和数学公式之中，也还没有被很多的科学家所公认。人类文明发展了几千年，科技进步到二十一世纪，现代人对时间的认识，比古人屈原和奥古斯丁的认识深入了很多，但是仍然不能清晰地回答出这个问题，依旧在"可以"

"不可能"之间摇摆。虽然当代最伟大的物理学家、哲学家，对时间问题没有达成共识，但是并不妨碍艺术工作者和我们普通人的想象，"穿越"时空，不妨在影视剧和小说的想象中成熟起来。

"时间可以倒退吗？"这个问题穿越了人类自身的历史，从古到今，一直延绵不绝，成为人类探索世界、探索未来、探寻历史的动力。

时间如何测量

2011年9月，英国《自然》杂志网站报道，欧洲的科研人员发现了一个令全世界物理学家无比震惊的超光速现象：中微子穿过730公里的空间直线距离，所花费的时间竟然比光速还快了60纳秒！要知道1纳秒等于十亿分之一秒，写成数字后小数点后要排列9位有效数字。2006年刘翔在瑞士洛桑田

刘翔

径超级大奖赛中破男子110米栏世界纪录的成绩是12.88秒，这个时间的小数点后也才有2位有效数字。十亿分之一秒这么短的一个时间快慢都能测量出来，这得依靠多么精确的时间测量技术啊。万一测量的哪个环节出了一丁点的误差，这个实验结果就不可靠了。所以超光速的实验结果一公布，全世界严谨的物理学家们都不敢随意发表看法，非要等到将来换一个实验场所，再次重复做这种实验，用以验证看中微子的速度测量结果能否还是这么快。

这个实验中关键的一环是高精度的时间测量。我们已经知道实验数据用的是"纳秒"，即是用十亿分之一秒作时间的单位，这种高精度的时间测量是如何实现的呢？这就要靠几千年来人类对时间测量技术的不断探索和科技进步。目前主要是依赖原子钟、计算机和通信技术组成的复杂的时间测量系统。

国际计量机构一共规定了7个物理基本量，即长度、质量、时间、电流、温度、物质的量、发光强度等。目前人类对这7个物理基本量的测量中，唯独时间的测量精度是最高的。2011年有报道称，日本一个机构研制出一种光晶格原子钟，其测时精度达到10^{-17}秒。而1纳秒是10^{-9}秒，可见如果用

这种原子钟去测量前边欧洲中微子速度实验中的那个60纳秒，还是很轻松就能测准确的。高精度的精密时间测量工作，在天文、通信、导航、航空航天、国防军工等高科技领域具有相当重要的地位和应用，目前都离不开利用原子钟进行的时间测量。因此，制造原子钟的水平是科技实力的一个具体体现。

小知识："时间"包含着两层含义，即"时刻"和"时间间隔"。"时刻"表示事件发生的某个瞬间，如3点；"时间间隔"表示事件发生的间距、距离，如3个小时。我国专门在陕西临潼设置了一个机构——中国科学院国家授时中心，装备了很多台各类型的原子钟，负责每天"时刻"的测量（"守时"）和发布（"授时"）。过去收音机里的"最后一响是北京时间几点"，现在电视、电话、网络上播报和显示的我国标准时间，都是由这个机构提供的服务。

时间测量是利用周期性运动的持续特点进行的一种度量工作。基本原理，就是拿一个运动周期去和被测的时间进行对比，得到这段时间所经历的运动周期的计数，即时间=运动周期×运动次数。如果每个运动周期的时间间隔是稳定的、已知的，则用一个周期的片断时间乘以若干个周期的计数，即可得到被测时间。

钟表就是常见的测量时间的标准仪器。常见的有电子表和机械表。电子表大多是石英钟，利用石英中晶体振荡的稳定周期去测时间；机械表大多是某种形式的摆钟，利用摆的规则摆动周期来测时间。石英中的晶体振荡可以把1秒钟分成了400多万份，这种高频石英手表走上一年最多只差3秒钟。

机械钟表于13世纪出现以前，欧洲人已经制造了较为精巧的水钟。17世纪时伽利略在做重力测量实验时还是利用水钟和脉搏来计量时间的。早期的机械钟的精度很低，每天要差一刻钟以上，但伽利略发现了摆的周期原理，惠更斯后来利用它做成了走时精准的摆钟，于是机械钟表开始盛行。

中国古代很早就用各种"漏刻"来计量时间。漏刻与水钟的原理类似。漏，是指带孔的壶；刻，是带有刻度的浮杆。一般通过细管灌水于壶中，通过水在壶中稳定地流进或流出，使得水面按一定速度稳定地上升或下降，从而显示出浮动杆上所刻的不同刻度，即看到了报时的"时刻"。据现代实验证明，西汉时代的漏刻可以达到每日40秒以内的计时误差。

漏刻仅是测量"时间间隔"的仪器，可以测量出12点到14点是经过了

2个小时的时间间隔，但不能决定什么时候是12点或14点这个时刻。而对于"时刻"，古人用过日晷（guǐ），定时比较粗略。古代测量时间主要还是用漏刻，对漏刻校正时间则主要靠"圭（guī）表"。表，是直立的杆；圭，是平卧的尺。中国古代政府在观测中一般沿袭旧制用8尺高的表，元代郭守敬为提高测量精度曾改进观测技术并造了40尺高的表，现今还保留在河南登封观星台。

圭表，是利用直立杆子的日影长度来确定时间的。太阳照射物体形成的影子，一天当中最短的时候是在每天的正午时分，在一年中最短的时候是在冬至日这一天的正午。利用这个原理，通过测量一个竖杆每天日影长度的周期变化，就可以知道精确的"日""年"的长度（时间间隔）。于是古人很早就确切地知道一年有365.24天。从汉代张衡、南北朝祖冲之到元代的郭守敬，一

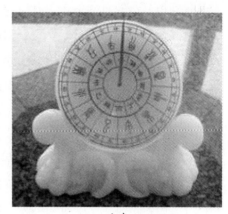

圭表

代一代的天文学家们，都是通过改进圭表和漏刻来提高时间测量的精度，最终都体现在历史上颁布的各种历法里。南北朝时期的公元462年，就按祖冲之测定的一年为365.2428日发布了新历法，一直到700多年后才出现了更准确的"年"的数据。

"日"细分为"时刻"，是通过圭表确定每天正午的时刻，进而可再区分出每天的其他时刻。把圭表和漏刻结合起来，才能测量每天具体的时间。每天日影最短的时刻是正午，两个正午之间的时间就是一"日"的间隔。中国古代普遍把一"日"分为十二个时辰，一个时辰相当于现在的2小时，同时把每日也分为100刻，每刻是14.4分钟。十二时辰的起源已不可考证，大概与月亮与太阳在空中运行相遇的次数或月亮在一年中的盈亏变化的次数有关。据说，周代已把白天黑夜各分为5个大的时间段和100刻；昼夜长短不一，因此这10个大时间段的各时间长度并不相等。欧洲历史上也有过类似这样的不等时长的粗略划分方法。由于100刻不是12的整数倍，中国历史上也出现过把一天划分为96刻、108刻、120刻等制度，但都不及100刻使用得普遍。

清代初期由于西方钟表的引入，把十二时辰分为96刻确立为正式制度，

每刻15分钟。口语中的"稍等片刻"，大概这个"片刻"是指要等15分钟啊。"刻"以下再要细分时间的话，就要看在两个相邻刻度线条之间能容纳多少均分的线划了。一般把一刻再分为三份（称为"字"），这样一个时辰就有8刻、24字。这些细分的最小线划就是"秒"的起源了。现代的小时、分钟、秒的起源，都源于西方的机械钟表的发明，引入中国后替代了"时辰"和"刻"，形成了现在使用的小时、分钟、秒的制度。

人类对时间测量的追求，从远古就开始了。昼夜交替、寒来暑往，使得人类很早就形成"日""年"这种时间概念，看到月亮盈亏变化，就形成了"月"这种比"日"长但比"年"短的时间概念。成书于春秋时期的《夏小正》记录了从夏代流传下来的时间制度，其中分12个月记录了当时的物候和天象，说明物候知识也是确定"月"的一种依据。《离骚》中有"日月忽其不淹兮，春与秋其代序"，意思是岁月匆匆，永不停步，春秋交替，永无止境。对"月""年"的时间测量，基础是"日"，即用日的数量表示"月"和"年"的长度。在古代基本就是靠圭表日影长度的周期变化来进行标准时间"日"的测量。

时钟是现代测量时间的标准仪器。用直尺测量物体的长度，直尺的刻度越精细，测量越准确，同样，钟表为了准确测量时间，用作时间划分的重复周期也是越短越好。概括起来，"日"是过去人们划分时间的基础标准依据，"日"积累起来后成为月、年，"日"细化分割后就形成小时、分钟、秒。近代，人们把1日分为86 400份，1份就是1秒（1日=24小时，1小时=3 600秒）。有了定义"秒"的精确长度的其他办法，才取代了"日"的标准时间的地位。这种以"日"这个天文现象为基础的计时制度称为"世界时"。

钟表图

对时间进行测量，要依靠一定周期内反复发生的事件，事件重复出现的次数就可用来测量时间。1657年，荷兰的惠更斯把重力摆引入机械钟，创立了摆钟。过去的摆钟，就是靠摆的来回运动的周期（由摆的长度决定）来进行计时的，所以摆钟的时间测量精度与摆的长度和制造技术有关。石英钟依靠石英晶体振荡器产生稳定的振荡频率计数，使它指示时间。目前，最好的石英钟，每天的计时精度能达到十万分之一秒．也就是差不多经过270年才差1秒。

1967年国际上把1"秒"的长度改用原子中的一种稳定的周期现象定义，建立了国际制秒，标志着时间测量的一个新时代的到来。由这种"原子秒"为时间单位确定的时间系统被称为国际"原子时"。其中用原子现象定义的"秒"长，与"世界时"中利用天文现象划分出的"秒"长，两者在一定级别的精度上是一致的，但主要区别在于稳定性：原子时的"秒"长是最稳定的，可看做固定不变的，而世界时的"秒"长由于受到地球自转和公转的影响，每"日"的长度实际有变化，因此会引起把"日"细分后得到的"秒"长其实是不稳定的。因此，精密的时间测量都使用原子钟。全球导航卫星系统中，绕地球飞的卫星里就有高精度的原子钟，早期试验型卫星采用过的石英振荡器，时间误差导致的定位误差为14米，1981年采用氢原子钟后，卫星定位误差就不足1米。手持的GPS终端设备，由于成本原因大多使用的是高精度的石英钟。

时间是事件顺序的度量，随环境的变化而变化。历史，是时间留下的记忆。痕迹，是时间留下的见证。大约五千多年以来，人类就一直在同"小时间"单位打交道，把日划分成时、分、秒，又把秒细分为毫秒、微秒、纳秒和皮秒。人类同"大时间"尺度打交道，是在不到三百年前才开始的。所谓大尺度时间，是指发生在过去很久、很遥远事件的时间。测定这些时间不能用"日"，也不能用"年"，必须用更大的单位。例如，考古学家用"千年"或"万年"为单位计算史前人类遗迹的年代，古生物学家和地质学家要以"百万年"为单位，分别研究生物和地球演化的年代。

月亮离我们有多远

曾有一个报道，2007年10月24日，我国自主研制第一个月球探测器"嫦娥一号"，从四川西昌卫星发射中心出发，几天后经过38万公里的"天路"到达月球附近200千米高的环月轨道，实现了绕月飞行。其实这里有个概念错误，"38万千米"是地球与月球之间的一个大致平均的直线距离。"嫦娥一号"从地球出发到进入环月球的轨道，在此期间飞行经过的距离其实并不是38万千米，实际要远得多。

我们知道，地球的平均半径有6 371千米，月球的直径有3 476千米。月亮是在环绕地球的一个椭圆形的轨道上运行，月球的球心正好在这个椭圆轨道上。地球与月亮之间的距离其实是在不断变动的。除了因为椭圆轨道造成地、月的两个球心之间的距离每秒钟都在随时变化之外，地月表面的高低起伏地形也给地月的精确测距带来很大影响。地球上陆地海拔最高处珠穆朗玛峰（8 844.43米）与海洋最深处马里亚纳海沟（−11 034米），差了近20千米。月球上要相对平坦一些，但最高点与最低点的高度差也是近20千米。根据"嫦娥一号"的测量数据，月球上最深的坑深度达到9 230米，位于月球的南极区域，月球上的最高峰高达9 840米，比地球最高峰珠穆朗玛峰还高出近1 000米。

因此，精确测量地面某一点与月球表面某一点之间的距离，是要考虑很多时间、地点因素的。假设你每天晚上用一个足够强大的激光测量装置，在阳台上对准皎洁的月亮发射激光束，通过折返的光束所经历的时间乘以光的速度，计算出精确的地月距离，那么，这个距离数字也是在不停

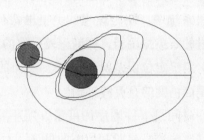

轨迹

地变化着。这与测量的时刻、对准的月球地点都有很大关系。在你发射两束激光的间隙，月亮还会向西移动一点角度，使激光照射的地点有变化，此时月亮在沿绕地球的椭圆轨道上也移动了一段距离，地月之间的距离其实也在随时变化。若不考虑测量误差，每发射一个激光束得到的距离，都是瞬间真实的，但是每次都会有不同的测距结果。因此，一般说地球到月球的距离，是用一个大概的平均数。月球在绕地球运行的过程中，月球球心距离地心的最近距离大约有36.33万千米，距离地心最远处的距离大约有40.55万千米，因此两数相加除以2，得到月球与地球的平均距离大约是38.44万千米。所以人们一般简称地球与月亮之间的距离是38万千米。

"嫦娥一号"卫星在发射升空后，先用几天的时间围绕地球转了很多圈，以不断加速和变轨达到节约燃料、简化地面测控的目的，完成奔向月球

的准备工作。第一个阶段是在每圈16小时的轨道上飞了一圈半，这个椭圆轨道的近地点约200千米，远地点约5.1万千米；第二阶段是在24小时一圈的轨道上飞了三圈，这个轨道的远地点离地面直线距离已经有7万多千米；第三阶段是在48小时绕地球一圈的轨道上飞了一圈，其中远地点离地面超过了12万公里。此时距离地面发射已是7天后的10月31日，"嫦娥一号"开始变轨道，进入地月转移轨道，然后奔向月球，又经过114小时飞行，于11月5日达到距地面约38万千米的月球附近，开始制动、减速。11月7日，经过了三次制动减速，"嫦娥一号"成功进入绕月飞行的轨道，成为正式的月球卫星。这个环月轨道的周期为127分钟，是一个圆形环月工作轨道，经过月球南、北极，距离月面的高度是200千米（要知道月球的直径有3 476千米啊）。2009年3月1日，在经历了长达494天的飞行（其中绕月飞行482天）后，"嫦娥一号"在地面人员的控制卜成功撞击月球表面，结束了它的使命，为中国月球探测的一期工程，画上了圆满句号。

　　有兴趣的读者，你可以大致算一算，"嫦娥一号"飞到月球，总共跑了多远的距离，从发射到撞击月面，一共飞行了多远。绝不是38万千米哟。简单地说，一个是直线平均距离，另一个是实际飞行经过的曲折路程，长度差别很大。

　　2010年10月1日"嫦娥二号"发射。"嫦娥二号"新开辟了地月之间的一条短航线，直接被发射至地月转移轨道，使得地月飞行时间缩短至不到5天，少了环地的绕圈准备。"嫦娥一号"是用了近12天时间才到月球附近的。根据前边的数据，读者可算算，"嫦娥二号"少飞了不少距离吧。

　　2011年06月09日下午4时50分05秒，"嫦娥二号"飞离月球轨道，经过77天的飞行，于8月25日飞到了距离地球150万千米外的第2拉格朗日点进行深空探测。从地球到"嫦娥"之间有几十万、上百万千米的距离，实现这么远距离的"天地对话"，在地面上对嫦娥进行测控，需要使用很大的雷达天线。目前国内有直径50米的天文雷达天线可供测控、通讯和数据传输。为了进行更远的深空探测，中国在贵州启动建设了世界上最大的巨型射电天文望远镜的工程，其单口径达到500米，整个天线坐落在一个像口锅一样的山谷低洼处。

你的秒表真的不准

钟表是很常见的测量时间的工具。进入二十一世纪后，随着手机通讯和计算机网络化普及，闹钟、挂钟也更多地具有了装饰品的成分。

手表、闹钟的计时显示是到整秒为止，秒以下的时间不再显示，电视、广播、电脑上的报时也都是显示到几分几秒。常见的能显示到秒以下时间的设备是秒表，在中小学的体育课上是常见它的。对于正式的体育比赛，时间是非常重要的，因此过去体育教练

秒表

的经典形象就是脖子上用长长的绳子挂着两件东西，一个是哨子，另一个就是秒表。尤其径赛项目，裁判员都要手持一个秒表进行计时，发令枪一响，枪中的火药发出烟雾和火光，秒表开始计时。

1928年阿姆斯特丹奥运会上，计时员使用的秒表只能精确到近1/5秒。1932年之前，所有的比赛都是人工手表计时。1948年，伦敦奥运会测量时间时，电子设备的采用已经可精确测量到1/1000秒（0.001秒），但由于场地等因素限制，测量比赛时间还没达到这么高的要求。1967年国际泳联决定游泳比赛成绩的时间测量精度要达到0.01秒。

一般电子秒表能显示0.01秒的计时数字。普通电子秒表都是利用石英晶体振荡器的振荡频率作为时间基准，理论上计时精度达到万分之秒一点问题都没有。一般人工秒表计时的精度在0.1到0.2秒，除了人为的因素，秒表仪器本身的时间测量是准确的，精度很高，但是开始和停止的时间操作误差太大，因此目前精度要求高的计时装置都不再依靠人工操作计时器的启动和停止，而是靠电子感应装置去触发。

随着科技的发展，体育项目中的计时工具发生了很大的变化，一般的秒表早都退出了正规大赛，电子化的自动计时工作已经是一个很复杂的计时、传输、统计、显示的庞大系统，不再是测量时间这么简单了。在比赛结束几秒后，就能提供全套的赛段、排名、成绩等全套信息。像奥运会中自行车、百米跨栏等这类速度型比赛中，都使用与高速摄像机联动的计时装备，摄像

机每秒拍摄2000张以上甚至几
万、几十万的高分辨率图像，时
间计量可精确到0.1毫秒（万分之
一秒，0.0001秒）以内。体育赛
事中用时间测量的比赛成绩，大
多是精确到秒以后两位数字。例
如百米世界纪录是9.58秒，110米
栏的世界纪录是12.88秒。所以，
秒表、记分牌也常常显示到秒

百米世界纪录之一

以后两位数字。也有的甚至显示到千分之一秒，如自行车比赛。1990年，中
国22岁的周玲美以1分13秒899的成绩创造了自行车一公里计时赛新的世界纪
录，成为第一位打破世界自行车运动纪录的亚洲人。

　　人们对时间精度的测量需求是不断增加的。据说，一眨眼的时间是0.1
秒。很多高速摄影机，可以达到1秒钟拍摄几万张画面的速度。超高速摄像
机产品，能够在1秒钟内拍摄610万张照片，因此，可以拍摄到精美震撼人心
的画面，例如子弹穿过玻璃，运动员终点过线的一刹那瞬间图像。据说每秒
拍下1亿张照片的装置也诞生了。

距离长度如何测量

　　伊拉克战争打响，流传着美国发射的战斧式巡航导弹很精确，可钻进军
事堡垒在内部爆炸。这种远距离高精度定位的实现，是离不开时间的精确测
量工作的。

　　巡航导弹要依赖导航卫星进行定位和位置校准。美国从上个世纪70年
代就开始研制和部署利用卫星提供精确的全球定位，并在90年代全面建成
了GPS的全球定位系统，这是一个高度依赖精密时间测量工作的一个卫星系
统，运转过程中，时间是定位精度的保证。

　　导航卫星离地面有上万公里，卫星发射出携带着时间时刻信息的电磁波
信号。当导航电磁波信号被战斧导弹上的GPS接收装置接收到以后，导弹用
自身安装的钟表时间，与接收到的卫星信号里面携带的时刻信息相比较，就
可以得出电磁波离开卫星到达导弹所经过的时间长度。再用这个时间乘以电

磁波的速度，就得到卫星与导弹之间的实时距离。当导弹同时接收到3颗或4颗卫星时，就可立即计算出导弹到这几颗卫星的直线距离。

平面几何、解析几何的知识告诉我们，平面的两个圆可以有两个交点，如果知道了圆点的位置，就可以计算出这两个交点的准确位置。同理，在立体空间中，以三颗卫星为球心，以卫星到导弹的三个距离为各个圆的半径，可以得到三个立体的球面；两个球面相交，得到的重叠部分是一条圆形的线，这个圆再与第三个球面相交得到两个交点，就是三个球面相交的仅有的两个交点，一个在导弹上，一个在太空中，很容易判断。第四颗卫星的距离可以利用来确定和修正与计算时间和距离有关的精度。因此，利用4颗卫星到导弹的距离，就可计算出导弹在这4颗卫星所构成的几何坐标系中的准确位置。

卫星和导弹所在的这个数学坐标系，一般看做是以地球球心为原点，以南北极地轴为Z轴，以赤道平面上从球心指向经度0°的线为X轴，构成的一个右手正交三维坐标系。在设计卫星系统时，每颗卫星都有固定的识别编号，都自带一个高精度的原子时钟。卫星发到导弹的无线电信号里就包含了这些信息。根据卫星轨道设计方案和实际的观察数据，导航卫星在地球上空的位置，都是可以预测和准确计算的，美国在全球还建立有6个专门的监控站点，随时监测和纠正卫星的位置、状态等信息，确保导弹接收到的信号中所携带的卫星时钟、位置信息都具有很高的精度。

简单地说，电磁波的速度是每秒钟30万公里，如果卫星和导弹上的时钟有0.001秒的误差，就会给导弹位置定位带来300公里的误差（30万千米/秒 $\times 10^{-3}$秒），因此体育秒表的精度相比导弹的这个时间精度需求就显得太低了。如果导弹要达到能准确钻进窗户的精度，其空间位置精度就要求达到1米左右，卫星和导弹上的时钟精度就需要提高到0.000 000 003 33秒的误差（0.000 000 003 33秒 $\times$ 30万千米/秒 $\approx$ 1米）。这个小数字写成科学计数法的形式是 3.33×10^{-9}秒，即卫星和导弹自带的时钟都不能低于 10^{-9}秒，加上其他原因，这个时间测量精度还需要提高很多倍。

实际上，美国在导航卫星上使用了几种原子钟不断提高时间精度，它的早期星载原子钟的时间精度就可以达到 10^{-13}到 10^{-15}这个精度，为了降低成本，在各类地面接收装置中使用了石英钟，石英钟的精度可以到 10^{-9}。我国北斗卫星导航系统中使用了我国研制的铷原子钟，稳定度从 10^{-13}到 10^{-14}。综合各类因素影响，一般应用设备中，时钟的时间精度对几十米的距离和定位精度的影响，相当于要可达到纳秒级（10^{-9}）以上的时间精度。因此，高精度的时间计量设备，为战斧式巡航导弹的攻击，提供了精确的坐标保证。GPS从一开始设计和建设，就是为军事服务的，一旦离开了以高精密时间计量为基础的导航卫星，美军的很多武器装备就要陷入瘫痪了。

面对原子钟的计时精度，你认为手里的秒表真的能测准时间吗？

 ## 年底时钟为何要增加一秒

2008年12月，世界各地的电视报纸都在播报一条科技新闻，在这一年的12月31日夜里23：59：59之后，将增加一秒，即23：59：60，再过一秒的时间，然后才是24：00：00。这一天为何要多1秒钟呢？

秒是日常计时最常用的单位，然而半个世纪以前人类使用的1"秒"的长度其实是不太稳定的。在日常生活中，每天被划分为24个小时，每小时分成60分钟，每分钟又划分为60秒，一天被均匀地分成86 400份。每一份就是1秒的长度。秒以下是毫秒（千分之一秒），微秒（千分之一毫秒），纳秒（千分之一微秒），皮秒（千分之一纳秒）。假如1天的总的时间长度是不固定的，那么1秒的长度也是不稳定的。

每天的时间长度取决于地球自转的时间。地球转一圈，就是一天。古人计算每天的长度，是依靠正午时的太阳照射物体后形成的影子，当圭表上表的影子长度达到一天内最短的时刻就是中午12点整。在天文学上，这被称呼为天文计时方法。由于地球除了自转，还要同时绕太阳做公转运动，因此两次正午时刻的间距，并不是地球恰好自转1整圈的时间，而是自转了1圈多一点点。

所以，地球自转1圈的时间和两个相邻正午12点的时间间隔，并不是严格等长的时间。天文学上把按太阳照射影子最短的时刻作为当地12点的时间系统称为地方时。另外，随着地球在椭圆形的绕日公转轨道上移动，地球绕太阳每天移动的地日连线的角度关系还在发生不均匀的角度变化。精密地测量起来，用最短日影时刻的间距计算得到的一天的长度，也是在不断变化的，呈现按年变化的周期。现代天文观测还表明，地球的自转周期也在缓慢地变化，每日自转1圈的时间也是有微小变化的。因此，无论按哪种方法确定一天的标准长度，都会有缓慢细微的不同。1秒不等长，这对于古代人生活是没有影响的，但对于依赖现代技术生活的人们，特别是一些依赖精密时间的部门，如科研、通讯、电力、军事等部门，这种秒长的不稳定已经超出了可接受的范围。通过观测地球自转周期定出的1日，被称为1个视太阳日。把全年的视太阳日的天数加起来，再取平均就得到1个平太阳日，然后再均分为86 400等份，每一份便是时间单位秒。天文学上规定，这种时间叫做"世界时"（英文简写为UT），确定的1秒标准长度叫做世界时的秒长。

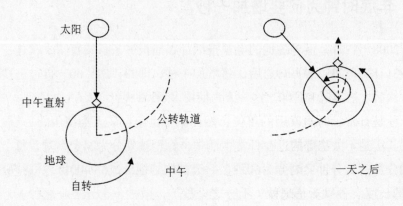

1960年第十一届国际计量大会决定，根据地球公转周期获得秒的定义：1秒为从1900年起算的1个回归年的1 /31 556 925.974 7。一年的总时间÷一年的精确天数÷86400=秒长，世界时的1秒等于1个平太阳日的1/86 400。世界时的秒是一种天文秒。

经过多年长期观测修改后产生了运行更均匀的天文秒，称为"历书时"（英文简写为ET）的秒长。世界时和历书时的稳定性，由于由地球运动的不均匀性难以彻底消除，经过多年积累，其误差会逐渐放大显现出来。

上个世纪中期，随着量子理论和电子学的发展，尤其是发现了稳定、准确的石英晶体振荡和原子内电子精细跃迁周期，科学家提出利用这些精密周期现象来作为精密的钟表用于授时和守时工作，研制出了原子钟表，提出了原子时。人们认识到，原子振荡的周期相当稳定，远远超过世界时和历书时所依据的天文标准，若用其来定义秒，可以使秒的精度大大提高。利用原子的相关振荡频率确定的时间标准，称为国际原子时（国际上简写为ATI）。1967年第十三届国际计量大会通过原子时的秒定义：1秒是以铯–133的原子基态的两个超精细能级间跃迁辐射的9 192 631 770个周期的持续时间。

高达10^{-15}这样精密的原子时钟，稳定性是天文秒长不可比拟的。原子时由原子钟提供，它的优势是秒长十分稳定，缺点是时刻没有具体物理内涵；而世界时的秒长实际上并不固定，但优势是与千百年来的日常生活习惯密切相关，它的时刻对应于太阳在周天星座中的特定位置，日升日落，按季农作，而且在定位导航、大地测量、天文导航和宇宙飞行体的跟踪测量等领域，不仅需要固定秒长的时间间隔，还需要换算出世界时的时刻。于是就出现世界时和原子时平衡的问题。国际上在1971年确定了"协调世界时"（英文简写为UTC）的方案：

（1）协调世界时的秒长和原子时的秒长一致，都按86 400秒算一天。利用国家原子时作为协调世界时与世界时的校正时间。

（2）世界时和原子时的计时开始的起算点年份有不同，但都是86 400秒算一天。一定时间以后，两者代表的时刻形成秒以下数字的细微差距。当时刻之差的小数部分接近0.9秒时，对协调世界时实施一个整秒的跳跃，使得协调世界时接近世界时的时刻，又保持与原子时的整秒同步。这一秒被称为闰秒。增加1秒称为正闰秒，减少1秒称为负闰秒。

（3）闰秒的实施时刻只安排在12月31日或6月30日世界时的最后一秒（格林尼治时间）上进行。例如，若是一年中多出两秒，就会在该年的6月30日和12月31日加上。若只多出1秒，则会在12月31日加上。正闰秒发生时，在23时59分60秒结束后才是下一天的00时00分00秒，而负闰秒发生时，在23时59分58秒以后的时刻是下一天的00时00分00秒。

国际时间的稳定性，是由分布于世界各地、隶属于几十个国家的实验室所测量的原子钟做定期比对来保证的。闰秒调整，是世界各国统一同时进行的。格林尼治时间夜里0点调闰秒时，我国正处于东八区的8点整。本文开头说的就是北京时间2009年1月1日7时59分60秒进行的闰秒调整（正闰秒），那时，国际原子时与世界协调时的时刻偏差达到34秒。从1972年开始实施"闰秒"到目前，协调世界时总共增加了24个正闰秒，这意味着地球自转周期这些年来慢了24秒，但本世纪以来只发生过两次闰秒，因此地球似乎比过去稍微加快自转了。有些科学家认为闰秒造成了新的问题，因此建议取消闰秒这个制度。目前国际上还没有形成取消闰秒的共识。

第6章

问世间是否此山最高

——高程测量

 珠峰复测，8 844.43米是怎么测到的

2005年10月9日，国家测绘局宣布：珠穆朗玛峰峰顶岩面海拔8 844.43米，参数：高程测量精度：0.21米；峰顶冰雪深度3.50米；原1975年公布的珠峰高程数据停止使用。

珠峰是世界第一高峰，更是我国第一高峰，其高度的测量，应由中国人自己完成。这次珠峰复测，是测绘技术的大规模集成，是对我国测绘科技水平的一次考验，也可以让公众了解和关注测绘。喜马拉雅山是地球上最年轻的山脉之一，它的内部版块仍在不断变动之中，这种变动以地表的微观变化表现出来，在地质学上具有重要的意义。地质时间跨度往往长达几十万年至数百万年，而测绘技术可以将这个尺度缩小到几十年，人们可以研究几十年内的地质变化，进而推测几十年后的地质变化。地质的变化会影响到生物圈、大气圈、岩石圈的变化，也就是我们的生活空间，进行珠峰复测，具有重要的科学意义和现实意义。

普遍认为珠峰复测是一个几何学上的问题，其实高度（测量学上也叫高程）在科学上是一个位置定义，某地点的高程是多少，表示这个地球表面点相对于地球的空间位置。它复杂的是：地球并不是一个标准的椭球，而是一个近似椭球的不规则实体，它表面构造非常复杂又各不相同。要明确某个地球表面点的高程，就必须考虑到地球几何形状和地球物理性质等多种要素。复测所依据的基本原理仍然是立体几何学原理，还涉及地质学、地球引力和物理学意义上的高度概念，绝不是几何学上的表观高度。本次珠峰复测，测量的高度是珠峰重心所在直线的高度，因此，涉及地理、地质、测绘、光学、气象等多种学科，需要采用多种先进的测绘仪器，和大量、艰苦、琐碎的野外作业。

进行珠峰高程测量需要确定高程的基准和方向。在测量学中，高程的定义是某地表点在地球引力方向上到大地水准面的高度，把整体上非常接近于地球自然表面的水准面视为大地水准面。由于海洋占全球面积的71%，因此设想平均海水面，不受潮汐、风浪及大气压变化影响，并延伸到大陆下方处处与重力线相垂直的表面为大地水准面。理论上，它是一个延伸到全球的静止海水面和地球重力等位面，也是一个没有褶皱和棱角的连续封闭面。现在世界上还没有统一的大地水准面。各个国家和地区往往选择一个平均海水面代替它。我国现在用的是"1985国家高程基准"。大地水准面用的是青岛验潮站18年长期观测结果计算出来的平均黄海海水面作为海拔零起始面。因此，珠峰的高程实际上就是在珠峰的重力线方向上相对于青岛黄海海平面的高度。

复测包括两种方法：经典测量方法和GPS卫星大地测量法。经典测量方法以三角高程测量方法为基础，配合水准测量、三角测量、导线测量等方式，获得的数据进行重力、大气等多方面改正计算，最终得到珠峰高程的有效数据。GPS卫星大地测量法，首先要建立一个能够与地球形状最大程度契合的参考椭球。通过卫星，利用GPS仪器获得珠峰相对于这个地球参考椭球的准确的三维坐标。然后，通过确定参考椭球与真实地球在珠峰最高点上的高程差，得到珠峰准确的高程。

珠峰最高点高程的获得需要在珠峰的周围地区选择大量的点进行GPS观测、水准观测、重力观测，同时建立精确的数学模型，对采用不同方法获得的测量数据进行综合分析、计算珠峰最高点的高程与珠峰脚下可确定精确高程点的高程差，从而计算出珠峰的海拔高程。

这次珠峰复测有四个技术创新，测量的精确度有明显的提高：首次专业测绘人员和专业登山队员合作，携带测绘仪器，登上珠峰峰顶进行实地观测；用测深雷达准确探测出了珠峰峰顶的浮雪和永久冰层的厚度，为准确计算珠峰的净身高提供科学依据；在珠峰峰顶树立了测量觇标，安装上GPS天线和反射棱镜；首次在8000米以上进行了重力测量，对周边地区开展了大规模控制测量工作，进行了与珠峰高度位置变化密切相关的地球科研工作。

马里亚纳海沟的深度是如何得到的

海沟，是海底最壮观的地貌之一。它是大洋底部两壁陡峭、比相邻海底深2 000米以上的狭长凹陷。海沟大都分布在大洋边缘，与大陆边缘平行。对于海沟的定义，存在不同的解释，一种认为凡是水深超过6 000米的长形洼地都叫海沟，另外一种认为海沟是指那些与火山弧（若干个弧状分布的火山岛）相伴生的边缘海沟。

海沟的形状一般呈弧形或直线，长500～4 500千米，宽40～120千米，水深多为6～11千米。海沟有不对称的V形横剖面，沟坡上部较缓，下部则较陡，平均坡度5°～7°，偶尔也会有45°的陡坡出现。

海沟主要分布在活动的大陆边缘。世界上最重要的海沟几乎全部聚集在太平洋，本书介绍世界最深点所在地——马里亚纳海沟就在太平洋的西部。

马里亚纳海沟的最深处叫查林杰海渊，它的名字是为了纪念发现它的英国"查林杰8号"船而得名的。1951年查林杰8号探测出的深度为10 836米；1957年前苏联的Vityaz号船利用声波反射装置测量的深度为11 034米；1960年美国的载人潜水器"的里亚斯特号"成功地到达查林杰海渊的海底，利用铅锤测量得到的深度为10 912米；1984年日本人用高能专业探测航具"拓洋号"（Takuyo）船以多窄波束回波定位仪测出的深度为10 924米；最为精确的纪录由日本探测艇"海沟号"（Kaiko）于1995年3月24日测得，深度为10 911米。

"海沟号"机器人由一条12 000米长的一次缆缓缓放向海底，母船操作室内的监视器上显示出潜水器发回的潜水图像资料。三个半小时后，"海沟号"下潜到查林杰海渊的底部，测深表显示水深值为10 903.3米，修正水深为10 911.4米。修正水深是根据水压测定的值，通过含盐量、水温资料修正后的深度。"海沟号"创造了新的世界潜深纪录（比原有纪录深了15米），同时给出了当时马里亚纳海沟的最深处最精确的水深纪录。

 海拔是如何来的

地理学意义上的海拔是指地面某个地点或者地理事物高出低于海平面的

垂直距离，是海拔高度的简称。相对高度是两点之间相比较产生的海拔高度之差。甲、乙两地的海拔高度分别为1 500米和500米，甲地相对乙地的相对高度是1 000米。计算海拔的参考基点是确认一个共同认可的海平面进行测算。这个海平面相当于标尺中的0刻度。海拔高度又称作绝对高度或者绝对高程。但海面涨潮与落潮的高度是有明显差别的。因此，最好用一个确定的平均海水面来作为海拔的起算面。海拔也就定义为高出或者低于平均海水面的高度，也就是人们所说的高程或绝对高程。由于地球内部质量不均匀，地球表面各点重力线方向并非都指向球心一点。这样就使处处和重力线方向相垂直的大地水准面，形成一个不规则的曲面。世界各国根据本国情况定义有各自的平均海平面，并不完全统一。平均海平面也叫大地水准面。

选择对一个国家或地区来说具有位置适中、外海海面开阔、海底平坦、地质结构稳定、有代表性和规律性的半日潮等特点的港区建立长期使用的验潮站，根据长期验潮资料确定一个平均海水面，把它视为零高程面。然后用精密水准测量联测到陆地上预先设置好的水准原点，测定出这个点的海拔高度作为一个国家或整个地区的起算高程。

我国1987年规定把青岛验潮站1952年1月1日~1979年12月31日所测定的黄海平均海水面作为全国高程的起算面即大地水准面。并推测得青岛观象山上国家水准原点高程为72.26米。根据该高程起算面建立起来的高程系统，称为1985国家高程基准。我国各地面点的海拔，均指由黄海平均海平面起算的高度。

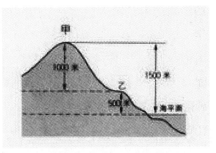

海拔和相对高度的关系

我国的海拔零点标志位于新疆吐鲁番亚尔乡巴村境内。地理坐标为东经89° 11′，北纬42° 56′。"零点"等高线圈西至交河故城13千米，东至高昌故城50千米，北至苏公塔2千米，南至艾丁湖最低点30千米。"零点"属特殊地理位置。新疆吐鲁番盆地是我国最低的内陆盆地，也是世界第二低地，低于海平面的面积有3500平方千米，最低点海拔–154.31米。建立中国的内陆海拔零点不仅具有科普宣传作用，而且便于开展中外文化交流、促进旅游业发展。中国内陆海拔零点标志外观典雅大方，置于一高约8米、圆形顶、多角形的主体建筑之中。

喜马拉雅山的珠穆朗玛峰是地球上的最高点，其高度为8 844.43米。被称为地球南北极之外的第三极。马里亚纳海沟是地球上最深的地方，海拔是–10911米，有人称之为第四极。

海拔的高低会给人带来不同的生理反应。从实际情况看，在海拔2 400米以下生活的人，感觉基本正常，没有明显反应；超过2 400米，如果有合理的海拔阶梯和足够的时间，一般人可以逐步适应；超过5 500米，一般人无法完全适应。海拔还会给大气压带来影响：海拔越高，气压越低。

74座山峰的高程到底准不准

2007年4月27日、2008年9月28日、2009年12月15日，国家测绘局、住房和城乡建设部分三次联合公布了我国74座著名山峰的高程数据。这74座山峰的高程数据为：泰山玉皇顶：1 532.7米；华山南峰：2 154.9米；衡山祝融峰：1 300.2米；恒山天峰岭：2 016.1米；嵩山峻极峰：1 491.7米；五台山北台叶斗峰：3 061.1米；云台山玉女峰：624.4米；普陀山佛顶山：286.3米；雁荡山百岗尖西峰：1 108.0米；黄山莲花峰：1 864.8米；九华山十王峰：1 344.4米；庐山汉阳峰：1 473.4米；井冈山五指峰：1 597.6米；三清山玉京峰：1 819.9米；龙虎山龙虎峰：247.4米；崂山巨峰：1 132.7米；武当山天柱峰：1 612.1米；青城山老君阁：1 260.0米；峨眉山金顶：3 079.3米；盘山挂月峰：856.8米；苍岩山：1 039.6米；嶂石岩黄庵垴：1 797.4米；天桂山：1 053.5米；钟山北高峰：448.2米；金山：43.8米；焦山：71.0米；北固山：55.2米；天台山华顶山：1 095.4米；莫干山塔山：719.0米；雪窦山黄泥浆岗：971.7米；江郎山郎峰：816.8米；方岩：346.8米；天柱山天柱峰：1 489.8米；琅琊山南天门：248.3米；齐云山独耸峰：566.7米；武夷山黄岗山：2 160.8米；万石山：168.0米；冠豸山：661.1米；鼓山：870.3米；三百山东源峰：1 164.5米；鸡公山报晓峰：768.0米；林虑山四方脑：1 656.3米；韶山韶峰：519.1米；岳麓山：295.6米；崀山八角寨：816.6米；西樵山大科峰：338.3米；丹霞山巴寨：619.2米；白云山摩星岭：372.6米；罗浮山飞云顶：1 281.2米；花山344.1米。北武当山：1 983.8米；五老峰玉柱峰：1 702.6米；千山仙人台：708.5米；凤凰山：835.2米；医巫闾山望海峰顶：867.0米；清源山：453.0米；太姥山：871.0米；青云山：1 059.2米；云台山

（河南省）茱萸峰：1 297.6米；石人山玉皇极顶：2 153.1米；王屋山天坛山：1 711.3米；大洪山宝珠峰：1 051.4米；九宫山老鸦尖：1 656.6米；桂平西山西山顶：678.9米；四面山蜈蚣坝：1 708.1米；金佛山：2238.2米；缙云山轿子口：950.3米；西岭雪山日月坪：3 210.6米；天台山（四川省）正天台：1 251.9米；斗篷山：1 937.7米；骊山烽火台：916.0米；宝鸡天台山（陕西省）鸡峰山：2 016.4米；麦积山：1 669.5米；崆峒山：2 123.3米。

　　这数据准吗？历史上这些山峰大都有一些高程记录，存在多种版本记录如被尊为五岳之首的泰山，之前，山东省内经常使用的高程数据就有1545米、1536米、1533米3个。各种版本的数据使我国各大名山的高程成为多个谜团。这些数据来源各不相同，有的甚至流传已久无从考证，有的是上世纪50年代或80年代测量的，由于当时设备的限制，精度很低，准确性不能保证。

　　虽然没有珠峰复测那种全球范围的影响和复杂困难，这74座著名山峰的高程测量同样是受到社会的广泛关注。从科学的角度来说，高程数据不统一、不准确，一山多个高程缺少严谨性和确定性；从旅游宣传的角度讲，没有权威的高程数据显得名山的分量不够。这种状况还给教材使用、大众引用等造成了概念混乱。随着社会经济的快速发展，全社会对地理信息的需求不断增加，社会各界都希望各大名山有统一精确权威的高程数据。为此国家测绘局从2006年7月开始组织实施了我国部分名山的高程测量工作，历时三年半的时间，完成了我国74座著名山峰的高程测量工作。

　　为做好74座著名山峰的高程测量工作，国家测绘局做了精心部署安排。在测绘过程中综合运用水准测量、全球卫星定位（GPS）、三角高程测量、导线测量、重力测量以及大地水准面确定等多种技术手段，各著名山峰所在地的省级测绘部门相继完成了本行政区域内的名山高程测量任务。

　　五岳之首——泰山玉皇顶的高程测量分为水准测量、GPS观测、重力测量、数据处理4个阶段，由山东省国土测绘院承担，动用了约30名测绘人员。为保证精度，泰山测量将GPS技术与传统的几何水准测量方法相结合，同时启动了重力测量。

　　北京市测绘设计研究院承担了北京市境内的上方山、松山、云蒙山三座名山高程的测量任务。本次山峰测高利用GPS技术、精化大地水准面确定山峰的大地高和正常高，并通过大地水准面的转换，精确测定山峰的"身高"。过去测量手段落后，没有考虑重力异常的影响，北京名山的身高误差在1.7米左右，本次采用的 GPS测量方法去掉了所有的不可靠因素，测量的是山峰高度的空间位置，所有误差加到一起不会超过20厘米。

五台山的高程测量任务由山西省工程测绘院承担，他们根据山上海拔高、气温低的特点，设计了两套先进的GPS数据采集方案，大大提高了高程数据的精度，并且找到了叶斗峰真正的最高点。新测最高点和历史最高点之间的平面距离相差200多米，高差超过1米。

毋庸置疑，这些著名山峰的高程数据是响当当、经得起推敲的。《关于继续组织开展著名山峰高程数据确定工作的通知》中要求施测单位充分利用GPS、省级精化大地水准面等先进测量技术和手段，保证成果的可靠性和准确性。最后要通过由我国多名测绘领域顶级科学家—两院院士在内的专家评审委员会评审。这些著名山峰高程数据的公布，统一了著名山峰的高程，增强了科学性，同时促进了旅游业的可持续发展，强化了公民国家版图意识。

我国的陆地海拔最低点是猜测还是科学结论

2008年9月28日，国家测绘局举行新闻发布会，公布中国陆地最低点（新疆吐鲁番艾丁湖洼地）。海拔高程：–154.31米。

历史上艾丁湖是一个很大的湖，随着地壳运动的变化，全球气候的变化，现在的艾丁湖基本是一个面积比较大的洼地。这块洼地很平坦，确定它的最低点不像珠穆朗玛峰一样大家一看它就是最高的，而要精确地找出最低点。那么我国的陆地海拔最低点是猜测还是科学结论呢？

首先我们要弄清陆地最低点的定义或含义：陆地最低点是指地球自然表面海拔最低的地方。从现有的各种资料分析，吐鲁番盆地是我国内陆最低的地方，盆地内海拔0米以下的区域面积约3 500平方千米，低于–100米的区域面积约1 400平方千米，低于–150米的区域面积约230平方千米。艾丁湖位于盆地的中心位置。通过卫星遥感影像数据、航片影像资料和实地调查资料的分析，发现艾丁湖每年5~10月干涸；12月至次年3月，积水形成水面，其中12月到次年1月，湖面冻结形成冰层。艾丁湖水源主要来自西部和北部山脉的现代冰川融化汇成的河流，以及吐鲁番盆地北缘涌出的天山雪水和坎儿井的潜流泉水，水量有限。中国陆地最低点应定义为艾丁湖洼地的最低点，而艾丁湖洼地的最低点则应定义为洼地地表土质面的最低处。

整个艾丁湖洼地内地势平坦，高差很小，地形变化均匀，直接确定最低点的位置十分困难。寻找并确定艾丁湖洼地最低点的位置采用原理简单的方格网测量方法。具体地说就是在完成基础控制测量的基础上，按照不同间距的方格网分步骤实施，找出较大方格网的高程最低点，逐渐缩小网格的尺寸，分步找出中小甚至更多级格网的高程最低点，最终确定最低点。在实际作业过程分为四个步骤：

第一步：确定最低点的大致范围。通过资料分析，初步确定最低点的大致范围。对卫星影像、各种比例尺地形图等资料进行处理、分析，初步在1∶1万比例尺地形图上划定最低点所处的范围，此范围内绝大部分高程低于–153米，面积约22平方千米。这个范围相当于湖面面积的两倍多。

第二步：布设控制点。在最低点的范围周围布设了控制点，以国家一二等水准点为起算点，联测二等、三等水准路线和C级GPS网，求出控制点的平面坐标和高程，建立方格网测设和最低点测量的基础。

第三步：逐级进行方格网测设，缩小最低点所处范围包围圈。在初步确定的最低点大致范围内逐级实地进行方格网测设，逐步缩小最低点所处范围的面积。在1∶1万底图上设计出250×250米方格网点；把方格网点位放样到实地，并采集各放样点（方格网点）的实地坐标和高程；根据方格网的实测平面坐标及高程数据，绘制0.2米等高距地貌图；对地貌图进行分析，把艾丁湖最低点的范围缩小至3~5平方千米；在此范围内，再设计125×125米的方格网点。以此类推，把最低点的位置范围缩小到1~2平方千米的范围；最后设计出50×50米的方格网点坐标。

第四步：精确定位最低点。根据50米×50米格网点高程，按0.05米等高距精确绘制出地貌图，对最低等高线包围范围内的所有格网点高程进行分析，找出该范围内地面高程的变化趋势。根据地形变化情况，选择几组高程值较小且相对集中的格网点，做进一步的测量：间距加密至5~20米，测量地形点的高程；根据地形加密测量点和各级格网点的高程数据，精确绘制最低高程数值的等高线，形成几处最低点可能出现的闭合区域；内业量算出各闭合区域的面域中心点坐标；在实地放样出各闭合区域的面域中心的点位，为其设立标志；用水准测量的方法，直接测量出各中心点间的高差，从而确定出艾丁湖洼地最低点位置。

由此看来，我国的陆地海拔最低点是运用了各类测绘成果如各种比例尺地形图资料、航空影像资料、卫星影像资料、DEM、重力资料、三角点、水准等成果，采用科学的方法如网格内插、水准测量、GPS测量、重力测量、统一平差计算等技术和方法，运用先进的测量仪器如GPS RTK 测量流动站、全站仪及美国麻省理工学院的GPS基线解算和整体平差软件等，逐步测算得出的科学结论。

 ## 飞行员和宇航员如何知道飞得有多高

飞行员和宇航员到底飞得多高对于他们尤其是飞行员来说非常重要，飞得过低易与高山等地物相撞，飞得过高油耗过大。早期飞机的飞行高度是通过气压式高度表获得的。这种仪表有一个圆圆的表盘，表盘上刻有指示高度的刻度，还有转动的指针。指针随着飞行的高度变化而转动，飞行员看指针指示的数值，就知道当时飞行的高度。气压式高度表利用的是大气压强随高度变化的规律。在地球表面上，海平面的大气压强最高，随着高度的增加，大气压强就按照一定的规律逐渐减小，不同的高度有不同的压强。只要测出压强，就可以反算出高度。压力式高度表中有一个用薄膜做的盒子，外界压力变化这个盒子就会发生膨胀或收缩，从而带动指针转动，直接指示出飞机所在的高度。配置好的飞机可通过激光测高仪或GPS定位确定飞行的高度。

宇航员飞行的高度是利用人造地球卫星携带的激光测高仪，测定卫星到瞬时海平面（或平坦地面）的垂直距离。也有的测高仪是利用超声波制作的，原理基本相同。激光测高仪的工作原理是：安装在飞行平台的激光器以固定频率向地面发射激光脉冲，激光束穿越大气或真空后经目标散射产生后向散射回拨为测高仪接收，通过分析该脉冲回波的时间间隔，可以计算出测高仪到地面之间的距离。

 ## "嫦娥"离月亮有多远

月球俗称月亮，也称太阴，是离地球最近的天体，距离地球384 401千米，为地球赤道周长的10倍。月亮也是地球的独生子——地球唯一的天然卫星。月球轨道呈椭圆形，近地点距离为363 300千米，远地点距离为405 500千米。月球的直径为3 476千米，相当于地球直径的3/11，表面面积是地球的

1/14，与亚洲面积接近。体积相当于地球的1/49。月球的质量只相当于地球质量的1／81.3，平均密度为每立方厘米3.34克，是地球密度的3/5。

嫦娥是传说中帝喾的女儿、后羿的妻子。后羿是尧帝手下的神射手，曾射下九日。传说后羿从西王母处请来不死之药，嫦娥偷吃了灵药，成仙后飘然飞向了月宫，住在月宫凄清冷漠的广寒宫内，思念着丈夫后羿。有一年的农历八月十四，她向丈夫倾诉懊悔后说："平时我没法下来，明天乃月圆之候，你用面粉作丸，团团如圆月形状，放在屋子的西北方向，然后再连续呼唤我的名字。到三更时分，我就可以回家来了"。第二日，后羿按照妻子的嘱托去做，届时嫦娥果然从月中飞来，夫妻重圆，中秋节做月饼供嫦娥的风俗，也就由此形成。

中国的探月计划经过长期准备、10年论证，于2004年1月正式立项，被称作"嫦娥工程"。月球的探索卫星系列也被命名为"嫦娥"卫星系列。我国对月球的探索分为四步：

第一步是"绕"，也就是"嫦娥一号"绕月工程，花费一年多的时间绕月飞行，获取月球表面三维影像、分析其物质元素的分布特点、探测月壤厚度和地月空间环境等。

第二步是"落"，包含三次任务，分别是"嫦娥二号"轨道探测任务和"嫦娥三号"、"嫦娥四号"探测器"软着陆"与月面巡视探测任务，逐步具备月球"软着陆"探测能力。

第三步是"回"，实现无人探测器在月球表面采样返回。

第四步是"登月"，顺利完成前三步的工作后，实施开展载人登月—也是真正意义上的"登月"，逐步建立无人值守至有人驻留的月球基地。

目前我国已经完成了第一步，发射了"嫦娥一号"和"嫦娥二号"卫星。2007年10月24日18时05分，"嫦娥一号"成功发射升空；"嫦娥二号"也于2010年10月1日18时59分57秒在西昌卫星发射中心成功发射升空。

"嫦娥一号"卫星发射后首先将被送入一个地球同步椭圆轨道，该轨道离地面最近距离为500千米，最远为7万千米，26小时飞行环绕此轨道一圈后，探月卫星通过加速再进入一个更大的椭圆轨道，离地面的最近距离依然是500千米，最远扩大至12万千米，需要48小时才能环绕一圈。之后探测卫星将进一步加速"奔向"月球，再经历约83小时的飞行，在快要到达月球时，由控制火箭的反向助推减速。卫星减速后被月球引力"俘获"，成为环月球卫星，最终在离月球表面200千米高度的极地轨道绕月球飞行，拍摄月球三维影像。"嫦娥一号"距离地球接近38.44万千米，是我国发射的最远距离的卫星，之前，我国发射的最远距离的卫星离地面4万千米。"嫦娥一号"成功绕月球飞行了一年，轨道高度从200千米降到100千米，中间还降到过15千米。最终，"嫦娥一号"撞了月球，成功实现了可控地撞月。科研人员利用测控数据对"嫦娥一号"获取的321万个激光测高数据进行分析处理，得到了世界上最高精度和最佳分辨率的全月球地形图，"嫦娥一号"首次得到了纬度70°以上的南北极地区的高精度月面地形，绘制了人类历史上第一张完整的月球表面地形图。

　　"嫦娥二号"是"嫦娥一号"的备用星或姊妹星，与"嫦娥一号"相比，做了多方面改进和提高：首先"嫦娥二号"将新开辟地月之间的"直航航线"，即直接发射到地月转移轨道，地月飞行时间大大缩短；另外，"嫦娥二号"卫星将在距月球表面约100千米高度的极轨轨道上绕月

完整的月球表面地形图

运行，比"嫦娥一号"距月表的轨道高度低了一半，可以对重点地区做出更精细测绘；为了获得月球着陆区的精细地形数据，"嫦娥二号"激光高度计在月面上留下的"激光足印"间距更小——激光测距精度可达5米，进一步获得月球上几个重点区域的高密度高程测量数据；"嫦娥二号"所携带的CCD立体相机的空间分辨率由120米左右提高到小于10米，其他探测设备也有所改进，因此探测到的数据更为翔实。"嫦娥二号"的主要任务是对月球着陆区和其他重点区域进行精细测绘、立体成像，精细探测月面的元素成分与分布，月壤的电磁特性、粒度纬度和月壤层厚度，近月空间的环境等。"嫦娥二号"还将演练"嫦娥三号"软着陆前的15千米×100千米椭圆轨道，这是探月卫星第一次近距离接近月球表面；"嫦娥二号"新增的X频段测控使我国深空测控通信能力扩展到了"地球—火星"间的距离。

　　目前"嫦娥三号"卫星的研制也在紧锣密鼓中进行，它要在月球着陆，所以有四条"腿"。将完成月球元素分布、月球上有没有月震、或者放一个望远镜更清楚地观测月球等任务。"嫦娥三号"将装配月球车。月球车会在

距着陆器3公里的半径范围里行走10公里进行探测，探测数据发回地面，着陆器上的数据也可以发回地面。目前我国研究人员正在离敦煌200公里以外一个无人烟的大沙漠里进行实验，训练月球车在沙漠里行走，验证月球车能不能在月球上行走。

"嫦娥五号"的发射时间基本确立在2017年。"嫦娥五号"由四部分组成，着陆器、上升器、轨道器、返回器。把这四部分送到月球上后，轨道器和返回器留在轨道上运行，着陆器上有机械手，可以在月球上抓取东西、打窟窿，采集的样品密封起来送到上升器里面去，然后上升器在月球上起飞。起飞以后到达月球的轨道，再和轨道器交汇对接。

 ## "蛟龙"号下潜有多深

进入太空离不开航天器，开发利用深海同样离不开深海装载装备。有了载人深潜器，为科学家参与深海前沿科学研究提供了便利的交通工具。 2000年前后，中国大洋协会组织了由专家和政府部门负责人参加的专题论证，达成研发载人深潜器的共识，形成需求论证报告，上报科技部。2002年，863计划重大专项"7000米载人潜水器项目"获得正式批复。

2010年8月，我国第一台自行设计、自主集成研制的"蛟龙"号载人潜水器3 000米深海试取得成功。项目实现了耐压结构、生命保障、远程水声通讯、系统控制等关键技术的突破。"蛟龙"号潜水器长、宽、高分别是8.2米、3.0米与3.4米，重量不足22吨，有效负载220千克；它的外形像一条鲨鱼，采用钛合金材料，能承受高压、抗腐蚀且具有弹性的外表，橙色的"头顶"。"蛟龙"号的尾部装有一个X形稳定翼，在X的四个方向各有1个导管推力器。它还装备了很多水下传感器，智能技术化程度较高，水下导航可以自动定向、定高、定深。 利用水下声呐系统，可对地形地貌进行测量。

蛟龙号载人潜水器

　　"蛟龙号"拥有世界上同类型载人潜水器的最大下潜深度——7 000米，可在占世界海洋面积99.8%的广阔海域自由行动。它具有针对作业目标稳定的悬停定位能力、先进的水声通信和海底微地形地貌探测能力，可以高速传输图像和语音，探测海底的小目标。并配备了多种高性能作业工具，确保载人潜水器在特殊的海洋环境或海底地质条件下完成保压取样等复杂任务。

　　"蛟龙"号的任务包括运载科学家和工程技术人员进入深海，在海山、洋脊、盆地和热液喷口等复杂海底有效执行各种海洋科学考察任务，开展深海探矿、海底高精度地形测量、可疑物探测和捕获等工作，并执行水下设备定点布放、海底电缆和管道的检测以及其他深海探询、打捞等、复杂作业。

　　目前，较高精度的水深测量一般通过回声测深仪实现，一般声波频率越高，可测量的水深度也就越大。"蛟龙"号的测深功能也是通过这种方法实现的。回声测深仪的工作原理是利用换能器在水中发出声波，当声波遇到障碍物而反射回换能器时，根据声波往返的时间和所测水域中声波传播的速度，就可以求得障碍物与换能器之间的距离。在海洋环境中，这些物理量越大，声速也越大。常温时海水中的声速的典型值为1 500米／秒，如果测得声脉冲在水中往返的时间为3秒，则海水的深度为2250米。由于声波在海水中的传播速度随海水的温度、盐度和压力的变化而变化，所以，计算时还要作必要的修正。

　　深海潜水器与潜艇的主要技术区别在于其是否完全自主运行，潜水器必须依靠母船补充能量和空气。比如"蛟龙"号的母船是"向阳红09"。每次海试结束后，"蛟龙"号都会被回收到母船上，而不是在海中独立行驶。深海潜水器体积较小，航程短，也没有潜艇那样的艇员生活设施。

　　深海潜水器和潜艇的下潜原理相同，都是向空气舱中注入海水，但上浮的机理不同。潜艇上浮时，会使用压缩空气把空气舱中的海水逼出去，深海潜水器采用抛弃压载铁的办法实现上浮。"蛟龙"号在安全方面的设计可以抛弃蓄电池箱和采样篮等重物，如被异物缠住还可以"壮士断腕"抛弃机械手，报警系统还可以发射浮标到海面，寻求母船救援。"蛟龙"号的顶部还装有5 000米长的缆绳，一旦出现紧急情况，浮标就会带着缆绳浮出水面，这时母船上的绞车就可以把"蛟龙"吊至水面。

　　遵循"由浅入深、循序渐进、安全第一"的载人深潜试验原则，2009年，中国在南海成功进行了20次下潜，最大下潜深度达1 109米。2010年8月

26日，"蛟龙"号深海载人潜水器在南海取得3 000米级海试成功，最大下潜深度达到3 759米。2011年7月21日，中国载人深潜进行5 000米海试，"蛟龙"号首次深潜圆满成功。2011年7月26日，试验再传捷报，在第二次下潜试验中成功突破5 000米水深大关，最大下潜深度达到5 057米，创造了中国载人深潜新的历史。 2011年7月28日，顺利完成5 000米级海上试验第三次下水任务，最大下潜深度5 188米，再次创造我国载人深潜新纪录，并进行了坐底、海底照相、声学测量、取样等多项科学考察任务。下潜试验历经9小时14分，创造了蛟龙号水中作业最长时间纪录。 2011年7月30日，"蛟龙"号在成功完成第四次下潜并在深度为5 182米的位置坐底，成功安放了中国大洋协会的标志和一个木雕的中国龙，并完成采样等科考作业和海水、海底生物的提取以及锰结核的采样。2011年8月1日，"蛟龙"号在东北太平洋海域完成了5000米级海试第五次下潜科学考察和试验任务。完成了沉积物取样、微生物取样、标志物布放等作业内容，进一步验证了载人潜水器在大深度条件下的作业性能及稳定性。

在中国之前，世界上只有美国、日本、法国和俄罗斯拥有深海载人潜水器，而且其最大工作深度均未超过6 500米。2012年6月27日，"蛟龙"号完成了7000米级海试，成功下潜最大深度达7062米，再创中国载人深潜纪录。

 ## 《海岛算经》巧利用，高度距离我先知

《海岛算经》是我国三国时代的伟大数学家刘徽在魏景元四年（公元263年）撰写，原来是《九章算术注》中的第十卷——《重差》。唐朝初年开始单独成册，并以应用问题集的形式组织。因为其中第一题是测量有关海岛高度和距离的问题，而把它命名为《海岛算经》。

当今版本的《海岛算经》是清朝初年编辑《四库全书》时由戴震从《永乐大典》中重新抄录出来的，只选择了九个问题。《海岛算经》研究的内容都是有关高度、距离的测量问题，所用的工具是利用垂直关系连接起来的测竿与横棒。《海岛算经》提到的"重差术"不使用三角函数，仅对被测对象进行多重观测，运用相似三角形的对应边成比例的原理计算精确结果。

《海岛算经》一书精心选编了九个测量问题，这些题目富有创造性、复杂性和代表性。我国科技奖获得者吴文俊教授评价《海岛算经》"使中国测

量学达到登峰造极的地步"，美国数学家弗兰克·斯委特兹称《海岛算经》使"中国在数学测量学的成就，超越西方约一千年"。

　　《海岛算经》的九道题的题目名称分别是：望海岛、望松生山上、南望方邑、望深谷、登山望楼、南望波口、望清渊、登山望津、登山临邑。由于篇幅关系，仅将第一题"望海岛"的内容登录于此："今有望海岛，立两表，齐高三丈，前后相去千步，令后表与前表三相直。从前表却行一百二十三步，人目着地取望岛峰，与表末三合。从后表却行一百二十七步，人目着地取望岛峰，亦与表末三合。问岛高及去表各几何？答曰：岛高四里五十五步；去表一百二里一百五十步。术曰：以表高乘表间为实；相多为法，除之，所得加表高，即得岛高。求前表去岛远近者：以前表却行乘表间为实；相多为法。除之，得岛去表里数。"主要内容是"假设测量海岛，立两根表高均为5步，前后相距1 000步，令海岛后表与前表在同一直线上，从前表退行123步，人眼着地望表杆顶和岛上山顶对齐，从后表退行127步，人眼着地望表杆顶和岛上山顶对齐，问岛高多少？岛与前表相距多远？答案是岛高4里55步，岛与前表相距102里150步。算法是：用表高乘以两表间的距离为分子，后表退的距离减去前表退的距离（127-123=4步）为分母，相除的得数加上表高得到岛高。以前表退的距离乘以两表间的距离为分子，后表退的距离减去前表退的距离（127-123=4步）为分母，相除得到岛与前表的距离。

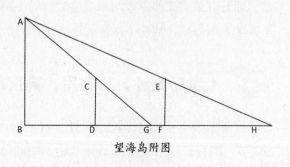

望海岛附图

　　为便于读者阅读，附图说明如下：表高 =CD，前表却行=DG，后表却行=FH，相多=FH-DG，表间=DF，岛高=AB=CD×DF/（FH-DG）+CD，前表去岛远近=BD=DG×DF/（FH-DG）。

第一篇 生活应用集萃

第7章

如今的路不是走出来的

 高速公路为什么不是笔直向前

高速公路的由来

传说远古时代，巨人盘古因为受不了在像一个大鸡蛋一样的宇宙中混沌地生活，从而拔下他的一颗牙齿，把它变成威力巨大的神斧，将天地劈开。之后形成的新世界是没有路的，天地茫茫，没有行走的痕迹，没有羊肠古道，更没有现在的宽敞平坦的大道！后来女娲为了不再一个人孤单地活在这个世界上，她就用泥土仿照自己创造了人。她捏的人越来越多，那些人也繁衍生息，有了自己的后代。世界上的人越来越多，人生活在这个世界上，并不是像神仙那样可以脚不沾地就飞来飞去，也不能像神仙那样不吃不喝就可以活下去，人类要生存，就要外出劳动、生产、收获，进行各种交际活动，于是，地球上就有了人类越来越多的足迹，日积月累，那些足迹就刻在了地球的表面，成了最原始的道路——羊肠古道！

随着人类文明的不断演变，人类科学技术的不断发展，人们出行不再只用双脚，他们发明了车轮，有了马车，可以去更远的地方，可以去看更开阔的世界，这样，慢慢地地球上的表面就被画上了一条条车轮的痕道，这些痕道比羊肠古道更宽，也更平坦些，人们称之为马道。

于是，沿着这样的人类社

羊肠古道

会发展道路，人类的交通也越来越发达，世上的路也越来越多，路的宽度和平坦程度也越来越好！在我们的印象中，直到最近几百年，才出现现在的高速公路。早在2000年前秦始皇吞并六国，统一华夏之后，办了两件举世瞩目的大事：一是修筑了人人皆知的万里长城；二是修建了世界上最早的"高速公路"秦直道。

古马道

秦直道是秦始皇于公元前212至公元前210年命蒙恬监修的一条重要军事要道。据《史记》载："自九原抵甘泉，堑山堙谷，千八百里。"《汉书》称："道广五十丈，三丈而树，厚筑其外，隐以金椎，树以青松。"秦直道南起京都咸阳军事要地云阳林光宫（即今淳化县梁武帝村），北至九原郡（即今内蒙古包头市西南孟家湾村），穿越14个县、绵延700多千米。路面最宽处约60米，一般亦有20米。可见其工程的艰巨、宏伟。可以说它是世界上最早的高速公路。

清嘉庆年间文献记载："若夫南及临潼，北通庆阳，车马络绎"，表明秦直道的荒废仅是近几百年的事。秦直道纵穿陕北黄土高原，沿海拔1600多米的子午岭东侧北上，在延安境内就跨越了黄陵、富县、甘泉、志丹4个县域，然后向东北延伸，通往内蒙古包头市。其道历经2000年风霜大部分路面仍保存完好，多处坚硬的路基上只有杂草衍生，竟未长乔木，尤其是甘泉县境内的方家河秦直道遗迹，跨河引桥桥墩依然存在，夯土层十分清晰。

有意思的是，中国的封建暴君秦始皇修了世界上最早的高速公路，德国法西斯头子希特勒修了世界上最早的现代高速公路。

论现代高速公路，世界上最早的是德国希特勒修建的。1933年希特勒就任德国总理一职后的第11天，便主持柏林汽车展开幕式，大肆鼓吹他的家庭轿车和高速公路计划。

希特勒在上任后半年多的时间里，就成立了帝国道路公司，他跑遍德国各地，让失业工人参加他的高速公路建设。他任命的高速公路项目负责人托德博士，还亲自为德国高速公路的建设制定标准：一般路段设计为四车道34

米宽；中间有5米的绿化隔离带；不设置路灯，每隔200米设立一块可反光的水泥柱；为了防滑，要求路面的坡度要小，转弯半径尽量大，同时还要求将路面进行了较为粗糙的特殊处理。将紧急停车带、高架桥、封闭立交桥以及带有加油站和餐厅的服务区等现代高速公路所需的大部分设施，都列在了他的设计之内。堪称现代高速公路之父。

那么，现在的高速公路是怎么定义的呢？

高速公路最早起源于德国，由于当时的经济状况和车辆发展迅速，为提高车辆通行速度，他们就将原有的公路进行改造升级，使其达到一定的速度，由于科技的不断进步和道路通行的要求，他们不断改进并制定了高速公路的相关标准。后来其他国家纷纷效仿，还提高通行速度和交通运输能力。

穿越山脉的高速公路

不同国家对高速公路的定义有所不同。按照我国交通部《公路工程技术标准》规定，高等级公路包括高速公路、汽车一级专用公路和汽车二级专用公路。高速公路是指"能适应年平均昼夜小客车交通量为25000辆以上，专供汽车分道高速行驶并全部控制出入的公路"。一般能适应120千米/小时或者更高的速度，要求路线顺畅，纵坡平缓，路面有4个以上车道的宽度。中间设置分隔带，采用沥青混凝土或水泥混凝土高级路面，为保证行车安全设有齐全的标志、标线、信号及照明装置；禁止行人和非机动车在路上行走，与其他线路采用立体交叉、行人跨线桥或地道通过。

从定义可以看出，一般来讲高速公路应符合下列4个条件：

● 只供汽车行驶；

● 设有中央分隔带，将往返交通完全隔开；

● 没有平面交叉口；

● 全线封闭，控制出入，只准汽车在规定的一些交叉口进出公路。

公路根据使用任务、功能和适应的交通量分为高速公路、一级公路、二级公路、三级公路、四级公路五个等级。高速公路为专供汽车分向、分车道行驶并全部控制出入的干线公路。四车道高速公路一般能适应按各种汽车折合成小客车的远景设计年限年平均昼夜交通量为2500～55000辆；六车道高速公路一般能适应按各种汽车折合小客车的远景设计年限年平均昼夜交通量为45000～80000辆；八车道高速公路一般能适应按各种汽车折合成人客车的远景设计年限年60000～100000辆。

高速公路为什么不是笔直向前的

当我们坐车飞驰在高速公路上时，在我们面前展现的是笔直的高速路，好像没有弯曲的地方，其实那只是我们的错觉。是的，高速公路在一定程度上，即在一定的长度内是不可以有太多的弯道，但事实上，高速公路还是弯曲的，而不是笔直向前的。为什么呢？

这里面有很多的原因，有客观的原因，也有人为设计的因素。

先说客观原因。因为我们生存的这个地球并不是一马平川的，不是平平坦坦一望无垠的，地球表面是有山有盆地低洼，当建筑两个地方之间的高速公路时，想一条直线地连接起来，很难或基本上是不可能实现的。这种理想的状态只能出现在地图上。

人为的设计因素，则是科学家们在设计高速公路时，为了某些原因，就是在很平坦的地方也会故意设些弯道。为什么呢？

这种弯曲主要不是因地形、地貌和中间的建筑（群）物的阻挡构成，而是由公路工程人员与心理学家根据汽车驾驶人员的行车实际和公路建设实况，特意精心设计出来的。

如果是一条笔直宽广、一望无际的高速公路，看上去很使人舒心，车辆跑起来更快，但它却也蕴藏着危险。因为担任长途运输的汽车司机们由于长时间驾驶、紧张的瞭望、驾驶室的小环境刺激等因素，总要出现不同程度的疲劳，当车辆行驶到宽、直、平的路段时，驾驶员的瞭望频率范围和心理紧张度会不自觉地减少，易使思想放松，甚至打盹，遇到突然会车或其他紧急情况时，常会手忙脚乱，导致车祸发生，相反：在路面狭窄、拐弯较多的路段，司机们一般都会聚精会神、放慢车速、慎重行驶。例如南京在旧城改道之前，城外的二级公路——宁六公路，虽然相当平直，宽达几十米，时有车祸发生。而城内的3路公共汽车，驶完全程要经过17个弯，所通过的道路也宽窄不一，但它却是全城几十路公共汽车中最安全的一路。

为保证高速公路的行车安全，除增设"S"形拐弯外，大搞绿化也是一条办法。特别是要穿越山区或雨雾较多地区的公路，沿路的绿树可以提高司机行车的安全感，保证驾驶者的最低能见度，改善视觉效果。

人的心理因素对汽车驾驶影响很大。譬如，人在面临困难时，总是趋向采取最省力的态度，人的生活，工作习惯也常成为惰性力，成为一种严重的祸害。当年瑞典政府宣布把汽车从左行驶（几十年前整个欧洲大陆受英国的影响车辆都是靠左行驶）——改为右行驶后的很长一段时间，各个城市的大街上出现了令人难以相信的混乱情况，车祸达到了创历史纪录的程度。

另一方面，城市交通路面的设计中，考虑到事故出现的可能性而增添一些特别设施则大有好处。例如，繁华都市的街道两侧，往往挤满着熙熙攘攘的人群，还有那逗人的橱窗布置，悠扬的音乐和闪烁的霓虹灯，这些因素都会刺激驾驶者分散注意力。内有的城市甚至发生过汽车撞坏交警岗亭的事故。因此，除了减少繁华路段汽车的行驶数量外，从经济学和心理学的观点看，在改造或修建城镇繁华地段的行车路面时，尽可不必一律地将之修整为平宽直的路面。国外有的城市繁华地段的道路两边，还特意铺埋了几块略高于路面的铁墩，或留有显著棱条的油漆面，当司机们因思想开小差滑到路边时，那凸起的铁墩就会把汽车弹起，棱条也会弹起汽车，使司机警觉起来。这样，可以使不平直的道路上出现更大的安全系数。

高速公路的建造

了解了高速公路的由来，以及它的一些特别后，我们就不由自主地想知道，高速公路是怎么建造起来的？

说到高速公路的建造，其实首先起作用的是我们的测绘技术！为什么这么说呢？因为我们都知道，无论做什么事都要先有个计划，而根据政府打算在某两个地方之间建造一条高速路之前，都要在这两地方的区域范围进行地形的勘探测量，这时我们的大地测量是极其重要的，测绘工作人员冒着严寒酷暑在野外扛着测绘仪器（全站仪、水准仪等）进行地形的数据采集，并把地形绘画成地图。具体流程如下：

测量工作流程要点：

● 测量仪器及量具均应备有相应检定合格证书并报监理组备案。

● 施工单位测量人员名单（专业证书）复印件报监理组备案。

● 施工单位测量负责人应定期向监理介绍工程进展中的测量计划、控制点、水准点变更情况。

● 施工单位测量记录必须用正规记录手簿、表式，每次测量应认真、如实记录测量全过程不许涂改，妥善保管原始资料。

● 原始测量计算应经过200％复算方能投入实际测量过程中，实地测量应按100％复测检查，合格后由监理专业人员复测确认合格后方能投入下一步施工。

● 导线控制：水准点（加设临时点）必须定期复测，临时点（水准点、控制支点）要有2个以上点，以便检查。水准点（临时水准点应设在不易破坏、坚固建筑物上，建议三个月复测一次，并注意可能受外界影响发生变化情况），发现有变化及时复测、上报监理工程师复测认可。

● 未经监理人员认可的各类水准点、加密导线点不准使用，各临时导线点或水准点应明确标明并备有书面记录资料。

● 测量工作具体要求：

①测量时按规范形成观测、记录、计算、检查一体的质量体系。

②测量仪器备有年度检查合格证。

③测量人员及测量仪器相应固定，选择最佳时间进行观测。

当野外测量完成之后，测绘专家把所测得的数据进行整理，并绘画出地形图，送到交通设计院，给公路设计专家们参考，然后这些公路的专家们就根据提供的数据在合适的地形选择合适路线，并根据这些测量数据进行设计弯道等工作。再后来就是建筑工人进行现场施工了。

世界高速公路现状

目前，全世界已有80多个国家和地区拥有高速公路，通车总里程超过了23万千米。美国现在拥有约10万千米高速公路，居世界第一。中国台湾于1978年底始有基隆—高雄的中山高速公路，1988年10月上海—嘉定高速公路通车，中国大陆才算有了18.5千米高速公路。而1990年8月20日，全线建成并开放试通车的沈大高速公路，才是我国内地第一条四车道、全立交，全长348千米全互通高速公路。

世界高速公路建设情况：

● 美国目前高速公路总长度约为10万千米，已完成以州际为核心的高速公路网，其总里程约占世界高速公路总里程的一半，连接了所有5万人以上的城镇。

美国的高速公路建设，有一套评估、规划立项、投融资以及维护管理的机制。高速公路建设资金投入的比例为州政府19.6％，地方县市77.4％，联邦政府3%，平时维护费用主要由州政府负责。

● 中国的高速公路建设起步最晚，1988年10月31日，上海至嘉定18.5千米高速公路建成通车，使中国大陆有了高速公路。此后17年间，我国高速公路建设突飞猛进：1999年突破1万千米，跃居世界第四位；2000年达到1.6万千米，跃居世界第三；2001年达到1.9万千米，跃居世界第二；2004年8月底突破了3万千米；2011年底，总里程达8.5万千米。

● 加拿大共修建了1.65万千米高速公路，而且不征收车辆通行费，所以路上也没有收费站、检查站。

● 德国的公路系统由联邦远程公路、州级公路、县市级公路和乡镇级公路组成，公路总里程约65万千米，公路面积约占国土面积的4.8%，其中约1.8%为高速公路，高速公路总里程达1.1万多千米。德国是世界上最早修建高速公路的国家，于1931年开通了世界上第一条从波恩至科隆的高速公路。

● 法国目前拥有1万千米高速路，由于采取了大量吸收民间投资的方法，有力地推动了高速公路的建设。据法国交通部统计，截至2003年年底，法国共有铁路3.15万千米，有3150个客运火车站。法国铁路客运只占全国客运总量的8%。法国面积不大，火车车速又快，一般的国内长途最多也就六七个小时。

青藏铁路为什么那么难修

为什么要修青藏铁路

2006年7月1日，青藏铁路正式通车运营，创造了9大世界之最、测绘5个第一。

青藏铁路全长1956千米，历经4年艰难挺进，2005年10月15日，青藏铁路最后一排钢轨稳稳地安放在拉萨河畔，标志着这条雪域长龙实现全线贯通。

2006年6月初，中国铁道部正式对外宣布，我国第一条高原铁路———青藏铁路7月1日通车各项准备工作已全部就绪。

这条1956千米的长龙，创造了9大世界之最：①线路最长的高原铁路；②海拔最高的高原铁路；③穿越冻土里程最长；④创高原铁路最高时速；⑤⑥最高最长的高原冻土隧道；⑦海拔最高的火车站；⑧最长的高原铁路冻土铁路桥；⑨最高的铁路铺架基地。开创了我国测绘史上的5个第一：第一次进行数字化铁路测量、第一次实施动态连续采集法、第一次运用RTG＋RTK技术进行快速定位、第一个在轨道车上进行动态定位测量、第一个发明创造"快速定位卡轨式移动车"。

青藏铁路

　　自2004年2月份国务院批准兴建世界上海拔最高和最长的高原铁路青藏铁路以来，青藏铁路的建设得到当时人们的广泛关注。那么，国家为什么要修青藏铁路?

　　修建青藏铁路是十分必要的，对西藏经济发展具有划时代意义。

　　基础设施薄弱历来是阻碍西藏发展的"瓶颈"。西藏自治区面积120多万平方千米，地处青藏高原，平均海拔4000米以上，进出西藏主要依靠公路和航空运输。公路、航空运输压力很大，远远不能满足经济社会发展的需要。交通不便增加了进出西藏物资的成本，削弱了当地企业的竞争力，影响了投资者的信心。正因为如此，目前西藏仍是全国经济发展最落后的地区，人均国内生产总值和农牧民收入约为全国平均水平的一半。

　　让铁路延伸到西藏，是西藏各民族的百年梦想，是几代铁路建设者的夙愿。青藏铁路建成后，西藏将形成较为完善的立体交通运输网络，推动西藏在西部大开发中崛起。

　　青藏铁路建成后，将为西藏提供一条全天候、大能力的运输通道，推进西藏高原特色经济与内地经济的融合，推动西藏的产业和产品走向全国、走向世界。青藏铁路建设对西藏支柱产业之一的旅游业发展非常有利。西藏的自然风光和风土人情举世无双，是旅游者最神驰向往的地方之一。由于目前游客进出西藏主要靠空运，运力有限且费用高，因此旅游界有"出国容易进藏难"之说。青藏铁路建设不仅使进藏游客能选择费用低廉的铁路运输，还可以在列车上饱览风光的同时，逐步适应高原气候，减轻高原反应。西藏的矿业、高原特色生物和绿色饮料业、藏医药业、农畜产品加工和民族手工业等高原特色产业都将大大受益于青藏铁路的建设，大批独具特色的高原产品和品牌将借助青藏铁路源源不断向外输出。

经过20多年的改革开放，我国综合国力显著增强，已具有修建青藏铁路的经济实力。沿线地质活跃，冻土、高寒缺氧、滑坡、泥石流、岩溶和地震多发。对此，我国专家进行了充分的研究。铁道部权威人士说，我们在技术上有把握，在投资上有保障，完全有能力把青藏铁路建成一流铁路。

青藏铁路为什么那么难修?

被誉为地球第三极的青藏高原，以其海拔高，空气稀薄，含氧量少，紫外线强烈，常年积雪，气候复杂而著称于世。青藏铁路建设面临着多年冻土、高寒缺氧、生态脆弱"三大难题"的严峻挑战，美国现代火车旅行家保罗·泰鲁在《游历中国》一书中写道："有昆仑山脉在，铁路就永远到不了拉萨……"

美丽的青藏高原

青藏铁路，是实施西部大开发战略的标志性工程，是中国新世纪四大工程之一。铁路东起青海西宁，西至拉萨，全长1956公里。其中，西宁至格尔木段814公里已于1984年投入运营。青藏铁路格尔木至拉萨段，全长1142公里。其中新建线路1110公里，于2001年6月29日正式开工。由于跨越了世界上最高的高原，这条铁路也被人们称作"天路"!

在修建这条"天路"的时候，遇到了重重的困难，有技术方面的难题，有因为环境引起的难题。

环境方面的困难主要是:

千年冻土

冻土是在0℃以下，包含有冰的各种岩石和土壤的统称。青藏高原是世界中、低纬度海拔最高、面积最大的多年冻土分布区，这里的多年冻土具有地温高、厚度薄、极度不稳定等特点，其复杂性和独特性举世无双。

青藏铁路穿越的正是冻土最发育的地区。冻土在寒季就像冰一样冻结，随着温度的降低体积就会膨胀，建在上面的路基和钢轨就会被"发胖"的冻土顶得凸起；到了夏季，融化的冻土体积缩小，路基和钢轨又随之凹下去。冻土的冻结和融化反复交替出现，就会产生许多特殊的自然地质现象，如冻胀、融沉、冻拔、冻裂、冰锥、冻融分选、融冻泥流等，对铁路运营安全造成威胁。

青藏铁路开工建设以后，铁道部高度重视青藏铁路冻土攻关难题，先后安排了上亿元科研经费用于冻土研究，并组织多家科研院校的专家，对青藏铁路五大冻土工程实验段展开科研攻关，获得了大量科研数据和科研成果。青藏铁路冻土攻关借鉴了青藏公路、青藏输油管道、兰西拉光缆等大型工程的冻土施工经验，并探讨和借鉴了俄罗斯、加拿大和北欧等国的冻土研究成果。我国科学家采取了以桥代路、片石通风路基、通风管路基、碎石和片石护坡、热棒、保温板、综合防排水体系等措施，冻土使攻关取得重大进展，青藏铁路的冻土研究基地已成为中国乃至世界上最大的冻土研究基地。

环境的恶劣给工程作业带来的困难

冰封雪裹的青藏高原，海拔四五千米，气温在-30℃以下，这样的作业环境，对人和对测绘仪器都是巨大的难题！然而，这并没阻止作为工程先锋队的测绘工作人员！

尽管测绘官兵们出发前，已进行过数百次的适应性训练，但高原作业的难度和艰辛还是远远超出了他们的想象。测绘人员背着氧气瓶，裹着皮大衣，手脚僵硬举步维艰，测绘仪器反复黑屏，常常是一个上午测不出一组完整数据。官兵们只好把罢工的仪器塞到怀里，捂上半个小时，测上十分钟再放进大衣里捂上……

按照国际标准，数字化铁路动态条件下的测绘误差必须小于1米，而目前国内动态条件下的测绘误差是18米。如何破解动态条件下测绘精度达不到要求的难题，成为横在测绘官兵面前的又一座难以逾越的"高山"。

在接下来的一个多星期里，测绘官兵们在不同海拔高度、不同时间

青藏高原上的冻胀丘

段、不同气候条件下进行反复试验。失败了，他们总结完教训继续开始，再失败再试验。最后，他们大胆采用国内没有使用过的RTG十RTK技术，成功实现了对测绘点位进行高精度的快速定位。

2005年1月12日，这是一个可以载入测绘史册的日子。队员们和往常一样架仪器、观测，计算，当进行完一系列点位的观测后，一个出人意料的结果出来了：计算出来的精度达到了0.3米。顿时，所有的人欢呼起来。随后，他们把这一成果向青藏铁路指挥部进行了报告，指挥部的领导一连问了几声测量精度，当得知这一切都是真的时，他们连声说：这简直是一个奇迹！几天后青藏铁路指挥部组织有关专家到现场对这一成果进行了检验，当一组组准确无误的数据呈现在他们面前时，所有在场的专家无不拍手称奇，他们的测绘精度比设计精度提高了一个"数量级"。

青藏铁路点多线长，作业量大，如果按照传统的作业方式，在1142千米的铁路线上，按每3米测一个点位，这样就需要上百人、30多台车辆、两年时间才能完成任务。然而这队15人的测绘兵，150天就完成了所有任务，完成测量精度误差仅有0.3米的动态测量卫星测绘轨道车的研制，攻克50多个技术难题，创新12种作业方法，研发出10多套应用软件，完成了51.8万组三维坐标、11万组关键点位数据的准确测定，工效提高了20倍。

路线太长，跨越区域范围大

青藏铁路，是世界上海拔最高、线路最长、地质结构最复杂的高原铁路，也是我国的第一条数字化铁路。

修建高原数字化铁路在我国尚属首次。数字化铁路核心是以测绘地理信息数据为支撑的自动化控制系统，目前世界上只有美、英、法、德等少数几个发达国家掌握了这项技术。自我国修建高原数字化铁路的信息发布后，国外许多知名公司都盯上了这块"大蛋糕"，请西方发达国家测绘人员进入青藏线实地测绘，费用高达5亿人民币，地理信息机密也将泄露。

"中国的第一条高原数字化铁路，必须由中国人来测量！"带着这种豪气，负责铁路测绘建设的某军区测绘信息中心官兵带着请战书和计划方案赶到国家和军队有关部门主动请缨。信息中心曾攻克过多项国家级技术难题，参加过中俄、中吉、中塔、中哈五国边界测量和中蒙边界联检等重大测绘任务。经过权威部门的考察认证，青藏铁路的测绘任务最后交给了该测绘信息中心。2005年1月，测绘兵向青藏高原进发。

青藏铁路使用的测绘技术

数字化铁路：是建立在铁路信息公共基础平台上的把铁路行业有关运输组织、客货营销、经营管理各业务环节的海量动态和静态的、多分辨率、多尺度、三维的信息进行采集、存储，并按照统一的地理坐标集成起来，建立完整的铁路信息模型，为铁路行业的勘测、设计、规划、运营、管理和各级决策工作提供开放式、分布式的和全方位的信息服务，实现铁路行业的数字化管理。

ITCS控制系统：ITCS（Incremental Train Control System）增强型列车控制系统) 是基于卫星定位技术和无线数据通信的列车控制系统。系统将通信技术和铁路信号技术进行深度融合，实现了列车控制信息的无线传输。

铁路GPS测量：用GPS技术对铁路轨道线及其附属设施进行精确定位测量。测量成果用于生成列车控制所需的数据库。

基准站、流动站：基准站又叫参考站。是指在同一观测时段内，在已知点上架设测站，一直保持跟踪卫星，同时在已知点的一定范围内流动设站作业，这些架设在已知点上的测站就叫做基准站（或参考站）；在基准站的一定范围内流动作业所设的站叫做流动站。

RTG技术：RTG（Real-Time GIPSY，又称星站差分）是全球差分GPS系统。其GPS差分信号通过国际海事卫星进行广播。用户GPS接收机在接收GPS信号的同时可接收到海事卫星广播的RTG相位差分改正信号，从而达到实时高精度定位。

RTK技术：RTK（Real-Time Kinematic，又称载波相位差分）是单站差分GPS系统。是基于载波相位观测值的实时动态定位技术。RTK定位时要求基准站接收机实时地把观测数据（伪距观测值、相位观测值）及已知数据传输给流动站接收机，流动站的GPS接收机利用基准站的实时数据链求解出流动站的位置。

RTG＋RTK技术：通过接口使GPS接收机在接收GPS信号的同时接收星站差分信号（RTG）和载波相位差分信号（RTK），两种差分信号同时对GPS直接定位坐标进行修正，系统软件依据解算的指标参数择优选取差分改正坐标。RTG＋RTK技术以互补的方式将二者有机地结合起来，充分发挥了各自的优势，不仅成倍地提高了作业效率，而且增加了作业中的检核条件，提高了成果的可靠性和精度。

铁路关键点、基本点：关键点是指铁路上的信号机、轨道电路绝缘节、道岔尖轨和公里标；基本点是指轨道中心线上的任意点，相邻基本点之间的距离不大于3米。

 ## 高铁为什么快而稳——出行新体验

高铁是什么

旅游可以熏陶情操，增长见识，锤炼意志和开拓智慧，还能激发对祖国山川和对生活的热爱。

到祖国的各个地方领略风土人情和山水，火车成为人们最喜欢的外出交通工具。火车可以把我们带到祖国的各个地方，可以沿途欣赏风景，安全又惬意！费用也便宜。高铁是近几年才兴起的，我国第一条高铁铁路是2009年开通的武广高铁。

小知识：高速铁路是指通过改造原有线路（直线化、轨距标准化），使营运速率达到每小时200公里以上，或者专门修建新的"高速新线"，使营运速率达到每小时250公里以上的铁路系统。高速铁路除了在列车在营运达到一定速度标准外，车辆、路轨、操作都需要配合提升。

广义的高速铁路指使用磁悬浮技术的高速轨道运输系统。中国时速高达200公里以上，使用CRH的和谐号列车称为"动车组"；时速160~200公里的城际列车称为"准高速"及长途列车称为"特快"；时速120~160公里称为"快速"；时速120公里以下的称为"普快"；时速80公里或以下为"普客列车"。

高速铁路的顾客以商务旅客为主，游客是第二主要客户。以法国高速铁路为例，它连接了海岸的度假区，在长程路线上减价以跟飞机竞争。高速铁路的出

高速动车组

现，不少以离巴黎现在低于一小时车程的地区开始成为通勤的住宅区。不少本来是偏远的地区亦得到较快的发展。西班牙及荷兰的高速铁路亦是希望得到这种效果。

世界上首条高速铁路是日本的新干线，于1964年正式营运，是史上第一个实现"营运速率"高于时速200公里的高速铁路系统。新干线列车由川崎重工建造，行驶在东京—名古屋—京都—大阪的东海道新干线，营运时速271公里，营运最高时速300公里。

高铁与其他普通的火车有什么区别呢？

● 高速铁路保证行车安全和舒适性，全程无缝钢轨，时速300公里以上的高速铁路采用的是无砟轨道，即没有石子的整体式道床来保证平顺性；

● 弯道少，弯道半径大，道岔都是可动心高速道岔；

● 大量采用高架桥梁和隧道保证平顺性和缩短距离；

● 火车顶上的电线的悬挂方式也与普通铁路不同，以保证高速动车组的接触稳定和耐久性；

● 信号控制系统比普通铁路高级。

高铁体验

某报社在第一条高铁开通时派记者去体验，报道如下：

记者在运行时速达到350公里的沪杭高铁做了一个实验：两瓶矿泉水，一瓶倒立放在车厢的地面上；另一瓶开启后，倒在一次性纸杯里，水面离杯口约剩1厘米，然后将纸杯放在座位前的小桌板上。5分钟后，列车速度已经飙到了时速316公里。2分钟后，时速就达到了350公里。这时倒立的那瓶矿泉水只是有些微微晃动，但一直都没倒下来，纸杯里的矿泉水，一滴都没有晃出来！从起始站到终点站，全程下来，做到了瓶水不倒，滴水不溢。

为什么高铁的速度那么快还能保持那么稳呢？

除物体本身的制动能力以外，影响速度的就是外界对物体的阻力了。高铁在机车上配备更为先进的动车之外，还需要与之匹配的特殊道路系统。其特殊之处是对阻力的最大限度地减少。

首先，高铁轨道的线路弯道更少了。道理很明显：直线越长，加速越快，更少的弯道也保障了在高速运动下的列车安全，减少脱轨事故的发生；其次便是轨道用料。高铁大量采用长距离无缝钢轨—无缝对接技术，对于列车速度的提高也有大帮助；国内大部分高速轮轨采用的是无砟轨道技术，即钢轨下面不再是碎石，而是直接铺设在钢筋混凝土路基上面。这种路基的沉降变形程度大幅减少，有利于列车的平稳快速运行和钢轨的保护；此外，高铁采用的是速度高、轴重小的高速动车组作为运行列车，提供更为快速的牵引动力。

介绍了高铁快的原因，再谈谈稳的原因。

如果说高铁的快在于技术的先进，那么高铁的稳就在于其施工的精准了！其功夫就在"精密轨道"的文章上。要达到瓶水不倒，滴水不溢的境界，列车运行的轨道就要相当的平，平到何种程度呢？设计值与理论值相差不能超过0.3毫米，相当于一根头发丝的厚度。

如此高的精度，靠的是测绘工作的保障：控制网布设、轨道板粗铺定位、横纵向模板安装、轨道板精调、轨道精调，各项测量工作环环相扣，一步都不能马虎。

轨道板精调是实现无缝对接技术的关键。轨道板精调，是在轨道板铺设好之后，采用高精度全站仪，依次测量放置在轨道板上的棱镜，获取坐标数据后通过软件分析轨道板的平整度，软件能实时反映轨道板的位移差，这套能指导轨道

轨道精调

板精调的设备叫做轨道板精调系统。

轨道精调采用轨道测量仪，该设备能实时反映轨道高差、轨距、实际值与设计值差别等数据，指导操作人员调整。有报道写道"工人在安装的时候，拿钢轨就像拿鸡蛋一样小心翼翼，钢轨的每个边角，每条边线都是经过高精度仪器调试的。"因为精度要求高，这争之毫厘的精准，施工人员都不敢怠慢。

测绘还能为高铁做什么？

测量技术在高铁的"稳"上做出了很大的贡献，除此之外，测绘在高铁的建设中还有哪些作用呢？

测绘是工程建设的排头兵，高铁建设同样离不开测绘的支持，它贯穿于高铁施工建设的各个阶段：从前期选线、勘察设计到中期的施工测量、铺轨

检轨，到最后的变形监测、运营维护，测绘都发挥着无可替代的作用。

　　高速铁路建设初期桥墩和路基沉降观测以及建成后的变形监测必不可少，利用全站仪、GPS监测系统、倾斜监测传感器、自动水准测量以及静力水准仪等一系列软硬件实现对工程建筑的全面监控。要想跑得稳，地基要打深。列车从轨道上来回频繁的飞驰掠过，必给两条钢轨以及承载钢轨的地基很大的压力。因此地基采用钢筋混凝土浇灌，深度直达地面以下60～70米，高铁实际运行时还要通过变形监测技术的监控，其沉降率在亚毫米级之内。

高铁建设的意义

　　随着京津城际铁路、武广高速铁路、郑西高速铁路、沪宁城际高速铁路等相继开通运营，中国高铁正在引领世界高铁发展。中国高速铁路引起了国内外众多学者的深入思考。中国为什么必须建设高速铁路？短短几年中国为什么能够建成世界瞩目的高铁？高铁时代到底给中国带来了什么？

　　高速铁路受到广泛青睐，在于其本身具有显著优点：缩短了旅客旅行时间，产生了巨大的社会效益；对沿线地区经济发展起到了推进和均衡作用；促进了沿线城市经济发展和国土开发；沿线企业数量增加使国税和地税相应增加；节约能源和减少环境污染。

　　进入本世纪，随着环境问题的日益严峻，专家们认为，交通运输各行业中，从单位运量的能源消耗、对环境资源的占用、对环境质量的保护、对自然环境的适应以及运营安全等方面来综合分析，铁路的优势最为明显。因此欧洲发达国家在经历了一段曲折的道路之后，重新审视和调整其运输政策，把重点逐步移回铁路，其策略中重要的一环是规划和发展高速铁路。专家们纷纷指出，作为适应现代文明和社会进步的高科技产品，发展中国高速铁路势在必行。高铁将通过中国大部分，把中国变成一个"中国村"。

　　高铁对中国工业化和城镇化的发展起到了非常重要的促进作用，促使高铁沿线中心城市与卫星城镇选择重新"布局"——以高铁中心城市辐射和带动周边城市同步发展。中国正处在工业化和城镇化加快发展时期，高铁给沿线城市带来的高速交通优势，将使城市资源重新得到评估、定位和布局，实现周边城市在高铁圈中心城市的辐射带动下同步发展。

　　由于高铁通车，运力资源得到有效整合，既有铁路运力得以释放，缓解了长期以来运能与运量的紧张矛盾，更加快人流、物流、资金流、信息流等生产要素的快速流通。因此，高铁沿线城市重新受到国内外投资商的青睐，纷纷前来考察项目，投资办厂。一些"资源枯竭型"城市的开发价值，也再次评估，重新焕发出发展活力。

高铁在山东德州设站，吸引着周边城镇纳入到德州高铁经济圈的发展中来，使城市规模布局快速扩张。毗邻德州的陵县抓住这一有利时机，主动将其纳入德州城市规模扩张布局中来，以高铁交通优势来提升陵县与德州"同城经济"的区位价值，与德州市同谋划、同发展，以特色"都市现代农业"，带动全县经济社会进入"高铁时代"快车道。

计划投资50亿元的中昊创业高铁产业园在四川省广汉市经济开发区开工建设，规划建成全国知名的高铁产品制造基地。高铁成为广汉经济发展布局的新机遇、新主题，一大批与高铁相关的产品研发项目落户高铁产业园区，大大加快了高铁科技的产业化进程。

高铁从河南荥阳穿城而过到郑州，使荥阳与郑州距离近得触手可及。荥阳市抓住高铁带来的城市发展新机遇，更加积极、主动地接受郑州辐射带动作用，融入到郑州城市布局中去，着力将荥阳打造成郑州市的新城区和"西花园"。随着京广高铁全线开通，京广之间的运行时间将进入8小时之内。武广高铁开通之后，长沙成为长株潭"1小时经济圈"的中心城市。利用高铁客运带来的人流、物流、信息流，湖南省已承接1600余项产业转移项目，其中138个项目投资1000万美元以上。将长沙打造成工程机械、汽车产业、食品工业、材料工业四个千亿产业集群。郑州高铁客运站附近的区位优势，引无数企业竞相进驻。国内500强企业、央企、跨国公司等战略投资者，在这里大力培育核心骨干企业，促进支柱主导产业的形成。

高铁时代将使武汉成为中国"4小时经济圈"的中心城市。武汉调整产业结构，围绕高铁新机遇，重新规划城市轨道交通、现代服务业、制造业和纺织业等产业发展新布局，实现高铁时代新发展。

大量发展事实表明，高铁沿线已经成为中国经济发展最活跃和最具潜力的地区。我们完全有理由预见，高速铁路在支撑区域协调发展、优化资源配置和产业布局、构建高效综合运输体系、

2008年奥运会火炬传递场面

降低社会物流成本、促进城镇一体化进程和经济可持续发展等方面，都将发挥巨大的作用。

火炬传递，精准路线测绘

什么是火炬传递

　　每四年一次的奥林匹克运动会吸引着世界上千千万万人的目光，在运动会举行之前，有一个活动同样牵动着人们的心——火炬传递。那么，这个神圣的火炬的意义是什么呢？这个活动代表的意义又是什么？

　　1928年5月17日至8月12日在荷兰阿姆斯特丹召开了第9届夏季奥林匹克运动会，今日奥林匹克火炬传递就是从这届开始的。不过，直到1934年国际奥委会才正式决定，从第十一届开始在开幕式上举行这项仪式。因此准确地说，燃烧奥林匹克火焰应是始于1936年柏林奥运会。

奥运火炬

　　在古希腊神话里，地球上的火源于天神普罗米修斯从太阳神阿波罗那里盗取火种，交给人类的。从1936年开始，圣火传递成为每一届奥运会必不可少的仪式。奥运圣火是和平的象征。从2000多年前的古奥林匹克运动会到1896年开始的现代奥运会，和平始终是奥林匹克运动的主旋律，是奥林匹克精神的核心。在神殿前取得"天火"，以橄榄枝寄寓和平，当神圣的火炬燃烧在蓝天白云之下，没有任何他物能比奥运圣火更能点燃人们对和平的渴望和追求，也没有任何其他活动比奥运火炬在全球传递和平的意义更彰显。

　　奥林匹克火炬接力跑就起源于古雅典时百姓祭月活动中的一种宗教仪式。在夏至那一天，到雅典朝圣宙斯的信徒通过赛跑的方式决定点燃祭坛上圣火的人选，胜利者获得授权从大祭司手中接过火炬来点燃祭坛上的圣火。据史料记载，在公元前778年，在第一个被人所知的奥运会上，一个叫卡拉波斯的人曾赢得这场赛跑，并获此殊荣点燃了圣火。

　　现代奥林匹克火炬接力是先在希腊奥林匹亚山上的赫拉神庙取得火种并点燃火炬，然后采用接力的形式将火炬从神庙传到古代奥林匹克运动的发源

地雅典，最后传抵奥运会的主办城市，并在奥运会开幕时将奥运会主会场的火炬点燃。

由于冬季奥运会和夏季奥运会交替举办，所以奥林匹克圣火每隔两年便会重新点燃一次。在古老的奥林匹亚城举行的传统仪式上，一位女祭司在圣女的协助下，点燃圣火。女祭司借助一个抛物柱面反射镜采集太阳光点燃火炬。当圣火燃起后，女祭司高高举起火炬，庄严地将其置入位于赫拉神庙遗迹之前的黏土坛内。圣火将被传递给第一位火炬传递使者，他所持的火炬是由奥运会主办城市精心设计的、具有特殊意义的独一无二的火炬。

奥运圣火首次出现在现代奥林匹克运动会是在1928年的第9届阿姆斯特丹奥运会上。当时，东道主除了新建了一个能容4万人的主体育场外，还建造了一座高塔。在奥运会期间，高塔内一直燃烧着熊熊火焰，火种取自奥林匹亚，用聚光镜聚集阳光点燃火炬，然后通过接力传送，途经希腊、南斯拉夫、奥地利、德国4个国家，最后传到东道主主办地。这是奥运会首次举行这种活动。

奥运会的火炬接力仪式并不始于1896年的第一届雅典奥运会。在推广奥运会的过程当中，国际奥委会逐渐看到了圣火和火炬接力具有的凝聚人心和宣传奥运精神的力量。因此，在1934年的雅典，国际奥委会决定，此后举办的奥运会都要按统一仪式采集火种，并且以接力形式传递到举办国的主体育场。

为了达到一种万众跟随奥运火种的神圣感，国际奥委会对火种和火炬接力的要求十分严格。火种必须在奥林匹亚山脚下用凸透镜采集的太阳光。而在火炬接力过程中，只能有一个传递队伍，一条路线，如果火炬熄灭，也只能用火种灯里的火种点燃。国际奥委会相信这种纯净的火种能够代表奥运会所倡导的和平、友谊、团结和进步。

1934年，国际奥委会正式决定从第十一届奥运会起举行圣火仪式，取火种仪式在奥林匹亚赫拉神殿旁进行，然后以接力形式向奥运会会场传递。柏林奥运会组委会为首次圣火传递设计了一条经过希腊、保加利亚、南斯拉夫、匈牙利、奥地利、捷克斯洛伐克和德国等7国首都的传递路线，并于8月1日抵达柏林奥林匹克体育场。火炬则是由经抛光处理的钢质材料制成，在手柄部分刻有"Fackelstaffel–LaufOlympia–Berlin 1936（奥林匹亚火炬接力–柏林1936）"字样。字体上方还有奥林匹克五环和德国的鹰徽标志，字体下方绘有本次火炬传递的路线图，在火炬体顶部的平台上则写有感谢火炬手的字样。

从此奥运圣火正式进入现代奥林匹克运动会，成为现代奥林匹克运动会乃至奥林匹克精神的一大象征，同时奥运火炬也成为组委会体现举办城市、国家和民族的文化特色的载体。2004年雅典奥运会火炬就由象征着胜利的橄榄枝演化而来，在简洁中体现了希腊人对奥林匹克运动的深厚感情，并在全世界所有举办过奥运会和即将举办奥运会的城市间传递。

火炬传递路线怎么选择

火炬传递分境外传递和境内传递两部分。一般从举办上一届奥运会的城市传到本届奥运会的举办国家，然后奥运火炬会在这个国家绕一圈。

2008年奥运火炬传递的国外路线：雅典（希腊）—阿拉木图（哈萨克斯坦）—伊斯坦布尔（土耳其）—圣彼得堡（俄罗斯）—伦敦（英国）—巴黎（法国）—旧金山（美国）—布宜诺斯艾利斯（阿根廷）—达累斯萨拉姆（坦桑尼亚）—马斯喀特（阿曼）—伊斯兰堡（巴基斯坦）—新德里（印度）—曼谷（泰国）—吉隆坡（马来西亚）—雅加达（印度尼西亚）—堪培拉（澳大利亚）—长野（日本）—首尔（韩国）—平壤（朝鲜）—胡志明市（越南）。

在国内的传递路线：香港—澳门—海南省—广东省—福建省—江西省—浙江省—上海市—江苏省—安徽省—湖北省—湖南省—广西壮族自治区—云南省）—贵州省—重庆市—新疆维吾尔自治区—西藏自治区—青海省—山西省—宁夏回族自治区—陕西省—甘肃省—内蒙古自治区—黑龙江省—吉林省—辽宁省—山东省—河南省—河北省—天津市—四川省—北京市。

为什么选择这样的传递路线呢？

传递的范围广、人数多，是北京奥组委看重的指标。在中国境内31个省、市、自治区和直辖市都会迎来奥运的圣火。从海南的三亚开始，除了省会城市一定参加接力之外，深圳、厦门这样的经济重镇，

2008年奥运火炬传到珠穆朗玛峰

井冈山、瑞金、延安这样的革命圣地，桂林、香格里拉这样著名的风景区，敦煌、曲阜这样与中华文明密切相关的城市，全部都设计在了这条线路上，延吉等少数民族聚居的城市也在其中。

把传递路线定为"一座巅峰、两条丝路、31个省、市、自治区和直辖市"。一座巅峰是珠穆朗玛峰。当初设想把珠穆朗玛峰作为火炬传递的一站时，并不是没有质疑的声音。有人担心污染珠峰的环境，也有人担心火炬手的安全。可是，毋庸置疑，中国如果想在申奥的竞争中胜出，必须要有一个令人激动的火炬传递亮点。每个承办奥运会的城市都会在火炬传递过程中，发挥想象力，展现自己的特点。2000年的悉尼奥运会上，火炬传递是在澳大利亚著名的风景区大堡礁的水下进行的。2001年，中国奥申委对世界承诺，奥运永恒不熄的火焰将跨越世界最高峰——珠穆朗玛峰，从而达到一个前所未有的高度。

奥运火炬到达珠穆朗玛峰会引起全球关注，其实是宣传了对珠峰的环境保护。到时，登山的人数会限制在一个很小的数量，并且清理掉登顶途中制造的垃圾。而火炬在低压缺氧大风的环境中燃烧和火炬手的安全问题，北京奥组委也有了相应的对策。

31个省、市、自治区和直辖市：共生共荣，天下大同是中国人的生活哲学。奥运火炬的境外路线走遍五大洲，而境内路线也是遵循着各地区、各民族、城镇和乡村最大限度的参与到这个活动中来的原则。

测绘技术在火炬路线选择中的贡献

考虑了火炬传递路线所要传达的意义以及基本路线的轮廓后，相关部门就开始着手准备确切的路径，该经过哪个城市，譬如经过城市的哪个区哪条街道。这时选择路线的人员的手边就需要有相关城市的地理信息数据，即测量数据。

回顾2008年我国举办29届奥运会路线选择时各个测绘部门所做的工作：

🔖 实录：新华网乌鲁木齐2008年3月12日电：为了更好地迎接奥运圣火的到来，近日，新疆测绘局与新疆公安厅就奥运火炬传递安全保卫地理信息系统平台建设达成协助意向，目前新疆四个火炬传递城市的基础地理信息数据已提供完毕。

北京奥运火炬传递于2008年6月经过新疆乌鲁木齐、喀什、昌吉、石河子等四个城市。新疆测绘局在最短的时间无偿向新疆公安厅提供了上述城市及其周边区域的1∶10000比例尺的数字线化图（DLG）、正射影像图（DOM）等最新的基础地理信息数据。

有了这些成果的提供和技术的支持，就能实现传递现场的空间定位、起跑仪式、庆典活动运行团队行驶路线及线路应急分析、安全保卫和指挥调度等工作的部署，为新疆奥运火炬传递工作的顺利进行提供有力保障。

吉林省测绘局所属省基础地理信息中心为长春市体育局、长春市朝阳区公安分局制作了《北京2008奥运会火炬接力长春市传递活动及转场路线示意图》、《北京2008奥运会火炬接力长春市传递路线示意图》、《奥运会火炬转场、传递安全保卫示意图》等专题图，积极为奥运会火炬传递活动服务。专题图清晰标示出火炬传递、转场、安全保卫等相关信息，为保证北京2008奥运会火炬接力传递活动在长春市顺利进行提供了技术支援。

2008年7月10日晚上，四川省政府紧急要求四川测绘局，全力为北京奥运会火炬接力四川省内传递转场演练及实地踏勘传递路线工作提供测绘服务保障，省测绘局将这个光荣的任务交给了四川省第三测绘工程院。院领导和有关技术人员立即着手进行准备：挑选GPS仪器、检查接受卫星信号是否正常、参数转换是否正确、电源是否充足、对技术方案做分析研究。

并于次日到达广安市，对火炬传递路线进行了详细测量。他们顶着烈日，冒着酷暑，又对乐山、自贡和宜宾的火炬传递路线进行了精确测量和实地勘察。

两天的测量工作期间行程1000多千米，测量技术人员始终坚持了一丝不苟、不怕吃苦的精神，对本次踏勘的四个城市的传递路线提供了高精度测绘技术保障服务，得到了省政府领导的好评和称赞

由此我们可以了解到测绘工作为29届奥运会的成功举办作出了重要的贡献！

 ## 山体隧道开挖见高招

隧道通俗地讲指在山中、地下、水下开凿而成的通道；在工程上是指在既有的建筑或土石结构中挖出来的通道，供交通立体化、穿山越岭、地下通道、越江、过海、管道运输、电缆地下化、水利工程等使用。隧道不一定全是地下通道，仅位于地面以下的称作地下隧道。选择隧道是因为其有其特

定的优点：①利用隧道可以实现各种运输线路直线等穿越山岭而不必盘山绕岭。②隧道还可以改善线路中的车辆运行情况和提高线路的运行能力。③隧道是一项隐蔽在地下、水下或山体内部的重要结构。④隧道在具有以上功能的同时，还存在有另一重要特点就是它不占据地面空间。那怎样建立山体隧道呢？

隧道施工方法有三大类：

一是山岭隧道施工：包括矿山法即钻爆法（传统矿山法、新奥法）和掘进机法；

二是浅埋及软土隧道施工：有明挖法、地下连续墙法、盖挖法、浅埋暗挖法和盾构法；

三是水底隧道施工：包括沉管法和盾构法。

修建山体隧道，应该选择山体隧道开挖方法，通常有以下几种：

● 全断面开挖法。是指将整个隧道开挖断面一次钻孔、一次爆破成型、一次初期支护到位的隧道开挖方法。全断面开挖法有较大的工作空间，有利于采用大型配套机械化作业，提高施工速度，且工序少，施工操作比较简单，便于施工组织和管理，较分部挖法减少了爆破震动次数。但由于开挖面较大，周围岩石相对稳定性降低，且每个循环工作量较大。

● 台阶法施工。就是将要建立隧道的山体断面分成两个或几个部分，具有上下断面两个工作面或多个工作面，同时分步开挖。其优点是灵活多变、适用性强，有足够的工作空间和较快的施工速度。缺点是上、下部作业会互相干扰。

● 中隔墙法。也称CD工法，是以台阶法为基础，将隧道断面从中间分成左、右部分，使上、下台阶左右各分成两个或多个部分，每一部分开挖并支护后形成独立的闭合单元。

首先在隧道断面中挖出两个断面进行隧道掘进。通过一段时间的施工测量，将掘进过程的铲土清理出来，等待山体隧道建设进行贯通。再利用测量技术为隧道两头准确地贯通保驾护航。

● 隧道内开挖采用台阶七步开挖法施工。是指在隧道开挖过程中，分7个开挖面，以前后7个不同的位置相互错开同时开挖，缩短作业循环时间，逐步向前方推进的作业方法。

山体有不同的地质特性、水文特点，工程有不同的精度、预算等要求，

隧道开挖施工

隧道铲土清除

针对不同的情况，建设山体隧道应该选择不同的方法。

● 隧道施工中，钻爆法仍然是我国目前应用最广、最成熟的隧道修建方法。客运专线隧道开挖常用的方法有全断面法、台阶法、CD工法、CRD工法、双侧壁导坑工法。

● 从工程造价和施工速度考虑，施工方法选择顺序应为：全断面法→正台阶法→台阶设临时仰拱→中隔墙法→交叉中隔墙法→双侧壁导坑法。

● 从施工安全考虑，顺序正好反过来。在当前的施工实践中，采用最多的方法是台阶法，其次是全断面法。

● 在大断面隧道中，单侧壁导坑（小隔壁法）和双侧壁导坑（眼镜法）采用较多，由于施工机械的发展和辅助工法的采用，施工方法有向更多地采用全断面法，特别是全断面法与超短台阶法结合发展的趋势。

了解了隧道开挖方法，那施工时选择在山体的什么位置及设计什么样断面的隧道施工比较好呢？这就需要测绘技术发挥作用。

首先在施工前，施工人员应该进行施工测量工作：①对施工时所用的测量仪器、工具，保证仪器具作检校使技术状态符合使用要求，这样可以避免测量仪器所造成的误差。②在水准测量时，应妥善选择桩点、水准点位置，桩点必须稳定、可靠，且通视良好，水准点应设于不易损坏处，避免测量时带来误差。③由于温度、天气的变化会对水准测量造成影响，应定期对长隧道设置的精密三角网或精密导线网的水准点进行校核；根据隧道平纵面、隧道长度等进行复核洞外水准点、中线点，根据施工进度设定洞内控制点。这样能保证所选择的水准网路线的精确性。

施工测量进行完，测量人员按照测量结果进行隧道定线放线工作，为隧道的开挖和掘进提供技术路线。它的主要工作就是地下平面控制点和水准点，放样出施工的路线，给出开挖的方向，进行掘进。为了保证施工方向正确要进行施工过程的监控量测。即测量人员要及时掌握围岩和支护的动态信息并及时反馈，指导施工作业；完成周围岩石和支护的变位、应力量测，修改支护系统设计。当爆破开挖后立即进行工程地质与水文地质状况的观察和记录，并进行地质描述。在地质变化处和重要地段，要保存好相片。隧道初期支护完成后进行喷层表面的观察和记录，并进行裂缝调查。测量人员要在隧道开挖后进行围岩、初期支护的周边位移量测、拱顶下沉量测；安设锚杆后，进行锚杆抗拔力试验。当围岩差、断面大或地表沉降控制严时进行围岩体内位移量测和其他量测。

随后开始对隧道进行掘进。在隧道中的高程测量通常是指地下控制测量从洞口引进，随着隧道掘进并逐步延伸。地下控制网的形状和测量方法，依隧道的形状而定。地下平面控制一般多采用导线或狭长的导线网。地下高程控制一般采用水准测量或电磁波测距三角高程进行。中腰线测量是保证隧道按水平方向掘进的必要技术。中腰线测量时一般先测设临时中线指示隧道掘进，当隧道掘进20米左右距离时，对临时的中线点进行重新标定检核，符合要求后再测设永久中线。当隧道掘进一段距离后，应及时延伸导线，以对中线进行控制和检核。这两个测量完成后应进行洞内施工测量，在衬砌立模前复核中线和高程，标出拱架顶、边墙底和起拱线高程，用设计衬砌断面的支距控制架立拱模和墙模。立模后必须进行检查和校正，以确保无误。

最后建设山体隧道中最重要的一步是对掘进完成的隧道进行贯通测量。贯通测量是保证山体隧道能正确贯通的决定环节。贯通测量是采用两个或多个相向或同向掘进的工作面同时掘进同一隧道，使其按照设计要求在预定地点正确接通而进行的测量工作。贯通测量的基本方法是测出待贯通的隧道两端导线点的平面坐标和高程，通过计算求得隧道中线的坐标方位角和隧道路线的坡度，此坐标方位角和坡度应与原来设计相符，差值应在允许范围之内，同时计算出隧道两端点处的指向角，利用上述数据在隧道两端分别标定出隧道的路线，指示隧道按照设计的同一方向和同一坡度分头掘进，指导贯通点相遇点处相互正确接通。

铁路隧道为何分段挖

目前，我国的交通运输系统较以前相比呈现多元化，有铁路、航空、水运、公路等。交通运输不仅成为人们生活不可缺少的内容，也是人类社会生产活动中离不了的。其中铁路运输与其他各种现代化运输方式相比较，具有运输能力大、能够负担大量客货运输的优点，每一列列车载运货物的能力比汽车、飞机大得多。铁路运输一般可全天候运营，受天气条件限制较小，还具有安全性和可靠性，再有铁路运输成本也比公路、航空运输低。所以，现在人们出行，铁路依然是首选。

到现在，铁路的发展已有200多年的历史。铁路起源于英国，1804年特烈维锡克制造成功一台在轨上行驶的蒸汽机用来运煤。10年后，被誉为蒸汽机之父的斯蒂芬森继特烈维锡克之后制成他的第一台蒸汽机车"勃鲁丘"号。又过了11年，即1825年9月25日，期托克顿铁路使用斯蒂芬森制造的"运动一号"机车开始营业，世界上第一条铁路在英国正式诞生，此时距1784年瓦特发明蒸汽机已经41年了。我国领土上的第一条铁路——上海吴淞铁路是在1876年出现的，它是英国侵略者修筑的。而我国自己创办的第一条铁路是1881年的唐胥铁路，当时清政府为了解决开平矿务局的煤炭运输而修筑，全长约10千米。唐胥铁路的建成通车，是我国铁路建设史上的一件大事。

铁路发展以后，各个国家开始大量修建。但是修铁路时遇到挡路的山体怎么办？修建铁路隧道是山脉中建设铁路的有效方法，隧道直线来回于两地之间，缩短了距离，避免了大坡道，不仅节约了时间、成本，还更加安全。第一条铁路隧道是英国于1826年开始修建的、长770米的泰勒山单线隧道和长2474米的维多利亚双线

中国第一条铁路

隧道。其后，英、美、法等国相继修建了大量铁路隧道。19世纪共建成长度超过5千米的铁路隧道11座，有3座超过10公里，其中最长的为瑞士的圣哥达铁路隧道，长14998米。1892年通车的秘鲁加莱拉铁路隧道，海拔4782米，是现今世界最高的标准轨距铁路隧道。至1950年，世界铁路隧道最多的国

家有意大利、日本、法国和美国。

我国的第一座铁路隧道是1887～1889年在台湾省台北至基隆窄轨铁路上修建的狮球岭隧道，长261米。此后，又在京汉、正太等铁路修建了一些隧道。京张铁路关沟段修建的4座隧道，是中国运用自己的技术力量修建的第一批铁路隧道。

八达岭铁路隧道

其中最长的八达岭铁路隧道长1091米，于1908年建成。我国在1950年以前，仅建成标准轨距铁路隧道238座，总延长89千米。自20世纪50年代以来，我国隧道修建数量大幅度增加，1950～1984年共建成标准轨距铁路隧道4247座，总延长2014.5千米，成为世界上铁路隧道最多的国家之一。我国铁路隧道约有半数以上分布在川、陕、云、贵4省。成昆、襄渝两条铁路干线隧道总延长分别为342千米及282千米，占线路总长的比率分别为31.6%和34.3%。

在铁路隧道分段修建的过程中，测绘技术发挥着重要的作用。

如前述，铁路隧道像山体隧道一样，要考虑根据周围的水文、地质、岩石等情况，选择隧道开挖的方法，然后进行施工。

首先是规划设计。根据隧道平纵面、隧道长度等复核洞外水准点、中线点，根据施工进度设定洞内控制点。铁路隧道测量中使用的精密三角网和精密导线网比传统的三角网和导线网精度提高，为铁路隧道提供了建设方案以及使其分段具有统一的精度。

然后进行施工测量，施工测量主要包括：地下工程施工控制测量，地下工程的定线放样工作。主要任务：在勘测设计阶段是提供选址地形图和地质填图所需的测绘资料以及测定时将隧道测设在地面上，即在隧道洞口前后标定线路中线控制桩及洞身顶部地面上的中线桩；在施工阶段是保证隧道相向开挖时，能按规定的精度正确贯通，并使隧道的位置符合规定，不侵入建筑界限，以确保运营安全。隧道施工时基本上都是采用边开挖，边掘进的，所以如何保证隧道在贯通时两相向施工中线的相对错过距离不超过规定的限值，是隧道施工测量的关键问题。

再对隧道进行贯通测量，保证隧道能成功地贯通。在隧道贯通时，测量人员的任务是要保证各掘进工作面均沿着设计位置与方向掘进，使贯通后接合处的偏差不超过规定限差，对地下工程不造成严重影响。贯通测量是完成隧道修建的重要测量步骤。

最后，隧道贯通完成后，进行竣工测量。隧道竣工后，要测出并标记拱顶高程、起拱线宽度、路面水平宽度，标记隧道永久中线点，同时在隧道内根据比例埋设水准点，为日后复测留下依据。测量人员要在隧道竣工后提交贯通测量技术成果书、贯通误差的实测成果和说明、净空断面测量和永久中线点、水准点的实测成果及示意图。

测绘工作在整个隧道建设的过程当中，都起着相当重要的作用。隧道勘测设计阶段，为了正确选择建设隧道的位置要进行地面地形测量；隧道施工阶段为保证隧道能正确贯通要进行施工测量；隧道运营阶段，对隧道本身安全，以及隧道附近地面建筑安全、地形形变观测进行监测。测绘工作就好比守护神，在隧道的设计、建造、运营各个方面守护着隧道的安全。

 ## 地铁怎么修，测了就知道

我国大型城市交通情况非常紧张，堵车已经成为"家常便饭"。这样的交通系统给人们出行带来不便，而建设地铁可使大型城市交通压力的问题迎刃而解。

地铁，全称地下铁道，狭义上专指在地下运行为主的城市铁路系统或捷运系统；但广义上，根据城市的交通系统规划的需求也可能会有地面化的路段存在，所以通常指的是地区各种地下与地面上的高密度交通运输系统。

世界上第一条地下铁路系统是1863年开通的"伦敦大都会铁路"，但是由于当时电力尚未普

第一条地铁开工典礼

及，所以即使是地下铁路也只能用蒸汽机车。由于机车释放出的废气对人体有害，所以当时的隧道每隔一段距离便要有和地面打通的通风槽。到了1870年，伦敦开办了第一条客运的钻挖式地铁，在伦敦塔附近越过泰晤士河。但这条铁路并不算成功，在数月后便关闭。现存最早的钻挖式地下铁路则在1890年开通，也是在伦敦，连接市中心与南部地区。最初铁路的建造者计划使用类似缆车的推动方法，但最后用了电力机车，使其成为第一条电动地下铁。

1965年提出建设我国第一条地铁设想时，并提出众多建设方案，面对这种情况毛泽东提了一个意见：你要修建地铁，又要少拆民房，可圈着城墙走嘛。经过有关专家反复协商，最后确定"一环两线"。这条线路始建于1965年7月1日，直至1969年10月1日北京地铁一期建成通车，路线

北京地铁

起点为北京火车站，西至终点苹果园，全长23.6千米，17个车站。这条线路的建成标志北京成为我国第一个拥有地铁的城市。上海、天津、广州等城市随后建设地铁。到目前武汉、重庆、成都、大连、沈阳等城市也有了地铁。

几十年后，随着国家综合实力的增强、经济快速发展及地铁技术的发展，地铁发生日新月异的变化。

在城市中修建地下铁道，先要考虑每个城市的地面建筑物、道路、城市交通、水文地质、环境保护、施工机具以及资金条件等情况，然后根据各自城市的情况采用不同的施工方法。目前修建地铁的方法有以下几种：

● 明挖法：浅埋地铁车站和区间隧道经常采用明挖法，明挖法施工属于深基坑工程技术。由于地铁工程一般位于建筑物密集的城区，因此深基坑工程的主要技术难点在于对基坑周围原状的保护，防止地表沉降，减少对既有建筑物的影响。其优点是施工技术简单、快速、经济，常被作为首选方案。但其缺点也是明显的，如阻断交通时间较长、噪声与震动等对环境的影响。

明挖法施工程序一般可以分为4大步：维护结构施工→内部土方开挖→工程结构施工→管线恢复及覆土。

● 盖挖法：由地面向下开挖至一定深度后，将顶部封闭，其余的下部工程在封闭的顶盖下进行施工。主体结构可以顺作，也可以逆作。在城市繁忙地带修建地铁车站时，往往占用道路，影响交通。当地铁车站设在主干道上，而交通不能中断，且需要确保一定交通流量要求时，可选用盖挖法。其中盾构法是盖挖法中最常用的一种。盾构法对城市地下铁道、上下水道、电力通讯、市政公用设施等各种隧道建设具有明显优点，如不影响地面交通、减少对环境的噪声污染。

● 沉管法：将隧道管段分段放置，分段两端设临时止水头部，然后浮运至隧道轴线处，沉放在预先挖好的地槽内，完成管段间的水下连接，移去临时止水头部，回填基槽保护沉管，铺设隧道内部设施，从而形成一个完整的水下通道。

● 混合法：可以根据地铁隧道的实际情况，在地铁隧道的施工过程中采用以上两种或两种以上的方法。

随着近年来地铁技术的不断发展以及各个城市地铁建设中的经验积累，盾构法突显其优势。

盾构法修建地铁主要是利用盾构机实现地下隧道的开挖。而盾构又是盾构机的主要组成部分。盾构是一种钢制活动防护装置，是通过软弱含水层特别是海底、河底以及城市中心修建隧道的一种机械。盾构法是在地面下暗挖隧道将盾构机械在地中推进，通过盾构外壳和管片支承四周围岩防止发生往隧道内的坍塌，同时在开挖面前方用切削装置进行土体开挖，通过出土机械运出洞外，靠千斤顶在后部加压顶进，并拼装预制混凝土管片，形成隧道结构的一种机械化施工方法。此外，在改造穿越水域、沼泽地及山地的公路和铁路等隧道中，盾构法也往往因它在特定条件下的经济合理性而得到应用。

盾构法的主要优点：①作业均在地下进行（除竖井施工外），既不影响地面交通，又可减少对附近居民的噪音和震动影响。②推进、出土等主要工序循环进行，施工易于管理，施工人员也较少。③土方量较少。④穿越河道时不影响航运。⑤施工不受风雨等气候条件影响。盾构法的缺点：①断面尺寸多变的区段适应能力差。②购置费昂贵，对施工区段短的工程不太经济。

盾构法的工作原理是靠盾构机上的千斤顶进行隧道掘进，掘进的方向和线路的精确性是由测量技术来保证的。所以说测量作为盾构施工中的一部分，是盾构施工的关键之一，直接关系到整个过程的成败，其目的主要就是确保隧道能按照预定路线施工进行，确保其能正确贯通，顺利完成隧道的建设。在地铁的建设中，同样需要进行施工测量、贯通测量、竣工测量和变形监测。

隧道贯通时，测量人员的任务是要保证各掘进工作面均沿着设计位置与方向掘进，使贯通后接合处的偏差不超过规定限差，对地下工程不造成严重影响。贯通时可能产生误差，那误差是怎样产生及如何调整呢？

误差是由于测量人员采用精密导线测量时，在贯通面附近定一临时点，由进测的两方向分别测量该点的坐标，所得的闭合差分别投影至贯通面及其垂直的方向上，得出实际的横向和纵向贯通误差，再置镜于该临时点测求方位角贯通误差；采用中线法测量时，应由测量的相向两方向分别向贯通面延伸，并取一临时点，量出两点的横向和纵向距离，得出该隧道的实际贯通误差。水准路线由两端向洞内进测，分别测至贯通面附近的同一水准点或中线点上，所测得的高程差值即为实际的高程贯通误差。对于上述贯通误差的允许数值在什么范围内能保证成功地贯通，根据我国铁路隧道工程建设的需求及多年来贯通测量的实践，《铁路测量技术规则》规定：对于横向误差，当两相向开挖的隧道间长度为4千米及4千米以下时为100毫米，在4千米到8千米时为150毫米，在8千米以上时应根据现有的测量水平另行酌定。对于高程误差规定不超过50毫米。

 ## 跨海大桥，隧道如何对接

随着科技日新月异的发展，人们的生活也发生很大的变化。科学技术给人们的生活带来便捷，尤其是在交通方面，群山峻岭、滔滔江河早已不是障碍，人们能开山凿洞，建桥铺路，建设一个个令人称赞的建筑奇观。

创造出近百余项创新成果的舟山跨海大桥，由岑港大桥、响礁门大桥、桃夭门大桥、西堠门大桥和金塘大桥5座大桥共同组成，总长约25千米。始建于1999年9月26日，首先建设舟山大陆连岛工程中的岑港大桥。直到2009年12月25日大桥建设完成，并在当日23：58分正式通车。

舟山跨海大桥规模浩大、地理位置特殊，在建成后创造出了近百项技术创新成果。主要有以下创新成果：

● 西堠门大桥主桥为两跨连续钢箱梁悬索桥，是5座大桥中技术要求最高的跨海特大桥梁，大桥主跨1650米，是世界上跨径最大的钢箱梁悬索桥。再有西堠门大桥还是世界上首座双箱分体式钢箱梁悬索桥。

● 西堠门大桥是世界上抗风要求最高的桥梁之一，抗风稳定性极高，颤振临界风速达到88米/秒以上，可抗17级超强台风。

● 金塘大桥主通航孔桥全长1210米，为主跨620米的五跨双塔双索面钢箱梁斜拉桥，是世界上在复杂外海环境中建造的最大跨径斜拉桥。

● 在建设金塘大桥中首创采用的钢牛腿、钢锚梁组合体系，成功解决了索塔端锚固区开裂问题，提高了结构耐久性。

再来看看有"天下第一隧"之称的秦岭终南山公路隧道。它北起西安市长安区五台乡，南抵商洛市柞水县盘镇，隧道单洞全长18.02千米，双洞长36.04千米。隧道按双向车道高速公路标准建设；隧道净宽10.5米，限高5米；设计车速80千米/小时，使西安到柞水的车距由3小时缩短为40分钟。人们驱车15分钟便可穿越秦岭这一中国南北分界线。

隧道、跨海大桥同时开挖两个或多个断面进行同时掘进，那怎样把跨海大桥、隧道对接起来呢？现在就以跨海大桥为例子，看看测绘是怎样实现跨海大桥对接的。

因桥梁长度超长，地球曲面效应引起的结构测量变形问题十分突出，受海洋环境制约，传统测量手段已无法满足施工精度和施工进度的要求，如何借助GPS技术实现快速、高效测量施工是整个跨海大桥测量部分工作的重点和难点。下面以杭州湾跨海大桥为例讲述跨海大桥是怎么建起来的。

杭州湾跨海大桥是国道主干线——同三线跨越杭州湾的便捷通道。大桥北起嘉兴市海盐郑家埭，跨越宽阔的杭州湾海域后止于宁波市慈溪水路湾，全长36千米。大桥设南北两个通道，其中北航道为主跨为448米的钻石型双索面钢箱梁斜拉桥；南航道为主跨318米的A型双索面钢箱梁斜拉桥。除南北航道桥外其余引桥采用30~80米不等的预应力混凝土连续响亮结构。

跨海大桥连续运行GPS测量服务系统的主要功能是为桥梁下部基础的桩基、墩台施工放样提供RTK定位服务；为海上打桩船上的GPS定位系统提供RTK定位服务，解决海上沉桩定位的困难。

整个系统主要包括GPS工程参考站、数据处理与监控中心三个部分。而参考站的正常运行是整个GPS系统运行的基础保证。因此为了确保连续运行GPS工程参考站的正常运行，在站点建设上应遵循以下原则：连续运行GPS工程参考站应选择在地基坚实稳定、安全僻静并有利于测量标志长期保存和观测的地方。

跨海大桥GPS施工平面控制网包括首级网和加密网。首级网是控制大桥整体位置的基准，并为海上GPS测量提供条件。首级网由23个点组成，其中桥位区附近南岸的3个点和备案的3个点共6个点（包括两岸参考站点）对大桥的施工测量起直接控制作用。由于跨海面宽32千米，首级网与首级加密网只能选择GPS定位技术实施两岸的联测。一级加密网和二级加密网可以采用GPS定位技术也可以用全站仪导线法布测。首级网与国家控制网和IGS站联测，建立投影变形满足要求，供施工实际使用的独立施工测量坐标系称54工程65米高程系。

为满足海中施工测量控制的需要，在海中每隔1.8千米左右首先安排一批桥墩基础施工（称优先墩），利用21个优先墩承台上布设的GPS控制点和布设在B平台上的海上参考点，形成海上加密网。

桥梁平面控制网设计应进行精度估算，以确保施测后能满足桥轴线和桥梁墩台中心定位的精度要求。舟山跨海大桥以国家GPS测量规范B级网的精度施测大桥GPS首级控制网，从而满足大桥测量控制多方面的要求；各级加密网的进度以桥墩放样相对于最近控制点的容许误差小于2厘米来考虑，得出各级加密网最弱相邻点位中误差为10毫米的结论，因此决定用公路GPS测量规范一级网的精度施测。

建立控制网的目的是满足施工放样桥轴线的架设误差和桥梁墩台定位的精度要求。对于保证桥轴线长度的精度来说，一般桥轴线作为控制网的一条边，只要控制网经施测、平差后求的该边长度的相对误差小于设计要求即可；对于保证桥梁墩台中心定位的精度要求来说，既要考虑控制网本身的精度又要考虑利用建立的控制网点进行施工放样的误差；在确定了控制网和放样应达到的精度要求后，应根据控制网的网型、观测要素和观测方法及仪器设备条件在控制网施测前估算出能否达到要求。

杭州湾跨海大桥用1954年北京坐标系统进行设计，这个坐标系统的基准面是卡拉索夫斯基椭球面，由于这个坐标系本质上是属于前苏联的大地测量坐标系，其定位及椭球大小与我国的大地水准面符合得都不好，尤其东部地区高程一场达60多米。如果将用54坐标系标示在设计图纸上的桥梁墩台位置和各种结构物放样到施工高程面上，将会发生两种变形：投影长度和投影角变形。投影长度变形将使大桥放样到实地上比设计长度缩短4.559米，投影角变形将使放样到实地的大桥方向扭转约8″，这在桥梁工程建设上是不容许的。

根据跨海大桥的实际情况，减少投影变形和减少因坐标系转换带来的GPS观测值精度损失，依据《公路全球定位系统（GPS）测量规范》建立起了54工程65米高程坐标系。

虽然单跨GPS拟合高程差和三角高差之比满足三等水准精度要求，但是GPS拟合高程差还有一定的残留误差，在附和高程线路中形成一定的积累，致使线路中间段的高程精度较差，因此不能全部用GPS拟合高差代替三角高程测量高差。但是单纯的三角高程测量，由于海中的观测条件极其恶劣，整个贯通过程可能会拖延三四个月，严重影响海中施工进程，为此可以采用复合跨海贯通的方法，即部分跨用三角高程，部分跨用GPS拟合高程，这样既避免了系统误差的积累，又能满足施工进度的需要。

鉴于跨海大桥高程贯通测量的进度无法满足桥墩施工对贯通高程的要求，可暂时采用复合高程贯通测量的方法，求得高程控制点的近似贯通高程，暂时满足桥墩施工进度对贯通高程的要求，等全桥高程全部采用跨海三角高程测量贯通后再修正其高程。

全桥高程贯通测量应采用相当三等水准测量精度的高程测量方法，从最近高程控制点引测至各墩顶。跨海大桥是全桥贯通测量，是采取的由各标段内部先行进行各墩的高程贯通，然后由测控中心进行全桥贯通平差计算，方法是采用精密三角高程测量法或者精密水准测量法将地面控制点或桥台上控制点的高程引测到相应墩顶，作为上部结构施工的高程控制，然后在墩顶上采用精密水准测量或高精度三角测量进行联测，最后达到全桥结构物高程贯通的目的。

● 在跨海大桥连续运行GPS工程参考站的支持下，桥位区内任何一点RTK的平面和高程实时定位精度得到了很大的提高，确保了大桥海中基础的施工放样精度。

● 跨海大桥采用的独立施工坐标系——54工程65米高程坐标系最大限度地限制了投影变形，又不损失GPS的观测精度。

● 大桥高程精度GPS高程拟合法在跨海大桥施工中的应用是新技术，为国内外跨海大桥工程海中高程控制测量解决了一个难题，并提供了一种便捷

高效的海中高程测量控制的方法。

 ## 南水北调，西气东输

如同三峡工程离不开测绘一样，南水北调、西气东输等经济建设的重大项目，同样离不开测绘保障与服务。测绘技术为交通、水利、能源、通讯和电力等基础设施建设与管理提供了保证。

我国南涝北旱，建设南水北调能缓解我国北方水资源严重短缺局面。南水北调工程建设的基本思想是通过跨流域的水资源合理配置，

南水北调工程

将南方充足的水资源利用管道输送至北方，南北方经济发展不协调，南水北调工程的建设能使南北水资源协调分配，促进南北方经济、社会与人口、资源、环境的协调发展。它主要由东线、中线、西线三条调水线组成。其中西线工程在最高一级的青藏高原上，地形上可以控制整个西北和华北，因长江上游水量有限，只能为黄河上中游的西北地区和华北部分地区补水；中线工程从第三阶梯西侧通过，从长江中游及其支流汉江引水，可自流供水给黄淮海平原大部分地区；东线工程位于第三阶梯东部，因地势低需抽水北送。

南水北调是中华民族的千秋伟业。1952年毛泽东提出了"南方水多，北方水少，如有可能，借点水来也是可以的"的宏伟设想。南水北调工程的设想提出来后，国家测绘局十分重视，1987年国家计委将它列入"七五"计划超前期工作项目后，在调水区30万平方千米的范围内进行了航空摄影、控制测量和施测基本比例尺地形图等工作，其成果提供给工程的超前期研究工作使用。

1991年，国家测绘局开展了南水北调西线工程的测图工作，在通天河流

域组织了近10万平方千米的航空摄影，并为有关部门提供了数百幅1∶5万比例尺地形图。

1995年初国家测绘局安排中国测绘科学研究院，针对"国家基础地理信息系统辅助南水北调西线工程规划设计"课题进行预研究。课题组经过几个月的努力，终于完成了南水北调西线工程管理辅助信息系统试验系统。

1995年6月下旬，首届南水北调的西线工程研讨会在青海西宁召开。国家测绘局的代表在会上作了题为《国家基础地理信息系统辅助南水北调西线工程规划设计》的报告，并演示了试验系统，展示了地图。

南水北调西线工程的设计是在长江上游通天河、支流雅砻江和大渡河上游筑坝建库，然后再开凿穿过长江与黄河的分水岭巴颜喀拉山的输水隧道，通过输水隧道将长江水调入黄河上游。它是解决我国西北地区干旱缺水的重大战略措施，也是一项生态建设与环境保护并举、支撑我国西部大开发和西北地区经济社会可持续发展的重大基础工程。南水北调西线工程采用测绘新技术提高施工精度和质量。在该工程的地形图测绘中，应用了全自动空中三角测量，相对于传统的空中三角测量，它不但能够提高工作效率，而且还能够避免测量操作中所带来的人为误差。全自动空中三角测量是将人工的量测等工序计算机化，利用相关的技术自动完成空中测量点的选择，然后实时地根据平差结果对测量点进行调整，最后加入地面控制点，将自动量测的点坐标结果进行区域网平差，获得测量点的大地坐标成果。

测绘技术不仅应用于南水北调西线工程中，也应用于南水北调中线工程中。南水北调中线工程采用带状地形图数字化采集，生产数据量小及易于分层的专题地图，在此基础上经编辑整理，建立南水北调中线工程（带状）地形数据库，生产以高程表达地面起伏形态的数字集合。获取带状地形图的方法有多种，其中常用的方法是无人机低空摄影测量技术。无人机低空摄影测量系统具有实时性、全天候、低成本等技术优势，其所获得的高分辨率遥感数据可应用于多种领域，以快捷便利的方式获取野外影像数据，减轻野外作业劳动强度，提高生产效率，满足大比例尺地形图测量的需要。结合南水北调中线工程的实际需求，无人机摄影测量可满足带状地形图的测图精度，且具有自动化、智能化、精确化的优势，快速准确地获取数字高程模型、数字线划图和数字正射影像图，为南水北调工程管理系统建设作数据库准备，加速南水北调工程的顺利开展。利用三维地理信息系统软件可实现带状地形图的可视化，使得信息更加直观。为了表达地物与地貌的关系，可在三维建模的基础上叠加对应区域的DEM数据，实现地物与地貌的统一。在南水北调工程中可以利用建立的三维模型进行三维地理信息系统一些应用，如土地属性的实时查询、水土流失的计算等。

西气东输工程是将中国西部地区天然气向东部地区输送，主要是新疆塔里木盆地的天然气输往长江三角洲地区。它是我国距离最长、口径最大的输气管道，供气范围覆盖中原、华东、长江三角洲地区。输气管道西起新疆塔里木轮南油气田，向东经过库尔勒、吐鲁番、鄯

西气东输工程

善、哈密、柳园、酒泉、张掖、武威、兰州、定西、西安、洛阳、信阳、合肥、南京、常州等大中城市，东西横贯新疆、甘肃、宁夏、陕西、山西、河南、安徽、江苏、上海等9个省区，全长4200千米。设计年输气能力120亿立方米，最终输气能力200亿立方米。

2002年7月4日，经国务院批准，西气东输工程开工。国家测绘局高度重视，为之提供保障服务。在西气东输工程之初，要求参建的测绘单位应用测绘技术对工程地点进行精确的基础测量。测量完成后，国家测绘局利用基础测绘成果，再准确了解地面起伏变化和地面人口、植被分布及土壤构成，将两者结合起来以便找到最佳线路。这种思想其实是国家测绘局充分利用基础测绘成果建立工程地点的精确可靠基础地理信息系统，为西气东输工程建设的前期规划和设计论证工作提供依据，进而为工程的规划设计提供可靠的保障服务。按照上述方法，承建单位在不到半年时间完成了西气东输工程前期选线工作，涉及长输油气管线规划中内业方案设计、线路地形分析、工程量统计、外业线路GPS跟踪与更新，各种形式成果图表自动输出等工作，为管道线路的勘察与设计分析提供了高效、快捷的手段，取得了显著的社会和经

济效益。当工程设计方案确定完成后，国家测绘局专门将这些信息建成西气东输工程数据库，这个数据库可以为西气东输工程提供以下信息：输气管线的总体规划和布局，管道沿线的地形起伏、水系结构、人口分布和人工建筑物情况，管道号码，管道转折点的编码和地理坐标，管线站点间距和高程，最高点高程，最高点间之里程，最低点高程，最低点间之距离等。在这个长达4000千米的项目中，如果优化方案，少绕几千米甚至几十千米的路，节省的投资就以数千万元甚至数亿元计。

　　测绘高新技术在西气东输工程建设中发挥了重要作用。西气东输工程借鉴数字地球概念建立数字管道。"数字'西气东输'管道"是以信息基础设施为基础，以多尺度、多种类的空间基础地理信息为支撑，按照"数字地球"的构想，充分利用计算机、现代测绘、现代网络、虚拟现实以及数字通讯等高新技术，通过对"西气东输"管道设施、沿线环境、地质条件、经济、社会、文化等各方面的信息在基础地理信息上的有机整合，构筑一个数字化的"西气东输"管道，为管道设计人员提供现代化测绘产品，为管道管理部门提供一个现代化的管理和决策支持系统，一个高效率的生产运营管理工具。

　　数字"西气东输"管道工程作为国内第一条在数字化平台上进行选定线、勘察设计和运营管理的"数字管道"，为提高长输管道的勘察设计和生产运营管理水平探索出一种新的理念和方法，其技术已达到国际先进水平。其中"西气东输"管道工程在勘察设计中首次采用卫星遥感和三维仿真模拟技术进行数字化选线及路由方案优化，应用数字摄影测量技术进行沿线带状影像图、线划图与纵断面图测绘，并采用地理信息系统技术建立管道工程地理信息系统。在初步设计中首次采用1∶2000大比例尺正射影像图，为设计人员提供更为丰富直观的地面信息，使设计人员在水网纵横交错、地面设施和人口非常密集的苏北地区，能够合理避让建筑物、经济水塘、经济作物等地物，实现路由的最优化设计，从而大大减少管道施工赔偿，减少施工现场改线带来的损失，提高长输管道的设计水平。数字摄影测量技术将70%的野外工作量转移到室内进行，与传统的测量方法相比可缩短勘察周期40%左右，降低投资25%左右，提供的勘察成果也从单一的线划图变为"4D"产品。而管道工程地理信息系统的建立则能够提高管道的生产运营管理水平，通过对管道运营和监测数据的空间分析进行灾害预警，合理安排维修计划，降低和预防管道运营风险。

第8章

导航快乐生活

 如何购买导航地图

随着生活水平的日益提高，驱车出行或是自驾旅游已是普遍的生活方式，很多人提出了这样的问题"怎样能够熟知出行路线，不迷路，顺利到达目的地呢？"

纵观历史，人们对于方位的确认、路线的判定从未停止过。从古时的观望北斗星到战国时期人们利用磁石指示南北的特性制成了指南工具——司南（指南针最早的原型），再到纸质地图在不同朝代间的慢慢发展，充满智慧的人们一直在方位路线的确认上不断地努力着。我们的生活总是在新技术新产品的推动下前进的，这个问题也自然不例外，电子导航地图的出现就轻松地解决了这个问题，方便大家轻松出行。

地图是遵循一定的数学法则，将客体上的地理信息，通过科学的概括并运用符号系统表示在一定载体上的图形。而电子导航地图是一套用于在GPS设备上导航的软件，主要是用于路径的规划和导航功能上的实现。电子导航地图从组成形式上看，由道路、背景、注记和POI组成，当然还可以有很多

导航地图

的特色内容，比如3D路口实景放大图、三维建筑物等。从功能表现上来看，电子导航地图需要有定位显示、索引、路径计算、引导等的功能。

电子地图是存储在计算机的硬盘、软盘、光盘或磁带等介质上，其内容是通过数字来表示的，并以地图数据库为基础，可以在适当尺寸的屏幕上显示的地图。车载导航电子地图是主要侧重道路交通网，并从实用性、加快检索速度和减少存储容量的角度来考虑，有自己特有格式的电子地图。

● 电子地图的功能有哪些呢？导航电子地图主要用来对车辆等移动目标进行导航，其主要特征为能实时准确地显示车辆位置，跟踪车辆行驶过程；数据库结构简单，拓扑关系明确，可计算出发地和目的地之间的最佳线路；数据存储冗余小，软件运行速度快，空间数据处理与分析操作时间短；包含车辆导航所需的交通信息，如限速标志、交叉口转弯限制、信号灯等；信息查询灵活、方便。电子导航地图可以非常方便地对普通地图的内容进行任意形式的要素组合、拼接，形成新的地图。可以对电子导航地图进行任意比例尺、任意范围的绘图输出。非常容易进行修改，缩短成图时间。可以很方便地与卫星影像、航空照片等其他信息源结合，生成新的图种。可以利用数字地图记录的信息，派生新的数据，如地图上等高线表示地貌形态，但非专业人员很难看懂，利用电子导航地图的等高线和高程点可以生成数字高程模型，将地表起伏以数字形式表现出来，可以直观立体地表现地貌形态。这是普通地形图不可能达到表现效果。

导航电子地图数据的组织结构与通常方法也大不一样，主要是考虑移动目标或行驶的特殊性。为实现在便携设备上全方位、全时域移动空间位置信息，需要解决下列关键技术问题：合理有效的组织电子地图数据；提高定位系统的可靠性和定位精度；快速得到用户指定的目的地。导航电子地图含有空间位置地理坐标，能够与空间定位系统结合，准确引导人或交通工具从出发地到达目的地的电子地图及数据集。导航电子地图是电子地图中的一个分支，主要特点是对数据要素的要求不同。

● 电子地图的技术要求有哪些呢？首先，导航用电子地图必须具有极高的精确性，包括地理位置数据的精确性和实际地物信息的准确性。与此同时，电子地图中各要素之间必须具有正确的拓扑关系和整体的联通性，使各地物在逻辑上和语义上能够正确地映射现实世界。这些条件是保证电子地图实际可用性的客观基础。其次，导航电子地图必须提供完备的地物属性信息。一方面这是电子地图进行查询检索的需要，另一方面也是进行实际智能交通分析及相关导航应用的客观需要。例如，地图数据中需要有表达交通禁则的信息，以说明哪些路口禁止左转、禁止直行等，哪些路段在特定的时间段不许机动车通行或只许单行等，还需要有表达道路特质和运行情况的数据，以表明道路的材质、收费情况、允许哪些车辆类型通过等。这些属性信息与导航应用的需求密切相关，与一般意义上的电子地图有很大不同。 再次，在许多应用场合，如车载系统、手持式设备等环境下，硬件条件相对特殊，对导航电子地图的要求也相应地更加苛刻。电子地图数据必须在保证精度和信息量的情况下尽可能的精炼，同时其数据结构也必须更加符合嵌入式设备显示、运算和分析的要求。 最后，由于导航电子地图使用场合的特殊性，需要配以便捷高效的GUI，以保证信息的快速获取和用户的安全，其中常常要用到语音、触摸屏、针对强光源的特殊着色等技术，并配合以视频、动画等相关数据来展现丰富的电子地图应用。

    行业链接：目前国内GPS导航市场发展迅速。GPS产品要实现导航功能，地图服务必不可少。出于国家安全的考虑，国家相关部门有步骤地推荐电子地图的产业化进程，包括先后出台了《保密法》、地图出版的相关管理条例和电子地图制作资质标准。另外，在技术

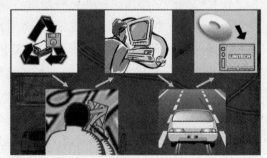

导航电子地图的制作流程

手段上，国家也采取了一些办法。比如，国家发展和改革委员会在2002年曾主导了一个专业化产业化项——卫星导航产业化应用专项，其中涉及导航的硬件、软件、应用平台和导航电子地图，并设立了一些项目来直接推进电子地图的产业化。北京四维图新公司当时便承担此项目中关于电子地图开发部分的工作。国家发改委希望通过该计划在国内形成100亿元规模的卫星导航应用市场，推出一批有特色的中国导航产品，培育起一批在相关领域里的一流企业。此外，国家测绘局也从测绘和地图产品管理的角度出发，在资质、标准、地图保密等方面形成了一整套方案，产业政策层面的框架已经基本形成。目前，这些产业政策和标准仍在不断完善之中。届时，GPS厂商将有更

各种厂商的导航产品

多更好的地图服务来实现其精确导航目标。

目前的地图厂商主要有北京四维图新、深圳市凯立德、北京灵图、瑞图万方、高德、武大吉奥、易图通、畅想等。

● 选择导航仪首先结合你的需要，如果只用于驾车时使用，选择车载型的。屏大、电源没问题。如果除了导航还要提现其他娱乐、实用功能，那就选择一个手持的，小巧携带方便。其次无论是车载还是手持，选择主流产品，保证其地图的更新及时。在价格方面，考虑购买时的价格，还有以后更新的费用。具体归纳为以下几个方面：

▲ 如果你选择品牌机器的话，有这几个品牌：任我游、宇达电通、新科等等，具体可以进入一些品牌收集网站进行查询，包括了导航品牌介绍、评价，同一个品牌同一个型号的机器，列出了好几个商家 可以出售的价格，还有地图升级，不仅仅是国内地图，国外地图也有等等。

▲ 购买机器最重要的是看机器的做工与内核，还有导航软件。外观做工粗糙的，那肯定质量不过硬，大多是一些杂牌机，内核就是指的是CPU的大小，是几代的，内存是多大。内存也有区分：一种是FLASH内存，在单片机里面叫做FLASH RAM，类似电脑的硬盘，还有一种是ROM，就是运行内存，运行内存很重要，一般现在运行3D实景地图的都要上128M，不然在运行导航软件的时候，就会弹出一个对话框叫做"你使用的内存不足，选择要关闭一些程序"。

▲ 导航软件，市面上导航软件很多，如凯立德、道道通、城际通、Garmin、图吧等。目前，中国取得导航电子地图甲级测绘资质的有：四维图新、高德、灵图、瑞图万方、武汉吉奥、凯立德、易图通、国家基础地理信息中心这几家企业。在购买价格上不仅要考虑购买时的价格，还有以后更新的费用需要考虑。

● 现在介绍几个导航地图生产的厂商：凯立德、高德以及四维图新。

▲ 凯立德是国内领先的电子地图、导航系统和动态位置服务提供商，致力于为汽车制造厂商、汽车电子厂商、便携导航设备厂商、手机厂商、电信

运营商、互联网及移动互联网企业提供互联网地图、导航电子地图、导航软件、移动位置服务平台等各类产品及服务。其较新的导航产品有凯立德手机导航（家园版）V3.1，不仅仅拥有导航性能，还标配最新夏季版地图，推出了诸多创新互动功能。如独创的K友在途，不仅能看到所有正在使用导航的用户，还能随时随地与他们交流；K友结伴，能够和朋友实时共享位置，距离方位一目了然，互动导航。

凯立德手机导航

语音版地图：

K码（9位短码）是凯立德独创的位置编码功能。在地图中，每一个位置精确对应一个固定K码，无论地图上是否有建筑，都可以将相应的K码通过短信、邮件等发给好友，快速分享。在任意一款凯立德导航产品中输入K码，便能精确定位导航。

▲ 高德的开发与管理核心团队有多年的地理信息系统和GPS应用的开发经验。2001年，高德软件有限公司宣告成立。次年，该核心团队正式通过高德软件有限公司开始GPS应用，车载导航系统和电子地图生产工艺的研发，高德拥有自主研发的导航电子地图生产工艺，技术平台可实现动态多源数据采集，有效处理海量信息，并支持多种数据发布格式及应用。为了满足不断提升的导航和位置服务需求，高德在地图表现力方面进行了持续的大规模投入。精美、生动的市街图、实景路口扩大图、3D地标和城市等，将显著提升用户的使用体验。

高德地图Android版是基于Android平台的高德地图手机客户端，集周边搜索、地图查找、导航、优惠信息、签到等主要功能为一体，周边信息一网打尽，为用户提供高质量的移动生活服务。具有新增客户端离线地图下载功能模块、逆地理编码升级、新增汽车类、美食类、公交站点类深度POI、整合了关键词搜索与分类搜索、搜索结果新增方向指示箭头等功能。此外还有基于Android 3.0平台的高德地图平板电脑客户端以及高德地图iPhone版。

▲ 北京四维图新作为中国领先的导航地图和动态交通信息服务提供商，致力于为全球客户提供专业化高品质的电子地图数据产品和服务。公司拥有世界先进的导航地图制作核心技术以及十余年的导航地图生产经验，是中国首家推出行人导航地图产品的地图厂商，也是中国首家实现动态交通信息服务商业化应用的地图厂商。

四维图新09夏版地图数据覆盖内容进一步增加，道路里程达213万公里，100%实车验证的路网已覆盖全国所有的省际、城际、国道和高速路，覆盖全部可通车道路；地图数据详细覆盖全国2218个县市，支持全国所有县市间的无间断引导；690万条POI信息与全国路网精准匹配，能够全面满足人们的吃喝玩乐等出行需求。在四维图新09夏版地图数据中，包含了北京、上海、广州、香港四大城市的公交换乘、地下通道、过街天桥、人行横道及更多行人设施的信息，是中国首款行人导航地图数据，标志着中国导航地图从为汽车服务发展到为行人服务，使得出行的全过程管理成为可能，开启了中国导航地图的行人时代。

了解了导航电子地图的特性、功能，也熟悉了目前市面上电子地图厂商及其产品的情况，就可以根据个人需要、使用环境、使用目的等选择一款适合自己的导航电子地图。

高德地图Android版及Android for pad版

 ## 手机导航与汽车导航有区别吗

我们介绍的多数导航产品是汽车导航或是便携式自动导航系统（PND），实际上，目前导航系统在手机中的应用也是越发成熟的。

汽车导航指具有GPS全球卫星定位系统功能，让你在驾驶汽车时随时随地知晓自己的确切位置。汽车导航具有的自动语音导航、最佳路径搜索等功能让你一路捷径、畅行无阻，集成的办公、娱乐功能更让你轻松行驶、高效出行！

手机导航就是通过手机的导航功能，把你从目前所在的地方带到另一个

你想要到达的地方。手机导航是卫星手机导航，它与手机电子地图的区别就在于，它能够告诉你在地图中所在的位置，以及你要去的那个地方在地图中的位置，并且能够在你所在位置和目的地之间选择最佳路线，并在行进过程中为你提示左转还是右转，这就是所谓的导航。

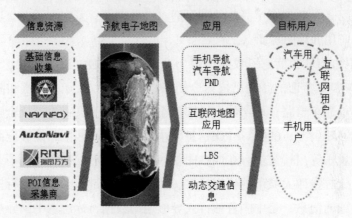

导航电子地图产业链

首先让我们了解一下手机导航。

现在市面上的手机导航可分为三类，第一类是真正的通过太空中的卫星进行GPS导航，精度在3-5米，如天将军T60手机的导航；第二类是通过基站网络进行粗略的导航的，称为CELLID导航，这种导航没有真正的通过卫星GPS导航的精确，一般定位误差为100米，如中国移动手机导航在室内定位时使用的就是该技术；第三类是AGPS+CELLID+GPS定位，这种导航最为精确，在室内默认是CELLID定位，在室外先利用AGPS搜到星图，达到快速定位，然后自动切换到GPS高精度定位并进行导航，如中国移动手机导航利用的就是这种技术。

● 导航手机的工作原理是手机导航通过GPS模块、导航软件、GSM通信模块相互分工，配合完成。

▲ GPS模块完成对GPS卫星的搜索跟踪和定位速度等数据采集工作。

▲ 导航软件地图功能通过GPS模块得到位置信息，不停地刷新电子地图，从而使我们在地图上的位置不停地运动变化。

导航手机

▲ 导航软件路径引导计算功能，根据我们的需要，规划出一条到达目的地的行走路线，然后引导我们向目的地行走。

▲ GSM通信模块完成手机的通讯功能，并可根据手机功能对采集来的GPS数据进行处理并上传指定网站。

● 如此方便实用的导航手机在选择时该考虑哪些因素呢？

手机导航就是手机既要有一般通讯功能又要有导航功能，现在具有导航功能的手机很多，选购导航手机，关键就是要注意以下几点：

▲ 屏幕是否够大，因为屏幕小了，看不清楚，用起来很不方便；

▲ 是否有电子狗功能，所谓电子狗功能就是监控系统的提醒功能，它能够在车辆行进过程中提醒你前方多少米有测速监控仪，限速是多少，也可以提示你前方有摄像头，请勿闯红灯，等等之类的提醒，非常实用；

▲ 地图要能够更新，因为每年道路都会有变化，比如新修了路，单双行线的调整等等，所以手机中导航的地图也得跟着变，不然就很不方便了；

▲ 确定其是GPS手机，还是A-GPS手机。GPS手机精度高，A-GPS手机精度略低；

▲ 确认手机导航在使用过程中，是否会产生其他费用，如网络流量费或GPS软件使用。

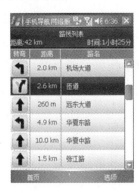

手机导航相关功能

● 下面为大家介绍几款手机导航软件：

▲ 安驾电子狗

安驾电子狗，可以在你行车时通过语音和振动提示前方的电子警察和危险区域，帮助您避免罚单，是出行时必不可少的工具。

这款软件的特点是永久免费，且消耗流量小，不开地图时每小时仅产生几十K流量；拥有超过20万笔全国最全最新的电子警察数据，数据实时更新，无需手动下载；系统支持添加危险地点，添加后即时生效；还可以对危险地点进行评价，系统会自动根据用户的评价信息调整危险地点的可信程度并提示最准确的信息；支持后台运行，并且会在手机处于静止状态时自动关闭GPS，以节省电池电量。

▲ 天天行手机导航-体验版

天天行手机导航体验版的功能和付费版是一样的，用户可以使用30天的语音GPS导航免费体验。它是Telenav在中国的导航软件品牌。Telenav是全球首家提出手机导航概念的公司，在美国已占有了近70%的市场。

该软件覆盖了全国33个省、2279个地市、2847个县，拥有1045万个兴趣点，14万个超速摄像头、闯红灯照相信息和1.5万条公交线路及大城市轨道交通信息。全新省流量设计，每公里导航仅需5K流量。

天天行导航软件以其操作简便、界面友好的特点，以及与中国最权威、最准确的四维电子地图的结合，正在得到越来越多国内用户的关注和喜爱。

▲ 凯立德移动导航系统V7.0（语音版）

语音"云"搜索，本地"易"搜索，两大革命性功能助力凯立德移动导航系统V7.0（语音版）质变的体验。凯立德是中国GPS移动导航系统第一品牌，也是目前中国市场占有率最高的导航地图软件。凯立德移动导航系统7.0（语音版）是凯立德为iPhone、iPad用户量身定制的专业导航应用，不但继承了凯立德专业级的导航性能、精准的全国导航数据。所提供的语音"云"搜索即对着手机说出自己的目的地，它就会开始导航的功能，带来更加卓越的导航体验。完全本地导航，无需流量费用。

▲ 百度地图

百度地图是国内领先的地图产品，在数据覆盖率和准确率上优势明显。iPhone版的强力出击，除了用户体验将得到大幅度提高，公交数据将更准更全面，更有离线地图为你节省90%以上流量。可随时定位当前所在位置，快速浏览全国近400个城市的地图，查找任意位置，检索公交、驾车、步行导航线路。

▲ 高德地图

高德地图是一款基于iPhone OS的GPS中文导航软件，也是国内首款iPhone平台地图产品迷你地图MiniMap革新升级版。

全中文操作界面，功能强大，覆盖了全国362个地级2862个县级以上行政区划单位，超过2000万个兴趣点信息。相比其他GPS地图导航，高德地图在导航动能设置方面体现得非常全面。常用的路径规划、地图视角设置等都堪比车载GPS导航，从地图导航界面来看高德地图体现得相当丰富，预计到达时间、导航距离以及前行转向距离等都会在地图界面中显现。此外周边设施查找种类也相当丰富。

▲ 导航犬2011

这是一款免费且功能强大的手机GPS语音导航系统。支持14个城市的路况数据显示；并可根据当前的实时路况信息，智能规划出行方案，有效规避拥堵路段；可将沿途发现的各类交通事件通过图片与文字的方式上传分享至

手机导航软件示例

微博；HUD夜间投影导航模式可将导航时的道路名称、方向指示、距离信息、车速等信息醒目地投影到汽车风挡玻璃上，保证夜间驾驶安全；周边生活信息一应俱全；采用正版的四维图新地图数据，自动云端更新；甚至还可免费提供上海话、东北话、四川话、广东话四种方言的语音下载。

GPS手机导航业务有一个超出传统增值业务的庞大产业链阵容，由移动运营商、系统设备提供商、终端厂商、GIS开发商、应用提供商、中间件提供商等多个环节组成，综合运用了包括移动通信、卫星导航、互联网、综合信息服务等多方面的技术和应用，是多个产业、多项技术交汇和融合的产物。GPS手机服务需要持续和巨大的投入，尤其是在网络升级和电子地图方面。

接着谈谈汽车导航

如前所述，汽车导航是指具有GPS全球卫星定位系统功能，让你在驾驶汽车时随时随地知晓自己的确切位置，并借助具有的自动语音导航、最佳路径搜索等功能让你一路捷径、畅行无阻的导航方式，它集成的办公、娱乐功能让您轻松行驶、高效出行！

汽车GPS导航系统由两部分组成：一部分由安装在汽车上的GPS接收机和显示设备组成；另一部分由计算机控制中心组成，两部分通过定位卫星进行联系。计算机控制中心是由机动车管理部门授权和组建的，它负责随时观察辖区内指定监控的汽车的动态和交通情况。整个汽车导航系统起码有两大功能：一个是汽车踪迹监控功能——只要将已编码的GPS接收装置安装在汽车上，该汽车无论行驶到任何地方都可以通过计算机控制中心的电子地图指示出它的所在方位；另一个是驾驶指南功能——车主可以将各个地区的交通线路电子图存储在软盘上，只要在车上接收装置中插入软盘，显示屏上就会立即显示出该车所在地区的位置及目前的交通状态，既可输入要去的目的地，预先编制出最佳行驶路线，又可接受计算机控制中心的指令，选择推荐的汽车行驶路线和方向。

在选择汽车导航系统时有个为题值得我们注意：车载导航系统的地图数据库来源于多种渠道，其中最主要的来源是城市政府机关提供的街区数据库。对一个好的车载导航系统来说，地图的数量、准确程度以及数据的及时性，都很重要。不管GPS提供的坐标位置有多么准确，如果导航系统不能提供你所在地区的地图，或是提供的地图有错误，系统就可以说是毫无价值。因而，

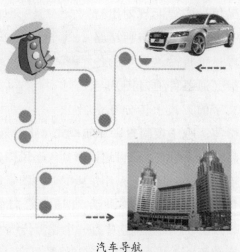

汽车导航

购买车载卫星导航系统时，要考虑以下事项：

第一，检查测试系统的准确性。选择一两个你所熟悉的路段，或是新近开张的酒店，看一看系统是否能够准确显示汽车的位置。因为街道、路段总是在不断地变化，你的系统也必须提供定期的更新服务。

第二，考虑系统的存储能力。在美国，若是将全国的地图都存下来，至少需要三片光碟。因而，车载导航系统也一定要有相应大的硬盘内存。

第三，图像显示。车载导航系统的图像显示，可以装在汽车的驾驶仪表盘上，也可以投射到手提电脑甚至掌上型电脑的屏幕上。为了适应不同的天

气和光线条件，图像显示屏幕必须有足够强的亮度，还要有足够的大小和好的分辨率。

分别介绍完手机导航与汽车导航，想必大家对于他们各自的特点已经有所了解，那么他们之间有什么区别联系，各自又有哪些优势劣势呢？为了方便大家更直观地比较他们各自的特点，现将手机导航与汽车导航特点、存在问题、解决办法比较以表格形式归纳如下：

手机导航和车载导航的特点比较：

特点要素	车载导航（GPS）	手机导航（gpsQne）
购买成本	需要配置车载导航仪	用手机实现、不需要额外购买终端
定位灵敏度	灵敏度较低，在有阻挡的时候性能较差或者无法工作	灵敏度较好，在高阻挡环境中也可能可靠定位
首次定位时间	依赖于外界环境，从几秒钟到15分钟不等	手机开机之后可以立即使用
使用范围	局限于车辆空间的范围	手机可以随身携带，随时随地使用
功耗	连续跟踪，功耗高	功耗较低
电池供应	不需要额外配件	需要配充电器、托架等
地图更新	需要用户自行更新地图	地图实时从服务器下载，可以保证地图的自动更新

手机导航存在的主要问题和解决办法：

问题	原因	解决办法
用户的认知度较低	导航手机的概念太新，用户以前没有了解和接触过	用较大的宣传力度来提高用户的认知度和认同度
流量费用高	连续定位、地图更新产生较大的数据流量，造成用户的流量费负担较大。	制定相应的资费方案，解除用户的使用顾虑
电池消耗较大	手机的电池对连续定位的支持时间较短	配置车载充电器和托架
定位过程	在接听电话的过程中不能持续定位	
终端较少	业务较新，还没有足够多的终端支持	联合终端供应商的力量，开发出更多支持导航的手机
地图信息的完善和更新	地图资源的获取和更新需要较大的投入	协助内容提供商完善地图资源；运营商加强地理信息建设

导航手机市场未来具有极大的增长潜力，随着导航手机性能的不断提升，PND设备的功能都可以在导航手机中得到应用，导航手机完全具有替代PND的潜力。未来，汽车导航市场渗透率提高以后，将取代一部分后装和PND导航的市场空间。

飞机上的电子领航员（导航系统在民航中的应用）

随着我国公共交通的发展日趋成熟，人们生活水平的提高，以及网上预订电子客票、选择中介服务送票上门、航空公司官网订票等多种订票方式可供选择，乘坐飞机出行的方式早已进入了我们普通老百姓的生活。

当我们坐在舒适的机舱里，享受安全便捷的航空旅行时，不禁会想："飞机是如何在这浩渺苍穹中精确飞行准确到达目的地的呢？"解释这个问题自然离不开介绍卫星导航系统以及它在民航中的应用。

目前，全球卫星导航系统（GNSS）已经基本覆盖了中国民航的客机，在东部地区作为辅助导航系统，提高导航精度；在西部地区作为主用导航系统，提高导航精度、航空安全和飞行效率。

全球卫星导航系统（GNSS）包含美国的GPS、俄罗斯的GLONASS、中国的Compass、欧洲联盟的Galileo系统，可用的卫星数目达100颗以上。GNSS不是单一的星座系统，而是一个包括GPS，GLONASS，Compass，Galileo等在内的综合星座系统。我国普遍使用的陆基导航系统，即在飞机的飞行航路上设置若干个地面导航台，在飞行过程中根据导航台信号引导实现台对台飞行，当到达机场上空后，依靠仪表着陆系统将飞机引导着陆。在整个飞行区间，由分布在各地的雷达系统对飞行阶段相关信息进行监视，地面管制员根据这些信息对飞机进行指挥。

GNSS卫星导航系统在全世界范围内可以同时为陆海空用户提供连续精确的三维位置、速度和时间信息。由于它具有连续的全球覆盖能力，使飞机可以在可遵循的条件下实现从一点到另一点的直线飞行，摆脱台对台飞行，节省时间和燃料。在GNSS接收机中包含数据处理系统，可将飞行参数实时发送到相关部门，实现全程自动监视，为空中交通管制中心提供防撞预警。GNSS导航系统的优越性和安全性是陆基导航系统无法比拟的。

随着飞机自动化程度的不断提高、空中飞行流量的快速增长，原有的系统在容量扩展和安全保障方面难以适应。因而国际民航组织提出新航行系统，并发布《基于性能导航手册》，将其作为飞行运行和导航技术发展的基本准则。新航行系统是以星基为主的全球通信、导航、监视及自动化的空中管理系统，它是以卫星为基础的定位系统，结合航空数据通信技术，采用协同监视系统，可以实现飞机与地面、飞机与飞机的相互监视，使飞机由被动指挥逐步向自选最优航线过渡，最终实现自由飞行，从而彻底改变现有空中交通管理方法。

虽然随着GNSS系统的发展、频率L1和新频率L5双频在航空导航的使用，使电离层和对流层对GNSS信号的干扰大大降低，GNSS系统的稳定性也得到很大的提高，但GNSS导航系统在定位精度、可用性、完好性方面还无法满足飞机在飞行阶段对导航系统的严格要求。为使GNSS系统完好性满足民用航空导航系统要求，必须增加监视系统对GNSS系统完好性进行增强。

增强GNSS系统完好性可以通过机载增强系统（包括RAIM）、陆基增强系统（包括GAIM）、星基增强系统（包括WAAS、MSAS、EGNOS）三种方式。

广域增强系统（WAAS）。WAAS系统是由美国FAA建立的一个精密导航系统，可以覆盖整个美国。WAAS系统由2个地面主站、2个运行控制中心、25个地面参考站、地球静止同步卫星组成。参考站收集GNSS卫星及近地轨道卫星发来的数据，并将这些数据发往主站，主站对数据进行汇集及处理，以确定每颗被监测卫星的完好性、差分校正适量值、残值和电离层信息，并计算出修正信息，然后将这些信息通过地球同步通信卫星送给用户接收。

局域增强系统（LAAS）。LAAS系统是采用差分技术改善GNSS信号，使GNSS系统在精密进近和着陆阶段满足飞机所需的导航性能要求。它由GNSS卫星系统、局域增强系统LAAS地面站、GNSS参考信号接收机、甚高频VHF数据链广播系统组成。LAAS地面基站接收来自不同GNSS接收机收到的参考信息，计算差分修正值，并通过甚高频VHF数据链系统在约37km的范围内将修正信息、卫星完好性信息进行广播。LAAS系统与WAAS系统相比，虽然服务范围较小，但其精度很高，可以提供WAAS不能满足需求服务，如：引导飞机进离场、引导飞机复飞及对飞机地面运动进行引导和管制、一个机场多条跑道的服务等等。

接收机自主完好性检测（RAIM）。GNSS定位是利用一组卫星的星历、伪距、卫星发射时间等观测量来实现，同时还必须知道用户钟差。因此，要获得飞机的三维坐标，必须对4颗卫星进行测量。而GNSS系统可以为世界99.99%的地区提供5颗以上的卫星覆盖。当机载接收机视界内有5颗卫星时，4颗卫星便能提供飞机的位置信息，可以经过5种组合提供5组位置信息，如果5颗卫星信号正常，且卫星几何因子较好，那么这5个位置就会在一定的位置内保持一致。反之，如果其中一颗卫星信号出现异常，那么这5个位置之间的差异就会很大，系统便能迅速判定有无卫星信号异常，从而提高GNSS系统的完好性。可见RAIM技术利用GNSS卫星的冗余信息，对GNSS的多个位置解进行一致性检验，来对GNSS系统完好性进行监测。

导航系统在我国的应用上仍然是有一些问题的。如我国西部地区地形复杂，陆基无线导航台较少，很多地区没有雷达信号覆盖。使用GNSS导航系统，不仅可以提高飞行的安全性，还将极大程度解决西部机场、航路建设耗资巨大的难题。我国东部地区航路拥挤、飞行流量负荷大，采用GNSS导航系统可以设计平行航线，增加空域容量，缓解航路繁忙及终端空中交通拥挤

飞机上的导航操作系统

的状况，保证飞行安全，减少航班延误。因此，加强GNSS应用是我国民航实现跨越性发展的必然选择。

根据国际民航组织全球新航行系统过渡实施规划和建议，中国民航按照我国国情及政策要求开展了一系列应用和试验工程项目，其中包括：RNP/RNAV到PBN的应用、航路卫星导航完好性检测系统的研究、广播式自动相关监视的应用、澳门LAAS可行性的研究等。

相对其他国家，我国民航GNSS应用起步较晚，需要完善的还有很多方面，比如制定我国GRIMS+GBAS的标准，使之与国际民航组织标准相适应；推动北斗导航系统的建设和应用；大力开展RAIM预测系统的研究，完善并建设我国GNSS完好性增强系统；加大GNSS系统与其他新技术的融合力度；加大机载接收机的研究，使其对各种卫星导航系统兼容等等。

了解了全球卫星导航系统在民航中应用的知识后，想必大家在今后乘坐飞机时在享受舒适旅行时光的同时更能科学准确地解决关于飞机精确飞行的问题了。

"天地图"带你我遨游——中国人的Google earth

Google earth，想必大家已经比较熟悉，或是使用过。如今，我们中国人也有了属于我们自己的地理信息公共服务平台——"天地图"。

国家测绘局2010年10月21日宣布，中国公众版国家地理信息公共服务平台"天地图"网站正式开通。作为中国区域内数据资源最全的地理信息服务网站，"天地图"将为公众提供权威、可信、统一的地理信息服务，打造互联网地理信息服务的中国品牌。2011年1月18日国家测绘局副局长闵宜仁在国务院新闻办公室举行的发布会上宣布，我国自主的互联网地图服务网站"天地图"正式上线。

天地图是国家测绘局主导建设的。国家地理信息公共服务平台包括公众版、政务版、涉密版三个版本，"天地图"公众版成果，是为公众、企业提供权威、可信、统一地理信息服务的大型互联网地理信息服务网站，旨在使测绘成果更好地服务大众。

"天地图"网站装载了覆盖全球的地理信息数据，这些数据以矢量、影

网站标志

像、三维3种模式全方位、多角度展现，可漫游、能缩放。其中中国的数据覆盖了从宏观的中国全境到微观的乡镇、村庄。普通公众登录"天地图"网站，即可看到覆盖全球范围的1：100万矢量数据和500米分辨率卫星遥感影像，覆盖全国范围的1：25万公众版地图数据、导航电子地图数据、15米和2.5米分辨率卫星遥感影像，覆盖全国300多个地级以上城市的0.6米分辨率卫星遥感影像等地理信息数据，是目前中国区域内数据资源最全的地理信息服务网站。

天地图具有哪些功能？普通百姓该如何使用它呢？

区别于普通地图网站，"天地图"是以门户网站和服务接口两种形式提供服务。普通公众接入互联网就可以方便地实现各级、各类地理信息数据的二维、三维浏览，可以进行地名搜索定位、距离和面积量算、兴趣点标注、屏幕截图打印等操作。而导航、餐饮、宾馆酒店等商业地图网站经过授权后，可以自由调用相关地理信息服务资源，进行专题信息加载、增值服务功能开发，从而大大节省地理信息采集更新维护所需的成本。

　　"天地图"对于普通公众的浏览是免费的。对于测试版，所有的商业网站可以免费调用其地图资源。但是正式运营起来之后，可能会对一些使用"天地图"资源的商业网站进行收费，高度信息化的网络时代，"天地图"未来的开发应用将前景可观。

　　在设计思路上，"天地图"把全国地理信息资源整合为逻辑上集中、物理上分散的"一体化"数据体系，实现了测绘部门从离线提供地图和数据到在线提供信息服务的根本性改变；此外，"天地图"采用了具有我国自主知识产权的软件产品，在很短的时间内，实现了全国多尺度、多类型地理信息资源的综合利用和在线服务，实现了关键技术创新。在建设机制方面，"天地图"以国家和地方各级基础地理信息数据库为依托，集成整合了部分地理信息企业的技术力量和地理信息资源，实现了资源共享。

　　通过"天地图"门户网站，公众还可以以超链接的方式接入已建成的省市地理信息服务门户，获得各地更具个性化的服务，畅享省市直通。此外，在"天地图"上，用户也可以访问国家测绘成果目录服务系统，了解掌握国家和各省（区）、市的测绘成果情况，并能够链接国家测绘局相关地理信息服务网站，获取包括"动态地图"、"地图见证辉煌"等专题地理信息。

天地图界面

我国推出"天地图"有什么作用和意义呢？

　　对于企业、专业部门而言，经过授权后，可以利用"天地图"提供的二次开发接口自由调用"天地图"的地理信息服务资源，并将其嵌入已有的GIS（地理信息系统）应用系统或利用"天地图"提供的API（应用程序编程接口）搭建新的GIS应用系统。各类进行专题信息服务的商业地图网站（如导航、餐饮、宾馆酒店）能够在其搭建的公共地理信息平台上进行专题信息加载、增值服务功能开发，省去了他们处理并维护公共地理框架数据、承担底层地理信息服务的高昂成本，避免了基础地理信息重复采集以及维护更新造成的人员、资金与时间浪费，极大地降低了开发GIS应用系统或网站的成本和周期，使这些运营商可以将主要精力集中于网站运营与增值服务，而不是公共地理信息的采集维护。目前，"天地图"服务已在"全国灾情地理信息系统"中率先应用，实现了灾情专题数据与"天地图"地图服务的聚合与集成服务。

地理信息是国家重要的战略信息资源，在政府管理决策、信息资源共享、人民生活改善等方面发挥着越来越重要的作用。随着互联网技术的飞速发展，公众对测绘成果与地理信息的公开使用需求日益迫切，建设中国自主的地理信息服务网站成为地理信息产业发展的必然趋势。

2009年，国家测绘局组织完成了国家地理信息公共服务平台的顶层设计与原型建设；2010年上半年，国家测绘局所属国家基础地理信息中心组织建成了"天地图"公众地理信息服务平台。平台数据依据统一的标准规范，由国家、省、市测绘部门和相关专业部门、企业采用"分建共享，协同更新、在线集成"的方式生产、服务。

作为国家地理信息公共服务平台运行于互联网的公众版本，"天地图"门户网站是公众地理信息服务的"总入口"和"主节点"。它的正式开通不仅满足了社会公众对地理信息日益增长的需求，丰富了百姓日常生活，更预示着我国地理信息公共服务能力和水平的显著提升，彰显了测绘技术及地理信息资源在社会民生中的广泛应用，再现了地理信息产业的快速健康发展，将有力推动国民经济发展和社会信息化进程。

随着"天地图"开发应用的不断深入，地理信息数据资源将继续得到丰富，特别是省、市测绘部门的"数字省区"、"数字城市"等成果，将以网络互联、服务聚合的形式纳入到"天地图"中，逐步以技术手段消除信息孤岛，从而使用户能够享受到更全面、更完整、更详细、更准确的地理信息服务；与此同时，相关企业可以"天地图"提供的公共地理信息服务为基础，增值开发与公众衣食住行相关的专题信息服务，如公交查询、导航、餐饮等，为公众提供更为丰富、翔实、便捷的地理信息服务。"天地图"将成为数据全球覆盖、内容丰富翔实、应用方便快捷、服务高速可靠、拥有自主产权的互联网地理信息服务中国品牌，它标志着中国国家地理信息公共信息服务平台建设取得重大进展，而且从根本上改变中国传统的地理信息服务方式，有助于促进信息共享、避免地理信息数据重复采集，并确保国家地理信息安全。

对于"天地图"的未来发展，将以"政府主导、企业经营"为总体原则，以市场化运营为手段，通过不断整合全国乃至全球各类地理

天地图与Google earth对比

信息资源，真正形成中国地理信息行业合力，切实促进我国地理信息产业发展，使测绘在服务大局、服务民生、服务社会中发挥更为重要的作用。让我们共同期待祝福属于我们中国自己的更为完善的公众版国家地理信息公共服务平台"天地图"更好地发展！

 # Google map和腾讯地图

谷歌地图（Google map）

谷歌地图是由谷歌公司研发的一种虚拟的地球仪软件。它可以利用卫星和航空照相以及GIS在一个三维模型的地球仪上进行布置。2005年谷歌公司向全球发行这一款新的软件，被《PC 世界杂志》评为2005年度全球100种最佳新产品之一。PC用户可以把客户端软件下载到自己的电脑上，浏览世界各地的谷歌卫星地图图片，不仅是高清晰度的而且可以完全免费使用。因为它分为两个版本，即免费版和专业版。

● 谷歌地图究竟是从哪里来的？它的前身是Keyhole（钥匙孔）公司自身研创的一款旗舰软件。Keyhole是一家专业制作卫星图像的公司，于2001年成立，总部设在美国加州山景城（Mountain View），专门从事数字地图测绘等相关业务。它所开发研制的Keyhole软件，允许网络用户浏览世界各地的通过卫星及飞机拍摄的地理图像，这项技术依赖于海量卫星影像信息数据库——而这正是谷歌地图的雏形。

● 再来说说谷歌地图的卫星地图影像，它是卫星影像与航空拍摄的数据的结合，而并不仅仅是单一数据来源。其中美国DigitalGlobe公司的

QuickBird（捷鸟）商业卫星与EarthSat公司（美国公司，影像来源于陆地卫星LANDSAT-7居多）为谷歌公司提供了卫星影像资源；而BlueSky公司（www.bluesky-world.com，英国公司，以航拍、GIS/GPS相关业务为主）、Sanborn公司（www.sanborn.com，美国DigitalGlobe公司的QuickBird（捷鸟）、美国IKONOS及法国SPOT5则承担了谷歌公司的航拍影像资源。这是目前全球商用的最高水平，因为由SPOT5提供解析度为2.5米的影像、由IKONOS提供解析度为1米左右的影像、而最高为0.61米的高精度影像则由捷鸟提供。

作为谷歌地图三大主要合作伙伴的DigitalGlobe、IKONOS和ORBIMA每年都会从美国五角大楼得到数十亿美元的资助，用于卫星图像的研究制作。

谷歌地图的全球地貌影像的有效分辨率至少为100米，通常为30米（例如中国大陆），视角海拔高度（Eye alt）为15千米左右（即宽度为30米的物品在影像上就有一个像素点，再放大就是马赛克了），不过针对大城市、著名风景区和建筑物区域会提供分辨率为1米和0.5米左右的高精度影像，视角高度（Eye alt）分别约为500米和350米。目前能提供高精度影像多数是北美和欧洲的城市，其他地区仅首都和几个一类的地方。对于中国大陆，存在着许多高分辨率的地区，几乎包括每一个大城市，大坝、油田、桥梁、高速公路、港口码头或军用机场，也都是谷歌地图重点关照对象。

谷歌地图，可以用来查看卫星图像、地图、地形甚至还有3D建筑物等，不仅如此，还能使我们看到来自外层空间的星系的峡谷海洋。

2010年11月30日谷歌宣布，正式推出最新版地图服务"谷歌地球6.0"（Google Earth 6），新版整合了街景和3D技术，可为用户提供逼真的浏览体验。新版本支持Windows、OS X和Linux操作系统。

谷歌地图6.0版本新增了如下功能：

▲ 3D功能：从谷歌地球4.0开始，就添加了天空元素；上个版本添加了海洋；如今，最新版的特色在于3D树木效果。树木是地球自然景观的重要组成部分，6.0中提供了超过50种不同树木的3D模拟图片，它们的数量超过8000万棵。用户在使用谷歌地球浏览时，仿佛置身于一片真实的森林世界。添加街景内容：尽管街景在2008年就已经出现在谷歌地球中，但直到现在才开放全部功能。支持全局鸟瞰视图，用户只需移动键盘方向键和鼠标即可获得全方位的视觉体验。

▲ 天气图层：谷歌周四（2011年8月19日）在谷歌地图中新增了天气图

层，从英国伦敦到美国新墨西哥州小城镇的天气情况都可以显示出来。在谷歌地图中，右上角将显示一个下拉菜单工具，用户可在其中选择天气情况图层。为了便于观看实际云量和天气状况，用户需要对地图缩小观看，至少缩小到国家层面水准。云量等其他可视化天气信息由美国海军科研实验室（Naval Research Laboratory）提供。

▲ 语音搜索：Google现已经推出Google Maps（Google地图）语音搜索功能，它只支持Chrome，提供给用户一个更快的地图搜索方式。

整合到Chrome的Google地图现在出现了一个麦克风图标，当用户点击，就会弹出"Speak Now（提醒用户发声）"对话框。用户报出地点后，地图便会显示位置。用户还可以报出自己所住的街道，Google街景会显示大街、邻居等。不过，语音地图搜索并不完美，有时也需要多次识别才成功。

中国本土的腾讯公司推出的QQ地图

QQ地图是腾讯公司提供的基础网络地图服务，覆盖了全国近400个城市。使用QQ地图可以查询银行、医院、宾馆、公园等地理位置，并找到与地理位置相关的生活服务，如美食、汽车服务、旅游等。QQ地图提供了丰富的公交换乘查询方式，具有驾车导航规划功能，为用户提供了最适合的出行导航。2010年9月12日QQ地图beta版上线，9月13日正式发布。

QQ地图会逐步开放API，未来会采用更多的结合点。QQ地图在与腾讯搜索平台SOSO整合之外，还会以客户端的呈现形式提供离线查阅服务。

手机QQ地图Android（安卓）版1.0Beta2于2011年1月15日正式发布。其功能如下：新增实时路况查询功能；新增地点收藏夹功能；支持实时定位、离线定位；提供火车票代售点查询；优化驾车查询结果，增加重要途经点提示；数据更新：增加北京市新开5条地铁线数据；新增机型支持：魅族M9。

QQ地图的特色功能：

▲ 位置搜索：位置搜索可以说是地图最基本的功能，同时也是用户最为常用的功能。不仅可以查找国内任何一个城市、县城，甚至还可以查找一些小乡镇等的地图。用户还可以通过双击或者滚动鼠标来放大和缩小地图进行查看；同时，QQ地图还提供了一些特定的关键词，如"美食 购物 娱乐 宾馆 酒吧 药店 医院 银

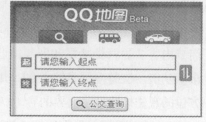

QQ地图

行ATM 咖啡馆 加油站 停车场"等，让用户可以更加方便的快速查找所需地点；另外，QQ地图还提供了测距功能，用户只需首先单击QQ地图右上角的"测距"按钮，然后在需要测试的点之间单击一下，即会显示此两地的直线距离。

▲ 公交查询：对于现在生活在大中城市的人来说，出行的交通工具"城市公交"可以说是再熟悉不过了。但现在的城市都变得越来越大，如果要去一个比较陌生的地方，可能一时搞不清到底该如何乘车，这时用户就可以使用QQ地图进行查找，只需输入起点及终点回车即可。

▲ 驾车查询：驾车查询可以让拥有私家车的人在不清楚驾车路线的情况下进行查找；目前QQ地图能查询某个城市内的驾车路线。

腾讯手机 QQ 地图的新版本——手机 QQ 地图 1.0 Beta4，集成了曾被业界看作继短信之后的杀手级应用——地理位置共享功能，手机 QQ 地图也因此成为国内首个真正实现该功能的地图分享软件，继续深化了 LBS 概念。而对 6.7 亿腾讯活跃用户来说，这个应用的加入同时意味着，能够一指之间实现位置共享，进一步拉近彼此距离。

手机 QQ 地图的位置共享这个功能，使得国人手机上的地图"活"了起来。利用新版本的手机 QQ 地图，用户可以将自己所处的位置与好友分享，告诉好友"我在这里"，同时，也能随时关注好友所处的位置，真正实现了手机地图的 LBS 化。

未来，随着移动互联网的飞速发展，无论是谷歌地图还是腾讯QQ地图，都将能更好地为我们提供在线地图服务功能。只有全面地了解这些地图服务的功能及应用，才能理性地选择适合我们自己的服务商，才能让它们更好地服务于我们的生活！

手机导航潜力无限

现代社会生活中，手机已是我们必不可少的工具，强大的功能更能给我们带来生活的种种精彩和便利。近两年，各种款式定位不同的智能手机的面市，使出行借助手机导航成为时尚。手机导航的未来发展具有无限的潜力。

纵观GPS导航在世界的发展，其为人们的生活工作提供更好的位置服务一直是最根本的发展因素。美国的GPS或者确切地说是GNSS卫星导航给LBS

位置服务的蓬勃发展提供了机遇，使得位置服务插上了想象力的翅膀，得以在广阔的天地高飞。我国GPS导航的发展目前还是基于美国GPS导航系统支撑，自己的北斗卫星系统才刚刚起步，国家相关方面在做着入市准备工作和保护民族产业标准制定工作，离人们的使用还有很长一段距离。

随着移动电话和智能手机用户量的增加，及在其基础上构建的应用程序的增多，随着谷歌和苹果对导航市场的重新定义和洗牌，以及移动互联设备（MID）等术语定义的清晰化，个人导航设备（PND）正面临着具有GPS功能的移动电话的严峻挑战。在导航领域里，人们对个人导航设备和基于移动的导航的争论由来已久，两者的支持率旗鼓相当。而且，这场争论仍在持续，是PND，还是手机，还是两者兼而有之呢？

我们需要知道智能手机定位成功有哪些关键因素。

在卫星导航领域，设备集成这一自然的发展趋势和用户对基于位置服务（LBS）需求的不断扩大使得智能手机制造商的重要性不断增强。正如摩尔定律所言，设备在性能不断增强的同时，可以预见其价格将会不断降低，体积将会越来越小。在消费电子产品领域里，一直存在着设备集成的趋势。

设备集成持续存在，例如曾经的一个独立产品可能会逐渐演变成设备中的一个功能。一个电子邮件客户端和一部手机的组合就诞生了黑莓手机，再在其中添加一个数字音乐播放器和一个相机就成了iPhone手机。考虑到这一趋势，GPS与3G智能手机的集成将是必然趋势，原本仅用于PND的TBT导航应用程序将会集成于智能手机中。在这个信息关联的世界里，智能手机进入卫星导航领域的趋势不可避免，而且还将进一步受到用户对LBS不断增长的需求所驱动。

如同任何情况下的设备集成一样，集成工具至少应该能够完成单机设备中的每一个任务，而且便捷带来的利益必须大于功能性损失。当然由于受到低端GPS技

Vodafone Navigation

欧美导航手机服务

术和屏幕尺寸的限制，智能手机尚未能完全替代PND。

具有卫星导航功能的智能手机的发展主要取决于三个关键因素：价位适中设备的易购性、数据方案的可负担性、3G基础设施的可靠性。

具有导航功能的智能手机

虽然在美国或西欧这样的发达国家中，智能手机和数据方案已经能够让普通消费者负担得起，但在东南亚这样的新兴市场中这些还没有实现。与普通美国用户的体验经历形成鲜明对比的还有数据漫游费用问题。对于跨国旅游频繁的市场，数据漫游费用可能会严重影响智能手机中大部分TBT应用程序产生的3G网络链接费用的负担问题。同时，虽然3G基础设施比以往更加普遍和稳定了，但其可靠性仍然存在问题。在美国，越来越多的移动手机通过3G网络连接互联网，因此有时会超负荷运转，从而造成网络瘫痪。

上网本、平板电脑、iPhone手机以及其他智能手机等设备都主要依赖于3G网络，随着这些设备的大量使用，掉线和一般的连接问题必将进一步恶化。这可能正是阻碍3G智能手机作为卫星导航设备使用的真正障碍，至少需要网络供应商将其网络基础设施升级到4G。

今后将会发生什么？

智能手机市场的不断壮大也是决定其能否作为卫星导航设备最终获得成功的关键因素。这种改变会给相关制造商带来哪些可能的影响呢？

一方面，智能手机设备制造商和应用程序开发商为用户提供免费的TBT应用程序，似乎是想尽可能多地从PND制造商那里瓜分市场占有率。另一方面，PND制造商则需要不断地提升产品品质，从而应对智能手机带来的冲击，不过他们也需要明白未来发展中所面临的挑战并非表面上看到那么简单。PND成本的下降、新兴市场的低普及率、车载导航系统价格的降低都为PND的发展提供了空间。PND制造商特别要利用好其在车辆导航领域所固有的优势，如大屏显示、不依赖网络等。

可以初步得出结论：手机导航基本的趋势和驱动力都很清晰，是赢还是

输则要看商家们对未来发展所做出的选择。

目前，全球共有1.75亿套TBT导航系统，其中包括3550万套厂家内置或配件市场安装的导航系统，超过1亿套的个人导航设备，近400万套具有导航功能的移动手机。由于手机导航服务的应用以及低成本嵌入式导航系统的普及，PND设备正面临着日益激烈的市场竞争。BergInsight公司预测，2011年前后PND在欧洲和北美的销售量都将达到峰值，每个市场大约都可达到每年2000万台的出货量，市场销量随后将呈现下滑趋势，基于手机的导航服务可能会带来一场特殊的市场竞争。

过去，由于PND具有较大的触摸屏和最佳的专业用户接口，因而能够为用户提供比手机导航服务更好的体验效果。新型手机的出现已经极大地弥补了这一差距，例如具有大屏幕和最优触摸操控用户界面的智能手机。手机用户接口、软件集成和硬件性能的迅速发展将有助于提升手机在未来发展中的竞争力。低成本智能手机的出现将会成为现实，这也为大众市场中手机应用程序的普及奠定了基础。制造商间日益激烈的市场竞争同样会导致手机导航服务的价格不断降低。

手机导航服务非常适于作为其他解决方案的补充，对那些偶尔使用导航服务的用户，或者那些主要用于非车内导航的用户而言尤是如此。出行导航功能正在逐步推广，包括改善的地图数据和多模式导航功能。它考虑了所有可行的出行方式（包括火车、公交车和步行），可为用户提供多种线路规划。同时，手机还适用于其他类型的定位应用程序。

PND供应商越来越重视新型的联网PND产品和在线服务。联网的PND可以利用无线连接访问动态内容，从而提升了日常使用移动设备的价值。其提供的本地搜索、交通流量信息和高速摄像定位等功能既可在熟悉的环境中使用，又可在新的旅游环境中使用。PND可能会受到频繁使用导航功能，或者希望购买一个专业导航设备的少数用户的青睐。

用户将会选择那些足以让用户清晰地浏览地图和可视化指令的大屏导航设备，同时用户还可以享受到连续的导航体验。无论哪种设备，只要能为用户提供最佳的体验效果就会赢得市场。值得注意的是，导航现在已经成为智能手机不可或缺的一部分了。越来越多的原始设备制造商希望在设备中捆绑导航功能，MapmyIndia公司就为行业中最好的一些智能手机提供了该服务，MotorolaMilestone和MicromaxW900就是其中的两个例子。PND和平板市场仍呈现着快速增长的势头，同时汽车制造商也非常愿意将这种价值提供给用户。

通过以上内容的介绍，可以得出未来中国导航手机发展的大致趋势：导航手机进入快速增长期；服务内容向差异化和深度化发展；其他辅助导航类元器件受益；安全隐私方面进一步完善。导航手机市场未来具有极大的增长潜力，随着导航手机性能的不断提升，PND设备的功能都可以在导航手机中得到应用，导航手机完全具有替代PND的潜力。

广东省国土资源科普丛书之三

地理信息

DILI XINXI
YU ZHIHUI SHENGHUO

安雪菡◎主编

与智慧生活

下

图说自然

模拟世界

数字地球

智慧生活

广东省地图出版社
GUANGDONG MAP PUBLISHING HOUSE

图书在版编目（CIP）数据

地理信息与智慧生活：全2册 / 安雪菡编著. —广州：广东省地图出版社，2012.9

ISBN 978-7-80721-486-1

Ⅰ.①地… Ⅱ.①安… Ⅲ.①测绘－地理信息系统－普及读物

Ⅳ.①P208-49

中国版本图书馆CIP数据核字（2012）第211783号

丛书策划：杨林安

本书策划：许史兴　欧杏昌　李　东

主　　编：安雪菡

编撰人员：李国建　张保钢　安雪菡　王伟玺

审　　定：彭先进

地理信息与智慧生活（下）

出版发行：广东省地图出版社

社　　址：广州市环市东路468号（邮编：510075）

印　　刷：东莞市翔盈印务有限公司

开　　本：787毫米×1092毫米　1/16

印　　张：14.5

字　　数：245千字

版　　次：2012年12月第1版　2016年1月第3次印刷

印　　数：3001－4500

书　　号：ISBN 978-7-80721-486-1/P·25

定　　价：58.00元（上、下册）

网　　址：http//www.gdmappress.cn

第9章

我的地盘我能做主吗

——地籍测量

地籍测量是干什么用的

土地是人类社会活动和使人类劳动过程能够得以全部实现的基本条件和基础。地籍是人们认识和运用土地的自然属性、社会属性和经济属性的产物，是组织社会生产的客观需要。地籍，随着社会生产力和生产关系的发展而不断发展和完善。

地指土地，为地球表层的陆地部分，包括海洋滩涂和内陆水域。籍有簿册，清册，登记之说。颜师古对《汉书·武帝纪》中"籍吏民马，补车骑马"的"籍"注为"籍者，总入籍录而取之"。所以，地籍最简要的说法是土地登记册。在我国历史上，籍字也有税之意。即税由籍来，籍为税而设。1979年出版的《辞海》把地籍称为："中国历代政府登记土地作为田赋根据的册籍。"

国家的出现是地籍产生的基本原因。在原始社会，土地处于"予取予求"的状态，人们共同劳动，按氏族内部的规则共享劳动产品，无须了解土地状况和人地关系。随着社会生产力的发展，出现了凌驾于劳动群众之上的机器——国家，这时，地籍作为维护这个国家机器运行的工具出现了。

从中国夏、商、周时代采用的贡、助、彻税制和井田制中已可窥见古代地籍工作的雏形。以后各封建朝代都重视土地调查和地籍清查工作。如晋代的课田制或户调制，北魏颁布的均田制，宋代王安石推行的方田法以及南宋实行经界法时记载田块的"砧基簿"（即地籍簿），明代设立的户口田帖和编制的全国土地登记簿——鱼鳞图册等。中华民国成立初期，政府为保障土地私有制，征收土地税，开始进行全国的田籍整理工作。在中国共产党领导的解放区，土地改革中没收地主土地并销毁旧地契后，曾向分得土地的农民颁发土地证书。1950年10月，中央人民政府进行"查田定产"。1986年 6月25日颁布的《中华人民共和国土地管理法》规定："集体所有的土地由县级人民政府登记造册，核发证书，确认所有权。全民所有制、集体所有制单位和个人依法使用的国有土地，由县级以上地方人民政府登记造册，核发证书，确认使用权。"近20多年来，世界上发达国家采用电子计算机进行土地统计分类和获得有关土地所有者情况的准确信息进行收税。有些国家把地籍工作和地产法律登记结合，制订利用和保护土地的政策措施，建立统一的土地分类体系并开展土地评价工作。

地籍，根据其作用、特点、任务及管理层次的不同，可分为以下几种类别：

● 依据地籍所起的作用不同，可分为税收地籍、产权地籍和多用途地籍。

● 依据地籍的特点和任务不同，分初始地籍和日常地籍。

● 按城乡土地的不同特点，分城镇地籍和农村地籍。

● 依据地籍行政管理的层次不同，分为国家地籍和基层地籍。

那么，怎样才能最好地管理土地利用土地呢？这就要依赖于科学的地籍管理制度和方法以及先进的地籍测量手段。

地籍管理是国家管理土地的一项重要措施。在一定的社会生产方式下，地籍管理为一定的土地制度服务，并体现统治阶级的意志。土地制度的核心是土地所有制。在资本主义国家，地籍管理是为资本主义土地私有制服务，为维护少数土地占有者的利益服务的一项国家措施。我国实行的是土地社会主义公有制，按法律规定土地属于国家和农民集体所有，单位或个人可依法取得国有土地使用权，农村集体经济组织成员可依法获得集体土地使用权，因此我国地籍管理的根本任务是为巩固和发展社会主义土地公有制，为维护土地所有者和使用者的合法权益服务。在当前社会主义市场经济条件下，地籍管理的主要任务是为国家管理土地、土地使用制度改革和土地管理体制改革服务，具体任务是：（1）为建立完善的土地租赁制提供科学依据；（2）

通过土地登记和土地定级估价，培育和规范土地市场；（3）明晰产权，为企业改制、建立现代企业制度，以及巩固农村集体经济推进农村改革服务；（4）为切实保护耕地、实现耕地总量动态平衡提供基础信息；（5）为实现土地的科学管理提供保障。

地籍测量是土地管理工作的重要基础，它是以地籍调查为依据，以测量技术为手段，从控制到碎部，精确测出各类土地的位置与大小、境界、权属界址点的坐标与宗地面积以及地籍图，以满足土地管理部门以及其他国民经济建设部门的需要。

地籍测量是为满足地籍管理的需要，在土地权属调查的基础上，借助仪器，以科学方法，在一定区域内，测量每宗土地的权属界线、位置、形状及地类等，并计算其面积，绘制地籍图，为土地登记提供依据而进行的专业测绘工作。它是土地管理的技术基础，要求分

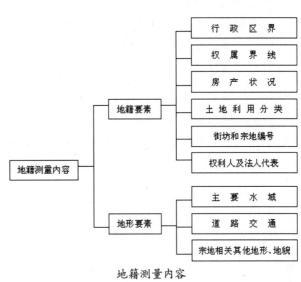

地籍测量内容

级布网、逐级控制，遵循"从整体到局部，先控制后碎部"的原则。

地籍测量包括：地籍平面控制测量（在地籍测量区内，依据国家等级控制点选择若干控制点，逐级测算其平面位置的过程），地籍细部测量（在地籍平面控制点的基础上，测定地籍要素及附属地物的位置，并按确定比例尺标绘在图纸上的测绘工作），地籍原图绘制，面积量算与汇总统计，成果的检查与验收。地籍测量必须以土地权属调查为先导，在地籍调查表及宗地草图的基础上进行，其成果是土地登记的依据。地籍测量的主要成果是基本地籍图，包括分幅铅笔原图和着墨二底图。地籍测量的精度要求及成图比例尺，取决于所测地区地籍要素的复杂程度及经济发展要求。

地籍基本图比例尺一般为1∶500或1∶1000，经济繁荣的城镇地区，精度要求较高，宜采用1∶500，独立工矿区和村庄也可采用1∶2000。随着现

代化仪器设备的出现和电子计算机技术的普遍应用，现代地籍测量区别于传统地籍测量的显著标志，在于地籍数据的获取、处理和地籍测量资料的管理方面，普遍采用电子计算机支持的现代化仪器设备，以求得较高程度的自动化。地籍测量和权属调查有着密切联系，但也存在着质的区别。前者主要是遵循规定的法律程序，根据有关政策，利用行政手段，确定界址点和权属界线的行政性工作；后者则主要是将地籍要素按一定比例尺和图示绘于图上的技术性工作。

随着现代测绘技术的发展，地籍测量的手段也日趋先进高效。数字地籍测量是地籍测量中一种先进的技术和方法，是一个融地籍测量外业、内业于一体的综合性作业体系，是计算机技术用于地籍管理的必然结果。它的最大优点是在完成地籍测量的同时建立地籍图形数据库，从而为实现现代化地籍管理奠定基础。

数字地籍测量是利用数字化采集设备采集各种地籍信息数据，传输到计算机中，再利用相应的应用软件对采集的数据加以处理，最后输出并绘制各种所需的地籍图件和表册的一种自动化测绘技术和方法。

"有地斯有粮，有粮斯有安。"中国人多地少，又处于经济快速发展的关键时期，土地问题是当前我国经济社会发展必须解决好的一个重要问题。因此，我们必须做好地籍测量工作，完善土地管理，促进我国的经济社会发展。

为什么要开展国土资源大调查

资源指一国或一定地区内拥有的物力、财力、人力等各种物质要素的总称。分为自然资源和社会资源两大类。前者如阳光、空气、水、土地、森林、草原、动物、矿藏等；后者包括人力资源、信息资源以及经过劳动创造的各种物质财富。马克思在《资本论》中说："劳动和土地，是财富两个原始的形成要素。"恩格斯的定义是："其实，劳动和自然界在一起它才是一切财富的源泉，自然界为劳动提供材料，劳动把材料转变为财富。"据此，所谓资源指的是一切可被人类开发和利用的物质、能量和信息的总称，它广泛地存在于自然界和人类社会中，是一种自然存在物或能够给人类带来财富的财富。

在人类经济活动中，各种各样的资源之间相互联系，相互制约，形成一个结构复杂的资源系统。自然资源是指凡是自然物质经过人类的发现，被输入生产过程，或直接进入消耗过程，变成有用途的，或能给人以舒适感，从而产生有价值的东西。自然环境中与人类社会发展有关的、能被利用来产生使用价值并影响劳动生产率的自然诸要素，通常称为自然资源，可分为有形自然资源（如土地、水体、动植物、矿产等）和无形的自然资源（如光资源、热资源等）。自然资源具有可用性、整体性、变化性、空间分布不均匀性和区域性等特点，是人类生存和发展的物质基础和社会物质财富的源泉，是可持续发展的重要依据之一。对自然资源，分类如下：生物资源，农业资源，森林资源，国土资源，矿产资源，海洋资源，气候资源，水资源等。

简而言之，资源是一切可被人类开发和利用的客观存在。在这个大的概念下，我们需要关注的是什么是国土资源？我们如何对国土资源进行管理？

国土资源是一个国家及其居民赖以生存的物质基础，是由自然资源和社会经济资源组成的物质实体。狭义的国土资源只包括土地、江河湖海、矿藏、生物、气候等自然资源，广义的国土资源还包括人口资源和社会经济资源。从广义角度看，国土资源是一个国家领土主权范围内所有自然资源、经济资源和社会资源的总称。狭义的国土资源是一个主权国家管辖范围内的全部疆域的总称，包括领土、领海和领空。国土资源是一个国家人民生活的场所和生产基地，是国家和人民赖以生存和发展的基础。从这个意义上讲，也可以认为国土资源是指一个国家主权管理地域内一切自然资源的总称，其中最主要的是土地、水、气候、生物和矿产资源。国土资源与自然资源最大区别之处在于国土资源有一定的空间地域的限定，也就是主权范围内的自然资源即为狭义的国土资源。在我国，国土资源一般取狭义的定义，即land and resources，主要包括土地、矿产、海洋及测绘地理信息资源。

国土资源的特性为：（1）数量上的无限性和有限性。（2）分布上的不平衡性。（3）开发利用上的可变性。中国国土资源绝对数量大，种类齐全，其中有不少在世界上居优势地位，但因人口众多，人均占有量大大低于世界平均水平。

从国土资源的特性不难看出，它不是无限的也不是绝对平衡的，因此对于国土资源的管理保护是至关重要的，也

国土资源标志

就是我们必须进行科学的国土资源调查。

开展国土资源调查的基本目的，是为了摸清资源"家底"、了解环境、认识优势，为区域社会经济可持续发展和国家发展战略目标提供科学依据。随着社会经济的发展对土地、矿产和海洋资源的不断需求，保持耕地总量动态平衡，保障能源、矿产供应安全，使国土资源利用结构和布局得以调整和优化；发现和评价战略性矿产的大型、超大型产地，提供新的后备资源基地；完成全国地下水资源潜力评价以及主要大江大河和重要经济区的环境地质调查；建立地质灾害监测防治系统，为实现全国及区域可持续发展提供科学依据等，必须开展国土资源调查。目前世界经济的发展仍在很大程度上依赖于自然资源，不合理的消耗资源就会产生一系列环境问题。如何合理开发利用自然资源，保证资源的永续利用和经济的持续发展，并将对环境质量的影响减小到最低程度，以实现人与自然的和谐相处，已经成为人类面临的重大课题。自然资源的调查正是为这一目标的实现提供理论基础和科学依据。

中国正处于国民经济持续发展阶段，人口将继续增加，资源供需矛盾日益突出。国土资源调查工作已成为国土资源管理的主要基础性工作。"要积极准备，认真做好国土资源调查评价工作。既为当前国民经济和社会发展提供资源保障，又为可持续发展作出贡献。要组织各方面力量，开展新一轮的国土资源大调查"是新时期国土资源调查的中心任务。

要做到合理开发和保护自然资源，首先要解决对资源的认识问题。树立正确的资源观，有助于我们制定正确的资源开发政策，保证资源的永续利用。我国地域辽阔，地壳结构复杂，自然环境复杂多样，因此，国土资源的地域分布及组合规律与我国特有的地壳结构和自然地理环境密切相关。我国土地总面积居世界第三位，但人均土地面积0.777公顷（11.65亩），相当于世界平均水平的1/3；人均耕地面积 0.106公顷（1.59亩），不足世界人均数的43%；我国耕地总体质量不高，全国坡度大于25°的陡坡耕地有607.15万公顷（0.91亿亩），有水源保证和灌溉设施的耕地面积只占40%，中低产田占耕地面积的79%。

那么国土资源调查的基本方法与技术是什么呢？采取室内分析与野外考察相结合，获取资源信息，还可采用收集资料、访问、现场调查等多种方式进行。收集资料为间接调查法，是通过收集调查对象的各种现有及历史信息、数据和情报资料，从中摘取与资源调查项目有关的内容，进行分析研究。访问调查是用访谈询问的方法了解资源情况，获取需要的资料信息的一种方法。通常可通过设计调查表或面谈、电话等手段进行。现场调查即野外考察法，是调查者在现场对被调查事物和现象进行直接观察或借助仪器设备进行观测、记录，直接获得资源信息和所需各类资料的调查方法。该方法能客观地反映被调查对象的实际，是资源调查中最常用的一种实地调查法。由于各类资源分布在一定的地域范围内，所以只有通过对调查区的综合考察，才能全面系统地了解其分布位置、变化规律、数量、质量、结构、功能、价值等。

国土资源调查的一般工作程序是：（1）室内准备阶段：①组织准备，②资料准备，③制定工作计划。（2）现场调查阶段。（3）内业整理阶段：①资料整理；②应用计算机技术，对资料进行编码与分类、分析处理、编绘图件；③编写调查报告。

我国能否顺利实现跨世纪的宏伟目标，在很大程度上取决于能否成功地迎接人口、资源、环境等方面的严峻挑战。我国国土资源紧缺的状况将长期存在，未来社会经济发展对资源的需求同国内资源不足的矛盾将进一步加剧。我国人口众多，资源相对不足，资源利用率不高，前景不容乐观。在国土资源保护中对于耕地面积的控制是一项重要工作。

耕地保护是指运用法律、行政、经济、技术等手段和措施，对耕地的数量和质量进行的保护。耕地保护是关系我国经济和社会可持续发展的全局性战略问题。十分珍惜和合理利用土地，切实保护耕地是必须长期坚持的一项基本国策。

我国的确实现了农产品严重短缺到供求总量平衡、丰年有余的历史性跨越，但并不意味着我国的粮食安全可以高枕无忧。农业仍然是我国保持经济发展和社会稳定的基础，仍然要始终把农业放在发展国民经济的首要位置，仍然要保护和提高粮食生产能力。在21世纪，保障粮食安全是我国农业现代化的首要任务。人口与耕地、粮食矛盾是农业资源优化配置的最大障碍。我国在相当长的时间内，粮食生产将仍然是农业的主体，农业现代化进程包含着粮食安全水平的提高，粮食安全水平的提高是农业现代化的重要组成部分。粮食安全水平是衡量我国农业现代化的重要标志。严格保护耕地是保护、提高粮食综合生产能力的前提。党的十六届三中全会指出，要实行最严格的耕地保护制度，保证国家粮食安全。保护、提高粮食综合生产能力，必须以稳定一定数量的耕地为保障。耕地是人类获取食物的重要基地，维护耕地数量与质量，对农业可持续发展至关重要。我国明确规定"十分珍惜和合理利用每一寸土地，切实保护耕地"是基本国策，要求在有限时间内，建立耕地保护制度，保护基本农田。

耕地是人类赖以生存和发展的基础，面对我国耕地严重不足的严峻形势，采取各种措施，预防和消除危害耕地及环境的因素，稳定和扩大耕地面积，维持和提高耕地的物质生产能力，预防和治理耕地的环境污染，是保证土地得以永续和合理使用，稳定农业基础地位和促进国民经济发展的重大问题。

生态线的保护也是国土资源调查的重要内容之一。基本生态控制线是为保障城市基本生态安全，维护生态系统的科学性、完整性和连续性，防止城市建设无序蔓延，在尊重城市自然生态系统和合理环境承载力的前提下，根据有关法律、法规，结合城市实际情况划定的生态保护范围界线。生态控制线的划定包括下列范围：（1）自然保护区、基本农田保护区、一级水源保护区、森林公园、郊野公园及其他风景旅游度假区；（2）坡度大于25°的山地、林地以及海拔超过50米的高地；（3）主干河流、水库、湿地及具有生态保护价值的海滨陆域；（4）维护生态系统完整性的生态廊道和隔离绿地；（5）岛屿和具有生态保护价值的海滨陆域；（6）其他需要进行生态控制的区域。公布的生态控制线范围应当清晰，并附有明确地理坐标及相应界址地形图。

随着我国现代化建设第三步战略部署的实施，国民经济将持续快速健康发展，工业化进程进一步加快，基础设施建设大规模展开，产业结构调整和需求结构层次升级，将继续保持对自然资源的旺盛需求，资源紧缺状况又将进一步加剧，我们必须在加快利用国外资源的同时，更好地保护和合理利用国内资源。此外，国土资源调查的领域范围还是很大的，如合理利用保护林地、保护湿地、维持海洋生态平衡、保护濒危生物等等各个方面。

湿地是人类最重要的环境资本之一，也是自然界富有生物多样性和较高生产力的生态系统。它不但具有丰富的资源，还有巨大的环境调节功能和生态效益。各类湿地在提供水资源、调节气候、涵养水源、均化洪水、促淤造陆、降解污染物，保护生物多样性和为人类提供生产、生活资源方面发挥了重要作用。

保护湿地具有重要的意义，人们都称湿地是地球的肺，可见其具有不可替代的生态效益及经济效益。湿地的生物多样性占有非常重要的地位。依赖湿地生存、繁衍的野生动植物极为丰富，其中有许多是珍稀特有的物种，是生物多样性丰富的重要地区和濒危鸟类、迁徙候鸟以及其他野生动物的栖息繁殖地。在40多种国家一级保护的鸟类中，约有1/2生活在湿地中。中国是湿地生物多样性最丰富的国家之一，亚洲有57种处于濒危状态的鸟，在中国湿地已发现有31种；全世界有鹤类15种，中国湿地鹤类占9种。中国许多湿地是具有国际意义的珍稀水禽、鱼类的栖息地，天然的湿地环境为鸟类、鱼类提供丰富的食物和良好的生存繁衍空间，对物种保存和保护物种多样性发挥着重要作用。湿地是重要的遗传基因库，对维持野生物种种群的存续，筛选和改良具有商品意义的物种，均具有重要意义。中国利用野生稻杂交培养的水稻新品种，使其具备高产、优质、抗病等特性，在提高粮食生产方面产生了巨大效益。调蓄洪水，防止自然灾害。湿地在控制洪水，调节水流方面功能十分显著。湿地在蓄水、调节河川径流、补给地下水和维持区域水平衡中发挥着重要作用，是蓄水防洪的天然"海绵"。我国降水的季节分配和年度分配不均匀，通过天然和人工湿地的调节，储存来自降雨、河流过多的水量，从而避免发生洪水灾害，保证工农业生产有稳定的水源供给。长江中下游的洞庭湖、鄱阳湖、太湖等许多湖泊曾经发挥着储水功能，防止了无数次洪涝灾害；许多水库，在防洪、抗旱方面发挥了巨大的作用。沿海许多湿地抵御波浪和海潮的冲击，防止了风浪对海岸的侵蚀。中科院研究资料表明，三江平原沼泽湿地蓄水达38.4亿立方米，由于挠力河上游大面积河漫滩湿地的调节作用，能将下游的洪峰值消减50%。此外，湿地的蒸发在附近区域制造降雨，使区域气候条件稳定，具有调节区域气候作用。

我们必须了解我国国土资源的分布情况和国土资源调查的各方面内容，树立正确的资源观。我们每一个公民都需要提高认识，意识到珍惜国土资源的重要性，采取最严格的措施从身边的点滴小事做起，一起去珍惜国土资源，切实保护好国土资源，合理节约利用国土资源，共同去保护我们的生命线！

地籍测量与物权法

在前两节中我们已经知道地籍测量是在土地权属调查的基础上为土地登记提供依据而进行的专业测绘工作，通俗地说就是对土地进行测量得出坐标与面积以及地籍图确定土地权属以便于地籍管理工作。涉及土地权属确认的问题上就关系到了我们即将介绍的物权法，以及物权法与测绘工作的关系。

中华人民共和国物权法是为了维护国家基本经济制度，维护社会主义市场经济秩序，明确物的归属，发挥物的效用，保护权利人的物权，根据宪法，制定的法规。由第十届全国人民代表大会第五次会议于2007年3月16日通过，自2007年10月1日起施行。

物权法涉及人民群众生活的方方面面，诸如住宅小区车库归谁所有、企业改制中国有资产流失、一物二卖、相邻关系、建筑用地使用权期限等，尤其是登记按件收费、小区车库优先满足业主需要等基本规定与物权平等保护的基本原则结合起来，非常全面地体现了中国特色社会主义市场经济，充分尊重了中国国情，又带有鲜明的时代印记。正如2000多年前孟子的名言，有恒产者有恒心，人民的物质财富能够得到真正切实有效的保护，整个社会能够形成一种鼓励创造财富的积极氛围，物权法已经做出了重要贡献，并将继续起着举足轻重的作用。

《物权法》与地籍测量有着直接的关系。《物权法》构建了以土地所有权、土地承包经营权、建设用地使用权和宅基地使用权为主要内容的土地物权体系，确立了不动产统一登记制度和登记生效原则，明确了登记赔偿责任。无论是不动产登记和转让、土地承包权登记和转让、建设用地使用权划拨与出让、宅基地使用权的转让、地役权合同的签订等，其位置、面积、权属等信息均需通过地籍或房产测绘调查而得到。《物权法》与地籍测绘、房产测绘等直接相关。

中华人民共和国物权法

《物权法》明确了个人利益要让位于公共利益，但要对因公共利益需要被征收的土地、房屋或其他不动产的个体进行合理的补偿。这对各类以空间资源开发利用与保护为对象的规划提出了更高的要求。测绘是规划的先行，《物权法》对合理规划的需求，反映到了对测绘尤其是基础测绘的需求上。

《物权法》的实施对测绘提出了新要求：一是要加强对不动产登记簿中测绘成果的管理。《物权法》规定国家实行不动产统一登记制度，当事人申请登记应当根据不同登记事项提供权属证明和不动产界址、面积等必要材料，明确了不动产登记簿的法律效力。与现行的土地管理法律法规相比，《物权法》进一步强调了不动产登记簿是物权归属和内容的根据，不动产权属证书中记载的事项与不动产登记簿不一致的，以不动产登记簿为准。作为不动产登记簿重要组成部分之一的测绘成果，规定了界址、面积等内容，具有法律效力。这要求测绘机构进一步增强责任

土地权属确认

心，加强对不动产登记簿中测绘成果的管理。

《物权法》权利人、利害关系人可以申请查询、复制登记资料，登记机构应当提供。因登记错误，给他人造成损害的，登记机构应当承担赔偿责任。

二是要加快农村地区地籍调查。《物权法》区分了国家所有权、集体所有权和私人所有权，并在财产归属依法确定的前提下，给予平等保护；对土地承包使用权及宅基地使用权作出了规定。这些权利的行使，需要地籍数据作为支撑和依据。比方说城市房屋拆迁、集约节约利用土地，都离不开地籍基础数据。加快农村集体土地调查，全面查清农村集体土地所有权、农村集体土地建设用地使用权和国有土地使用权权属状况，不仅能用于及时调查处理各类土地权属争议，还能为被征地农民准确计算征地拆迁补偿提供重要依据，为宏观决策提供数据基础，确保耕地数量，有利于有效依法维护人民群众的土地权益，有利于构建和谐社会，有利于推进社会主义新农村建设。

三是要获取翔实、准确、现势性强的基础地理信息。《物权法》加大了对私有财产的保护，尤其是将建设用地使用权纳入私有财产范畴，这将对房屋拆迁制度产生影响，在某种程度上将会提高城市开发建设的成本，因此，必须科学合理地进行城市规划。这就需要获取真实准确且现势性强的基础地理信息。

四是要依法制定房产测绘新规则。《物权法》明确规定业主的建筑物区分所有权包括对其专有部分的所有权、对建筑区划内的共有部分享有的共有权和共同管理的权利；规定业主对建筑物内的住宅、经营性用房等专有部分享有所有权，对专有部分以外的共有部分享有共有和共同管理的权利。按照

《物权法》的精神，应当对涉及区分所有的建（构）筑物的专有部分和共有部分进行测绘。

五是要做好城市地下权属测绘的技术准备。《物权法》规定建设用地使用权可以在土地的地表、地上或者地下分别设立。随着城市建设的发展，城市地下空间的使用也变得日益频繁，城市土地开发利用的重点由向四周平面扩展发展到向地下寻求空间。尤其是大城市，已进入大规模开发利用地下空间的新时期，大量地下交通设施、市政基础设施、地下空间建筑物和民防工程等均在开发建设，如何合理利用和管理地下空间的新课题也摆到了公共管理者的面前。

现行的国家法律法规尚未对地下空间建设用地权做出明确规定，也没有明确的有关地下空间地籍调查的规程。要开展城市地下空间调查，从测量规范来讲，可以依据现有土地面积及建筑物面积相关规定进行测绘；从测量方法来讲，可能需要采用测量与物探相结合的方法；从地籍图的表示来讲，需要考虑与现有地面地籍图的区别和联系。

下面介绍一起真实的关于土地物权的纠纷。

某日，某花苑首层商铺38位业主齐刷刷出现在小区中意街，他们在楼梯间拉起了写着"维权有理，侵权有罪"的横幅。雇来的建筑工开始在楼梯口砌砖墙。建筑工说，业主让他把砖墙砌到一米高以上。在现场看到，砖墙把楼梯口围了起来，但留一个出口给行人出入。

二楼业主刘小姐和方先生见状冲下楼来。他们坚持说："哪有上下楼梯间要交'过路钱'的道理？"但首层业主马上回应："我们是真金实银买回来的产权，不交楼梯间使用费就自己架梯子上下楼。"双方激烈争吵多时。

首层业主陈女士认为，造成这种局面的最终原因是开发商将本应供公共使用的楼梯间单独分摊给首层业主。发展商这样做可能是要扩大铺位出售面积获取利益，首层商铺每平方米最高售价达到1.3万元。而房地产管理部门没有把好关，默许了发展商的行为。法院也没处理好诉讼，以原告业主没有全部出庭为由要求撤诉，一直不肯结案。陈女士坚决地说："尽管分摊不合理，但既然已经分摊给我们了，我们就要维护产权。"

那么如何看待这个案例？如何分辨楼梯物权？

要搞清楚某花苑一、二层商铺业主出现楼梯间矛盾的根源，分清承担的责任，必须查阅当时的建筑规划文件。

● 如果建筑规划文件中，这部分的建筑是可以分割给特定人使用的，规划中又把它分割给了一楼的业主，权属当然归一楼业主。

● 如果建筑规划文件中显示，对这部分建筑如楼梯间，没有进行分割，当然就属于全体业主共有，即一、二楼业主都有所有权。

● 如果属于全体业主共有的楼梯间的产权只有部分业主分摊，显然是不妥的。如果属实，可以申请房管部门撤销原房产证，重新核发房产证明。

● 业主对此也可以要求房管部门对楼梯间公摊问题进行审查，包括对当时的测绘部门的数据进行审查，查出问题出在哪里。

这里要强调的是，如这部分建筑在规划文件里是共有的，无论是一楼还是二楼的业主，无论使不使用，都必须为此担责，如交纳管理费用等。

此外，一些开发商在销售时已经把公摊的建设成本计入房价，但在销售时，又把公摊反复出售给业主。但目前对此取证非常复杂和困难，这要把以前的开发建设账目全部查清楚，需要开发商的配合，理论上可行，但实际上很难操作。

随着《物权法》的实施和老百姓维权意识的增强，产权的归属和依法保护将成为广大人民群众最关心的利益问题。无论是不动产产权还是土地使用权，其涉及的土地位置、面积等基本属性均和测绘直接相关，这一方面为测绘事业发展提供了更为广阔的空间，另一方面势必对测绘工作提出更高的要求。

 ## "让他三尺又何妨"

"让他三尺又何妨？"出自广为流传的"六尺巷"的故事：传说当年清朝宰相张英（1637—1708）老家的邻居建房，因宅基地和张家发生了争执，张英家人飞书京城，希望相爷打个招呼"摆平"邻家。张英看完家书淡淡一笑，在家书上回复："千里家书只为墙，让他三尺又何妨。万里长城今犹在，不见当年秦始皇。"家人看后甚感羞愧，便按相爷之意退让三尺宅基地，邻家见相爷家人如此豁达谦让，深受感动，亦退让三尺，遂成六尺巷。这条巷子现存于安徽省桐城市城内，成为中华民族谦逊礼让传统美德的见证。

每读此则故事，都会由衷钦佩张英宽容大度、豁达的品德。但是用今天现代人的观点看，这是一件土地权属的纠纷案件，处理这场纠纷时既要适用相关的法律法规进行定性处理，也要借助地籍测量技术进行定量分析。

随着土地使用制度的不断深化和完善，作为一切财富之母的土地的价值不断显化，土地的效益越来越明显地表现出来，人们对土地日趋重视并把它作为一种重要的资产来管理，围绕土地产生的纠纷不断增多。在这些土地纠纷中，既有土地权属的纠纷，也有土地相邻关系的纠纷。实践表明，要妥善地调处这些纠纷，既要适用相关的法律法规进行定性处理，也要借助地籍测量技术进行定量分析，合理的地籍测量技术是调处法律上土地权属纠纷和相邻关系纠纷不可或缺的重要手段。

土地产权设置，一是要坚持公平和效率。土地产权设置得公平，则社会平衡和稳定；土地产权的设置突出了效率，则有利于土地效益的充分发挥，有利于社会经济的健康发展。二是要保障经济的可持续发展。土地资源属性上的有限性，决定了经济属性上的稀缺性，土地分配与利用是否适当，直接或间接地影响了经济和社会的可持续发展，因此土地产权的设置，应当有利于促进经济社会的可持续发展。

土地权属及相邻关系。土地权属是指土地所有权和使用权归属，主要指国有土地使用权、集体土地所有权、集体土地建设用地使用权，以及他项权等。土地所有权是指土地所有者在法律规定范围内享有对土地的占有使用收益处分的权利。土地使用权是指依法取得土地上的实际经营权和利用权。

《中华人民共和国宪法》和《中华人民共和国土地管理法》的规定，中华人民共和国实行土地的社会主义公有制，即全民所有制和劳动群众集体所有制。城市市区的土地属于全民所有即国家所有；农村和城市郊区的土地，除法律规定属国家所有的以外，属于集体所有；宅基地和自留地、自留山属于集体所有。国有土地和集体土地的使用权可以依法转让，国家依法实行国有土地有偿使用制度。不动产相邻关系，从本质上讲是一方所有人或使用人的财产权利的延伸，同时又是对他方所有人或使用人的财产权利的限制，反之亦然。由于相邻关系发生在两个或两个以上不动产相互毗邻的所有人或使用人之间，相邻人可以是公民，也可以是法人；可以是财产所有人，也可以是非所有人；相邻人可以是国有单位，也可以是县与县、乡与乡或者是村与村、村小组与村小组；相邻人还可以是自然人。法律上处理相邻关系有三项原则，即：有利生产，方便生活；团结互助；公平合理。然而，在实际工作中，并不是所有人都有"让他三尺又何妨"的开阔胸襟。要使土地权属纠纷和相邻关系纠纷得到公平合理处理，调处机关必须要有理有据。有理，即符合社会主义道德法律规范；有据，则要有准确的数字图表等资料，这就要充分应用地籍测量技术。

全国土地日

地籍测量是为获取和表达地籍信息所进行的测绘工作。其基本内容是测定土地及其附着物的位置、权属界线、类型、面积等。地籍测量具有以下特点：（1）地籍测量是一项基础的具有政府行为的测绘工作，是政府行使土地行政管理职能的具有法律意义的行政性技术行为。（2）地籍测量为国土资源管理提供了精确可靠的地理参考系统。（3）地籍测量是在地籍调查的基础上进行的。它在对完整的地籍调查资料进行全面分析的基础上，选择不同的地籍测量技术和方法。地籍测量成果可根据国土资源管理的要求提供不同形式的图、数、表册等资料。（4）地籍测量具有勘验取证的法律特征。无论是产权的初始登记，还是变更登记，或他项权利登记，在对土地权利的审查、确认、处理过程中，地籍测量所做的工作就是利用测量技术手段对权属主提出的权利申请进行现场的勘查、验证，为土地权利的法律认定提供准确、可靠的物权证明材料。（5）地籍测量的技术标准必须符合土地法律的要求。地籍测量的技术标准既要符合测量的观点，又要反映土地法律的要求，它不仅表达人与地物、地貌的关系和地物与地貌之间的联系，而且，同时反映和调节人与人、人与社会之间的以土地产权为核心的各种关系。（6）地籍测量工作有非常强的现势性。地籍测量工作始终贯穿于建立、变更、终止土地利用和权利关系的动态变化之中，并且是维持地籍资料现势性的主要技术之一。（7）地籍测量技术和方法是对当今测绘技术和方法的应用集成。地籍测量技术是普通测量、数字测量、摄影测量与遥感、面积测量、大地测量、GPS 等技术的集成或应用。（8）从事地籍测量的技术人员应有丰富的土地管理和法律法规知识。从事地籍测量的技术人员，不但应具备丰富的测绘知识，还应具有不动产法律知识和地籍管理方面的知识，地籍测量工作从组织到实施都非常严密，它要求测绘技术人员要与地籍调查人员密切配合，细致认真地作业。

地籍调查包括土地的权属调查和地籍测量，它们之间有内在联系，是不可分割的整体。初始权属调查是初始地籍调查的重要程序，是调查人员对县以上某一行政辖区内申请登记的全部宗地进行全面现场调查，以核实宗地的权属，确认宗地界址的实地位置并掌握土地利用状况的过程。初始权属调查的步骤是：调查的准备工作，实地调查（宗地权属状况调查，土地用途及土地坐落的调查，界址调查），绘制宗地草图，权属调查文件资料整理归档。

土地纠纷调节处理的原则：依法原则。充分考虑历史背景原则。土地所有权的单向流动。一般是由低级向高级流动，即集体所有的土地流向国有土地，村集体流向乡集体。集体所有土地一般是内部使用。界线与面积不吻合的一般以界线为准。

只有借助科学的地籍测量技术，并且适用相关的法律法规，才能够减少土地权属纠纷，明确土地的所有权或使用权。

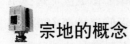
宗地的概念

介绍地籍测量时我们知道地籍测量是对土地进行测量得出坐标与面积以及地籍图确定土地权属以方便地籍管理，确定土地权属是地籍测量的重要任务，在这一过程中会涉及宗地这一概念。

在生活中我们经常会在电视上看到房地产商进行招投标时常常说："某某宗地价格如何？""几号宗地开拍"……一系列专业的术语。那么究竟什么是宗地呢？宗地是指权属界址线所封闭的地块。一般情况下，一宗地为一个权属单位；同一个土地使用者使用不相连接的若干地块时，则每一地块分别为一宗。宗地是土地登记的基本单元，也是地籍调查的基本单元。历史上曾称宗地为"丘"。

宗地是地籍的最小单元，是指以权属界线组成的封闭地块，是地球表面一块有确定边界、有确定权属的土地，其面积不包括公用的道路、公共绿地、大型市政及公共设施用地等。以宗地为基本单位统一编号，叫宗地号，又称地号，其有四层含义，称为区、带、片、宗，从大范围逐级体现其所在的地理位置。

宗地是被权属界址线所封闭的地块。通常，一宗地是一个权利人所拥有或使用的一个地块。一个权利人拥有或使用不相连的几个地块时，则每一地块应分别划分宗地。当一个地块为两个以上权利人拥有或使用，而在实地又无法划分他们之间的界线，这种地块称为共用宗。当一个权利人拥有或使用的地块跨越土地登记机关所辖的范围，即一个地块分属两个以上土地登记机关管辖时，应按行政辖区界线分别划宗。

宗地面积亦称土地面积，是指一宗地权属界址线范围内的土地面积。因此，土地权属界址一旦确定，土地面积亦随之确定。若某宗地权属来源证明文件上的界址范围与实地一致而面积不一致，则一律以界址范围为准，更正土地面积数据。面积量算的原则是：图幅为基本控制，分幅进行量算，按面积比例平差，自下而上逐级汇总。具体程序是：分幅量算各乡总图斑面积，用图幅理论面积进行控制和平差；分乡量算各村总图斑面积，用乡平差后的总图斑面积进行控制和平差。分村量算碎部（地类）面积，用村平差后的总图斑面积进行控制和平差。当一幅图的各类土地面积全部按规定量算后，就按本图幅由碎部逐级向上统计、汇总和校核。当某一乡的有关图幅的面积全部按规定量算后，分地类按行政单位逐级向上统计、汇总量算的结果。简单地说，就是分幅由总体到局部进行控制量算、平差，按行政单位由下而上逐级统计、汇总。土地面积可以根据权利人对宗地的使用情况，分为独用面积、共用面积、共用分摊面积。

宗地的内容包括宗地的位置、界线以及权属和使用情况。

地籍管理的基础是地籍资料，它来自于地籍调查。根据土地登记种类不同，地籍调查分为初始地籍调查和变更地籍调查。在地籍变更过程中需要保存宗地历史资料，它的主要作用是：准确描述土地利用历史，分析土地利用的变化，查询统计宗地。

宗地的属性可分为两类：一类是和空间位置有关的属性，称作空间属性，例如宗地位置、形状、面积等；另一类是和空间位置无关的属性，由于这些属性在实际地籍管理工作中都是通过填写一系列的案卷来设定，所以称作案卷属性。在宗地变更过程中空间属性和案卷属性的变化分三种情况：

案卷属性变化，空间属性不变化；空间属性变化，案卷属性不变化；空间

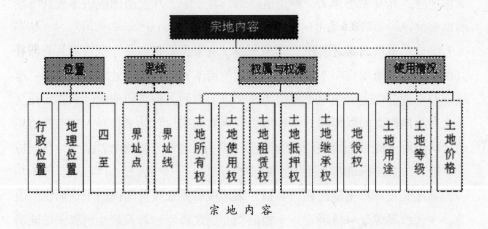

宗 地 内 容

属性和案卷属性同时变化。

宗地是地籍管理的基本空间单元，是具有固定位置和明确边界并可同时辨认出确定的权利、利用类别、质量和时态等土地基本要素的最小地块。宗地在空间上表现为一个具有封闭边界的多边形，其封闭边界的拐点就是界址点，界址点间的连线就是界址线。宗地空间属性生命期的基本特点就是宗地多边形形状不被改变。宗地在其生命期内有一个唯一的标识号——宗地号。宗地案卷属性的生命期要满足两个基本条件：位于同一宗地客体（即宗地空间属性）生命期内，宗地案卷属性不发生变化。根据宗地空间属性和案卷属性的关系，可得：一个宗地的诞生必定至少伴随一个案卷属性的诞生，而宗地的消亡必定至少伴随着一个案卷属性的消亡；宗地空间属性生命期是由该宗地内的所有案卷属性生命期合并的结果。

宗地图是土地使用合同书附图及房地产登记卡附图。它反映一宗地的基本情况。包括：宗地权属界线、界址点位置、宗地内建筑物位置与性质，与相邻宗地的关系等。宗地图是描述宗地位置、界址点线关系、相邻宗地编号的分宗地籍图，用来作为该宗土地产权证书和地籍档案的附图。宗地图中包括：

● 图幅号、地籍号、坐落。

● 单位名称、宗地号、地类号和占地面积。

单位名称、宗地号、地类号和占地面积标注在宗地图的中部。例如，某宗地的使用权属第六中学，宗地号为7，地类号为44（按城镇土地分类

"44"为"教育单位"），占地面积1165.6平方米。

● 界址点、点号、界址线和界址边长。

界址点以直径0.8毫米的小圆圈表示，包含与邻宗地公用的界址点，从宗地左上角沿顺时针方向以1开始顺序编号，连接各界址点形成界址线，两相邻界址点之间的距离即为界址边长。

● 宗地内建筑物和构筑物。

若宗地内有房屋和围墙，应注明房屋和围墙的边长。

● 邻宗地宗地号及界址线。

应在宗地图中画出与本宗地有共同界址点的邻宗地界址线，并在邻宗地范围内注明它的宗地号。

● 相邻道路、街巷及名称。

宗地图中应画出与该宗地相邻的道路及街巷，并注明道路和街巷的名称。此外，宗地图中还应标出指北针方向，注明所选比例，还应有绘图员和审核员的签名以及宗地图的绘制日期。宗地图要求必须按比例真实绘制，比例尺一般为1：500或大于1：500，通常采用32开、16开、8开大小的图纸。

在前面的章节中介绍过地籍图的概念，那么宗地图与地籍图有何区别呢？地籍图是基本地籍图和宗地图的统称，是表示土地权属界线、面积和利用状况等地籍要素的地籍管理专业用图，是地籍调查的主要成果。地籍图是对在土地表层自然空间中地籍所关心的各类要素的地理位置的描述，并用编排有序的标识符对其进行标识，标识是具有严密数学关系的一种图形，是地籍管理的基础资料之一。通过宗地标识符使地籍图与地籍数据和表册建立有序的对应关系。地籍图是土地管理的专题图，它首先要反映包括行政界线、地籍街坊界线、界址点、界址线、地类、地籍号、面积、坐落、土地使用者或所有者及土地等级

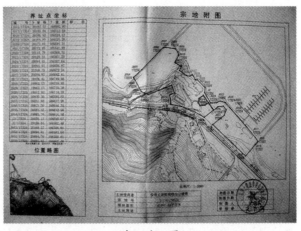

宗 地 图

等地籍要素；其次要反映与地籍有密切关系的地物及文字注记，一般不反映地形要素。地籍图是制作宗地图的基础图件。

对一个城市来讲，宗地的演变十分复杂，在计算机系统中实现宗地历史回溯也就成为一个难题。为了解决这一难题，据建筑施工组织设计的"单代号图"和"横道图"提出以下技术路线：首先，为了突出"演变"而忽略宗地其他属性，可以将宗地用一个点来表示，成为宗地点；将宗地点按照时间位置摆放，将变化前后的宗地点用直线连接起来，则可以得到宗地演变图。

从宗地出现的方式来分，单个宗地可分为：（1）新建宗地：在图形上第一次出现的宗地。（2）消亡宗地：不再存在的宗地，和消亡之前的宗地具有同样的图形位置。（3）变化宗地：处在新建宗地和消亡宗地之间的宗地。变化宗地和新建宗地一直存在。宗地演变图显示了宗地的演变关系。为了清晰地显示宗地的生命期，可以用一个具有和生命期成比例长度的矩形来表示宗地。

以上讨论仅限于宗地的空间属性。由宗地生命期分析可知，宗地案卷属性的变化只需在一块宗地的生命期之内讨论即可，而不必关心宗地演变前后案卷属性之间的关联。

沿着宗地空间属性时间轴，可以得到宗地的空间属性变化；沿着宗地案卷属性时间轴，则可以得到宗地的案卷属性变化。宗地空间属性时间轴相当于全局坐标系，而宗地案卷属性相当于局部坐标系。将两个"坐标系"放在一块来描述宗地属性，则可以得到所示的宗地属性综合关系。可知，在进行宗地历史回溯时，首先定位到宗地空间属性，然后再沿着该宗地的案卷属性时间轴进行案卷属性回溯。每次案卷属性的变更，都相应有一系列的案卷，称为案卷集。

只有了解了宗地的概念、特点、属性等，才能更好地理解地籍测量的相关内容，才能更明确土地权属确认的相关信息。

打土豪中地契为何要烧掉

"打土豪，分田地"这个口号是中国共产党领导的中国工农红军在土地革命战争时期提出的主要宣传口号之一。它不仅表明了红军的政治主张，同时也深刻反映了毛泽东对中国农民问题的深刻认识和独特见解，为他领导中国革命的胜利打下了深刻的理论和实践基础。

1927年8月1日，中国共产党领导了南昌起义，开始独立领导革命武装斗争，创建人民军队。同年9、10月间，毛泽东领导了湘赣边界秋收起义。在起义部队攻打长沙受挫后，部队退到文家市会合并召开前委会议，决定秋收起义部队向井冈山进军，并在进军途中在江西省永新县三湾村进行了改编，从而走上了农村包围城市，武装夺取政权的革命道路。

"打土豪，分田地"口号标语最先出现在1927年的文家市，至今全国重点文物保护单位秋收起义文家市会师旧址还保存有当年所写的这条标语。

根据党史专家、吉安市东井冈研究会会长丁仁祥的研究，毛泽东从1928年3月开始，在鄜县的中村，正式开展了"打土豪，分田地"的革命斗争，他竖起了分田分地这一革命旗帜，把中村当做一个试点，同时他的弟弟毛泽覃则在宁冈大陇也进行了分田的试点。至1928年5月，湘赣边界党的"一大"正式召开，会

打土豪分田地雕塑

议决定成立湘赣边界工农兵政府，并在各级政府设立土地委员会或土地委员，明确提出"深入割据地区的土地革命"。毛泽东则三到永新塘边，亲自指导分田运动并作永新调查，制定了分田临时纲领十七条，这个十七条也为井冈山土地法的制定打下了基础。后来《永新调查》放在王佐处被遗失了，他比什么都难过，且"时常念及，永久也不会忘记"。

湘赣边界党的"二大"召开，再次研究了深入土地革命的问题，并讨论了毛泽东起草的《井冈山土地法》。这是中国共产党领导下的革命根据地自己颁布的第一部土地法。正是把土地革命贯穿于井冈山斗争全部时期，所以才有了根据地的蓬勃发展。它的经验在于，武装斗争是根本，土地革命即农民的利益是目标，是旗帜，根据地和红色政权是保障，只有在根本和保障的前提下，农民分田分地的目标才能实现，也只有在这面旗帜下，农民得到了自己的利益才会跟着共产党走，跟着红军走。

1929年4月8日红四军进驻于都，4月11日召开前委扩大会议，确定红四

军以一个月左右的时间在赣南赣县、于都、兴国、宁都、瑞金等地开展政治宣传，发动群众打土豪，分田地，帮助各地发展地方武装，建立革命政权。4月15日离开于都以后，毛泽东率红四军第三纵队和一个警卫排来到了兴国，具体指导兴国的土地革命运动。毛泽东在潋江书院的文昌宫，起草制定了《兴国县土地法》，并在潋江书院的崇圣祠创办了兴国土地革命干部训练班。毛泽东说："我们插牌子，本身也是很好的宣传。例如国民党的士兵到了根据地来，他们一看到田里到处插上了牌子，看到我们这里打了土豪分了田，也会说红军好。有些国民党士兵因受打土豪分田地的影响，开小差跑回家去。插牌分田后，农民有了田地就会跟着共产党。"你看，分田地是多么重要的一件事，既争取了群众，又瓦解了敌人，一举多得。

在《兴国县土地法》中，毛泽东作了一个重大的改动，即把《井冈山土地法》中"没收一切土地"改为"没收公共土地及地主阶级的土地"，毛泽东自己后来在延安回忆这件事情时说道："这是一个原则的改正……以见我们对于土地斗争认识之发展。"这一句话的改动，实质上是认识上的一次飞跃，使更多的老百姓拥护共产党。红四军政治部把《兴国县土地法》油印成册，在赣南、闽西各地进行宣传，掀开了赣西南土地革命风暴的序幕。

土地革命风暴不仅仅是在兴国一个县，在整个赣西南地区，在闽西地区都刮起来了，到处是"分田分地真忙"的情景。到1930年10月攻占吉安城，江西省苏维埃政府宣布成立，江西省已有70%的区域被赤化，赣西南苏区已成为全国最大最为巩固的一块革命根据地。"赣水那边红一角"，赣西南大地终于在土地革命的风暴中，在红军革命武装的南征北战中，迎来了一片红彤彤的天下。"打土豪，分田地"，真正是共产党和红军夺取胜利的一大法宝！

在土地革命中，为了保证土地革命的顺利进行，县、区、乡各级都建立了土地委员会。分田的大体步骤是：

● 调查土地和人口，划分阶级。

● 发动群众清理地主财产，焚毁田契、债约和账簿，把牲畜、房屋分给贫雇家，现金和金银器交公。

● 丈量土地，进行分配，公开宣布分配方案，插标定界，标签上写明田主、丘名、地名和面积。

土地革命使广大贫雇家政治上翻了身，经济上分到土地，生活上得到保证。为了保卫胜利果实，他们积极参军参战，努力发展生产。湘鄂赣革命根据地，仅半年之内，参加红军的翻身农民达3万多人。鄂豫皖革命根据地的黄安七里坪的一个招兵站，一天就招收800名农民入伍。

在上述介绍的土地革命分田的过程中，有一个很重要的步骤就是要焚毁地主的田契地约，也就是所谓的"烧地契"。那么究竟什么是地契？为什么要烧毁地契？

对于地契有着这样形象的描述：最是轻盈单薄的莫过于一方素纸，最是深刻厚重的莫过于一程历史。地契作为见证我国土地权属变更的重要历史资料，真实地反映了我国不同的历史时期的土地所有权制度、土地权属变更及对土地的管理制度，甚至反映某一历史时期的社会、经济、政治、文化的发展状况，从这个意义上说，正是最为轻盈单薄的纸，承载了中国最为深刻厚重的历史。

地契是买卖土地的双方所立的契约，典押、买卖土地时双方订立的法律文据。其中载明土地数量、坐落地点、四至边界、价钱以及典、买条件等，由当事人双方和见证人签字盖章，是转让土地所有权的证明文件。地契由卖方书立，内容包括土地面积、坐落、四至、地价、出让条件，当事人双方、亲属、四邻、中人及官牙等签字盖章，未向官府纳税前的地契称为"白契"，经官府验契并纳税后称为"红契"。只有"红契"具有法律效力。地契由买方保存，作为土地所有权凭证，可以凭它作抵押贷款。中华人民共和国成立后，在国家土地征用条例公布前（1953年11月前）土地允许买卖，在买卖土地时仍需书写地契。

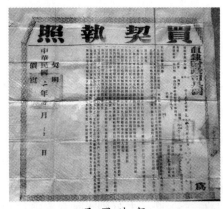
民国地契

房屋所有证

在土地革命过程中，只有烧毁地契才能够清理地主的财产，使广大贫雇家政治上翻了身，经济上分到土地，生活上得到保证。用现代术语描述就是地契是土地权属变更的凭证。

古代的土地户口簿 ——朱元璋看到了什么

随着社会生产力的发展，社会生产关系也处于不断变化之中，相应地，地籍的内容也不断地发生变化。我国的封建社会始于战国末期，封建土地制度及其生产关系开始建立起来。公元前359年，秦孝公任用商鞅实行变法，废井田，开阡陌，承认土地私有，还允许买卖。随着封建土地私有制的产生和发展，地籍工作为征税及维护封建土地制度服务的职能也更加鲜明，并随着土地私有化的强化，地籍的地位随之上升。

纵观历史，在历朝历代对于地籍的管理中，明初的鱼鳞图册及鱼鳞图册制度是规模最大的。

鱼鳞图册是中国古代各级政府征税的依据，也是土地拥有者、使用者的有效凭证。明代的鱼鳞图册是古代历朝操作最完备、规模最大、数量最多、保管最严，也是编修时间最长的。册中将田地山塘挨次排列、逐段连缀地绘制在一起，标明所有人、四至，因其形似鱼鳞而被称为"鱼鳞图册"。亦称"鱼鳞册"、"鱼鳞图"、"鱼鳞图籍"、"鱼鳞簿"。鱼鳞图册制度，是我国封建社会建立的科学的土地赋税管理办法，最早出现在宋朝农业经济较为发达的两浙、福建等地。元末朱元璋初入徽境，采纳休宁儒生朱升"高筑墙、广积粮、缓称王"的进谏，为鱼鳞图册的普及和完善奠定了牢固的基础。明洪武十四年（1381年），朱元璋发现因土地隐匿给国家税收造成损失的严重问题后，开始编造完整、紧密的鱼鳞图册，在相当程度上摸清了地权、清理了隐匿。这是地政管理史上的一个巨大进步。

唐宋以来，江南是历朝的财赋基地。洪武二年（1369年），朱元璋说："平定之初，民未休息，供给力役，悉资江南。"他深知江南的赋税关系着明朝的经济命脉。朱元璋在取得全国政权正式建立明朝之后，洪武元年（1368年）伊始所做的第一件大事，就是普查户口，建立黄册制度，丈量土地，编制鱼鳞图册控制全国人力财赋，并派大批官吏前往浙西核田。洪武元年，朱元璋向浙西派出周铸等164人履亩绘图，江南其他地方未曾派员，仅由中央下一道丈田绘图的命令。总图为一定行政范围内的分图汇总图册，内容包括水陆、山川、桥梁、道路及区内地块，按土地自然排列，标写得很详细。绘制鱼鳞图册用了十年时间在全国内完成。这是我国历史上土地登记制度的重大改革，也是第一次将土地登记的底册与户籍分开，自成独立系统，减少了土地的隐漏。鱼鳞图册的计量单位与计算方法、地田格式、符号表示都有统一规定。还有的鱼鳞图册中，标有的新丈、计田税也是雕版黑色印刷字体。这与《明洪武实录》所载"图其田之方圆，次其字号，悉书主名及田之丈尺"的说法基本相符。

攒造鱼鳞图册的目的，是要切实掌握各地耕田数字，从而杜绝隐田逃税的现象。由于土地是不动产，所以封建政府可以通过鱼鳞图册牢靠而准确地控制税源。对于土地所有者来说，通过鱼鳞图册，他对土地的所有权，可以得到政府的法律保护。明代编制的鱼鳞图册，一式四份，分存各级政府，作为征税的根据。由于地方官吏办理，田亩清丈一律由朝廷直接派人主持，因此，朱元璋建立了土地大清理。明代有三次全国规模较大的土地清丈，成效较大的是洪武、万历两朝。洪武元年正月，派国子监生周铸等164人，往浙辽核实亩田，定其赋税，六月派使臣到四川丈量田亩；洪武十四年（1381年），命令全国郡县编赋役典册；洪武二十年（1387年），命国子监生武淳等分行州县，编制鱼鳞图册。朱元璋建立两册（黄册和鱼鳞图册），其目的是对人口和土地进行大清理，打击地主富豪兼并土地、瞒产偷税的行为，奠定了明初经济发展和政治稳定的基础。洪武二十六年（1393年）统计，天下田土有850余万顷，比元末增长四倍，是明代国家政权所直接控制耕地数额最多的一次。万历时期，由于土地兼并和瞒产偷税，"毫民有田不赋，贫农曲输为累"。针对这种情况，内阁辅首张居正于万历五年（1577年）十一月，奏报调查天下户口田地，限三年完成。在执行中遇到王孙公子们的激烈反抗，但张居正毫不动摇，制定打击反清丈的政策，并强调清丈质量。"天下亩田同行丈量，限三载竣事。用开方法，以径围乘除，崎零截补。于是毫猾不得欺隐，里甲免赔累，而小民无虚粮。"所谓开方法，即采用了《九章算术》中的开方法。所谓"以径围乘除，崎零截补"，即先制定地形，根据各种几何图形用乘除等方法求其面积，然后再将零星土地拼凑为各种几何图形分别计算其面积，最后加上述两部分的总面积。开方法可适用于山地、平原、田荡、凹地等，计算的面积也比较准确。从万历六年起到九年止，历时

三年，全国范围的土地清丈其规模和声势都不亚于洪武时期。

在漫漫历史长河中，除了鱼鳞图册在地籍管理方面做出的重大贡献外，历代土地管理的方法以及成就也是值得称赞的。

我国的地籍和地籍管理有着悠久的历史，它是历代土地管理的基础，是历代封建政府的立国之本。据史料记载，早在公元前4000年至公元前2000年的黄帝、大禹时即有平水土，划九州，辨土质，定田等，制赋则的记载，已开创清理地籍，制定赋责之先河。并设置了名曰"太常"的负责绘制人文地理图、丈量划分田地的官员。《周礼》、《禹贡》等书都有关于土地分类和土地评价思想的记载。《禹贡》称"禹敷土，随山刊土，奠高山大川"。意思是禹时进行丈量国土的工作，沿着山脉进行测量，竖木为标。之后，周朝政府中的"职中氏"，也是"掌天下之图，以掌天下之地"的负责管理土地的官员。到了西周晚期，勘定田界已经成为田土交易中必不可少的内容和物证。

此后如春秋时期鲁国初税亩，实行了按土地亩数征收田赋的制度。覆亩而税，田地须有明确的封疆，田亩更需要丈量。

齐国实行相地衰税，覆田取税。当时管仲辅佐齐桓公40年，管仲的土地思想包括国土规划论和相地衰征论两大内容。相地而衰征，就是说按土质的好坏把农田分为若干等级，据以确定各类土地的不同税额。他的土地思想还有一个独特的理论内容，即建议在全国开展土地资源的调查，并提出了若干重要的土地规划原则。

春秋时期的孟轲是儒家土地思想的最初提出者，也是经界论的最早提出者。他还提出了恒产论和田制论。他说："夫仁政必自经界始，经界不正，井田不均，各禄不同。是故暴君污吏，必慢其经界，经界即正，分田制禄。可坐而定也。"倡导清除地界不清、耕地不均等弊端，经界论是最早的地籍管理理论。秦始皇曾大规模清查地籍。"令黔首自实田"。黔首自实田，是秦代清查土地数量、扩大赋税来源的办法。

秦始皇三十一年（公元前216年），宣布命令"黔首自实田"，即令平民自报所占土地面积，自报耕地面积，土地产量及大小人丁。所报内容由乡出人审查核实，并统一评定产量，计算每户应纳税额，最后登记入册，上报到县，经批准后，即按登记数征收。此前著名的改革家商鞅还在秦国推行了包括土地制度在内的改革，并提出了"算地"和"定分"的主张。

汉代实行群检核田倾亩，东晋时倡变田之制，用庚戌土断。隋朝有自归首之法。从后魏到隋唐的几百年间，耕地制度基本上是一贯的，虽然有些小的不同，但主要精神无大差异，基本实行了均田制度。唐代有籍账之设，令百姓自通手实状，以两税原亩，均配於田。

唐代的"贞观之治"，是历史上著名的封建繁荣时期，是中国古代最为强大辉煌的时代之一。其中一个重要的原因，是唐代实行了一系列经济政策，特别是与土地有关的均田制的完善和实践，在土地分配中，政府对土地的丈量鉴定十分重要，提出"凡天下之田，五尺为步，二百有四十步为亩，百亩为倾。度其肥瘠宽狭，以居其人"。

宋代有量田之事，则方田与首实两法并举。北宋的王安石在发起并实施著名的变法中，直接关系到土地问题的是农田水利法和方田均税法。南宋时的经界法，是南宋地籍整理的措施。在1127~1224年间，相继在两浙、汀漳等地实施。该法采取了土地所有者自报，保正长担保，县派官员照图清丈核实，编造觇基簿等一套完整工作程序。

元代行经理之法，经理法是当时清查土地的方法。元仁宗延佑元年（1314年），采纳铁木迭奏议，实行经理法。通过张榜，做到家喻户晓，限40天内，各家将所有田产即应纳田赋自行向官府呈报，并规定若有隐瞒，告发属实，或杖或流，所隐田产没收归官。

明朝初期，令民自实田，汇为图籍。朱元璋出身农家，深知民间疾苦，有决心打击豪强地主，为了进一步严密地掌握全国土地的占有和利用状态，增加政府收入，使财力和人力充分运用，用了20年功夫，举行了大规模的土地丈量和人口普查，使600年来若干朝代政治家所不能做到的事情，得以划时代的完成。

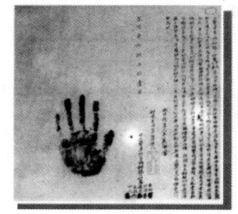

乾隆二十八年（1763年）台湾高山族卖地契约

到了清朝，开始进行了大量的地形测量和地图编绘工作。各地于康熙四年（1665年）奉文清丈，历时五年，填造鱼鳞图册，归户办粮。为在全国推

行地丁合一、摊丁入亩提供了条件。为"康乾盛世"创造了基础。

辛亥革命结束了中国两千年的帝制，孙中山提出"平均地权"之主张。1914年民国北洋政府成立了"经界局"；1922年颁布"不动产登记条例"；1927年开始注意土地测量和登记；1929年曾有举办全国性大地测量之令，发起了全国耕地和农业的调查，调查结果全部在1932年1、2月合期的《统计月报》中发表，成了土地利用调查的基本参考，实现了中国土地数字性质由纳税单位改成耕地面积的变革。1930年6月30日公布《土地法》，该法第二篇为《土地登记》部分，规定土地登记的内容包括所有权、地上权、用佃权、地役典权和抵押权。明确"关于土地权利在登记程序进行中发生之争议，由土地裁判所裁判之"。规定要进行土地及其定着物的登记和土地权变更登记，开展地籍整理。

1978年起逐步推广的土地家庭联产承包责任制，即集体土地承包给单个的农户，使集体土地的所有权与使用权分离，创立了土地家庭联产承包责任制的农村土地使用制度，并最终导致了整个农村经济体制的变革。1982年5月，五届人大常委会十三次会议决定，农业部设土地管理局，开始在不同类型的县开展了土地调查、土地登记、土地统计试点工作。1984年5月，国务院决定，按照统一的技术规程，采用先进的技术方法，在全国开展土地利用现状调查（详查）工作。1986年6月25日，《中华人民共和国土地管理法》公布，明确了土地所有权和使用权的确认、登记、发证规定。1986年8月1日，国家土地管理局正式成立，设立了地籍管理司等职能司室，统一管理城乡地籍工作。随着土地使用制度的改革，逐步形成了以土地权属管理为核

民国时期北平市土地所有权状

心，综合土地登记、调查、统计、分等定级、档案为一体的地籍管理体系。

1998年4月8日，国务院机构改革中组建国土资源部，内设地籍管理司等14个职能司局，明确地籍管理司负责组织指导土地登记、土地调查和土地遥感动态监测、土地统计和土地权属纠纷调处工作。 1998年8月29日，九届全国人大常委会第四次会议通过修订后的《土地管理法》，自1999年1月1日起施行，进一步明确国家建立土地调查制度和土地统计制度，依法登记的土地所有权和使用权受法律保护。地籍管理工作开始向依法有序的法制化、规范化和信息化的方向发展。

进入21世纪，我国为加强土地管理工作，在全国范围内开展了土地利用更新调查和地籍管理信息化。

古人如何量面积

中国是世界文明古国，测量方法的探索以及对于土地房屋面积的丈量等出现很早，包括古代记载和传说可以远溯到4000多年以前。

《史记·夏本纪》讲到夏禹治水"行山表木，定高山大川。……左准绳，右规矩，载四时，以开九州，通九道，陂九泽，度九山"，这是见于文字记载的最早的测绘工作。而在《周礼·地官司徒》及《周礼·夏官司马》等书的相关记载中则说明周代不仅有了地图和掌管地图的官职，而且那时地图已经有了各种用途。

春秋战国时期，测绘有了新的发展。从《周髀算经》、《九章算术》、《管子·地图篇》、《孙子兵法》、《孙膑兵法》等书的有关论述中可以说明，这时测量、计算技术以及军事地形图的内容和表现力已经达到了相当高的水平。

秦代曾修建郑国渠、灵渠、都江堰水利工程，并留下图书。秦汉时期地图受到重视，测绘有了进一步的发展。1973年冬，在长沙马王堆汉墓出土的汉代初期（公元前2世纪）长沙国的地形图、驻军图和城邑图，是迄今发现的最古老最翔实的地图。这3幅帛图，内容的详细、方位的精确、设计的合理、符号的形象化以及绘制的精美，显示了中国当时测绘技术所达到的高水平。

规、矩等早期的测量工具的发明，对推动中国测量技术的发展有直接的影响。秦汉以后，测量工具渐趋专门和精细。为量长度，发明了丈杆和测绳，前者用于测量短距离，后者则用于测量长距离。还有用竹篾制成的软尺，全长和卷尺相仿。矩也从无刻度的发展成有刻度的直角尺。另外，还发明了水准仪、水准尺以及定方向的罗盘。测量的方法自然也更趋高明，不仅能测量可以到达的目标，还可以测量不可到达的目标。测量方法的高明带来了测量后计算的高超，从而丰富了中国数学的内容。据成书于公元前1世纪的《周髀算经》记载，西周开国时期（约公元前1000年）周公姬旦与商高讨论用矩测量的方法，其中商高所说的用矩之道，包括了丰富的数学内容。商高说："平矩以正绳，偃矩以望高，复矩以测深，卧矩以知远……"

世界范围内早期面积测量工具的发展可追溯到生活在尼罗河岸的古埃及人。古埃及人，由于每年尼罗河水定期泛滥，河谷的许多耕地都会被淹没，洪水退后，土地的界线遭到破坏，需要重新划界，为此，开始了古埃及的土地测量。埃及人最初的测量工具是采用人体的一部分：腕尺（腕尺这一术语也用于希腊和罗马，并作为他们的测量单位。一个希腊腕尺近似于18.22英寸，约0.46米；而一个罗马腕尺则大约为17.47英寸约0.44米），是指从肘到中指端的距离。每个腕尺分为7个更小的单位，称为掌尺，也就是一个人手掌的宽

古埃及的腕尺

度。每个掌尺又分为4个指尺，即四个手指头（不算大拇指）。自然，没有人会由于把这些测量工具带在身边而感到不便和烦恼。只是这些"尺"的长度有赖于使用人身体部位的长短罢了！结果埃及人发展了两种不同规格的腕尺：一种是皇家钦定的腕尺，约相当于20.59英寸（合0.52米），另一种是民间的短腕尺，约相当于17.72英寸（合0.45米）。埃及人还制作了相应的金属棒，用以表示皇家的腕尺和短腕尺，棒上带有细分的掌尺和指尺。这种棒就是现代尺子的前身。

有了长度测量的工具、方法后，充满智慧的劳动人民则开始了面积计算的研究。面积计算与税收制度的建立和度量衡制度的完善直接有关。先秦重要典籍《春秋》记鲁宣公十五年（公元前594年）开始按亩收税，产十抽一，这说明春秋战国时代我国已经有丈量土地和计算面积与体积的方法，这些方法后来集中出现在《九章算术》一书中。但可以肯定，在公元1世纪《九章算术》成书之前，它们应该已经存在。从近年来在古遗址如甘肃省居

延县附近、山东省临沂县银雀山等地发现的汉代竹简中，也可以得到证明。中国数学在面积和体积计算方面的成就在数学知识早期积累的时候已经逐步形成，并成为后来的面积和体积理论的基础。

我国古算中把矩形称直田，三角形称圭田，梯形称箕田，圆形称圆田，弓形称弧田，球冠称宛田，环形称环田。这说明古代由于田地丈量的实际需要，劳动人民就发明了种种计算面积的方法。在古算经典著作《九章算术》里记载着这些面积的计算，其中直田、圭田、箕田的结果是正确的。圆田在理论上也正确，不过所用的圆周率是古率——径一周三，结果就产生了误差。弧田和宛田，由于丈量上的便利，古人是采用弦（即弓形的底）与矢（即弓形的高）和下周（即球冠的底圆圆周）与径。

四边形类中又可分几种类型。方田与直田从成书于北周时期的《五曹算经》开始分别指正方形与一般矩形，其面积计算方法为广、从相乘；墙田也是正方形，《五曹》给出的问题是已知周长求其面积，方法是将周长"以四除之，自相乘；邪田、箫田、箕田所利用的都是梯形面积计算公式，即"并二广，半之，以从乘之"；四不等田则是边长各不相等的四边形，其面积计算方法是"并对边之长，半之，以二位相乘"。牛角田在《五曹算经》中忽略了一条短边的长度，被作为三角形（或者说《五曹》只考虑属于三边形形状的牛角田情形）来计算。覆月田、弧田在《五曹算经》中被近似化为三角形进行计算，但在《九章算术》和传本《夏侯阳算经》中，都用更精确的"以弦乘矢，矢又自乘，并之，二而一"的方法来计算弧田的面积；《张丘建算经》也根据同样的公式设置了逆问题。腰鼓田、鼓田和蛇田都可以视为由分居于一条公共底边两侧的两个梯形（其腰可以是直线段，也可以是曲线段）组成的六边形（姑且称为六边梯形）。前两者都是两头广相等，但腰鼓田的中央广短，而鼓田中央广长；蛇田的三广互不相同，中央广即"胸广"最长，"头广"次之，"尾广"最短。这三种田的面积计算法为"并三广，以三除之，以从乘之"。这是把它化为其广为三广的平均值的长方形来处理。这种处理在多数情况下有较大的误差，所以后来杨辉在《田亩比类乘除捷法》中提出相当于把图形化为两个梯形来求和的改进方法。

北魏初年推行"计口授田"制，这种"授田"制度可以追溯到战国时期的魏、秦等。《九章算术》记载了多种形状田地的面积计算方法，与春秋战国时代统计土地数量、收取地租、大量开垦土地、土地买卖等活动需要测量多种形状的土地面积有密切的关系，也与授田制有一定的关系。当时适应变法求强的各种要求严格的法律和规章制度，使寻求精确度高的算法成为必要，因此《九章算术》有多种表述上具有普遍性、精度较高的田地面积计算。晋代也颁布了诸如"男子一人占田七十亩，女子三十亩"之类占田、课田等土地制度。但东汉至六朝时期，国家无力遏制豪族兼并土地，行政工作中计算土地面积的需求就降低了，这一时期对土地的丈量更多体现在买卖田地的契约中，但在晋代以前，地契中对土地各项信息的记录并不规范，各项信息往往记载非常模糊。故成书于晋代的《孙子算经》并无详细记载田地面积的计算方法的迫切需要。同样理由也适用于反映5世纪前期中原地区社会经济状况的《张丘建算经》，因为北魏前期授田制基本只推行于边境及首都平城附近。但从北魏开始，国家控制土地的力量又增强了，由此就能更有力地推行朝廷颁布的土地条令。在这一背景下，算书中计算田地面积的题目重新增多。不过"授田"制更多的是对前朝制度的继承，将田地面积计算方法恢复到《九章算术》的数量或许就够了，为什么《五曹算经》中会增加那么多描述土地形状的术语和相应的算法呢？

这种情形应该与均田制有密切关系。均田制初行于北魏，后代累有采用，到唐中后期废止。均田制以长期战乱造成的大量无主田、荒地为前提，虽少有触犯大官僚和士家大族的利益，但为广大下层农民获得合法土地提供了一定的保证，而且涉及的地域甚广。北魏均田制的标志性事件是太和九年（公元485年）颁布均田令，规定了农民在各种情况下受露田、桑田的数量。由于是政府主持，地方籍账中出现大量授田及还田的记录，都对各块土地的标的、"四至"及面积有详细描述。相应地，算书中对田地面积计算法求多求全。另一方面，在均田制下，农民死后或年逾七十原则上要将所受露田归还给政府，实际操作中往往采取更灵活的方法，如后代可以继承前代所受桑田作为露田（"倍田"），从而使部分田地的还受在家庭内部解决等等。但无论还田采取何种形式，对于重新受田，官府依然要在户籍中进行记录。而既然对田地的各项信息都要详细记载，那么也应对田地面积进行丈量。这与此前少有涉及还田的土地制度相比，丈量田地面积不但在工作量上大大增加，而且成为地方行政部门的一项日常工作。

均田制对于土地面积的计算带来的具体影响，可概括为两方面。一方面，对土地面积的计算更频繁了，最初可能只需把大块土地划分成小块授予农民，太和九年令规定民户所受田地"不得隔越他畔"，即每户所受田地应连成一片，但由于这些田地带有桑田、露田等不同性质，往往又被细分为若干段。另一方面，由于土地被划分为细碎的小块，由于地貌等原因，就容易出现各种形状不规则的田地。

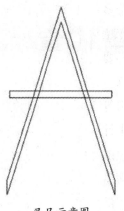

叉尺示意图

为应付均田制带来的划分、丈量田地面积的繁重计算量，需要编辑相应的算书，提供形状足够多的田地的计算法，以便地方官吏碰到某种形状的田地，就能马上依术计算。《五曹算经》"田曹"卷当以为适应这种需要而编辑的算书为原型。"田曹"共有19个问题涉及19块田，其中面积超过1顷（100亩）的只有3块（最大的2顷60亩奇100步）。从题目涉及数量上看，算题和相应的方法适合于官吏进行学习并付诸应用。同时"田曹"卷收集了形状种类尽可能多的田地计算法，可以满足北魏授田与均田法需要关于各种形状田地的面积算法之要求。

直到新中国成立前，丈量土地时还是用"步规"，这种"规"，在山东民间有的地方叫"叉尺"，有的地方叫"五尺杆子"。它的两脚之间的距离是固定的，为五尺，也就是一"步"。使用的时候两脚轮流着地，转动起来很快。

第10章

我的房子到底有多大

—— 房产测量

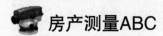 **房产测量ABC**

房屋是人民生产和生活的场所，房屋和房屋用地是人民生产和生活的物质要素，这一要素信息的采集和表达，必须经过房产测量。

房产测量是常规的测绘技术与房产管理业务相结合的专业测绘。而房产测量所获得与永久性标志相联系的房产权属界址、房屋面积、房屋产别等等都具有法律效力，从而载入房屋权属证书，所以房产测量所得的基础图是发放房屋权属证书和财政税收的重要依据，拥有权属（法律上）、财政（税收上）和城镇规划三大基本功能，它的主要作用可以归纳为如下几方面：

管理方面：为了使城市房产管理和住宅建设都能稳步纳入社会主义现代化建设的轨道，城镇房产管理部门和规划建设部门都必须全面了解和掌握房产的权属、位置、数量和现状等基本情况。另外，房产测量的成果，亦是开展城镇房地产管理理论研究的重要基础资料。

经济管理：房产测量提供了大量准确的图纸资料，为正确掌握城镇房屋和土地的利用现状以及变化，清理公私各占有的房产数量和面积，建立产权产籍和产业管理的图形档案，统计各类房屋的数量和比重等提供了可靠的数据，亦为开展房产经济理论研究提供了重要数据。房产测量还为城镇财政、税收等部门研究确定土地分类等级、制定税费标准提供了基础依据，确保各项税费的及时征收。

法律方面：房产图所表示的每户所有的房屋的权属范围，是经过逐幢房屋清理产权，并经过各户申请登记，经主管部门逐户审核确认的。房产图作为核发房屋所有权证书的附图，是具有法律效力的图纸。它是加强房产管理、核定产权、颁发权属证书、保障房屋所有者的合法权益，加强社会主义法律管理的重要依据。

房产测量主要是采集和表述房屋和房屋用地的有关信息，为房产产权、产籍管理、房地产开发利用、交易、征收税费，以及城镇规划建设提供数据资料。房地产基础测绘是指在一个城市或一个地域内，大范围、整体地建立房地产的平面控制网，测绘房地产的基础图纸——房地产分幅平面图。房产测量的基本内容包括：房产平面控制测量，房产调查，房产要素测量，房产图绘制，房产面积测算，变更测量，成果资料的检查与验收等。

房产测绘

提到房产测量，我们很自然会联想到我们生活中常常见到的各类房屋图纸，通过这些图纸我们可以看到房屋的户型、结构、面积等等。那么究竟房产图的测绘是如何完成的呢？房产图测绘的精度要求又是如何呢？

房产图是房产产权、产籍管理的重要资料。《房产测量规范》有这样的简述："按房产管理的需要可分为房产分幅平面图、房产分丘平面图和房屋分户平面图。"

房产分幅图是全面反映房屋及其用地的位置和权属等状况的基本图，是测绘分丘图和分户图的基础资料，它反映房屋的位置关系、建筑图图形、行政境界、权利种类、房屋式样、房屋结构、产权性质、坐落、层次、街道门牌、河流地类等，并以产权宗地位置为单位编立丘号；分丘图是分幅图的局部图，是绘制房屋产权证附图的基本图，它着重表示房屋权界线、界址点点号、挑廊、阳台、建成年份、用地面积、建筑面积、墙体归属和四至关系等各项房地产要素；分户图是以一户产权人为单位，表示房屋权属范围的细部图，也是专供房地产登记机关发证发给产权人的一种权证附图，它详细标绘权利主体所在哪一层、哪一单位、哪一套，并用红线彩绘其权利范围。通过如上的分析，房产图的特点也就显而易见。

● 房产图是平面图，只要求平面位置准确，不表示高程，不绘等高线；

● 房产图对房屋及与房屋、房产有关的要素，要求比其他图形要详细得多，不单要表示结构、性质，还要表示出层次、用途及建成年份等；

● 房产图对房屋及房屋的权界线和用地界线等要求特别认真，精度要求比较高，图上主要地物点的点位中误差不超过图上±0.5毫米，次要地物点的点位中误差不超过图上±0.5毫米；

● 产图的主要内容应包括：测量控制点、界址点、房屋权利界线、用地界线、附属设施、围护物、产别、结构、用途、用地分类、建筑面积、用地面积、房产编号以及各种名称和数字注记等；

● 为了能清楚地表示出所需内容，房产图的比例尺均为大比例尺，一般为1∶1000、1∶500甚至更大比例尺（比例尺的大小主要根据测区内房屋的稠密程度而定）；

● 房产图的变化较快，除了城镇新建筑的不断发展和扩大外，其间城区的房屋及土地使用情况也在不断变化，例如房屋发生买卖、交换、继承、新建、拆除等，这些变更对房产图来讲就是变化，都要及时修改补测，以不断完善其使用价值；

● 同时，与房地产管理有关的地形要素包括铁路、道路、桥梁和城墙等地物均应测绘，而亭、塔、烟囱、罐以及水井、停车场、球场、花圃、草地等根据需要表示。

房产图与地籍图、地形图有哪些异同点呢？地籍图表示的内容由地籍要素和必要的地形要素两部分组成。即以地籍要素为主，辅以与地籍要素有关的地形要素，以便图面主次分明、清晰易读。其中，地籍要素包括行政境界、土地权属界线、界址点及编号、土地编号、房产情况、土地利用类别、土地等级、土地面积等，必要的地形要素，包括测量控制点、房屋、道路、水系以及与地籍有关的必要地物和地理名称，一般地籍图采用的比例尺为1∶500、1∶1000、1∶2000。地形图是指按一定

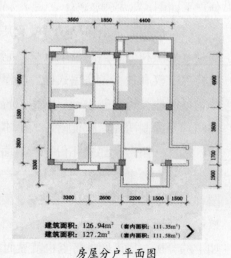

房屋分户平面图

的技术规范、符号系统等比例尺，测绘显示地物平面位置、地面高程和地表形态，内容包括地物和地貌两大类。地物指的是地球表面各种自然物体和人工建（构）筑物，如森林、河流、街道、房屋、桥梁等；地貌指的是地球表面高低起伏的形态，如高山、丘陵、平面、洼地等。地形图的比例尺一般也采用1：500或更小的比例尺。

通过对上述三种图的内容及特点的比较得知，房产图是为房屋产权产籍管理、房地产开发利用、征收税费以及城镇规划建设提供测量数据和资料，它与地形图、地籍图有着许多的相同之处，即包括控制点测量、细部测绘等等，但由于服务的对象不同，内容和要求也就有所不同，因而我们可以认为房产图、地籍图和地形图是基于同一类基础图的不同的表现形式，也就是在同一幅底图上各自增加不同的属性项。在现今办公自动化以及机助制图高度发达的今天，在微机中添加属性数据以及再分类、再处理已经是一项极普通的工作。并且，《房产测量规范》载明了"房产图根据需要可利用已有地形图和地籍图进行编绘"。

房产分幅图是全面反映房屋、土地的位置、形状、面积和权属状况的基本图，是测绘房产分丘图和分户图的基础图。分幅图的测绘范围包括城市、县城、建制镇的建成区和建成区以外的工矿企事业等单位及其相毗连的居民点，并应与开展城镇房屋所有权登记的范围一致。

图纸上房子会不翼而飞是因为坐标不准导致的物体没法在图上表示。解决这个问题就必须了解分幅房产图的测绘方法。

● 房产分幅图实测法。测图步骤与地籍图测绘基本相同，在房产调查和房地产平面控制测量基础上，测量界址点坐标（一、二级界址点）、界址点平面位置（三级界址点）和房屋等地物的平面位置。如：平板仪测绘法、小平板与经纬仪测绘法、经纬仪与光学测距仪测记法、全站仪采集数据法、RTK采集数据法。

● 房产分幅图的增测编绘法。（1）利用地形图增测编绘法。利用城市已有1：500或1：1000大比例尺地形图，在房地产调查的基础上，以门牌、院落、地块为单位，实测用地界线，构成完整封闭的用地单元——丘。丘界线的转折点（界址点）如果不是明显的地物点则应补测，并实测界址边长；逐幢丈量外墙边长、各种距离关系；对不符合现状部分修测补测；最后注记房产要素。（2）利用地籍图增补测绘是房产分幅图成图今后的发展方向。由于房产和地产密不可分，土地是房屋的载体，房屋依地而建，房屋所有权与土地使用权的主体应该一致，土地的使用范围和使用权限应根据房屋所有权和房屋状况来确定。

● 城市地形图、地籍图、房产分幅图的三图并测法。城市地形图是一种多用途的基本图，主要用于城市规划、建筑设计、市政工程设计等；地籍图主要用于土地管理；房产图主要用于房产管理。三种图都根据城市控制网来进行细部测量，最大比例尺1∶500，需要测绘城市地面的主要地物。基本思想：首先建立统一的城市基本控制网和图根控制网，实测三图的共性部分，绘制成基础图，并进行复制，然后在此基础上按地形图、地籍图、房产分幅图分别测绘各自特殊需要的部分。

房产分丘图的测绘。坐标系与分幅图的坐标系一致；比例尺可根据每丘房产面积的大小和需要在1∶100~1∶1000之间选用；尽可能采用与分幅图相同的比例尺。幅面大小在32~4开之间选用。分丘图可在聚酯薄膜上测绘，也可选用其他图纸。分丘图测绘方法：利用已有的房产分幅图，结合房地产调查资料，按本丘范围展绘界址点，描绘房屋等地物，实地丈量界址边、房屋边等长度，修测、补测成图。房屋应分栋丈量边长，用地按宗地丈量边长，边长量测到0.01米，也可以界址点坐标反算边长。对不规则的弧形，可按折线分段丈量，丈量本丘与邻丘毗连墙体时，共有墙以墙体中间为界，量至墙体厚度的1/2处；借墙量至墙体的内侧；自有墙量至墙外侧并用相应符号表示；窑洞使用范围量至洞壁内侧。挑廊、挑阳台、架空通廊丈量时，以外围投影为准，用虚线表示。

分户图是在分丘图的基础上绘制的，以一个产权人为单位，表示房屋权属范围内的细部图件，供核发房屋产权证使用。如为多层房屋，则为房产分层分户图。分户图测绘的有关规定：分户图采用的比例尺一般为1∶200。当房屋过大或过小，比例尺也可适当放大或缩小，也可采用与分幅图相同的比例尺。幅面规格一般采用32开或16开两种尺寸，图纸图廓线、产权人、图号、测绘日期、比例尺、测图单位均应按要求书写。分户图图纸一般选用厚度0.07~0.1毫米、经定型处理变形率小于0.02‰的聚酯薄膜，也可选用其他图纸。分户图的方位应使房屋的主要边线与轮廓线平行，按房屋的朝向横放或竖放，分户图的方向应尽可能与分幅图一致，如不一致，需在适当位置加绘指北方向。分户图的成图可以直接利用测绘的分幅图上属于本户地范围的部分，进行实地调查核实修测后，绘制成分户图。分幅图测绘完成以后，可根据户主在登记申请书指明的使用范围制作分户图。如没有房产分幅图可以提供，而房产登记和发证工作又亟待开展，可以按房产分宗分户的范围在实地直接测绘分户图，然后再按房产分户图的要求标注相应的内容。

了解了房产图测绘的方法后，在实施测量、绘制图纸的过程中还要按照《房产测量规范》中具体的精度要求严格执行，这样才能够做到精确可靠，避免图纸上房子不翼而飞的情况发生。

寸土寸金，你家的房产面积测准了吗

随着近年来商品房价格的持续走高，房产测量日益受到广大业主的重视。相关测量技术在旺盛市场需求的推动下得到了进一步的快速发展。

住房问题是关系到国计民生的大问题，随着近年来房地产业的快速发展，及房屋价格的迅速攀升，"寸土寸金"已经不再是神话。在此背景下房屋测量再度成为广大买房人和卖房人关注的焦点。为了维护市场经济秩序，进一步规范商品房销售行为，提高商品房销售面积的准确性，减少商品房买卖双方的纠纷，维护广大消费者的合法权益，建设部专门制定了《商品房销售面积计算及公用建筑面积分摊规则》，但在实际工作中涉及此类问题还可能产生分歧，操作上有难度，有必要对这方面的几个问题作更深入的探讨。

房产测量作为对房屋面积进行测算的具体形式，在当前有着重要的意义。首先，房产测量可以为房产产权人提供法律保护依据。房产测量的结果一经房产管理部门确认发证即具有法律效力，是处理产权纠纷的重要依据。它直接关系到购房人的切身利益。房产测量的全过程、面积计算及其测量精度都有严密的科学性，是产权产籍管理部门为产权人提供法律保护的重要依据，同时也为调处房屋所有权和土地使用权的纠纷、审核违章建筑和违章占地提供了可靠的凭据。

其次，房产测量是城市建设、规划和管理的重要依据。房产测量按照国家有关部门制定的房地产测绘技术标准和有关房屋及其用地的有关信息和资料，通过对房屋自然状况和权属状况的专业测量，弄清城市房屋和土地占有位置、面积及其使用等状况，从而为房地产产权的管理提供基础数据。这些数据是核发房屋所有权证和土地使用权证的重要组成部分，也是建房地产档案的原始资料。因此，房产测量是进行城市土地资源开发利用、城市规划建设管理必不可少的基础资料。

最后，房产测量也是检验商品房买卖面积是否缩水的重要手段。当前由于商品房价格居高不下，部分开发商在利益的驱使下时常会打起面积的主意，推广和进行房产测量有利于保证买卖双方的利益，维护正常的市场秩序。房产测量随着房屋价格的上涨而愈发广受关注，因而在此意义上对房屋测量若干问题进行研究具有重大的意义。

房产测量主要是采集和表述房屋和房屋用地的有关信息，为房产产权、产籍管理、房地产开发利用、征收税费以及城镇规划建设提供数据资料。房地产基础测绘是指在一个城市或一个地域内，大范围、整体地建立房地产的平面控制网，测绘房地产分幅平面图。房产测量的基本内容包括：房产平面控制测量，房产调查，房产图绘制，房产面积测算，变更测量，成果资料的检查与验收等。

商品房测量大体分为两部分，一部分是套内建筑面积测量，另一部分是分摊面积测量。当发放房产证后，住户如对登记面积有疑问，可提请行政复议，并委托具有资质的测绘部门重新测绘，如结果证明原先测绘数据确实有误，将予以改正。对于2000年国家房产测量新规范出台前测量的房屋面积，数据正确的仍然有效。

公用建筑面积是指由整栋楼的产权人共同所有的整栋楼公用部分的建筑面积。包括：电梯井、管道井、楼梯间、垃圾道、变电室、设备间、公共门厅、过道、地下室、值班警卫室等，以及为整幢楼房服务的公共用房和管理用房的建筑面积，以水平投影面积计算。共有建筑面积还包括套与公共建筑之间的分隔墙，以及外墙（包括山墙）水平投影面积一半的建筑面积。独立使用的地下室、车棚、车库，为多幢服务的警卫室，管理用房，作为人防工程的地下室都不计入共有建筑面积。

公用分摊建筑面积是指每套（单元）商品房依法应当分摊的公用建筑面积。公用建筑面积和分摊的公用建筑面积的产权归整栋楼购房人共有，购房人按照法律、法规的规定对其享有权利，承担责任。

共有建筑面积和公用建筑面积是在进行房产测量时无法回避的问题。根据国家质量技术监督局颁布的JJF1058-1998《商品房销售面积测量与计算》国家计量技术规范的规定：消费者购买的商品房建筑面积（销售面积）为该商品房套内建筑面积及应分摊的共有建筑面积之和。建设部建房〔1995〕517号文件也曾明确指出：商品房建筑面积由该商品房套内建筑面积及应分摊的公用建筑面积两部分组成。在此有必要对"共有"和"公用"进行区分。"公用"是指两个或两个以上的人享有对某物的使用权，而"共有"则是指各共有人依照法律或合同约定，享有对某物的财产权，共有人对共有物有使用权、收益权和处置权，公用物只能被公用人公用而不能被公用人共有。

常见房产测量技术经过多年的发展，目前常见的主要有：

● 房产数字化测图技术。数字化测图是采用一定的方法采集有关的信息，通过计算机数据处理，再经过图形生成和编辑，获得房产数字化图，最后经数控绘图仪或其他输出设备，绘制成房产图。

● 运用坐标解析法进行房产测量的计算。房屋销售面积计算比较复杂，一般来说房产面积测算叫分为房屋面积测算和用地面积测算。其中房屋面积测算包括房屋建筑面积、共有建筑面积、产权面积、使用面积等测算，用地面积测算是指以丘为单位的封闭地块面积测算。在商品房销售过程中，房地产界址和房产面积纠纷时有发生。因此，一个科学明确并且能反映房屋面积测量结果准确度的基本估算公式就显得尤为重要。运用坐标解析法进行房产测量计算具有巨大的进步意义。

● GPS技术在房产测量中的应用。GPS技术是当前快速发展的数字定位测量技术，因其卓有成效的性能而在目前得到了广泛的应用。房产测绘系统以GIS的方式绘制、定义图形及属性，实现了图形属性的双向连接，使房屋面积的分摊结果更准确，并自动生成烦琐的分层分户平面图，从而有利于测绘的精确化和准确化。

如果房产证和实际测量面积不一时以测绘部门的实际测量数据为准，这也是今后办理房产证的依据。如果交房后的面积小于原购房合同中约定的面积，原则上按照买房者与开发商订立的商品房买卖合同中的约定来处理，如果没有约定或是约定不明的，则按照最高人民法院相关司法解释中的规定原则来处理。最高人民法院关于审理商品房买卖合同纠纷案件适用法律若干问题的解释第十四条。出卖人交付使用的房屋套内建筑面积或者建筑面积与商品房买卖合同约定面积不符，合同有约定的，按照约定处理；合同没有约定或者约定不明确的，按照以下原则处理：

● 面积误差比绝对值在3%以内（含3%），按照合同约定的价格据实结算，买受人请求解除合同的，不予支持；

● 面积误差比绝对值超出3%，买受人请求解除合同、返还已付购房款及利息的，应予支持。买受人同意继续履行合同，房屋实际面积大于合同约定面积的，面积误差比在3%以内（含3%）部分的房价款由买受人按照约定的价格补足，面积误差比超过3%部分的房价款由出卖人承担，所有权归买受人；房屋实际面积小于合同约定面积的，面积误差比在3%以内（含3%）部分的房价款及利息由出卖人返还买受人，面积误差比超过3%部分的房价款由出卖人双倍返还买受人。

国家针对房屋面积与实测不准也出台了相应办法。房产局规定，今后商品房出售时必须出示"房屋面积测绘成果报告"，面积不准就找测绘机构"算账"。

"商品房销（预）售时，房地产开发企业、房地产销售单位必须持有具备房产测绘资质的测绘机构出具的、经房产测绘管理部门审核备案的"房屋面积测绘成果报告""，在出售的商品房面积多少上出现问题与开发商无关，而由房屋面积测绘单位承担责任，可见商品房面积测绘单位责任重大。在房屋面积测绘上，多了或少了一平方米对购房者和开发商来说都事关重大。售房时，公示房屋测绘面积是对双方利益的有效保护。房产局规定，房产测绘机构在测量房屋面积活动中，应向委托方提供真实准确、公正有效、通俗易懂的房屋面积公示资料，"并对完成的房产测绘成果的质量负责"。否则，因房屋面积测量问题造成的经济上的赔偿数额将是巨大的。

房产局规定，房地产开发企业、房地产销售单位应将房屋面积测绘成果，在销（预）售场所显要位置，以适当的形式进行公示。公示内容包括6项：幢、层、户的套内面积，应分摊的共有面积，建筑面积及应分摊的共有面积的部位和分摊指派说明、分摊系数；房屋各层建筑面积、户套内建筑面积范围及相关数据的计算配图；对按《房产测量规范》规定应做分摊的共有面积，房地产开发企业、房地产销售单位在销（预）售时为了让利促销而没做分摊且不计价的，应说明这些面积的产权归属和处理方式；房产测绘管理机构出具的测绘成果"备案通知书"；"房屋面积测绘成果报告"的声明（说明）和与房屋面积形成有关的其他信息；房产测绘机构的名称、住所、"房产测绘资质（等级）证书"、咨询电话、测绘人员姓名和"房产测绘岗位执业资格证书"。房屋情况随时变更随时公示。

"房屋面积测绘成果报告"包括测绘项目名称、测绘目的、面积测算结果明细表、测绘报告用途说明、相关声明及测绘机构基本情况等内容。房屋面积测绘成果资料应当与房屋实际状况一致。当房屋结构、面积等实际状况发生变化时，房地产开发企业、房地产销售单位应持合法有效的设计变更资料，委托房产测绘机构实施变更测量，并及时公示变更内容。

通过本节的介绍我们掌握了关于房屋面积、房产测量的专业知识，今后，如果自己的权益遭到侵害时我们每一个公民都要运用自己对专业知识的了解并且借助相应的法律手段来保护自己的合法权益。

谁能测房屋面积

随着房地产事业的发展，房产测量越来越受到重视。房产测量可以为房产产权人提供法律保护依据。房产测量的结果一经房产管理部门确认发证即具有法律效力，成为处理产权纠纷的重要依据。它直接关系到购房人的切身利益。如此重要严谨的工作哪些机构和个人有资质去进行呢？在房产测量中又有哪些方法、仪器呢？

房产基础测绘是指在一定地域范围内，建立用于房产测绘的平面控制网，测制房产分幅平面图。房产基础测绘技术要求高，必须具有一定的专业技术人员和仪器设备，必须依法取得相应的房产测绘资质。房产项目测绘是指在房产权属管理、经营管理、开发管理以及其他房产管理过程中需要测绘房产分丘平面图和房产分层、分户平面图及相关的图、表、簿、数据等测绘活动。房产项目测绘与房产权属管理、交易、开发、拆迁等房产管理活动密切相关。

长期以来，商品房面积缺斤少两一直是购房市民投诉的焦点。房屋面积到底有多少，分摊的公共部位或公摊面积到底是多少等问题，一直是业主最关心的问题。据了解，国家《房产测量规范》推行预售面积的核准制度，开发商在预售商品房之前，必须先到房地局商品房管理部门取得公用面积分摊办法审核确认，并到房地局测绘部门进行预售面积测算后，再办理预售许可证进行预售。无论是商品房销售面积还是商品房的使用面积，只有通过产权登记来得到国家的认可与法律的保护。商品房销售面积或建筑面积经产权登记后成为商品房产权面积，而在登记前，都要经过房地局测绘部门重新核测。公共面积及分摊系数按《房产测量规范》计算。公摊多少要看建筑结构类型（多层、高层、框架等等）。

具有房产测绘资质的机构是指经房地产行政主管部门初审，依照《中华人民共和国测绘法》取得测绘部门颁发的载明房产测绘业务的《测绘资格证书》的单位。

《房产测绘管理办法》已经2000年10月8日建设部第31次常务会议、2000年10月26日国家测绘局常务会议审议通过（国家测绘局经国土资源部批准授权），自2001年5月1日起施行。

什么样的机构具有房屋测绘的资质？在房屋面积与实际测量不符时作为普通公民该如何处理？这些都要遵守《房产测绘管理办法》。

随着测绘技术的发展以及房地产业的蓬勃发展，房产数字化测图技术、运用坐标解析法进行房产测量的计算、GPS技术等许多新技术新设备被运用到房产测量中。

由于房产测量精度要求高，目前开展的房产测量工作一般都采用内外业一体化数字房产测量方法，在房产测量时必须使用资质部门检定过的仪器进行测量。对于全站仪而言，主要是测定测距仪的加常数和乘常数。在房产测量碎部测图中，由于距离较近，仪器乘常数可忽略不计，但加常数必须考虑。以拓普康全站仪为例，其仪器常数一般不含误差，应设为零，拓普康系列棱镜的常数也为零，当使用其他光学仪器厂家生产的棱镜时，就必须在使用之前设置相应的常数。而且，在房产测量时，不可能直接将棱镜的中心位置放置于房屋的角点，通常将棱镜靠在房屋的角点上，这时采集到的坐标实际上是棱镜中心坐标，而非房屋角点坐标。在实际工作中，可以将仪器常数设为零，用钢尺作对比直接测定出至棱镜后背位置的棱镜常数。在野外数据

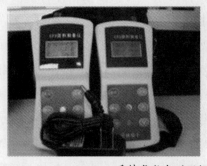

手持式激光测距仪

采集前，设定好全站仪内部的仪器加常数（零）和棱镜常数（至棱镜后背位置的参数），就可以直接测出房屋角点的坐标。

 ## 房本上的面积如何测量出来

房本是对房屋产权证明的简称。目前，房本有中华人民共和国房屋所有权证和某某地方房地产权证。它是对个人房屋财产的一种有效的法律证明。房本中注有房屋的朝向、结构、面积、同层户数、地号、房型图等信息。

在房屋买卖合同中，争议最多的问题就是房屋的面积计算，由于房屋面积的计算技术性规定较多，一般的消费者（购房者）难以准确把握，同时有的不法房地产开发商往往又利用买房者不熟悉房屋面积计算规范内容的劣势，在房屋面积上大做文章，让买房者吃哑巴亏。那商品房的面积到底如何计算？多大的误差属于法律规定的合理范围？

对于商品房面积的计算来说，有效的法律规范文件现在主要见诸2001年由建设部发布的《商品房销售管理办法》。该法规定，商品房销售可以按套（单元）计价，也可以按套内建筑面积或者建筑面积计价。

按套（单元）计价的现售房屋，当事人对现售房屋实地勘察后可以在合同中直接约定总价款。

按套内建筑面积或者建筑面积计价的，当事人应当在合同中载明合同约定面积与产权登记面积发生误差的处理方式。合同未作约定的，按相关原则处理。

对于商品房套内建筑面积的计算，《商品房销售面积计算及公用建筑面积分摊规则》规定：商品房销售面积=套内建筑面积+分摊的公用建筑面积。

房产调查分为房屋用地调查和房屋调查。房屋用地调查以丘为单元分户进行（丘是指地表上一块有界空间的地块，一个地块只属于一个产权单元称独立丘，一个地块属于几个产权单位时称组合丘），调查的内容包括用地坐落、产权性质、等级、税费、用地人、用地单

房产测量规范

位所有制性质、使用权来源、四至、界标、用地用途分类、用地面积和用地纠纷等基本情况，调查结束后形成《房屋用地调查表》；房屋调查以幢为单元分户进行，调查内容包括房屋坐落、产权人、产别、层数、所在层次、建筑结构、建成年份、用途、墙体归属、权源、产权纠纷和他项权利等基本情况，调查结束后形成《房屋调查表》。

房产测量属于房屋买卖及房屋相关产权办理的基础，是权利人维护自身权益的前提和保障，因而加强房产测量研究具有重要意义。

房产测量中"幢"的划分。幢是房产调查的基本单位，也是房产要素测量的基本单位，在房产测量中对"幢"的概念进行明确的区分十分重要。"幢"区分的基本原则：

● 在同期规划、同期建设、同期验收理论上和实践操作中，同一幢楼应该是同期规划、同期建设和同期验收的，不同期规划、建设和验收的项目将各自独立，单独成幢。

● 地面以上部分的基础、结构应为统一整体作为同一幢楼。地面以上部分的基础、结构应为统一整体，具体是指房屋的各个部分结构相连，即各个部分的梁、柱、墙等相互连接在一起，不可分割。如果房屋各部分间互不相连，则可以将各部分独立分幢。

● 房屋所占用的土地应为同一产权人。根据有关规定，房屋所有权人与土地使用权人相一致的原则是房屋权属登记的基本原则。如果房屋所占用的土地分属于不同使用权人的多块土地，且各土地使用权人的土地权属清楚，则该房屋不能作为一幢处理。

● 有共同的共有共用设施。"幢"的划分，对广大产权人而言，最重要的是对共有建筑面积的分摊计算的影响。如果房屋各部分之间没有共同的共有共用设施，那么，无论是作为一幢还是作为多幢，对共有建筑面积分摊计算的影响可以忽略不计。

房屋面积测量DIY

如今，家庭房屋的装修装饰是一个备受关注的话题。家庭装修是把生活的各种情形"物化"到房间之中，所买房屋一般房间的设计业已完成，不能做大的调整了，所以剩下可以动的就是装修装点（大的装修概念包括房间设计、装修、家具布置、富有情趣的小装点）。因为生活是自己的，所以自己必须亲自介入到装修过程中，不仅在装修设计施工期间，还包括住进去之后的长期的不断改进，是件浩大而琐碎的工程。无论是大到地板、家具的定制还是几颗螺丝钉的购买，办理开工手续到组织水电、木工等多个工种的协调工作，都需要业主用智慧去整合。

在家庭装修中，最直接触及消费者个人利益的就是工程造价。其实影响工程造价的因素有很多，如材料的价格差异，施工工艺的难易程度，还有施工的工程面积的多少等等。其中在装修前进行工程面积的计算是尤为重要的，有些人会认为这是专业施工人员做的事情，其实不然。计算施工面积的方法是有章可循而且比较简单的，只要掌握了这些方法和注意事项就可以在装修的过程中做到心中有数，同时达到满意的效果。

下面介绍自测房屋面积的步骤。

步骤一：获取详细的标准层或自家所在楼层平面图。

根据详细的住宅平面图测量和计算才能方便而准确。平面图中应包括住宅的主要数据：各房间的轴线尺寸（即承重墙或柱的中心线之间的尺寸）和外墙的总尺寸，即两道尺寸线，还有各房间的使用面积。大部分住户都在标准层，测量和计算主要根据标准层图纸和面积。如果住宅所在楼层较为特殊，如底层、顶层，则要用所在楼层的图纸。为了测算一户面积，可以不对全楼的面积进行测算。

步骤二：测量和计算自家内部使用面积和建筑面积。

使用面积的测算。对房间内部测量所得到的尺寸，是房间轴线尺寸减去墙体厚度和抹面厚度的尺寸，不能作为面积中的尺寸。也就是说，根据这个尺寸算出的面积并非是使用面积。使用面积是按轴线尺寸除去结构厚度尺寸的房间内部尺寸计算的。一般来说，承重墙体是砖墙时，结构厚24厘米，寒冷地区外墙结构厚度为37厘米，混凝土墙结构厚度20厘米或16厘米，非承重墙12厘米、10厘米、8厘米不等。一般来说，轴线位于墙体的中间，中间两侧各为半个墙厚。白灰抹面厚度一般为2~3厘米。测量位置应在距地面1~1.2米高处。对于轴线尺寸360厘米的房间，测量结果应是360–20–2.5 × 2=335厘米。据此可推算出房间内部轴线尺寸360厘米，计算尺寸340厘米。尺寸误差如果在几厘米之内，说明抹灰厚度不准确、不均匀，一般不影响轴线尺寸和房间内部尺寸。

如果误差接近或超过20厘米则可能有问题。测量出房间两个方向的内部尺寸，相乘即得房间使用面积。门窗洞口的面积不计入使用面积。各房间（包括：门厅、过道、厅、卧室、厨房、卫生间、储藏室和壁柜、阳台等非固定结构围成的空间）使用面积之和为住宅总使用面积。

住宅内建筑面积的测算：将自家住宅与别家、公共部分的相接处沿轴线分开，自家轴线之间的总面积为住宅内的总建筑面积。其计算方法，一种是将总使用面积再加上各段墙体的结构面积，一种是直接计算自家轴线所围成的几何图形面积。但住宅内的总建筑面积在图纸中一般不标注，没有实质意义，仅供下一步计算整套住宅建筑面积使用。

在测量过程中要注意以下几个方面的问题。工具：到居室现场丈量房间的时候，一般需要的工具有：一把钢卷尺（长度最好为6米，如果太短需要分多次测量），几张A3或者A4白纸，一支铅笔和一块橡皮等。画图：首先，在白纸上把需要测量的居室用铅笔画出一张平面草图。这时候只需要用眼睛来观察，用手画简单草图，而不用钢卷尺测量。通常情况下是从居室的大门口开始，一个一个房间连续画完，把全屋的平面画在同一张纸上，注意不要一个房间画一张。居室中的门、窗、柱、洗手盆、浴缸、灶台等一切固定设备都要全部画出，而且墙体也要画出厚度。一般的草图不必太准确，只要样子差不多就可以了，不过也不能太离谱，比如长形画成方形，而方形却又画成扇形等。

画完草图之后才能开始测量工作。一般是打开卷尺放在墙边地面量，在每个房间内顺时针或者逆时针方向一段一段地量，而且每量一次就立刻用笔把尺寸写在图上相应的位置。另外，用同样办法测量立面的高度，也就是门、窗、空调器、天花板、灶台、面盆柜等的高度，都一一记录下来。

了解了房屋测量时的一些步骤和方法，就能够在装饰公司派人测量的时候进行监督并指出问题。此外，在装修过程中除了对于面积测量做到心中有数外，还要注意以下几个方面。

家庭装修中所涉及的项目大致分为墙面、天棚、地面、门、窗及家具等几个部分。

● 计算墙面面积。计算面积时，材料不同，计算方法也不同。涂料、壁纸、软包、护墙板的面积按长度乘以高度，单位以"平方米"计算。长度按主墙面的净长计算。高度：无墙裙者从室内地面算至楼板底面，有墙裙者从墙裙顶点算至楼板底面；有吊顶天棚的从室内地面（或墙裙顶点）算至天棚下沿再加20厘米。门、窗所占面积应扣除（1／2），但不扣除踢脚线、挂镜线、单个面积在0.3平方米以内的孔洞面积和梁头与墙面交接的面积。镶贴石材和墙砖时，按实铺面积以"平方米"计算；安装踢脚板面积按房屋内墙的净周长计算，单位为米。

● 计算顶面面积。天棚施工的面积均按墙与墙之间的净面积以"平方米"计算，不扣除间壁墙、穿过天棚的柱、垛和附墙烟囱等所占面积。顶角线长度按房屋内墙的净周长以"米"计算。

● 计算地面面积。地面面积按墙与墙间的净面积以"平方米"计算，不扣除间壁墙、穿过地面的柱、垛和附墙烟囱等所占面积。楼梯踏步的面积按实际展开面积以"平方米"计算，不扣除宽度在30厘米以内的楼梯井所占面积；楼梯扶手和栏杆的长度可按其全部水平投影长度（不包括墙内部分）乘以系数1.15以"延长米"计算。

面积算好后，再计算工作量也就有了依据。家居装修工程虽不大，但涉及工种较多，而且所用的材料也多，工程量的计算一般是根据施工中每个单价项目来计算所用材料的消耗量及人工工资消耗量。

其中材料的消耗量也是根据装修展开面积计算，然后加上合理损耗。而人工工资消耗量则是参照国家编制的施工人员标准定出来的，不同的工种作业工时标准不同，地域不同也会有所不同，而家庭装修工时计算比国家标准稍宽一点，因为家庭装修工种齐全、要求高、作业面小、工程量少。

施工面积和工程量都算出来了，再和装饰工程每个分项的单价（包括材料费、人工费、辅料费）相乘，即可得出分项价格，再把各分项工程的价格相加，大概要花多少钱心中就有了一个底，很多装修公司的综合报价就是利用这种计算方式。

● 不要盲目追求昂贵的材料。

如果用昂贵的天然大理石装饰居室的地面，那么"功能价格比"就可能不理想。因为天然大理石坚硬，特别是在我国北方的寒冷季节，坚硬光滑的地面使人觉得冰冷和肌肉收缩。对于年老体弱者和幼儿，在地面行走时容易打滑，在心理上缺乏安全感。又如，房间的家具和室内装饰应在档次、色调、线条等诸多方面尽量和谐。室内各部位的装饰在全部装饰中各扮其恰当的角色，某部位处理不当时可能会与整体十分不协调，甚至格格不入，从而导致其美学效果与昂贵的投资不成比例的结果。有的室内装饰，在装饰完工后才发现装饰材料的美学效果和功能效果方面具有副作用。如选用天然大理石装饰内墙，由于装饰工艺本身不仅是施工而且是一种艺术创作，在切割和镶嵌过程中必须考虑到天然大理石的纹理，处理得好时可收到好的艺术效果，但如镶嵌水平低可能弄得杂乱无章，不但无艺术魅力可言，反而显得粗俗甚至使人反感。

● 要了解某些材料对空气的污染和对人体的伤害。

目前市场上出现大量高分子装饰材料，这些新型装饰材料中有的对室内空气带来污染，有的塑料壁纸散发的气味使人恶心。有人甚至对某些高分子材料的挥发物过敏，以至影响情绪和食欲，或皮肤不适。还有，某些装饰材料虽然具有新颖性，如荧光材料等，但含有放射性元素，对人体也具有伤害作用。实际上，硫化氢、亚硫酸以及所属装饰涂料中的稀释对空气均有污染。装饰涂料的应用及其相应的装饰施工中，往往需在溶剂型合成树脂系列装饰涂料中掺入稀释剂以调整黏度，这些稀释剂含有混合二甲苯、酮、酯、醇以及这些材料的混合溶剂，这些溶剂不但有臭味而且易燃。特别是很多装饰涂料均含有某种剧毒成分或危险成分。某些环氧树脂腻子中的固化剂接触人体时还容易腐蚀皮肤。某些未经高温灭虫和去脂脱糖的禾秆类装饰材料，会导致出现虫害（白蚁、蟑螂和其他有害微生物）和鼠害。

● 要重视防火安全。

目前我国对市场出售的装饰材料的可燃性问题，尚缺少必要的标准要求。室内装饰是墙体的内面二次加工，特别是吊顶材料更容易被忽视其火灾隐患。如果所用材料不是阻燃的，一旦有火灾发生，室内装饰材料将首先被点燃着火，所以厨房中的屋顶以及内墙应尽量选用无机饰面材料。

● 要避免有些材料或工艺可能产生矛盾的效果或互相抵消装饰效果的现象。

如果在内墙上抹灰砂浆，其装修效果是功能上的吸收湿气（当室内湿度高时）和放出湿气（当室内干燥时），通常称此功能为"呼吸湿气功能"。这种"呼吸作用"对调节室内湿度和空气质量是十分有用的。若在这种内墙面上粘贴塑料壁纸，增加了一层胶一层壁纸之后会使自然呼吸作用的效果大为降低。这种作法是牺牲原来墙体内饰面的有益功能而换得表面化的装饰美。木质装饰材料具有天然优美的质感，但如果在其表面涂以碱性涂料便容易引起木质变色，故要求这种涂料的PH值小于7而具有一定的酸性。用泰国柚木和菲律宾松木制成的胶合板，涂饰白色涂料后便使原来的颜色变成深黄色，质感品位均被降低。又如，在房间内的灯光配置方面也应兼顾光源性质和家具、室内饰面反光性能的合理性。过分的亮度以及各种饰面的强烈反射可能形成"白亮污染"。这种光亮刺激若超过人的生理承受限度将会伤害人的眼角膜和虹膜，引起视力下降，增加白内障发病率等。这种"人工白昼"可能打乱人的正常生理节律。那种炫眼逼人的视觉环境还可能诱发人神经衰弱、失眠以及自控力差等。室内光线应柔和适度，还应注意也不要也将室内光线构造得过分阴暗，否则容易使人沉闷、忧郁，并且不利于保护视力。合理灯光环境应给人一种包含情感的视觉形象，这才是最理想的。

● 要注意装饰部位的特殊要求。

靠近电源处应避免使用导电装饰材料；静电积累过多叫能吸附灰尘，甚者可能导致放电引起火灾，主要活动过于频繁的部位其摩擦机会多，这些部位尽量选用不积静电的无机类陶瓷装饰材料。特别是厨房的各部位装饰材料，在保证易于清洗的情况下还应考虑是否具有火灾隐患。老年人和儿童活动多的部位，地面不应太滑。客厅中不宜装饰过多的镜面，应考虑到有的人不喜欢。

● 注意装修环保。

装修时一定要注意环保问题，这关系到人体健康。装修除了要美观外，最重要的还是要用一些环保材料，以及装修以后进行治理。

第11章

借我一双慧眼吧

三峡工程建设离不开测绘

三峡水电站大坝高185米，蓄水高175米，水库长600余千米，安装32台单机容量为70万千瓦的水电机组，发电量约占全国年发电总量的3%，水力发电的20%。它位于重庆市市区到湖北省宜昌市之间的长江干流上，是世界上规模最大的水电站，也是中国有史以来建设的最大型工程项目。

最早提出三峡工程设想的是我国伟大的民主革命的先驱孙中山先生。1918年，孙中山先生在《建国方略之二——实业计划》"改良现存水路及运河"一节中提出："自宜昌而上入峡行，……急流与滩石沿流皆是，改良此上流一段，当以水闸堰其水，使舟得溯流以行，而又可资其水力。其滩石应行爆开除去，于是水深十尺之航路，下起汉口，上达重庆，可得而致。"1924年8月，孙中山先生在广州国立高等师范学校礼堂作《民生主义》演讲时又讲道："像扬子江上游夔峡的水力，更是很大。有人考察由宜昌至万县一带的水力，可以发生三千余万匹马力的电力，像这样大的电力，比现在各国所发生的电力都要大得多……"这是我国最早提出梯级开发三峡、改善川江航道、结合水力发电的设想。但是直到1992年三峡工程上马，其间经历了70多年风风雨雨，这实际是人们不断地认识自然、认识长江的过程。

测绘科学在三峡工程建设中发挥着重要作用。在三峡工程的决策、规划阶段，为了查清三峡库区的土地承载能力，测绘部门曾3次利用卫星遥感资料进行野外调绘，面积达11.8万平方千米，并编绘了1∶10万《长江三峡地区土地覆盖类型遥感数据分类图》、《长江三峡地区土地利用现状图》、

《长江三峡地区土地自然坡度图》、《长江三峡地区土地资源评价图》和1∶5万《长江三峡植被图》，整理出了《三峡工程土地资源数据册》、《三峡地区土地自然坡度、高程和利用数据表》。在工程建设中，测绘技术在工程的统一测绘基准、地形图测量与更新、工程量宏观控制、土建工程、结构安装、大坝安全监测等很多方面得到广泛应用。

GPS用户接收机

三峡工程施工中还采用了全数字摄影测量技术、GPS技术、虚拟现实技术、全数字测绘制图技术等新技术。这些新技术的应用是提高施工测量质量的一项根本措施。主要表现在：

● 使用高精度的各类测绘仪器，布设高精度的控制网，或直接进行高精度的放样和检测，大幅度地提高测量的精度，满足三峡工程高质量的要求。

● 广泛应用全球卫星定位技术（GPS）进行控制网的布设和检测，比使用传统的测绘仪器便捷，节省时间，提高了工程进度。

● 采用航空摄影测量与地面摄影测量相结合，进行地形和断面测量。

三峡工程从1994年4月开始，每隔1至2年对全工地进行一次航空摄影测量，编制1∶1000地形图。有了这套地形图，并不断进行更新，就可以保证施工、监理和业主各单位的用图需要。

● 引进先进的数字摄影测量技术，进行摄影测量的数据处理。

1996年下半年，中国三峡总公司引进了一套先进的数字摄影测量系统，它包括：高精度的影像扫描仪、SGl02图形工作站和数字摄影测量软件；这就为快速处理摄影测量数据带来了极大的方便。三峡工程主体建筑物的建基面积很大，地质情况复杂，利用数字摄影测量工作站还可制作建基岩体影像图、开挖立面图等，以便在混凝土覆盖后仍能保留建基面的地质构造影像及其数学关系。

● 广泛应用计算机绘图。

在三峡工程中，几乎所有的施工单位、监理单位和业主单位在绘制地形图、断面图方面都已实现了计算机化。测制地形图已全部采用全站仪和记录模块进行外业工作，将测量的结果导入到计算机中，由绘图机输出精美的地形图。再将输出地形图利用扫描仪进行一些必要的处理后，存入地形图数据库或进行新旧地形图的拼接和更新十分方便。在三峡工地上已基本见不到手工绘制的地形图。

● 改进高程传递方法，应用光电测距三角高程和GPS测高方法。

过去在水利水电工程施工中，需要用几何水准的方法布设各等级的水准网，尤其是要布设大量的三、四、五等水准点，以满足各种高程放样的需要。在施工放样时，必须先用经纬仪放出平面位置，然后再用水准仪测定放样点高程。在三峡工程中，已经改变了上述的放样方法，在土建施工中大力推广使用光电测距三角高程，每一个三角点都提供三维坐标，因而可同时确定每个放样点的三维坐标。

三峡工程中测绘工作贯穿始终，其对测量精度要求之高，体现在四个"一流"：一流的质量，对施工控制网的质量要求，对建筑物体型的质量要求，对施工放样精度的要求；一流的技术，对施工测量广泛采用新技术的要求；一流的管理，对施工测量管理有序的要求；一流的规范，对测量资料规范化的要求等。

一个统一的高精度的施工控制网，是保证施工测量高质量的基础。三峡工程施工区范围广，建筑物众多，各个主体建筑物分别由不同的施工集团中标承建，有了统一的高精度的施工控制网，各个单项建筑物的测量控制都纳入这个统一的施工控制网中来，各个施工承包单位所有的施工测量都必须从这个统一的控制网出发，引测各种点线，这样各个主体建筑物就成为了一个有机的整体。

测绘精密之精髓体现，莫过于直接的数据表明。三峡工程施工控制网中平面网和高程网，测角中误差为±0.49，最大点位中误差±2.01毫米，高程点最大高程中误差不大于±1毫米。全网的专用控制点达到80多点，以利于提高放样精度。此外，大致两年一次的局部控制网复测保障全网精度。

"更立西江石壁，截断巫山云雨，高峡出平湖。"如今这个景象已经出现，2010年7月，三峡电站机组实现了电站1820万千瓦满出力168小时运行试验目标。

"小蛮腰"为何不闪腰

　　在珠江边、海心沙岛畔，耸立着一座无论从外观形态还是高度上都独一无二的电视塔——广州塔。它由上小下大的两个椭圆体扭转而成，在塔体中形成纤纤细腰，宛如扭身回望的少女，正所谓"美人若兮顾盼流离"，极富动感与深情，广州市民们更亲切地称之为"小蛮腰"。

　　广州塔，又称广州新电视塔，是一座以观光旅游为主，具有广播电视发射、文化娱乐和城市窗口功能的大型城市基础设施，为2010年在广州举行的第十六届亚洲运动会提供转播服务。塔整体高度达到600米，取代加拿大的西恩塔成为世界第一高自立式电视塔、世界第二高塔（目前世界第一高塔是位于美国北达科他州的KVLY电视塔），也成为广州的新地标。其中塔身主体450米（塔顶观光平台最高处454米），天线桅杆150米。广州塔于2010年9月29日正式对外开放。

　　广州塔的"小蛮腰"，是基于整个塔的外部钢结构体系由24根立柱、斜撑和圆环交叉构成。与传统电视

广州塔

发射塔"一杆穿一球"的造型相比，广州塔有点不像塔：由上小下大的两个椭圆圆心相错，逆时针旋转135°，扭成塔身中部"纤纤细腰"。塔底椭圆长轴方向与珠江方向一致，顶部椭圆长轴方向与城市新中轴线重合，寓意电视塔与城市环境和谐共生。其"纤纤细腰"椭圆长轴大小相差两倍，最小处直径只有30多米。2007年底"长出"地面40米，2008年完成主体结构施工，2009年装修，2009年底试运行，2010年完全建成，满足亚运会赛事转播和信息传输服务的要求。

　　广州塔整个塔身是镂空的钢结构框架，24根钢柱自下而上呈逆时针扭转，每一个构件截面都在变化。令人难以想象的是，钢结构外框筒的立柱、横梁和斜撑都处于三维倾斜状态，这对钢结构的构件加工、制作、安装以及施工测量、变形控制都带来很大的挑战。再加上扭转的钢结构外框筒上下粗、中间细，结构稳定性设计和钢结构精度计算非常复杂。整个建造过程中做了很多的试验、分析，比如风洞试验、钢结构节点试验、整体稳定试验、振动台试验；稳定性分析、承载力分析、变形控制分析。如何保证小蛮腰不闪腰？

　　测绘一如既往地为工程建设全程护航。广州塔倾注了大量科技工作者的心血和智慧，测绘工作亦功不可没。测绘技术——施工控制、变形监测等保障小蛮腰"不闪腰"。

　　首先，施工控制方面。塔身钢结构外框筒的24根钢立柱向上延伸，底部直径在2米通过缓慢地变坡，至外框筒顶端454米处直径为1.2米，其误差小于5毫米。又由于结构超高且构件均为空间三维倾斜，钢结构测量定位难度大。测量人员为了确保测量精度，测量时采用分级布网、逐级控制的方式进行，并对观测结果进行严密平差。再有因为广州塔区别于一般的整体垂直空间钢结构，它是由地下二层柱定位点沿倾斜直线至塔体顶部相应点，与垂直线夹角为5.33°~7.85°不等；环梁共有46组，采用弧线形式，环梁平面与水平面成15.5°夹角，故需要严格控制横梁上下位置和斜撑管口中心点的坐标。每个构件安装定位要很精确，钢结构的构件从落料、放样、成形、焊接、预拼等都要十分精确，才能确保454米处的误差小于5毫米。广州塔钢结构外筒结构造型复杂多变，是由24根倾斜立柱、斜撑、环杆编织而成的纤腰花篮形状。同时，高耸结构在强风、地震和温度变化作用下，容易产生过大的变形，从而危及结构安全。例如2007年8月4日，在建的上海环球金融中心发生火灾事故，2009年2月9日晚央视新大楼发生大火等，再次引发了人们对超高层建筑公共安全的关注。对高耸结构进行实时监测和诊断，及时发现结构损伤，对可能出现的灾害进行预测，被证明是有效的方法。

　　广州塔具有结构超高、形体奇特和结构复杂的特点，因而进行建造过程的施工监控与运营期间的健康监测具有十分重要的意义，而日照变形监测正是监测内容的重要组成部分之一。广州塔保证在施工阶段及竣工后结构的各种工作状态满足设计要求，评价其安全性能，并对其在施工期间和运营阶段结构是否受到损伤，以及损伤的程度进行监测，则需要建立一套完整的结构健康监测系统，进行实时在线监测。广州塔的施工主要是靠装配在核心筒顶部的两台塔吊来进行的，过大的顶部侧向变形会造成不利的施工荷载，也严重影响外筒钢结构吊装的精度，因此为确保塔体的水平位移在规范要求的范围内，同时指导施工，设计要求在电视塔施工过程中，进行全程日照变形监测。日照变形监测方案：①在电视塔结构施工期间，采用徕卡TCA1800全站仪进行观测。②广州塔主体结构封顶后，采用RTK-GPS技术进行观测。核心筒封顶后，由于高度和施工影响，利用全站仪无法观测到核心筒顶部的变形情况，采用两台高采样率徕卡双频GX1230GG型GPS接收机进行观测。流动站布置在塔顶最高点，参考站布置在地面广场强制对中控制点上。

广州塔的变形监测主要包括以下几个方面：

● 广州塔结构施工期间，根据施工进度，用高精度全站仪对核心筒进行每月一次的监测，每次监测从早上6时开始，每小时测量一次，这样获取的数据就具有可比性。

● 由于钢结构和混凝土材料膨胀系数差异，导致其变形并不完全一致，因此分析钢结构和核心筒的相对变形情况就显得非常重要。通过同时监测设定在钢结构和核心筒上的两个监测点发现，随着温度升高，核心筒和钢结构外框筒水平位移逐步增大，温度降低，水平位移逐步回到初始值，核心筒和钢结构外框筒由日照引起的水平位移变形趋势基本一致。

● 在核心筒封顶以后用RTK-GPS继续连续监测核心筒和钢结构外框筒，此次监测核心筒和钢结构外框筒均采用监测站（流动站），通过分析外筒和核心筒的合位移图、外筒和核心筒在X-Y平面内轨迹图发现外框筒和核心筒的水平位移变形基本一致，外框筒和核心筒变形均随温度的升高而增加，温度的降低而减小，并且具有周期性的变化规律。

广州塔的日照变形监测过程中，测量人员在施工中还是遇到了问题。由于钢结构受温度日照影响，同一根立柱安装到位后，在不同时段，理论中心坐标均不同。如气温在12℃时观测数据接近设计值的话，随着日照影响加剧到衰减，其余时段安装校正时的观测数据均与该值有偏差。为了确保施工质量同时满足施工进度，无可避免需要在理想校正时段外对安装构件进行及时定位。这就需要了解各时段立柱与理论设计值的偏差，得到一预偏差值，便于其余时段测量时进行误差分析。温度检测选择24根立柱长短轴不同区间5

根立柱进行分析，从早晨至晚上每隔1小时定时监测。监测结果表明：在8：30观测数据较接近设计坐标，随着温差变化，14：30~15：30区间变形显著，同一时间段不同钢柱由于悬挑长度不同、约束条件不同，变形成线性正比关系。

广州塔除了进行日照变形监测，在施工中还有倾斜钢柱焊接变形规律。施工人员要保证钢柱焊接变形后，柱顶坐标满足设计要求。在施工前期，他们集中对立柱进行焊接过程的变形监测。变形监测分阶段进行：立柱焊接阶段；斜撑焊接阶段；环梁闭环阶段。集中对一根立柱整个焊接过程进行间隔半小时的密集监测，并通过通讯设备及时将变形值进行反馈，及时调整焊接顺序。通过数据分析，掌握了倾斜钢柱焊接变形规律，形成了一套完整的焊接顺序，确保了钢柱焊接后柱顶坐标控制在设计允许范围内。

失之毫厘，谬以千里。严格的施工控制和科学的变形监测保障了广州塔这个"小蛮腰"的风姿卓越，屹立不倒，使它成为广州人的骄傲，心中信念的方向标。

鸟巢、水立方显风姿

如果说建筑是流动的历史，那么奥林匹克建筑就如同一本本打开的历史典籍，书写着奥林匹克运动的生动历史画卷。百年奥运为世界留下了无数与时代交相辉映的建筑奇葩，它们记载着人类追求和平、超越自我、挑战极限的历史足迹。2008年北京奥运会的场馆建设举世瞩目，在奥运会主办城市北京，共建设场馆31座，其中新建12座，改扩建11座，还有8座临时场馆。这些场馆带给人们巨大的惊喜与无限的遐想，更让世人通过它们一睹古老华夏的传统历史和文化，感受现代中国日新月异的巨大变迁，成为北京奥运留下的永恒的建筑遗产。

首先来看看北京奥运会的主会场—"鸟巢"。在北京城中轴线的北端，一个用树枝状钢网编织成的酷似鸟巢的宏大建筑，已成为北京的新地标。它位于北京奥林匹克公园中心区南部，为2008年第29届奥林匹克运动会的主体育场。工程占地20.4公顷，总建筑面积约25.8万平方米，檐高68.5米，东西长297米，南北长333米，屋顶呈东西高、南北低的马鞍形，外壳由约4.8万吨钢结构有序编织而成。内部是上中下三层碗状看台，观众坐席约为9.1万个，其中临时坐席约1.1万个。自从2008年奥运会后，它成为北京市民广泛参与体育活动及享受体育娱乐的大型专业场所。

鸟　巢

　　鸟巢的建设让世人称奇，就连国际奥委会主席罗格也对鸟巢赞不绝口。鸟巢的最大亮点是整个鸟巢建筑通过巨型网状结构互相连接，没有任何固定支架。在空间变化上的不规则性、多样性、复杂性以及超大规模，使得鸟巢各项测量工作难度大幅增加，不仅远远超出了传统工程测量的范畴，而且无工程先例可资借鉴。精湛的测量技术为鸟巢建设全程保驾护航，特别是测量技术中的施工测量在建设鸟巢中发挥了重要作用。在鸟巢中应用到的施工测量主要包括控制测量、构件现场拼装测量、桁架柱和桁架梁安装定位测量、次结构的安装定位测量、支撑塔架卸载变形监测及钢结构日照变形测量等。

　　由于鸟巢建设规模庞大，要求高质量及高精度，所以测量人员在整个施工过程中不断优化测量方案，分解测量步骤，将大量的设计数据测设到实地。鸟巢在传统的测量技术基础上，为保证工程的质量和精度，在施工时还引进现代工程测量新技术。除按照精密工程测量技术进行高精度施工测量外，还结合工程特点设计和制造了一些专用仪器和工具，并广泛应用卫星定位、激光扫描、电子计算机等众多技术，使工程实现了数据采集、计算、放样和数据处理的自动化、实时化，为鸟巢的信息化施工提供了强有力的测绘保障。应用新技术使鸟巢工程取得高效的成果。

　　其中在施工测量中取得的成果包括：应用卫星定位系统、全站仪及数字水准仪，快速建立了高精度三维工程控制网，大大提高了工程控制测量的成果质量与作业效率；应用智能化全站仪，实现了大型复杂工程设施快速、准确的空间放样测设；采用工业测量技术进行了复杂钢构件的组装测量；应用激光扫描等技术对大型及特殊钢结构的空间形态进行了精确测量，并对测量数据进行实时处理、分析与可视化表现，实现了信息化施工；建立了大型及特殊工程测量项目的管理体系和制度，确保工程测量成果的可靠性与完整性。

建设鸟巢工程是史无前例、没有经验可以借鉴的。由于工程复杂，在建设过程中遇到一些问题和困难，而测绘技术的应用将这些问题成功地解决。

● 在建设鸟巢工程之初，鸟巢开始吊装第一根钢柱，此时，测量人员遇到了钢结构组件吊装定位焊接的难题。钢结构组件状如树枝，每个组件的焊口少则五六个，多则十几个甚至几十个，每个组件的重量轻则数吨，重则几十吨甚至上百吨。按常规方法，应在台架上按设计要求的姿态焊接组装，再吊起组件与空中钢结构体焊接成型。已经吊装焊接成型的钢结构体会受光照、气温、风向、重力及自身内应力等因素影响，使预留的空间位置发生变化，且预留空间都分布在几十米的高空，待观测点截面又很小，用常规方法观测难以满足施工的要求，这时测量人员就用先进的激光扫描仪进行精确扫描，圆满地解决了这一技术难题，不仅大大提高了测量的精度和效率，还以大量精确的数据满足了信息化施工的要求。

● 在建设鸟巢的看台时，由于看台的结构混凝土柱均是属于斜扭柱体，在不同结构层上倾斜角与扭转的方向各不相同，且结构柱分布不规则，这使得斜扭柱体定位数据的计算过程非常烦琐，如按照常规方法计算，稍有不慎就会出现计算错误。为了解决这一问题，编制出了斜扭柱体定位数据的计算程序，使计算过程变得简单快捷，一天就能计算出上千个数据，从而大大地缩短了计算时间，减少了错误率，提高了工作效率，满足了施工的要求。再有鸟巢看台采用预制构件现场吊装，吊装就位时用4个螺栓和速凝剂进行加固，一次成型不做任何装饰，所以对精度要求非常之高。安装前要对其规格形式、安装工艺和安装条件进行调查和分析，对看台板的平面位置进行测量，将采集到的数据输入计算机，绘制成电子图，在电子图上预排看台板的位置，对误差大的看台板进行合理调整。同时，在电子图上将整个体育场的看台划分成若干施工区域，以区域为施工单元进行安装，严格控制好各区域之间的衔接。采用此方案削弱了累积误差，增加了施工作业面，避免了因返工造成人力与物力的浪费，缩短了工期，为施工提供了可靠的测绘保障。

● 鸟巢看台钢结构建设时需要建设钢结构支架来保护，当看台建设完成需要将钢结构支架卸载。卸载是钢结构施工的重要环节，即在钢结构合龙形成一个整体后，拆除在施工过程中搭建的临时支撑而使钢结构自主受力。2006年9月17日上午，鸟巢迎来了钢结构整体卸载完成的重要历史时刻。对78根临时搭建的支撑塔架进行分阶段整体卸载，使鸟巢钢结构逐步转换为自身承重状态，工作量非常大，难度前所未有。为了让鸟巢在卸载时均匀、渐进地自主受力，工程技术人员把卸载工作分为7大步，每一大步又分为5小步。

● 当鸟巢工程卸载时会对其屋顶造成影响，因为鸟巢巨大屋顶钢结构总面积约6万平方米，卸载吨位约1.4万吨，在卸载后会由于自重而产生一定的下降位移，且由于多种因素的影响位移量不可能与理论值完全符合，这是卸载工作的难点之一。为了确保鸟巢成功卸载，测量人员在卸载前进行了模拟测试。在整个卸载过程中，监测小组全体成员积极配合指挥部工作，在关键部位布设了数十个监测点，密切监测、及时判断每一步骤的钢结构位移变形情况，并对卸载过程作跟踪变形监测，及时提交监测成果，为确定每一个卸载动作提供了可靠的依据，为宏伟的鸟巢巍然屹立做出了应有的贡献。

再来看看奥运会的国家游泳中心——"水立方"，它位于北京奥林匹克公园内，是北京为2008年夏季奥运会修建的主游泳馆，也是2008年北京奥运会标志性建筑物之一。水立方占地7.8公顷，由5个游泳区组成，有1.7万个席位，却没有使用一根钢筋、一块混凝土，采用的是国内外首创的新型多面体空间钢架结构，墙身和顶篷都是用钢管和球形节点连接而成，用钢6000多吨，总构件数超过3万个，其中球形节点1.2万个。如果是搭一个传统的房子，就是横的梁竖的墙，都在一个平面上。而水立方为体现出不同形状的水滴充满整个空间的设计理念，以延性空间框架结构构成水滴的骨架，水滴的不规则形状决定了框架杆件空间变化的不规则性，且中间杆件的球形节点都是三维立体结构，空间位置变化多样。复杂的不规则多面体网架钢结构使水立方造型美观，但其技术难度及要求，在全国乃至世界都是罕见的，对施工测量的技术水平和精度都提出了新的更高的要求。特别是为保证各杆件和球形节点准确就位，要对不规则钢结构三维空间进行精确的定位测量，这是一个全新的技术课题。再有水立方都是用钢管和球形节点连接而成，如何完成钢结构的吊装就成了一大技术难题。如果先进行平面焊接，再吊装整体组合，多点空中定位连接的误差不好控制，而且累加的误差会像滚雪球般越积越大，工程质量无法得到保证。怎么办？最后决定采用测绘技术如GPS定

位、激光定位等多种办法。

初期，测量人员采用6台全站仪进行无棱镜观测。由于钢构件又大又重，且造型复杂，现场通视条件差，每天只能完成六七个节点。即使每天吊装10个节点，一年才能完成3650个，按照这个速度，3万多个构件的吊装任务"到2010年也完不成"，怎么可能保证工期呢？后经过研讨，反复论证，进行技术革新，大胆提出了"三维转二维"的技术课题，即将杆件节点的三维空间坐标分解为二维平面坐标和高程，用高精度全站仪对节点进行平面定位测量，用高精度水准仪控制其高程。与此同时，为了优中选优，找到最佳的测量控制方法，保证吊装速度和精度，最终确定了以球定杆的原则，即首先对球节点进行立体三维分解，划分角度，确定同一球上各杆件的水平夹角；然后量取球顶点到球与杆件连接处的距离，得到连接点并进行统一编号；再进行控制定位，按编号逐一焊接。3万多根杆件、1万多个连接球像堆积木似的快速而准确地拼插在一起，钢结构工程的进度突飞猛进，高峰时每天能焊接杆件200多根。

"三维转二维"技术的成功应用，使水立方工程高效、高质量地进行施工。随着数千吨脚手架和千斤顶被拆解撤场，水立方钢结构支撑体系成功卸载。卸载完成后，测量人员对水立方进行观测，结果表明水立方在脱离了支撑体系的保护之后，其钢结构体系完全达到了设计要求，实际沉降只有81毫米，远远低于沉降幅度240毫米的理论指标。这说明测绘技术发挥着至关重要的作用，关系到水立方工程建设的成功与否。

 ## 万里长城到底有多长

万里长城概况

长城始建于春秋战国时期，历时达2000多年，总长度达5320千米米以上。

春秋战国时期，各国诸侯为了防御别国入侵，修筑烽火台，并用城墙连接起来，形成最早的长城。以后历代君王几乎都加固增修长城。它因长达几万里，故又称作"万里长城"。

据记载，秦始皇使用了近百万劳动力修筑长城，人数占全国总人口的1/20。当时没有任何机械，全部劳动都由人力完成，工作环境又是崇山峻岭、峭壁深壑，十分艰难。

我们今天所指的万里长城多指明代修建的长城，它西起中国西部甘肃省的嘉峪关，东到中国东北辽宁省的鸭绿江边，古今中外，凡到过长城的人无不惊叹它的磅礴气势、宏伟规模和艰巨工程。长城是一座稀世珍宝，它象征着中华民族坚不可摧永存于世的意志和力量，是中华民族的骄傲，也是整个人类的骄傲。

"因地形，用险制塞。"是修筑长城的一条重要经验，在秦始皇的时候已经把它确定下来，司马迁把它写入《史记》之中。以后每一个朝代修筑长城都是按照这一原则进行的。凡是修筑关城隘口都是选择在两山峡谷之间，或是河流转折之处，或是平川往来必经之地，这样既能控制险要，又可节约人力和材料，以达"一夫当关，万夫莫开"的效果。修筑城堡或烽火台也是选择在险要之处。至于修筑城墙，更是充分地利用地形，如像居庸关、八达岭的长城都是沿着山岭的脊背修筑，有的地段从城墙外侧看去非常险峻，内侧则甚是平缓，有"易守难攻"的效果。在辽宁境内，明代辽东镇的长城有一种叫山险墙、劈山墙的，就是利用悬崖陡壁，稍微把崖壁劈削一下就成为长城了。还有一些地方完全利用危崖绝壁、江河湖泊作为天然屏障，真可以说是巧夺天工。

长城位于中国的北部，它东起辽宁胡山南，西至内陆地区甘肃省的嘉峪关。横贯辽宁、河北、天津、北京、内蒙古、山西、陕西、宁夏、甘肃9个省、市、自治区，它好像一条巨龙，翻越巍巍群山，穿过茫茫草原，跨过浩瀚的沙漠，奔向苍茫的大海。根据历史文献记载，有20多个诸侯国家和封建王朝修筑过长城，其中秦、汉、明3个朝代所修长城的长度都超过了1万里。现在我国新疆、甘肃、宁夏、陕西、内蒙古、山西、河北、北京、天津、辽宁、吉林、黑龙江、河南、山东、湖北、湖南等省、市、自治区都有古长城、烽火台的遗迹。长城是中国坚不可摧象征。长

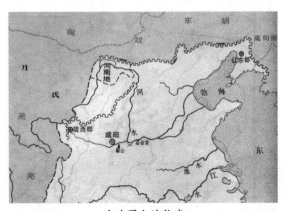

古地图上的长城

城，作为一项伟大的工程，成为中华民族乃至世界的一份宝贵遗产。

长城到底有多长

根据历史文献记载，我国修建长城超过5000千米的有三个朝代：一是秦始皇时修筑的西起临洮，东至辽东的万里长城；二是汉朝修筑的西起今新疆，东止辽东的内外长城和烽燧亭障，全长1.3万多千米；三是明朝修筑的西起嘉峪关，东到鸭绿江畔的长城。若把各个朝代修筑的长城总计起来，在5万千米以上。

由于时代久远，早期各个时代的长城大多残毁不全，现在保存比较完整的是明代修建的长城，也是我国历史上修筑的最后一道、修建规模最大、工程最坚固的长城。一般大家提的长城，主要指的是明长城。

长城究竟有多长？受测量方法、设备等的限制，很长一段时间大家都不知道明长城的长度、分布现状等情况，长城不仅仅是面墙，更是中国历史文化的瑰宝，是中国悠久历史的见证。量测和发布长城长度有利于引导社会使用权威的重要地理信息数据；同时，这些信息也是长城保护管理和科学研究的基础信息，对于保护和开发长城这一重要世界遗产，推进文物资源调查和保护工作信息化具有重要作用。

2007年5月，明长城资源调查工作先后在明长城沿线10个省区市全面展开。调查队员行程60万千米，于2008年10月全面完成野外调查工作，12月结束了以田野调查为基础的明长城长度量测。2009年4月18日，国家测绘局和国家文物局联合公布：明长城东起辽宁虎山（东经124°30′56.70″，北纬40°13′19.10″），西至甘肃嘉峪关，从东向西行经辽宁、河北、天津、北京、山西、内蒙古、陕西、宁夏、甘肃、青海十个省（自治区、直辖市）的156个县域，总长度为8851.8千米。其中：人工墙体的长度为6259.6千米；壕堑长度为359.7千米；天然险的长度为2232.5千米。

国家测绘产品质量监督检验测试中心出具的长城长度测量成果检验结论是："长度复核较差最大差不大于1‰，符合设计要求。"这是迄今为止最精确的量测结果。

8851.8千米，这个精确的长度到底是怎么测量出来的呢？

由于明长城测量是一个复杂的系统工程，要想精确地测量明长城的长度，首先必须明确哪些长城是明长城，只有"定性"准确，才能够"量测"准确。那么，明长城测量量的是什么呢？长城长度测量量的是长城坡面长度及其位置分布，即沿长城墙体上表面中心轨迹线的三维长度（包含天然险和壕堑），同时按照文物调查确定的长城墙体保存程度、材质等进行分类，统计明长城分类长度，比如人工墙体长度、天然险长度和壕堑长度。

与此同时，还要弄清楚长城的基本走向与分布，即哪些地区有长城以及长城的基本空间分布，并概略地采集这些长城的起点、止点、拐点、性质变化点等基本定位点信息。

此次测明长城的长度，是通过航空遥感、国家地理信息系统、GPS全球定位系统等测绘方法准确地测量，来确定长城的空间分布格局以及追踪已淹没的长城位置，最终得出长城的准确长度。

开始测量首先在飞机上装机载遥感器，沿着长城的走向，对地面物体进行拍照，把长城全部拍摄成1∶1万精度的正测影像图，测量人员通过相片识别长城的段落起止点和走向，借助田野调查成果和影像上地物间的相对关系，确定长城实际地理位置，进行现场量测。而对于除明代长城类属砖砌长城之外的土边长城和石砌的石边长城，量测意义更偏向于记录现状，加强保护，此类长城大多在险要地区，测量人员要用卷尺等器材依山量测，再利用GPS确定每段长城的经纬度，并拍照留下影像资料，记录长城现状。对于部分已经损毁长城，照片上无法表现的，文物人员结合考古方法分析疑似长城遗址的土壤，鉴定该地点土质年代，来准确确定长城的位置。通过对长城区域一定范围进行的高精度外业控制测量，就实现了将实地的长城搬到了"家里"。

长城

接着，使用立体测量的方法，参照影像上的长城资源调查成果如主要起点、止点、拐点、性质变化点，在室内的全数字摄影测量系统下沿长城的上表面立体量测长城的三维坐标（x\y\z），通过计算公式，得到长城的各分段的长度。借助GPS技术，可以很清楚地定位出长城的地理坐标和海拔高度。

测绘人员完成了长城各分段的立体量测以后，再由该段长城文物的实地调查人员进行检核，确保长度量测的科学与正确，通过签字的方式，共同对长度测量成果进行确认。明长城测量的整个过程实行统一的标准，在统一的技术指标与技术工作流程下，明长城沿线10省市区按照统一的技术标准测量了明长城的长度，得出了各省的长城长度，在通过分省的检查验收后，通过统计的方法就得出了长城的全国长度。

最后，便可将经过处理的数码长城，放到电子地图上，根据长城的经纬度和走向，并结合国家地理信息系统，重现长城在山川河流间飞舞的雄姿。

绝大部分长城在摄影测量、立体量测环境下都能准确识别长城段落起止点和走向分布，但一些消失的墙体、山险、水险等特殊长城墙体在立体环境下很难准确识别，主要借助田野调查成果和影像上周围地物分布情况，和文物调查人员共同确定量测位置。具体量测方法是：消失的长城墙体：田野调查认定消失的长城墙体，在影像上无法识别，参照长城田野调查中获取的GPS轨迹线、墙体调查表和调绘片，结合影像上周围地物特征，确定长城分布位置并沿地表面量测，如果只有消失段的起始点位置，同样按照两点之间地形起伏沿地表面量测，并由田野调查人员确认。

利用山体、河流等自然地物构筑的山险长城，按照田野调查的结果沿山脊线或水体中心线采集，山险墙则根据山险上人工修筑的痕迹进行量测。水险中长城走向和河流流向一致时，按照河流的中心线进行量测；长城走向和河流流向相交时根据田野调查在河流两岸确定长城墙体终结点位置，直接以直线方式连接两岸长城终结点作为水险。

明长城长度是明长城测量项目的一个阶段性成果，国家测绘局还利用现代测绘技术，生产出明长城沿线1∶1万比例尺数字正射影像图、数字高程模型、数字线划地图、专题影像地图以及长城空间分布图、明长城空间分布图、长城保存状况分布图等一批重要图件。这些资料以及长城田野调查阶段采集的多媒体等属性数据和田野调查数据，通过整合明长城资源信息数据库的目的，最终实现科学管理明长城资源调查与测量成果的目的。

城市地下管道面面观

什么是城市地下管道

随着我国城市化水平的迅速发展，许多城市已形成了规模庞大、错综复杂的地下管网体系，这是一个极其复杂庞大的系统。

那么城市地下管道到底是什么呢？

我们都知道抗日战争时期的地道战，那时人们的武器不利于在陆地上和敌人正面战斗，于是他们在地下挖了地道，当敌人进村扫荡时，乡亲们就进入地道里，跟敌人斗智斗勇，用智取的方式打败敌人。现代生活融入我们生活的高科技产品越来越多，而这些产品要进行共享的话，必须要有传播的媒介，所以各种输送的线和管道如雨后春笋般在城市的各个角落冒出，然而陆地表面的空间有限，同时为了安全和人们生活的方便，人们想到如果可以把这些输送的线和管道埋在地下多好啊，那样不但在陆地表面给我们腾出了活动的空间，而且也使得城市看起来不像蜘蛛网那么杂乱无章！于是，就开始了进行地下管道的设计和挖掘。

地下管网的频繁变更，大量的资料需要管理和处理，传统低效率的手工管理方式很难适应这种快速发展的需要。

从现代城市管理的需要出发，一个能快速提供真实准确的地下管网数据，并能实现快速查询、综合分析等功能，为城市管理和决策部门的日常管理、设计施工、分析统计、发展预测、规划决策等提供多层次、多功能、各种综合服务的地下管网信息系统，已在许多城市建立了起来。

一些测绘新技术，比如GPS技术、数字地图测量技术、地下管线探测技术和内外业一体化野外数据采集等技术的广泛应用，极大地促进了地下管网信息系统的成熟和发展。

修建地下管道中的测绘工作

有了测绘技术提供的大量实测数据，地下管道才可以顺利地进行挖掘和建造！

首先城市地下管网是一个极其复杂庞大的系统，其管道类型复杂，有给水、排水、煤气、电力、热力、电信以及工业管道等大致七种类型，另外地下管网的埋深不一、材料不同、年代不同、归属不同，有些管网数据早已失去资料。要将这些数据准确地测量出来，绝非易事。所以对地下管道进行测量是一个艰难而又巨大的工程，但是这并没有阻止我们测绘工作人员对这份工作的热爱，也阻挡不了他们要为祖国的现代化建设做一番贡献的决心！

地下管网的测量精度要求

建设地下管道不但要考虑到线路和输送管之间不能错乱，更重要的是要考虑到在挖掘地下管道时工人的安全以及地表的承受能力，对测量的数据的精度要求非常高，稍微一不谨慎就会出现人命关天的事故！按城市地下管线测量技术要求，管线探测精度如下：隐蔽管线点的探测精度，水平位置限差不大于 $\pm$（5+0.05h），埋深限差不大于 $\pm$（5+0.07h）（h为地下管线的中心埋深，以厘米为单位。按I级精度要求）。

管线点是指管线特征点及其附属物。管线特征点主要有：弯头、三通、四通、五通、预留口、分支、交叉、转折、变深、进出水口、起终点井、变径、出地、出露、进墙、进房等。管线附属物主要有：各种窨井、阀门、消防栓、放水口、水表、污水篦、人孔、手孔、变压器、接线箱等。

地下管网测量在技术上应注意哪些问题？

城市地下管网测量分为竣工前地下管线测量和竣工后地下管线测量。

● 竣工前地下管线测量

首先建立精度高、密度适宜、点位不易被施工破坏的平面和高程控制网是提高效率，保证质量的重要前提。

竣工前地下管线测量主要是通过直接测量管线特征点来完成管线测量工作，这种测量往往是边施工边测量，管线分布杂乱没有规律、没有预见性，施工后马上就将管线埋上，精度要求非常高，并且需要检核，以确保数据正确。由于是在施工现场进行测量，控制点不易保存，这时管线测量的特点，就是跟着施工走，施工一段，测一段，没有规律，每天可能要测多种管线，每种管线只测几个井，这就要求要及时将所测的点位展绘于设计图，进行比较是否一致，如果不一致，就要及时验算，找出问题所在，防止出错。

有的工程地下管线埋深达七八米，如果漏测、测错，覆土后，就无法补救，即使用物探的方法也很难准确地测出。测量这类管线就要求：测量后要及时复验，确保测量正确，没有丢漏。另外需要依设计图，将已测管线展绘、编号，防止编号错误。因为管线竣工前测量的特点是一天可能测多处，每种管线都测几点，如果不及时编号，很容易发生重号、错号的现象，出现质量事故。

● 竣工后地下管网测量

竣工后管线特征点全部埋在地下，需要用工程测量和探测的方法相结合将特征点的数据测定出来。

对于竣工后地下管线测量，首先可以采用一般工程测量的方法，比如采用全站仪、经纬仪、水准仪等布设测量控制网，然后对管线特征点定位，这些测量方法比较简单。

有些管线用常规的测量方法不可能确定其位置，这时就得用探测的方法。各种探测仪器反映的异常峰值处的直读深度，因受管线本身构成材料的影响、埋深的影响以及相邻管线感应电磁信号等的影响，探测深度与实际深度有时会有很大的差异，正确地选择探测方法是提高探测质量的有效手段。

● 地下管网测量的数据形式和获取方法。

地下管网测量可以为地下管网信息系统的建立提供数据，而这种数据主要包括两类。一类是图形数据，指描述管线各种特征点的数据，比如管线埋深、管径、水平位置以及三通、弯头、变径、窨井、阀门等数据；另一类是属性数据，比如描述管道的类型、制作材料、权属、敷设时间等数据。这些数据是成熟的地下管网信息系统所必备的，必须要准确地测量出来。

以上的介绍内容中我们知道，测绘在城市地下管道建设过程中起到非常大的作用，可以说测绘是地下管道修建工程的先锋队。

● 除了对地下管道进行测量，还有一项工程也十分重要，并且它和测绘是紧密相连的！那就是探测！

按探测任务，城市地下管线探测可分为市政共用管探测、厂区或住宅小区管线探测、施工场地管线探测和专用管线探测四类。这里仅介绍与非开挖地下管线施工有关的施工场地管线探测。

非开挖地下管线施工场地管线探测是在非开挖施工前进行的，其主要任务是查明施工场地有无已铺设的地下管线（包括给排水、燃气、热力、工业等各种管道以及电力和电信电缆）。

施工场地地下管线探测工作宜遵循下列基本程序：接受任务、搜集资料、现场踏勘、方法试验、编制技术设计、实地调查、仪器探查、建立测量控制、管线点连测、地下管线图编绘、报告书编写和成果验收。探测单一管种或工作量较少时，上述工作程序可以简化。

地下管线现场探测前，必须全面搜集和整理测区范围内已有的地下管线资料和有关测绘资料，包括已有的各种地下管线图；各种管线的设计图、施工图、竣工图及技术说明资料；相应比例尺的地形图；测区及其邻近测量控制点的坐标和高程。

施工场地管线探查的任务是在现场查清各种地下管线的铺设情况、在地面上的投影位置及深度，并在地面设置管线点标志，以便测量管线点的坐标和高程，或进行地下管线图的测绘。地下管线测量工作的任务是建立测量控制、进行管线点连测，测得管线的坐标和高程，进行地下管线图的测绘。探查和测绘是地下管线探测的两个紧密衔接的不同阶段，在实施时可以分工、配合。

我国地下管道的现状

现阶段，我国的地下管道建设基本上已经达到成熟期了，同时也建立了很多各种用途的管道，然而在地下管道的管理上还是不太成熟，甚至存在很多隐患！为此，测绘技术中的GIS（地理信息系统）在这个时候又派上用场了。现在在很多城市，相关部门都开始用GIS来对本城市的地下管道进行调绘和资料收集，致力于建立一个属于城市地下管道的数据库，那样管理起来既方便又有章法可循！

以数字化的城市地下管线管理是现代化城市管理的不可或缺的组成部分。目前城市地下管线的管理存在若干问题。例如，由于地下管线现状资料的缺漏和偏差以及传统管理方式的低效率，在施工中损坏地下管线从而导致停水、停电、通讯中断等事故的例子屡见不鲜；有些道路及管线工程无法按设计进行施工，不得不在现场修改设计方案的事也经常发生。

地下管线是城市的重要基础设施，它的安全运行是现代化城市高效率、高质量运转的保证。城市地下管线现状资料是城市规划、建设和管理的基础资料，只有尽快、全面、系统地掌握地下管线现状，才能为开发利用地下空间、地下工程的规划、设计、施工及运行管理等提供完整的基础数据。数字化的地下管线信息在制定切实可行、技术先进和经济合理的城市规划设计与管理方案中有着重要的作用。

很多地下管道信息管理的方法都在不断被研究和改进过程中，相信不久的将来，城市生活会更加美好！

失之毫厘，谬以千里
——反物质研究中的对撞测量精度的保障

什么是反物质

反物质是一种假想的物质形式，在粒子物理学里，反物质是反粒子概念的延伸，反物质是由反粒子构成的。物质与反物质的结合，会如同粒子与反粒子结合一般，导致两者湮灭并释放出高能光子或伽马射线。

1932年由美国物理学家卡尔·安德森在实验中证实了正电子的存在。随后又发现了负质子和自旋方向相反的反中子。2010年11月17日，欧洲研究人员在科学史上首次成功"抓住"微量反物质。英国《自然》杂志网站作了发布。2011年5月初，中国科学技术大学与美国科学家合作发现迄今最重反物质粒子——反氦4。2011年6月5日欧洲核子研究中心的科研人员宣布已成功抓取反氢原子超过16分钟。

反物质概念是英国物理学家保罗狄拉克最早提出的。他在20世纪30年代预言，每一种粒子都应该有一个与之相对的反粒子，例如反电子，其质量与电子完全相同，而携带的电荷正好相反（A）。且电子的自旋量子数是–1/2而不是正1/2。

自然界纷呈多样的宏观物体还原到微观本源，它们都是由质子、中子和电子所组成的。这些粒子因而被称为基本粒子，意指它们是构造世上万物的基本砖块，事实上基本粒子世界并没有这么简单。在20世纪30年代初，发现带正电的电子，是人类认识反物质的第一步；到了50年代，随着反质子和反中子的发现，人们开始明确地意识到，任何基本粒子都在自然界中有相应的反粒子存在。

反物质是正常物质的反状态。当正反物质相遇时，双方就会相互湮灭抵消，发生爆炸并产生巨大能量。能量释放率要远高于氢弹爆炸。

科学家认为，宇宙诞生之初曾经产生了等量的物质与反物质。后来，由于某种原因，大部分反物质转化为物质。再加上有的反物质难于被观测，所以，在我们看来当今世界主要是由物质组成。一些科学家提出，宇宙中存在由反物质构成的反星系，反星系周围存在微小的黑洞群。在衰亡时会放出低能反质子和反氦原子核。因此，观测宇宙射线中的反质子和反氦原子核，可以为反物质天体的存在提供证据。

欧洲航天局的伽马射线天文观测台，证实了宇宙间反物质的存在。他们对宇宙中央的一个区域进行了认真的观测分析，发现这个区域聚集着大量的反物质。此外，伽马射线天文观测台还证明，这些反物质来源很多，它不是聚集在某个确定的点周围，而是广布于宇宙空间。

反物质研究中的对撞测量

反物质就是正常物质的镜像，正常原子由带正电荷的原子核构成，核外则是带负电荷的电子。但是，反物质的构成却完全相反，它们拥有带正电荷的电子和带负电荷的原子核。爱因斯坦预言过反物质的存在。按照物理学家假想，宇宙诞生之初曾经产生等量的物质与反物质，而两者一旦接触

相对论重离子对撞机

便会相互湮灭抵消，发生爆炸并产生巨大能量。然而，出于某种原因，当今世界主要由物质构成，反物质似乎压根不存在于自然界。正反物质的不对称疑难，是物理学界所面临的一大挑战。

中国的反物质研究所始于上世纪80年代初，由世界著名的核物理学家赵忠尧担任技术顾问，因此西方称他为"中国反物质武器之父"。外界认为，赵忠尧是史上第一个发现反物质的物理学家。这个发现足以使他获得诺贝尔奖。但1936年，诺贝尔物理学奖授予了1932年在云雾室中观测到正电子径迹的安德逊，而不是1930年首先发现了正负电子湮灭的赵忠尧。安德逊也承认，当他的同学赵忠尧的实验结果出来的时候，他正在赵忠尧的隔壁办公室，他的研究是受赵的启发才做的。

反物质，正常物质的反状态，极不稳定而几乎不存在于自然界。研究人员8年前在实验室里制成反物质，但这些反物质一接触容器壁便瞬息湮灭。抓不住，便无从加以深入研究。

研究人员2002年在真空环境里造出反氢原子，但造出后不到片刻便已湮灭。如今，欧洲核子研究中心研究员首次成功"抓住"这种反物质。鉴于反

物质接触容器壁后便即消失，研究人员利用特殊磁场对反物质加以捕获。

丹麦奥胡斯大学教授杰夫·杭斯特告诉BBC记者，反氢原子具有"少许磁性"，"你可以把它们想象成罗盘指针，能够利用磁场探知它们的存在。我们制成一只强有力的'磁瓶'，在里面造出反物质"。另外，反氢原子运动速度不能太快，否则便难以捕获。杭斯特所在研究团队花费5年时间，设法让反氢原子温度降至0.5开氏度，相当于零下272.65摄氏度，即接近绝对零度，使反氢原子处于低能量状态。"如果它们运动得不至于太快，那么就算被'抓住'了"，杭斯特说。

精密测量是反物质研究中的对撞测量精度的保障

🌐 小知识：精密工程测量是采用非常规的测量仪器和方法，使其测量的绝对精度达到毫米级以上要求的测量工作；是指以毫米级或更高精度进行的工程测量。

重要的科学试验和复杂的大型工程，例如高能加速器设备部件的安装、卫星和导弹发射轨道及精密机件传送带的铺设等，都要进行精密工程测量。除常规的测量仪器和方法外，常需设计和制造一些专用的仪器和工具。计量、激光、电子计算机、摄影测量、电子测量技术以及自动化技术等也已应用于精密工程测量工作中。

精密工程测量技术包括精密的直线定线、测量角度（或方向）、测量距离、测量高差以及设置稳定的精密测量标志。

定线的精密测量：通常用精密经纬仪进行，以其望远镜的视准面为基础，从而测定目标点的横向偏离值。要求高精确度时可用专用的准直望远镜。

精密的测角：角度（或方向）用经纬仪测量。观测时要用适当的方法减少或避免望远镜调焦误差及其他仪器误差的影响，要选择或创造良好的观测条件以削弱外界因素的不良影响，要尽量减少仪器和目标偏心差的影响，必要时可在观测成果上加入仪器竖轴倾斜改正数及测微器读数的行差改正数。

精密的测距：较短距离的精密测量，主要用因瓦合金制成的线尺或带尺，配备特制的对中设备和读数显微镜进行。丈量时尺子的拉力要保持恒定，可采用空气轴承的滑轮或刀口支承，要提高读数的精度，可应用读数显微镜或专门的精密机械测微装置，使读数误差减少至微米级。

精密的测高：测量高差通常用精密水准仪进行。当视线短至5～10米时，测量高差的精度可以达到 0.05毫米左右。用带有机械测微装置的精密水准器安装设备时，测量相距不到 1.5米的两点高差精度，可以达到0.01毫米左右。

精密工程测量要在相应的标志上进行。平面标志应能使测量仪器在标志上面精确就位。为此常采用某种强制对中装置。例如球与圆柱孔配合的对中装置，可使仪器在标志上的对中误差小于0.1毫米，精密研磨的轴与轴套匹配的装置，可使对中误差小于0.01毫米。在精密工程测量工作中，要求标志与设备或设备基础精确地、牢固地连接。一项工程要有若干个绝对位置非常稳定的平面和高程基准点，最好用基岩标志作为基准点；在软土地区可用深埋钢管标志作为高程基准点，用倒锤作为平面基准点。倒锤的标志锚固在地表下几十米深处，标志上系一根柔性丝，用浮力把它向上拉紧。丝上任何一点的平面坐标与地下标志的平面坐标完全一致。

在较大的施工场地上，通常先设置一系列精密控制点作为放样的依据，以使繁多的部件精确安装在设计位置上。高程控制一般采用水准网。平面控制网可以是测角网、边角网、测边网等。也可以布设三维网，同时测定各点的平面坐标和高程。控制网的形状常受工程形状所制约，例如线形工地上宜布设直伸形网，环形工地上宜布设环形网。精密工程控制网常有较多的多余观测，提供可靠的校核并提高测定待定点坐标和高程的精度。

在反物质研究中，若要对研究中的对撞粒子的质量或速度进行测量的话，一般的测量技术和测量仪器是没法用的，因为反物质的质量很小，速度很快，在研究中稍微不注意，就会很天大的差别，这不但给实验的结果带来偏差，更严重者可能会产生安全隐患。所以，在反物质研究中，必须应用精密的测量技术和精密测量工具，而且我们在测量的时候要十分谨慎。

第三篇　航空航天摄影

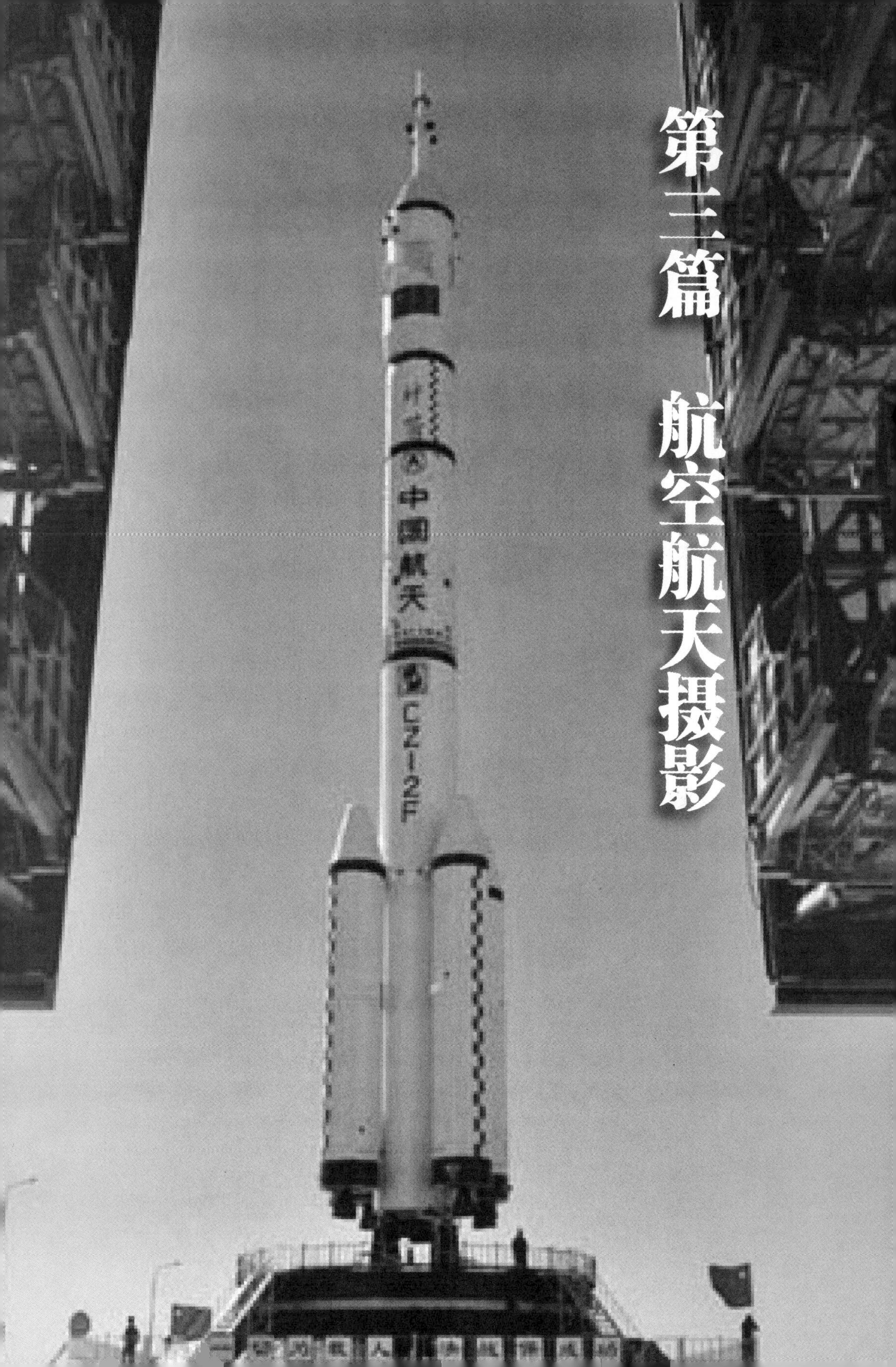

第12章

飞行家的伟大发明

——航空摄影测量

 航空摄影测量知多少

2008年5月12日四川汶川发生地震时，武汉大学利用遥感飞机缩小了军方的失事飞机高度怀疑区，减少救援的区域进而为救援争取时间。这时，大家可能才听说遥感飞机、航空摄影测量这些名词。那什么是航空摄影测量呢？

到现在摄影测量学已有200多年的历史了。其实摄影测量在最开始并不叫摄影测量学而叫图像量测学。到了1837年，发明摄影技术后，才叫摄影测量学。数学家勃兰特早在18世纪就论述了摄影测量学的基础——透视几何理论。1839年，法国报道了第一张摄影像片的产生后，摄影测量学开始了它的发展历程。19世纪中叶，法国陆军上校劳塞达利用所谓"明箱"装置，测制了万森城堡图。劳塞达被公认为"摄影测量之父"。这才是摄影测量的真正起点。

在航空技术发展之后，摄影测量学被称作航空摄影测量学。然而，从空中拍摄地面照片，最早是1858年纳达在气球上进行的。1903年莱特兄弟发明了飞机，使航空摄影测量成为可能。第一次世界大战期间第一台航空摄影机问世。由于比地面摄影具有明显的优越性，航空摄影测量成为20世纪以来大面积测制地形图最有效的快速方法。

摄影测量就是利用摄影技术摄取物体的影像，从而识别此物体并测求其形状及位置。摄影测量发展至今可分为三个阶段，即模拟摄影测量、解析摄影测量、数字摄影测量。

● 模拟摄影测量

19世纪中叶，当时摄影测量采用的是图解法逐点测绘。直到20世纪初，才由维也纳军事地理研究所按奥雷尔的思想制成了"自动立体测图仪"，后来由德国卡尔蔡司厂进一步发展，成功地制造出实用的"立体自动测图仪"。由于这些仪器均采用光学投影器或机械投影器或是光学—机械投影器"模拟"摄影过程，用它们交会被摄物体的空间位置，所以称之为"模拟摄影测量仪器"。因此，这一发展时期也被称为"模拟摄影测量时代"。在这时期，能够用来解决摄影测量主要问题的全部的摄影测量测图仪，实际上都以同样的原理为基础，这个原理可以称为"模拟原理"。仪器虽冠以"自动"二字，但它只是说能够避免烦琐的计算，即利用光学机械模拟的装置，实现了复杂的摄影测量解算。但它并不是不需要人工来观测。摄影测量技术的发展可以说基本上是围绕开发十分昂贵的立体测图仪来进行的。到了20世纪六七十年代，这种类型的仪器发展到了顶峰。

● 解析摄影测量

电子计算机的出现和自动控制技术、模数转换技术的实用化，为摄影测量立体测图仪的发展提供了新的技术条件。Helava于1957年提出了摄影测量的一个新概念，就是用"数字投影代替物理投影"。所谓"物理投影"，就是指"光学的、机械的或光学—机械"的模拟投影。"数字投影"就是利用电子计算机实时地进行共线方程的计算，从而交会被摄物体的空间位置。

解析摄影测量是依据像点与相应的地面点间的数学关系，用电子计算机解算像点相应地面点的坐标并进行测图解算的技术。在解析摄影测量中，利用少量的野外控制点，加密测图用的控制点或其他用途的更加密集的控制点的工作，叫做解析空中三角测量，也称为电算加密。电算加密和解析测图仪的出现标志着摄影测量进入解析摄影测量的时代。解析测图仪比模拟测图仪的进步成果有三点：①前者使用数字投影方式，后者使用模拟的物理投影方式。②在仪器设计和结构上，前者为由计算机控制的坐标量测系统，后者使用纯光学、机械型的模拟测图装置。③在操作方式上，前者是计算机辅助的人工操作，后者是完全手工操作。

● 数字摄影测量

用影像相关术代替双眼观测，实现真正的自动化测图，采用数字方式实现摄影测量自动化，这样，摄影测量发展到了数字摄影测量阶段。随着数字图像处理、模式识别、人工智能、人工神经元网络、专家系统和计算机视觉等学科的不断发展，以及计算机性能的快速提高，数字摄影测量被公认为摄影测量的第三个阶段。数字摄影测量就是以数字影像为基础，用电子计算机进行分析和处理，确定被摄物体的形状、大小、空间位置及其性质的技术。数字摄影测量与模拟、解析摄影测量的最大区别在于：它处理的原始信息不仅可以是像片，更主要的是数字摄影或数字化影像，它最终是以计算机视觉代替人眼的主体观测，因而它所使用的仪器最终将只是通用计算机及其相应外部设备。

摄影测量三个发展阶段从时间上来看没有严格准确的划分，但基本上，在20世纪50年代早期，没有计算机，那时的摄影测量就是要避免计算，对于制图和影像输出都采用模拟技术来实施。20世纪60年代早期出现第一批数字式计算机，但摄影测量还是没能跳出传统摄影测量的范围。因此，以上时期属于模拟摄影时期。到了20世纪70年代，正射影像和解析测图仪的出现，标志着解析摄影测量时代的到来。当时的摄影测量仪器制造业没有参与软件的研制而且没有严格地考虑硬件，这种情况持续了10年。随着计算机技术的发展，促进了数字制图和计算机图形学的发展，同时遥感也逐渐发展，最终到了80年代左右，开始了数字摄影测量的发展。

我国的摄影测量历史最早可追溯到1902年，当年的北洋大学曾用进口的摄影经纬仪做过建筑摄影测量试验。而我国的航空摄影测量开始于1931年6月2日，浙江省水利局航测队与德国测量公司合作进行首次航空摄影，他们摄取了钱塘江支流浦阳江36千米一段河道的航片，其中用的航摄是比例尺为1∶2万，而航摄完成后，他们将航片制作成像片平面图，这标志着我国航空测量的开端。再到1931年8月，国民党政府在参谋本部陆地测量总局正式成立航测队。这个队在此后的几年里，主要测制了中国局部地区1∶1万和1∶2.5万军事要塞图，以及湘黔、成渝一带1∶5万地形图。

航空摄影得到飞速发展是在1949年中华人民共和国成立以后，我国大规模的经济建设和国防建设急需地图资料，这时航空摄影进入飞速发展阶段。为了新中国的经济建设等，国家测绘局、林业、农业、地质、铁道、石油、水利等部门都积极开展了航空摄影。在1980年前，我国利用航空摄影测量采用分工法和全能法测图主要制作1∶2.5万~1∶10万各种比例尺地形图，1980

年后，利用解析和数字摄影测量方法，全国范围主要制作1：5万地形图，各省市主要制作1：1万和1：5000地形图，城市则是制作1：1000和1：2000地形图，构成各类GIS的地形数据库。

21世纪初，当数码摄影仪面世之后，城市大比例尺航测制作正射影像图得到了迅速发展，现在已经发展到制作三维城市电子地图。目前，我国已经构建了1：100万～1：25万和1：5万全国空间数据库，包括的数据产品有DOM、DEM、DLG和DRG四类，还有地名数据库和土地利用数据库等，各省市已经或正在建立1：1万全省空间数据库。许多大中城市已建立了1：500～1：2000空间数据库。这些都成为构建"数字中国"、"数字省区"和"数字城市"的重要基础。特别是随着国家西部大开发战略的实施，2006年国家测绘局启动了西部测图计划，使用了一批新设备、新技术、新航空航天遥感影像，将改写我国西部200多万平方千米无1：5万地形图的历史。

我国摄影测量发展的历程中，要特别指出的是，中国科学院资深院士王之卓教授是中国摄影测量与遥感学科的奠基人。他的一生都在为研究摄影测量学奋斗，他的研究成果推动了我国摄影测量的发展。①首先他提出了航空摄影测量中的微分关系公式，推导了在地形起伏地区可获得较高解算精度的航摄像片相对定向元素计算公式。②20世纪60年代初，他首先提出了利用电子计算机进行解析法摄影测量加密的理论与实施方案，并建立了航带法空中三角测量的基本公式。③70年代末，他又率先提出了全数字自动化测图的构想，随后领导了全数字自动化测图理论与方法的研究，推动了中国摄影测量技术的变革。

了解了摄影测量发展的三个阶段及我国摄影测量的发展历程，下面具体地谈谈航空摄影测量。

航空摄影测量是利用飞机或其他飞行器所载的摄影机在空中拍摄地面像片，在专门的仪器上测绘地形图的摄影测量工作。简称航测。航测适用于各种比例尺测图，在工程勘察测量中，航空摄影测量一般指大比例尺1：500、1：1000、1：2000、1：5000～1：1万）航测，主要应用于工厂、矿山的设计和规划。大比例尺航测工作分为空中摄影、航测外业和航测内业三部分。

（1）空中摄影是利用飞机装载专门的航空摄影机，根据设计的飞行计划，布设若干航线或单一航线，按严格的航摄要求对测区地面进行摄影覆盖，以获得测区的航空像片。航空摄影机像幅为23厘米×23厘米，旧式摄影机为18

厘米×18厘米。焦距有300毫米、210毫米、152毫米和88毫米等几种。它有控制系统，可按一定的时间间隔作连续摄影。（2）航测外业，它包括像片控制测量和像片调绘等工作。①像片控制测量，它是按规定的位置和数量选择像片的点并连测其坐标和高程的测量工作。像片的点一般选用像片上明显的地物点。大比例尺测图一般利用目标清晰、精度高的直角地物目标或点状地物目标作为像片控制点。②像片调绘，它是按相应比例尺成图的要求，带像片到实地调查实地是否有像片上的点，如果这些点存在就在像片上标注地物、地形要素和地理名称等，供内业测图时使用。（3）航测内业，它包括解析空中三角测量和地形原图测制。

航空摄影测量的测图方法主要有三种，即综合法、全能法和分工法。①航空摄影测量的综合法是摄影测量和平板仪测量相结合的测图方法。地形图上地物、地貌的平面位置由像片纠正的方法得出像片图或线划图，地形点高程和等高线则用普通测量方法在野外测定。它适用于平坦地区的大比例尺测图。②航空摄影测量的全能法是根据摄影过程的几何反转原理，置立体像对于立体测图仪内，建立起所摄地面缩小的几何模型，借以测绘地形图的方法。全能法测图的仪器是立体测图仪。立体测图仪的结构均须有投影系统、观测（观察和量测）系统和绘图系统等几个主要部分。立体测图仪自1930年问世以来，发展到20世纪60年代达到高峰，以后主要是发展仪器外围设备，例如电子绘图桌、正射投影装置以及坐标记录装置等。电子绘图桌有多种功能，可以自动地做某些内容的绘图工作。③航空摄影测量的分工法（微分法）是按照平面和高程分求的原则进行测图的一种方法。使用的主要仪器是立体量测仪。

再来看看航空摄影机。航空摄影机是安装在飞机上对地面能自动进行连续拍摄的摄影机。最初使用的航空摄影机是光学摄影机。它是一种结构复杂、具有精密全自动光学及电子机械系统的装置，能进行各种比例尺航测成图，具有优秀的几何色彩还原性和卓越的操作稳定性。

随着数码技术与数字摄影测量的发展，数码航空摄影机自从在2000年ISPRS（国际摄影测量与遥感学会）大会上亮相，到2004年伊斯坦布尔大会上成为热点，已经逐步取代光学航空摄影机，成为航空摄影数据的主要传感器。莱卡ADS40是第一款真正投入使用的商业化数字航空摄影测量系统，在测绘、精细农业、海岸资源勘查和管理方面得到了广泛的应用。ADS40有三组全色波段的CCD阵列，每组两个CCD机并排放置，CCD间有存在半个像素的错位，每个CCD有1200个像素。

我国利用数码航空摄影机，自主研制 SWDC的国产新型数字航空摄影仪器。SWDC的核心是4台高档数码相机，并配备有测量型GPS接收机、GPS航空天线、航空摄影管理计算机、地面数据后处理计算机和大量的航线设计、空中定点曝光控制、监控和后处理软件。SWDC的关键技术是多相机高精度硬件拼接和虚拟照片生成技术、无人值守的精确GPS定点曝光技术和高精度GPS单点定位技术。科技部、国家测绘局组织的鉴定认为，SWDC系列数字航摄仪产品

SWDC数字航空摄影仪

高程精度指标国际领先，整体技术指标达到国际先进水平。它为空间信息获取与更新的重要技术手段，填补了国内空白。SWDC投入使用以来，在国家基础航空摄影工作特别是西部测图工程中发挥了重大作用。

最后来看看航空影像。航空摄影测量完成后得到的图像是航空像片，又称航摄像片，种类很多。按摄影机结构和成像方式分为画幅式、全景式和连续条带式。画幅式航空像片又可按像幅大小分为小像幅，如7厘米×7厘米；标准像幅，如18厘米×18厘米和23厘米×23厘米；大像幅，如23厘米×46厘米。按摄影机在曝光瞬间的姿态，分为竖直摄影、倾斜摄影和垂直摄影3种。按影像比例尺分为超小比例尺、小比例尺、中比例尺、大比例尺和超大比例尺等。按感光胶片的感光特性分为全色、彩色、全色红外、彩色红外和多波段航空像片。其中，全色、全色红外和单波段多波段均为黑白航空像片；彩色航空像片有天然色和由多波段片合成的近似天然色两种；彩色红外和由多波段片假彩色合成的均是假彩色像片。就用途而言，画幅式测量摄影机摄取的全色黑白航空像片，主要用于地形测图，其他各类航空像片多用于各种专题判读与制图。

抗震救灾，测绘显力量

2008年5月12日14时28分，四川汶川县发生8.0级强烈地震。晴天霹雳，风云变色。这是新中国成立以来破坏性最强、波及范围最大的一次地震。截至2008年9月25日12时，汶川地震已确认69227人遇难，374643人受伤，失踪17923人。汶川地震造成的直接经济损失8451亿元人民币。

灾难无情人有情，在灾害面前，测绘能做些什么呢？

首先测绘提供灾区地图，为救灾提供全程保障。

大地震发生后，成都军区测绘大队接到命令为抗震救灾提供测绘保障任务。为确保数据处理及时迅速，作业队人员以业务尖子为组长分三班编队，全天24小时冒着余震，人停机不停地进行数据处理。大队积极协调，及时将上级意图传达到业务组织者，业务技术处组织有序，任务分轻重缓急，重点突出，沟通及时，上下工序衔接紧密，使多工序任务以最短时间并行展开，节约了整体任务完成时间。

随着抗震救灾进程的深入，所提供测绘保障的重点各有不同：

第一阶段，5月13日，用图保障。第一时间需要给抗震救灾指挥部提供整个灾区的大图，以便于部署整个的救援工作。国家测绘局提供各种和灾区及四川有关的地形图。随后，国家测绘局紧急部署国家基础地理信息中心提供了四川省全省、都江堰、汶川等市县行政区划图和卫星影像图等。成都军区测绘大队赶制了军事交通布图和纸图。布图是用绸缎做的，携带方便，不容易损坏，便于部队在急行军等运动中使用，为救援部队第一时间挺进北川、汶川等地震核心区域提供保障。

第二阶段，5月14日，灾后影像图。灾后的受损情况如何？道路的塌方、滑坡地段都在哪里？这急需灾后的影像图来加速救灾的进度。国家测绘局联系了三颗卫星

地震后汶川县航空影像图

对准汶川，同时组织了两架用于航摄的飞机在南充机场待命。当航片拍摄完成后，成都军区测绘大队遥感信息队不分昼夜地赶制灾后的卫星影像图，便于部队、医疗卫生队等救援人员确定救灾方向。

汶川地震灾区航空影像图绘制完成后，利用遥感的相关技术对图像进行整理、编制等得到灾后遥感影像图，并与地震前的遥感影像图对比，可看出汶川受灾的情况及范围。

测量人员利用同样的测绘技术绘制地震的二次灾害影像图，分析二次灾害的位置及范围。

汶川县地震前的遥感影图像　　　　　　汶川县地震后的遥感影像图

第三阶段，5月15日，空投点坐标。空投救援物资给受困群众，是很重要的救灾工作，那么，空投目标点如何确立呢？由于空投大都是在雾里、在地标不是很明显的情况下进行，加之很多飞行员都是来自不同地区，对当地地形等情况不了解，于是提供空投点的坐标就成为了重中之重。在指挥部确定空投地点后，测绘大队马上进行查找、解算，把所得出的经纬度、坐标等

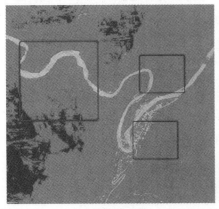 

北川县灾前影像　　　　　　　　　　北川县灾后影像

数据第一时间传过去，飞行员就根据这些数据来确定空投的具体方位。

第四阶段，5月20日，堰塞湖分布图。堰塞湖成为了"悬湖危机"，唐家山堰塞湖更是牵动了全国关注的目光。大队紧急为救援指挥部提供34个堰塞湖分布、具体方位等情况的航片，并做成专门的地图提供给有关部门，帮助除险工作进行。

截至6月2日，成都军区测绘大队完成总部下达的任务：（1）提供《四川省1：25万全要素数字地图》拼幅基础数据2GB。（2）接受原始影像100个条带，共计数据量1300GB；完成普查并制作堰塞湖专题影像图112幅；完成全面影像覆盖图1180幅。（3）利用框架图数据制作完成地震灾区堰塞湖分布图14幅，转绘标注45个堰塞湖点位，打印120余幅堰塞湖分布图。（4）印刷震区小全开卫星影像图9幅，共计9035张；印刷震区灾后影像图37幅，共计18500张。（5）为总参谋部北斗定位保障分队提供车勤保障，行程遍及整个灾区2000千米。

成都军区测绘大队完成军区下达的任务主要有：（1）印刷《四川省军事交通图》2100张，其中布图700份，纸图1400份。（2）为成都军区联合救灾指挥中心提供《四川省灾情和兵力部署图》、《四川省军交运输保障图》等大挂图4幅。（3）向陆航团空投救援物资解算、提供空投点坐标17个。（4）配合成都军区信息中心保障工作，大队每天派专人带车日夜兼程到绵竹、北川等灾区运送保障用图，先后为54军、20军、海军陆战队等单位运送图幅2吨，累计行程1万千米。（5）设计、印刷16开《"5·12"汶川特大地震灾区地理简况》共计300册、《震后心理辅导手册》2000册。

在提供测绘保障服务的同时，成都军区测绘大队也积极参与一线的救灾行动：截至5月23日18时，大队共出动人员900人次、车辆110台次、工程机械353件，在都江堰幸福镇、蒲阳镇、龙池镇、虹口乡的25个村执行抗震救灾任务，总行程3000余千米。

在灾后重建工作中，测绘技术同样发挥着重要作用。

一是航空摄影。在已完成灾区航摄面积约1万平方千米的基础上，100天之内完成极重灾区约11万平方千米1：2万比例尺航空摄影，为灾情评估、灾后重建规划等提供阶段性基础地理信息服务。灾后第二、三年，在极重灾区约12.6万平方千米区域开展一次1：2万比例尺航空摄影，为灾后重建各项工作提供基础地理信息服务。

二是空间定位基础建设。包括8项主要工作：第一，灾区测绘应急控制体系建设。在灾区建立临时GPS运行站10个、GPS B级观测点14个、GPS C级观测点18个，建立极重灾区临时测图平面定位基础。构建灾区独立高程系统，满足紧急测图的需要。待地质活动稳定、国家水准联测后，再进行整体改算。第二，全省平面、高程体系恢复及重建。极重灾区的控制体系已完全损毁，必须全部重建。在全省其余地区，对已有控制体系进行全面检测，局部损毁的进行恢复及重建。第三，在重灾区21个县城500平方千米、254个乡镇800平方千米，总面积约1300平方千米的区域，采用航测法生产1∶2000比例尺数字正射影像图、数字线划图、数字高程模型。第四，在灾区12.6万平方公里区域测绘1∶1万比例尺数字正射影像图4500幅，在灾区除高山、城镇以外的区域测绘1∶1万比例尺数字线划图、数字高程模型约1500幅图。第五，利用灾区12.6万平方千米范围内最新的航摄影像数据，对1∶5万比例尺地形图进行全面更新。第六，开展汶川地震极重灾区地理信息数据集成及建库工作。对极重灾区1∶2000至1∶5万比例尺基础地理信息数据进行集成并建库，对灾区灾后重建不同阶段的测绘基础地理信息数据进行科学管理，为灾后重建各阶段的评估、分析、规划、决策等提供基础地理信息支持。第七，建设汶川地震极重灾区地理信息系统。通过该系统对极重灾区不同阶段、各种尺度的基础地理信息数据及各种专题数据进行检索、查询、对比分析，为各级政府提供决策支持。第八，建立健全四川省测绘应急保障服务体系。主要包括基础地理信息共享法律、法规及制度建设，应急数据整理、建库、集成，快速遥感影像纠正系统建设，应急图件制图系统建设，数据快速传输及存储系统建设等。

测绘技术贯穿于汶川抗震救灾、灾后重建全过程，它为汶川抗震救灾及灾后重建提供及时、有效的测绘保障，是新中国测绘工作者为经济建设和社会发展、防灾减灾、人民生活提供可靠服务的一个缩影。

 ## '98抗洪，测绘显神威

1998年，长江全流域爆发了百年一遇的特大洪水。它造成全国共有29个省（区、市）遭受了不同程度的洪涝灾害，受灾面积3.18亿亩，成灾面积1.96亿亩，受灾人口2.23亿人，死亡3004人，倒塌房屋685万间，直接经济损失达

1666亿元。

特大洪水灾害面前，广大测绘工作者应用测绘技术，准确地监测了沿江干堤的移动与变动数据，将GIS与RS相结合绘制了各地区洪水期影像图，应用"4D"技术建立各种洪水模型，及时为防汛部门提供了各种地形图、水位变化图等图件，为领导和技术专家准确地判断险情，拟定具体抢险措施，做出决策提供可靠的科学依据。

● 测绘新技术在大坝变形观测中的应用

1998年7月26日，武汉市勘测设计院接受市防汛指挥部的命令，对龙王庙长1200米和中华路长1100米等地段进行变形监测。该院投入了100多人次，4台GPS接收机，5台全站仪，3台精密水准仪，8台汽车，进行了44天以2小时为一周期的快速变形监测工作。变形监测的主要内容是对龙王庙、中华路险段大堤在洪水高水位运行期间的水平位移、垂直位移、防水墙裂缝、地面裂缝等进行监测，准确地测定其变形的大小、方向、规律。那测量人员是怎样进行监测的呢？

根据高水位的不同方面对洪水变形监测使用下面三种方法：①GPS卫星定位监测方法是利用高精度GPS接收机，在监测点上设站进行同步观测，接收24小时运转的卫星信号，通过精密解算，获得不同时间段监测点位的水平位移与垂直位移。② 精密测量方法是用精密水准仪监测点位的垂直位移，全站仪测定水平位移。③应急测量方法是在江堤危险期间，采用在垂直于江堤方向，远离监测点一定距离的稳定地段设站，连续观测基准点到监测点的水平距离和高差，从而准确测定监测点垂直于江堤方向上的水平位移和垂直位移。

洪水监测完成后，得到高水位的水平位移和垂直位移的监测精度分别为2～3毫米和1～2毫米，裂缝的大小和相对位移的监测精度达0.1～0.2毫米，从精度上可察觉大堤的微小变化，先后5次对较大的形变进行预警，为大堤的稳定性、安全性和防洪决策提供了依据。

● 隔河岩大坝变形监测

1998年长江特大洪水一共出现七次高峰，第四、六次洪峰出现时，隔河岩水库要与其错峰，导致库内水位猛涨。在超过正常蓄水位的险要关头，测量人员使用GPS自动监测系统及时准确地测出大坝的变形数据在设计允许范围内，从而给隔河岩水电站防汛的领导和专家吃了"定心丸"，并大胆用此数据决定将水蓄至可能的最高限水位滞留清江来水，从而大大地"减轻了长江沿线的防洪压力，为荆江河段分洪做出了突出贡献"。什么是GPS自动化监测系统？

隔河岩水电站是一项具有特殊意义的大型水电工程，对于消除清江中下游的洪涝灾害，避免清江洪峰与长江洪峰的相遇以减轻长江荆江段及下游的防洪压力具有十分重要的意义。为此，湖北清江水电开发公司与武汉测绘科技大学合作，研制了大坝外部变形GPS自动监测系统，以便对坝面的各监测点进行全天候、连续、同步的三维变形监测，并实现数据采集、传输、处理、分析、显示、存储、报警全过程的自动化。该系统由数据采集、数据传输及数据处理、分析和管理等三个部分组成，整个系统采用局域网络来完成。

● 亚毫米级精度大坝变形自动监测系统

该系统是一种新型测定机器人，是瑞士徕卡公司TCA型自动跟踪全站仪与国内多项研究成果与专利技术相结合的产物。它是在计算机控制下，由三套高精度自动测距系统、永久性设置在监测点上的反射棱镜与控制软件构成，主要用三边交会的方法自动、连续、精确地测定各监测点的三维坐标及其变化，满足了大坝变形监测提出的各项严格要求。该系统已成为警卫千百座大坝安全的忠实卫士。

● GIS与RS在抗洪抢险中的应用

运用数字遥感图像信息融合技术将获得的洪水期雷达图像数据与常水位TM图像数据及数字地图进行融合、叠加处理，研制了一套洪水期影像图，包括1998年湖北省特大洪水遥感影像图、武汉洪水期影像图、洞庭湖区洪水期影像图。这套影像图采用不同的色彩，直观、清晰、全面、准确地反映出河流和湖泊在平时与洪水期不同的区域范围，通过影像图可以知道洪水淹没的范围、原因，计算出淹没的面积，了解灾情和损失的大小等，并为研究抗洪救灾对策和日后减灾防灾、开展水利治理提供了宝贵资料。

● "4D"技术在防洪救灾中的应用

"4D"的术语源自美国联邦地质调查局，指的是数字高程模型（DEM）、数字正射影像（DOM）、数字栅格地图（DRG）和数字线划地图（DLG）。生产"4D"系列产品的技术称为"4D"技术，其特点之一是以栅格数据为基本形式，兼容矢量数据，特点之二是容易实现多重信息的高难度配准，可以准确地叠加显示出空间基准的影像、栅格图形和矢量图形，以便高效率地比较和综合多重信息。"4D"在防洪中表现形式有洪水表面模型、洪水深度模型、防洪工程DLG、高通设施DLG、土地利用与覆盖DRG、经济分布DRG、财产DRG、灾害DRG、雷达影像水情图、淹没区影像图等等。在1998年抗洪抢险中应用如下：

① 在1998年建立的湖北省防汛信息服务系统中，纳入了水文、气象、水利工程等信息，并利用高精度E-DEM，进行了决堤虚拟演示。

②1998年7～8月利用直升机对湖南洞庭湖、湖北长江沿线和江西鄱阳湖淹没区进行航空摄影，获得了长江第四次洪峰的淹没线和重点被淹没城市的影像，将淹没线影像与DOQ叠合，制作了淹没区灾情显示图，由此资料结合DRG计算出各淹没区的淹没面积、淹没村镇、道路以及超过警戒水位以上的洪水蓄贮量，这些数据在防洪调度和防洪实战指挥中发挥了作用。

 ## 西部开发，测绘先行

我国东南沿海地区经济发展飞速，西部高原地区经济发展缓慢，为缩小各地区的经济发展差距及拉动西部地区的经济发展，1999年中国西部大开发战略正式出台。西部大开发的范围主要包括重庆、四川、贵州、云南、西藏、陕西、甘肃、青海、宁夏、新疆、内蒙古、广西12个省（区、市），总面积约672.4万平方千米，有汉、藏、回、蒙、维吾尔、苗、壮等50多个民族，是我国少数民族集聚的地区。

西部大开发分以下三个阶段：

奠定基础阶段：2001~2010年。重点是调整结构，搞好基础设施、生态环境、科技教育等基础建设，建立和完善市场体制，培育特色产业增长点，使西部地区投资环境初步改善，生态和环境恶化得到初步遏制，经济运行步入良性循环，增长速度达到全国平均增长水平。

加速发展阶段：2010~2030年。在前段基础设施改善、结构战略性调整和制度建设成就的基础上，进入西部开发的冲刺阶段，巩固提高基础，培育特色产业，实施经济产业化、市场化、生态化和专业区域布局的全面升级，实现经济增长的跃进。

全面推进现代化阶段：2031~2050年。在一部分率先发展地区增强实力，融入国内国际现代化经济体系自我发展的基础上，着力加快边远山区、落后农牧区开发，普遍提高西部人民的生产、生活水平，全面缩小差距。

在西部大开发战略实施过程中，测绘工作发挥着国民经济建设基础性、先行性作用。

地形图是国家经济建设、社会发展和国家安全必不可少的基础图件。在我国西部南疆沙漠、青藏高原和横断山脉地区，由于气候、环境、交通等条件和以往测绘技术装备水平的限制，尚有200余万平方千米的国土没有1∶5万地形图，形成1∶5万地形图空白区。该空白区涉及四川、云南、西藏、甘肃、青海、新疆等六省区，占陆地国土面积的21%。而地图上的"空白区域"严重制约着西部大开发战略的实施和区域经济协调发展的脚步，制约着以信息化带动工业化战略的实施。伴随着西部大开发和国家可持续发展战略的实施，西部基础设施建设规划、设计和施工，资源调查与开发，生态建设和环境保护，反恐反分裂、维护边界安全以及西部科学文化的进步，都对1∶5万地形图提出了十分迫切的需求。资源开发、生态保护、工程建设，都需要测绘先行。

2003年1月，国家测绘局开始了关于国家经济建设与国防安全的地理信息保障系统的调研，重点进行我国西部1∶5万地形图空白区测图的调研工作。2003年8月，国家测绘局正式开展西部1∶5万地形图空白区测图工程的关键技术试验工作。2004年1月，开始进行测图工程的需求调研分析工作。2004年5月，开始《我国西部1∶5万地形图空白区测图工程项目总体方案》的编写工作。2005年6月，《我国西部1∶5万地形图空白区测图工程项目总体方案》正式立项工作。2006年，国家测绘局组织西部测图工程，国家投资16.5亿，进行西部"无图区"的1∶5万地形图测绘工作，项目执行时间为5年，从2006年至2010年，进度与计划安排如下：

1	2006.1~2007.6	三江源
2	2006.4~2007.2	青藏铁路沿线
3	2007.1~2009.6	青藏高原东部
4	2007.1~2009.6	塔里木东部
5	2008.1~2010.6	塔里木西部
6	2008.1~2010.12	青藏高原西部
7	2008.1~2010.12	阿尔泰、喀喇昆仑山
8	2008.1~2010.6	横断山脉

西部1∶5万地形图的空白区域，大部分为自然环境恶劣、气象变化无

常、地势险峻、交通困难的地区，还涉及大片无人区和部分生命禁区。在此地开展测绘活动，应用传统测绘技术真可谓难上加难，只有应用先进的数字化测绘技术，利用卫星遥感影像、航空航天摄影等手段才能完成高海拔地区的这一重大测绘工程。

卫星遥感影像在西部测图工程中的应用：先在计算机中，把条带卫星影像裁成图幅，一张图幅大概400平方千米，经过计算机预处理和测量，布控2到3个坐标点，也是下一步实地测量的点位。下一步，测量人员接到上一步预测的图纸后，按照图中的布控点，到实地利用GPS测出这些点位的准确坐标，同时将沿途的地物地标，比如山川、河流、道路等用统一标准符号标注在图上，即调绘。第三步，在计算机中将结果集成叠加后，一张地形图即制作完成。一般最后成图是带有高程的立体图，或者叫三维影像，它是将测得的各种数据和影像图叠加在一起构成的。西部测图工程中的科技创新，还包括多源遥感数据获取技术、西部困难地区的测图控制难点技术、稀少或无控制的航空航天遥感影像测图技术、合成孔径雷达影像测图技术、地形图地物要素的综合判调技术、西部困难地区的综合制图技术。

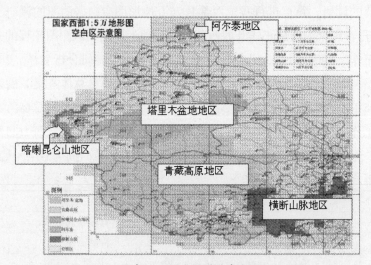

西部1：5万地形图的空白区

西部测图工程大量应用了手持GPS（全球卫星导航系统）。在没有明显目标的广阔西部地区，利用手持GPS进行导航、定位，给在实地工作的测绘工作者带来了极大的方便。本着科技创新、成果创新、管理创新、安全创新的要求，西部测图工程项目部组织开发了具有自主知识产权的卫星安全监控系统。在西部测图工程中，利用海事卫星电话、先进的网络技术以及计算机系统组成了西部测图安全监控系统，实现了对进入测区的人员和车辆随时进行监控定位，确保生产和人身安全。

手持GPS

西部测图工程实施5年来，已取得累累硕果：已经完成西部200多万平方千米测图区域的调研踏勘、5032幅1：5万地形图像控点测量和影像调绘以及1230幅数字线划图、数字正射影像图、数字高程模型、地表覆盖数据、制图数据、建库数据的制作和地图印刷；完成了2735幅图内业测图；建设了8个GPS连续运行站和22个临时连续运行站，获取了航空航天遥感影像872万平方千米，7个公共平台建设初具成效；开展了基础地理信息数据库和综合数据库建设等。部分成果已经在测绘援藏和援疆工作、石油开采运输、矿产资源勘探开发建设、环境生态监测、水利电力建设工程中发挥作用。

谁给太阳结构拍照片

后羿射日的故事，大家耳熟能详。古代的人们只认识太阳，对于太阳结构根本没有意识。随着科技的发展，人们开始对太阳的结构产生兴趣。

太阳是太阳系的中心天体，是太阳系里唯一的一颗恒星，也是离地球最近的一颗恒星。太阳是一颗中等质量的充满活力的壮年星，它处于银河系内，位于距银河系中心约10千秒差距的悬臂内，银道面以北约8秒差距处。太阳的直径为139.2万千米，是地球的109倍。太阳的体积为141亿亿立方千米，是地球的130万倍。太阳的质量近2000亿亿亿吨，是地球的33万倍，它集中了太阳系99.865%的质量，是个绝对至高无上的"国王"。太阳是个炽热的气体星球，没有固体的星体或核心。太阳从中心到边缘可分为核反应区、辐射区、对流区和大气层。太阳能量的99%是由中心的核反应区的热核反应产生的。太阳中心的密度和温度极高，它发生着由氢聚变为氦的热核反应，而该反应足以维持100亿年，因此太阳目前正处于中年期。太阳大气的主要成分是氢（质量约占71%）与氦（质量约占27%）。太阳和地球一样，也有大气层。太阳大气层从内到外可分为光球、色球和日冕三层。光球层厚约5000千米，我们所见到太阳的可见光，几乎全是由光球发出的。光球表面有颗粒状结构——"米粒组织"。光球上亮的区域叫光斑，暗的黑斑叫太阳黑子，太阳黑子的活动具有平均11.2年的周期。从光球表面到2000千米高度为色球层，它得在日全食时或用色球望远镜才能观测到，在色球层有谱斑、暗条和日珥，还时常发生剧烈的耀斑活动。色球层之外为日冕层，它温度极高，延伸到数倍太阳半径处，用空间望远镜可观察到X射线耀斑。日冕上有冕洞，而冕洞是太阳风的风源。日冕也得在日全食时或用日冕仪才可观测到。当太阳上有强烈爆发时，太阳风携带着的强大等离子流可能到达地球极区。这时，在地球两极则可看见瑰丽无比的极光。

上述太阳结构示意图是近代观测的结果，所使用的观测方法是天体观测。那什么是天体观测呢？

天体测量学是天文学中最古老也是最基础的一个分支，主要是测量恒星的位置和其他会运动天体的距离和动态。它是传统科学中的一个子科目，后来发展出以定性研究为主体的位置天文学。天体测量依观测所用的技术方法和发展顺序，可以分为基本的、照相的、射电的和空间的四种。它是把已经精确测定位置的天体作为天球上各个区域的标记，选定坐标轴的指向，就可以在天球上确定一个基本参考坐标系，用它来研究天体在空间的位置和运动。这种参考坐标系，通常用基本星表或综合星表来体现。以天体作为参考坐标，测定地面点在地球上的坐标，是实用天文学的课题，用于大地测量、地面定位和导航。地球自转的微小变化，都会使天球上和地球上的坐标系的关系复杂化。为了提供所需的修正值，建立了时间服务和极移服务。地球自转与地壳运动的研究又发展成为天文地球动力学，它是天体测量学与地学各有关分支之间的边缘学科。天体测量学的这些任务是相互联系，相互促进的。

天体测量学的历史，在西方可以追溯到依巴谷，他编辑了第一本的星表，列出了肉眼可见的恒星并发明了到今天仍沿用的视星等的尺标。现代的天体测量学建立在贝塞耳的基本星表上，这是以布拉德雷在西元1750~1762年间的测量为基础，提供了3222颗恒星的平均位置。接下来具体地介绍天体测量的发展历程。

古代天体测量的开端是古时候人们为了辨别方向、确定时间，创造出日晷和圭表来。古代天文学家为了测定星星的方位和运动，又设计制造了许多天体测量的仪器。通过对星空的观察，将星空划分成许多不同的星座，并编制了星表。通过对天体的测量和研究形成了早期的天文学。直到16世纪中叶，哥白尼提出了日心体系学说，从只是单纯描述天体位置、运动的经典天体测量学，发展成寻求造成这种运动力学机制的天体力学。到18世纪末，人们已经掌握越来越多有关恒星的知识，但有一个很重要的问题还留着空白，那就是恒星究竟有多远？

19世纪30年代，终于由德国天文学家贝塞耳等人找到了答案。贝塞耳是个杰出的观测人才，他是天体测量学的奠基者，在测量恒星的距离上表现更为突出。他采用视差的方法来测量恒星距离，这就需要选择一颗比较近的合适的星作为观测对象。贝塞耳所选择的是天鹅座61号星，这是颗肉眼刚能看到的不太亮的星，它的自行比较大，说明它很可能是颗距离比较近的星。另外，天鹅座61号星的赤纬比较高，一年中的大部分时间里都可以对它进行观测。这样一来，天鹅座61号星满足观测要求，他从1834年9月开始对这颗恒星的位置进行观测和测量。而且贝塞耳在数学、天文学方面的贡献很多。他测定过木星的质量，在日食和彗星理论上有建树，在地球形状理论方面的成就是提出了贝塞耳地球椭球体。他不仅重新订正了《布拉得雷星表》，还编制了到9等星为止的、包括75000多颗星的基本星表，这就是由后人加以扩充、出版的著名《波恩巡天星表》。

航天时代到来，天体测量技术的提高与天体力学方法的改进更是相辅相成，互相推动。例如，研究人造卫星和宇宙飞行器的轨道，研究地球和月球运动的细节，都需要天体力学与天体测量学的配合。对恒星的位置、自行和视差观测所得到的恒星的空间分布和运动状态的资料，是研究天体物理学，特别是研究恒星天文所需的基本资料。对银河系结构、星团和星协动力学演化、双星系统和特殊恒星的研究及宇宙学的研究，都需要依据大量的天体测量资料，这就对天体测量学提出更高的要求。目前的天体测量的手段，已从可见光观测发展到射电波段，以及红外、紫外、X射线和γ射线等波段的观测；在观测方式上，已由测角扩展到测距；观测所在地已由固定天文台发展为流动站、全球性组网观测以及空间观测；观测精度正在走向千分之一角秒和厘米级；观测的天体也向星数更多、星等更暗的光学恒星、星系射电源和红外源等扩展。可以预期，现代的天体测量学不但能以厘米级的精度完成实用天文学的任务，建立更理想的基本参考坐标系，进一步推动天文地球动力学的研究，而且还能提供十分丰富的基础资料，为天体物理学、天体演化学和宇宙学的新理论开辟道路。

了解了天体测量及其发展过程，那怎样利用天体观测对太阳结构进行测量呢？

天体观测对不同对象测量使用不同仪器设备。对太阳进行测量时采用哈勃太空望远镜。太空望远镜（Space Telescope）又叫光学望远镜，是天文学家的主要观测工具之一，大多数天文学上用的光学望远镜，都是由一片大的曲面镜代替透镜来聚焦，这样可以确保灵敏的探测器能够最大限度收集从遥远星球发出的光线，而透镜则会在光线通过时把其中的一部分吸收。1990年发射的哈勃太空望远镜是在地球上空飞行的一个光学望远镜，它可以避免地球因为大气层干扰而使得图像模糊不清的困扰。

哈勃望远镜采用组合望远镜设计。太阳光线从筒口进入望远镜，然后从主镜反射到副镜，副镜再把光线从主镜中心的一个小洞反射到主镜后面的焦点。焦点处有一些更小的半反光半透明镜子，将光线分散到各个科学仪器。哈勃望远镜的镜片由玻璃制成，表面镀上纯铝（厚度为0.076微米）和镁氟化物（厚度为0.025微米），可反射可见光、红外光和紫外光。主镜重828千克，副镜重12.3千克。通过观测天体光线的不同波长或光谱，可以得知该天体的多种特征或属性。哈勃望远镜所配置的多种科学仪器均采用电荷耦合器件（CCD）而非摄影胶片来捕捉光线。CCD可用于立体相机，它是一种光敏半导体器件，其上的感光单元将接收到的光线转换为电荷量，而且电荷量大小与入射光的强度成正比。这样，CCD将探测到的光线转换成数字信号，然后将其存储在望远镜

哈勃太空望远镜

CCD相机

上的计算机中，并发回地面。这些数字数据随后经过计算机的处理后被转化成图像，就成了那些令人惊异的图片。

无人机在做什么

随着美国在伊拉克战争中使用无人机，无人机开始出现在大众视野中。无人机是通过无线电遥控设备或机载计算机程控系统进行操控的不载人飞行器。无人机结构简单、使用成本低，不但能完成有人驾驶飞机执行的任务，更适用于有人飞机不宜执行的任务，如危险区域的地质灾害调查、空中救援指挥和环境遥感监测等。

早期无人机出现在1917年，其中无人驾驶飞行器的研制和应用主要用作靶机，应用范围主要是在军事上。后来逐渐用于侦察及民用遥感飞行平台。20世纪80年代以来，随着计算机技术、通讯技术的迅速发展以及各种数字化、重量轻、体积小、探测精度高的新型传感器的不断面世，无人飞机搭载多种传感器，性能不断提高，应用范围和应用领域迅速拓展。世界范围内各种用途、各种性能指标的无人机的类型已达数百种之多，应用于国土环境资源普查、气象科学研究和自然灾害监测等多个领域。

无人机按照系统组成和飞行特点，可分为固定翼型无人机、无人驾驶直升机两大种类：①固定翼型无人机通过动力系统和机翼的滑行实现起降和飞行，遥控飞行和程控飞行均容易实现，抗风能力也比较强，类型较多，能同时搭载多种遥感传感器。起飞方式有滑行、弹射、车载、火箭助推和飞机投放等；降落方式有滑行、伞降和撞网等。固定翼型无人机的起降需要比较空旷的场地，比较适合矿山资源监测、林业和草场监测、海洋环境监测、污染源及扩散态势监测、土地利用监测以及水利、电力等领域的应用。②无人驾驶直升机的技术优势是能够定点起飞、降落，对起降场地的条件要求不高，

固定翼型无人机

无人驾驶直升机

其飞行也是通过无线电遥控或通过机载计算机实现程控。但无人驾驶直升机的结构相对来说比较复杂，操控难度也较大，所以种类有限，主要应用于突发事件的调查，如单体滑坡勘查、火山环境的监测等领域。

无人机低空遥感监测系统是一种高机动性、低成本的小型化、专用化遥感监测系统。它以无人驾驶飞行器为飞行平台，以高分辨率遥感设备为机载传感器，以获取低空高分辨率遥感数据为应用目标，具有对地快速实时调查监测能力。传统的卫星遥感和普通航空摄

V750无人飞机

影成本高、受天气等因素影响比较大，与之相比，无人驾驶飞行器遥感系统既机动灵活又经济便捷。随着功能的不断完善，无人机低空遥感监测系统可广泛应用于土地利用动态监测、矿产资源勘探、地质环境与灾情监测、地形图更新与地籍测量、海洋资源与环境监测以及农业、林业、水利、交通等部门，尤其对车船无法到达地带的环境监测、有毒地区的污染监测、灾情监测及救援指挥，更具有其独特的优势。其具体特点：

● 机动快速的响应能力。无人机系统运输便利、升空准备时间短、操作简单，可快速到达监测区域，机载高精度遥感设备可以在短时间内快速获取遥感监测结果。

● 性能优异。无人机可按预定飞行航线自主飞行、拍摄，航线控制精度高，飞行姿态平稳。飞行高度从50米至4000米，高度控制精度10m；速度范围从70千米每小时至160千米每小时，均可平稳飞行，适应不同的遥感任务。

● 操作简单可靠。飞行操作自动化、智能化程度高，操作简单，并有故障自动诊断及显示功能，便于掌握和培训。一旦遥控失灵或其他故障，飞机自动返航到起飞点上空，盘旋等待。若故障解除，则按地面人员控制继续飞行，否则自动开伞回收。

● 高分辨率遥感影像数据获取能力。无人机搭载的高精度数码成像设备，具备面积覆盖、垂直或倾斜成像的技术能力，获取图像的空间分辨率达

到分米级，适于1∶1万或更大比例尺遥感应用的需求。

● 使用成本低。无人机系统的运营成本较低，飞行操作员的培训时间短，系统的存放、维护简便，还可免去了调机和停机的费用。

我国的无人飞机也在不断发展过程中，并已取得优异成绩。

● 我国最大无人飞机——V750无人飞机。它是一种多用途无人直升机，可从简易机场、野外场地、舰船甲板起飞降落，携带多种任务设备。直升机可针对特定地面及海域的固定和活动目标实施全天时的航拍、侦察、监视和地面毁伤效果评估，可完成森林防火监察、电力系统高压巡线、海岸船舶监控、海上及山地搜救等任务。

● U8无人直升机。最大起飞重量230千克，任务载荷40千克，测控距离100千米，续航时间4小时，可根据不同任务需要装载不同设备，为我国高原地区救灾勘察的有效力量。

我国的无人飞机一般采用DPGrid低空数据处理系统。它是最早开始研发和投入生产的遥感处理系统，主要针对无人机、飞艇、直升机等低空遥感数据的内业处理，包含工程管理模块、自动空三模块及产品生产模块。①工程管理模块。主要包含参数设置、航带排列和影像的预处理。②自动空三模块。主要包含匹配、挑点、交互式编辑、空三平差和空三成果输出。可利用POS数据，快速完成大量航片的快速匹配。③产品生产模块。主要包含DEM和DOM的生成和编辑。

我国无人飞机遥感系统已取得显著成绩。

（1）中国测绘科学研究院于1999年承担了低空无人机遥感监测系统的研制，于2003年成功研制了UAVRS–Ⅱ型无人机遥感监测系统并通过国土资源部验收。该系统以高分辨率数字遥感设备为机载传感器，以获取低空高分辨率遥感数据为应用目标，可用于国土资源调查中突发性应急监测、重点区监测、遥感采样定标等数据的快速获取和处理。近年来该系统参与了多个城市的航摄与三维建模、国土资源遥感监测、新农村建设规划等任务，并成功应用到汶川震灾监测与灾后重建，以及黄河凌情监测等工作中。

（2）2005年8月8日，由北京大学与一航贵州集团共同研制的我国第一个高端多用途无人机遥感系统，在安顺黄果树机场首飞试验成功，标志着我国无人机航空遥感技术已取得重大突破。在无人机航空遥感领域，首次采用集成性、智能化和高分辨率空间数据获取等技术，尤其是在可靠性、飞行高度、平稳度、导航精度及运行制作成本等方面，已达到国内领先水平，并具备与国外发达国家竞争的实力，将大大缩短我国与发达国家在此领域的差距。随着我国无人机航空遥感技术的日渐成熟，它将广泛应用于国土环境资源

侦察机

普查、气象科学研究和自然灾害监测等多个领域，为国民经济建设服务。

第13章

"千里眼"与"顺风耳"

——遥感与测绘信息服务

 "天眼"底下，无处遁形

耕地资源是粮食安全的生命线，是维护国家社会经济安全稳定发展的基础资源。党和国家领导人历来重视耕地资源的保护。温家宝总理在强调耕地问题的严重性与迫切性时说："在土地问题上，我们绝不能犯不可改正的历史性错误，遗祸子孙后代。一定要守住全国耕地不少于18亿亩这条红线。"

目前，我国人均粮食消费仅388千克左右。如果按联合国人口基金会提出的小康水平、中等水平、富裕水平人均粮食消费400千克、450千克、500千克计算，我国要达到上述水平，粮食总产量应分别达到6亿吨、6.75亿吨和7.5亿吨。因此，即使能够保住18亿亩耕地，要达到《中国粮食问题白皮书》提出的实现95%粮食自给率，全国粮食平均单产应至少达到633斤、712斤和792斤才行，实现这一目标确非易事。

如何保护好这18亿亩耕地呢？20世纪80年代后期我国通过遥感测量的耕地面积是20亿到21亿亩。由于城市化进程的加快，大量耕地被占用，到90年代中后期，耕地面积只有19亿亩。我国的城市化进程还在加速，要保护好18亿亩耕地红线的困难和压力很大，必须加强对土地资源使用的监控。遥感卫星像一只"天眼"，可以全天候监测我国国土资源，发挥重要作用。

利用遥感卫星监测我国的耕地资源乃至粮食产量有以下几个优势：首先遥感卫星可利用遥感传感器获取数据范围大的特点实现快速区域动态监测。例如北京市的国土面积是16300平方千米，如果用法国的spot5卫星数据覆盖全市，只要4~6景。Rapideye卫星影像的日覆盖能力在400万平方千米以上，半个月的时间就可以监测我国的全部国土一遍。其次遥感卫星获取地面信息的速度快、周期短，而且成果为图像，可为执法机关提供强有力的法律依据。卫星围绕地球运转时可获取所经地区的各种自然现象的最新资料，执法部门可根据新旧资料变化进行对比观察，动态监测。如上文提到的Rapideye卫星影像的重访周期只有1天，也就是说它可以天天对指定地区进行监测，随时掌握是否有耕地被占用的情况。另外，利用遥感卫星影像可以实时获取作物长势参数和氮素营养状况，为农作物的精确管理和粮食估产提供决策支持。遥感科学家们研制了各种遥感定量模型，依据地物的光谱曲线、反射率等信息可以给地物分类，进行旱涝及病虫害估算、粮食产量估算，为耕地保护和粮食增产提供强有力的技术支持。

目前在全国广泛开展的"一张图"工程利用卫星遥感技术，对建设用地"批、供、用、补、查"实施全程动态监管，实现"天上看、地上查、网上管"。

"天上看"，是指利用天上卫星监测土地利用变化。发现卫星相片上的土地利用情况发生了变化尤其是耕地面积发生变化，及时分析，并到现场进行核实，确认用地手续是否合法，发现、查处、制止违法用地。卫星照片的空间分辨率、光谱分辨率和时间分辨率越来越高，监测结果也越来越准确。

"网上管"，指通过计算机网络进行用地管理。所有的用地报批情况、违法用地案件查处情况、土地详查情况和耕地补充情况，全部录入全国联网的国土资源管理信息系统。通过系统网络查询确认指定用地是否有合法手续。

"地上查"，指动员各级国土部门的力量，建立市、县、乡、村四级责任机制和公众参与的国土资源管理保护机制，开展不同规模、级别和机动灵活的土地利用违法检查，早日发现和制止违法用地。

2009年，"一张图"遥感影像全面覆盖了全国31个省、自治区、直辖市，2859个县。有"天眼"帮忙和"天上看、地上查、网上管"三管齐下的得力措施，违法用地无法躲藏。2006、2007、2008年度分别查出违法占用耕地占新增建设用地占用耕地总面积比例超过15%的城市有70个、62个和17个。"一张图"工程从2009年开始，每年一次进行全国范围的动态遥感监测，对非法占用耕地者起到威慑作用，迫使各地加强耕地保护和节约集约利用土地，坚守18亿亩耕地红线。

足不出户，知己知彼

《孙子兵法》上说，"知己知彼，百战不殆"。要想打赢任何一场战争，获取对方的情报是必不可少的。一提到获取情报，我们自然会联想到打入敌人内部的特工或间谍如何足智多谋，但他们的处境经常是异常危险的。科技发展到今天，我们可否足不出户，知己知彼呢？回答是肯定的，至少一定程度上是肯定的。

与"知己"相比，"知彼"要困难一些，这一任务的完成，很大程度上依赖于侦察卫星的功劳。侦察卫星按用途可分为4类：照相侦察卫星、电子侦察卫星、导弹预警卫星和海洋监视卫星。

照相侦察卫星利用安装在卫星上的照相机、摄像机或其他成像装置，对地面摄影以获取信息。获取的信息或情报一般记录在胶片或磁记录器上，通过回收舱回收或通过处理接收的无线电传输的图像，对目标进行判读和识别，确定其所处地理位置。

电子侦察卫星可进行无线电信号的侦察。无线电接收与监测设备装配在这种卫星上，可以截获雷达、通信等系统的传输信号，得到对方雷达、无线电台的位置、使用频率等参数的信息或情报。

导弹预警卫星是专门侦察导弹发射的侦察卫星。红外探测仪安装在这种卫星上，可以探测敌方导弹飞行时发动机尾焰的红外辐射，与电视摄像机结合在一起可及时准确地判断导弹飞行方向，迅速发出报警信号。导弹预警卫星一般组成一个预警网出现，运行在地球静止轨道。

海洋监视卫星是对海上舰船和潜艇进行探测、跟踪、识别和监视的，它上面装有雷达、无线电接收机、红外探测器等侦察设备。也是由多颗卫星组成海洋监视网出现，它的轨道一般呈1000千米左右的近圆形。

人们日常谈论的侦察卫星，一般是指照相侦察卫星，它又有可见光（红外）照相侦察卫星和雷达照相侦察卫星两种。照相侦察卫星的图像与我们平时用照相机拍照所得到的照片大致相同，它是由许多类似于我们数码相机的像素组成（侦察卫星图像的像素叫像点），像点越小，照相可辨认的细节的尺寸越小，地面分辨率就越高。地面分辨率是指能够在照片上区分两个目标的最小间距。但并不代表能从照片上识别地面物体的最小尺寸，例如一个尺寸为0.2米左右的地面目标，在地面分辨率为0.2的照片上，只是一个像点，不能识别出它是什么物体。照相侦察卫星照片上能够识别目标的最小尺寸一般应等于地面分辨率的5~10倍，地面分辨率为0.2的照相侦察卫星可识别的最小目标尺寸为2~4米。对地面分辨率的要求，可分为四级：第一级发现，可以大致知道目标形态，从照片上能判断出目标的有无；第二级识别，对目标了解得较为细致，能够辨识目标或对目标进行大的分类，如是坦克还是飞机；第三级确认，能较为详细地区分目标，能从同一类目标中指出其所属亚类，例如车辆是卡车还是小轿车等；第四级描述，能更为细致地知道目标的具体形状、特征和细节等参数，例如能指出飞机、汽车的型号等。第一至四级要求的地面分辨率顺序升高，第一级最低，第四级最高。

目前，美国的KH-12"高级锁眼"可见光侦察卫星是世界上最先进的照相侦察卫星，其分辨率已达到0.1~0.15米，号称"极限轨道平台"。但这只是它的最高分辨率，实际上绝大多数时间内根本无法达到。KH-12卫星只有运行在近地点322千米、远地点966千米的太阳同步轨道上，才能达到最高分辨率，在轨道的其他地方，地面分辨率会有所降低；另外，达到最高分辨率还需要有非常好的能见度作条件，如果有浓雾、烟尘、云层，分辨率会明显降低，直至无法使用。

在台海危机中，美国航空母舰的位置尽在我国侦察卫星的掌控之中。当前，我国在巩固和提高光学侦察技术的基础上，已开始雷达对地（海）侦察技术的研究，实现我国全天时和全天候的空间对地侦察，我国的雷达侦察卫星投入使用后，将不再受天气限制。10年前美国研制的"长曲棍球"雷达侦察卫星具备一定的探地能力，一种说法是它能发现地下5米深度的目标。其实，我国也早就开始了探地雷达的研制，我国具备探地能力的雷达侦察卫星投入使用虽然比美国晚10年以上，但它的探地能力比美国"长曲棍球"卫星更强。

在现代战争中，电子侦察卫星已成为获得情报的重要手段。1991年海湾战争，美国通过电子侦察卫星在空袭伊拉克前几个月就掌握了伊军的大量电子情报。利用这些情报在空袭前几十分钟开始对伊拉克实施电子战，伊拉克的大部分雷达受到强烈干扰无法正常工作，无线电通信陷于瘫痪状态，巴格达电台的广播无法收听，甚至萨达姆与前线作战指挥官的通话，战场分队之间的通话，也被美国的电子侦察卫星所窃听。

海洋卫星看见了什么

2011年夏天，我国的深海潜水器"蛟龙"号，在东太平洋海区成功实施了5000米深度的下潜，引起了各国广泛关注。我们居住的这个星球，71%的表面积被海水覆盖。辽阔的海洋，至今对人类来说都是个神秘莫测的地方。人类对海洋的了解还非常肤浅，对海洋很不熟悉。无论是对海洋生物还是海洋环境，人类的认识才刚刚开始。深海潜水器"蛟龙"号的使命是探测海洋。利用"蛟龙"号，深入到海洋中去亲密接触，可以了解很多在海面无法探测到的信息。那么是不是说从太空中就很难探测到海洋的秘密呢？其实，"上天"与"入海"，对海洋探秘来讲都是必不可少的手段。

21世纪被称为太空时代，我国的"天宫一号"空间站于2011年9月底成功发射，"神舟八号"飞船在这一年的11月实现与"天宫一号"的无人对接，"神舟九号"飞船2012年6月18日与"天宫一号"实施了首次载人空间交会对接，显示出我国的太空探索能力又有了很大提高。从上世纪中叶，前苏联发射第一颗人造卫星算起，全球共进行了大约6000次发射，先后将数万吨人造物体送入太空。其中围绕地球旋转的人造卫星，其功能是各式各样的，有用于军事的，有用于科学研究的，有用于灾害监测的。与我们日常生活密切相关的人造卫星有三类：通信卫星——保证了电视、广播、电话的广泛使用，气象卫星——提供天气预报不可缺少的实时气象资料，导航卫星——提供地理定位实现各类导航。另外还有很多监视和探测地球环境的卫星，其中探测海洋信息的卫星被称为海洋卫星。这些海洋卫星距地面一般有几百千米的高度，气象卫星有的距地面有上万千米的高度。这些卫星不但站得高看得远，而且对有些信息还看得很细、很全。

为什么海洋卫星从离地面几百公里到上万公里的距离，还能像潜入海底的"蛟龙"号一样探测到丰富的海洋信息呢？其实，海洋卫星探测海洋信息的技术手段，依靠的是蓬勃发展的遥感技术。所谓遥感，英文中叫"remote sensing"，意思是"远距离地感知"。20世纪初飞机发明之后，有人就携带相机，从飞机上拍摄了世界上第一张航空像片。拍航空照片其实就是远距离探测的一种遥感手段，这种方式是利用在可见光波中传递出来的信息。现代遥感技术不仅利用可见光拍摄照片，而且利用各种不可见的"光"信息来探测远距离的目标。那么这些太空中的卫星是怎样感知到遥远的海洋所传递出来的信息的呢？海洋卫星上安装了多种电磁波探测器，以此探测海洋向太空散播的海洋信息。科学上已经证明，凡是本身温度高于绝对零度（−273.15℃）的物体，都会释放出电磁波。不与海水直接接触，而是收集海水释放出的电磁波信息，再经处理、分析后，就可间接地测知海洋海面附近的信息。

广播收音机、无线电报、雷达、医疗体检的拍片胸透等等都是电磁波的典型应用。电磁波可以按照频率，从低频率到高频率进行分类，把不同频率的电磁波按照其表现出来的特点进行分类，通常可划分为无线电波、微波、红外线、可见光、紫外线、X（爱克斯）射线和γ（伽马）射线等等。低频率电磁波的波长相对就长一些，高频率电磁波的波长相对就短一些。即从低频率到高频率，它们的波长是从长变到短的。人眼可接收到的电磁波，波长大约在380至780纳米之间，称为可见光，它们形成了我们眼睛看到的这个缤纷世界的色彩。在可见的光波这一段特定频率范围的电磁波段之外，还有很多人眼看不见的其他的电磁波，但是仪器可以探测到它们。不同类型的电磁波具有不同的特点。无线电波多用于通信；微波可用于微波炉和通信；红外线还用于遥控、热成像等；紫外线用于医用消毒，验证假钞，测量工程上的探伤等；X射线可用于CT照相；γ射线可用于医院治疗。例如，厨房里的微波炉发射的微波可以加热食物，可见电磁波还是一种能量。科学家目前正在研究在太空中建立太阳能发电站，在设想的方案中，太空电站发出的电能是通过某种微波传递到地面再进入普通电网的。

根据测算估计，太阳发射的电磁波到达海洋表面，70%被大气吸收和散射。入射至海面的太阳电磁波，一部分透射进入海水，另一部分被海水吸收或者直接反射。透射入海洋水体的电磁波，经水分子、浮游生物、悬浮物等散射，导致电磁波的信息有细微的变化，其中一部分离开海面反射出来，这些携带了特定信息的电磁波被海洋卫星接收到。通过分析这些电磁波，就可测量获得海洋中的浮游生物、悬浮物等有关信息。另外，海水温度、海流速度、海波高度等信息也可以从电磁波信号中分析出来。

世界各国已经发射了很多海洋卫星，使用各种遥感技术来完成对海洋的探测。国际上海洋遥感技术经历了两个阶段，第一阶段是利用气象卫星、陆地资源卫星来观测海洋的一些信息，第二阶段是发射专用的海洋卫星。世界上第一颗海洋监视卫星是前苏联1967年发射的"宇宙–198"卫星。

1988年9月，我国发射了第一颗"风云1号"气象卫星，从此南海、东海的台风成为卫星重点监视的海洋信息，现在中央电视台每天的气象预报中都能见到风云卫星发来的卫星照片。风云系列卫星装有2~4个海洋信息监测通道，可观测海洋物理参数和各种海洋现象，如海面温度、海水盐分、水色、海面风速风向、海面地形、海冰和冰山分布、洋流和潮汐信息等。1999年之后，我国又成功发射多颗专门的海洋监测卫星。利用海水在反射回来的电磁波中携带的特殊信息，科学家可以测量出浮游生物、赤潮、悬浮物、叶绿素浓度、悬浮泥沙含量、可溶有机物含量、海面漏油油膜等污染物的覆盖面积等各种信息。例如，海水中叶绿素浓度的时空分布，是了解海洋缓解全球温室效应作用的一种有效手段；测量悬浮泥沙含量可以直接得到水体的混浊度；利用雷达电波原理制造的测量高度的传感器可以探测海面地形；由冰面的变化可获得南北两极的冰的消融和增加情况，这对全球气候变化研究非常重要。海洋卫星还可以获得海洋重力场，并进而可利用来研究海床结构和海底资源。

因此，海洋卫星对科学研究海洋、政府管理海洋、海洋运输和海洋生产，乃至于有关资源调查和灾害防治等都有着重要的意义。

电视信号为何没了

有时会发生这样的情况，正当电视卫星频道直播一场球赛或热播一场电视连续剧时突然电视信号没了，过了一会儿，不做任何操作，电视又恢复了正常。造成电视信号中断的原因是进行电视转播的通信卫星受到了干扰或破坏。

通信卫星顾名思义就是用于通信的人造地球卫星，是用作无线电通信中继站的人造地球卫星，是卫星通信系统的空间部分。通信卫星接收到地面站发来的微弱无线电信号后，会自动把它变成大功率信号并发到另一个地面站，或者传送到另一颗通信卫星上后，再发到地球另一侧的地面站上，这样，用户就可以收到从很远的地方发射的很弱的无线电信号，如电视信号等。

按照通信卫星的轨道情况可分为地球静止轨道通信卫星、大椭圆轨道通信卫星、中轨道通信卫星和低轨道通信卫星；按照通信卫星的服务区域情况可分为国际通信卫星、区域通信卫星和国内通信卫星；按照通信卫星的用途可分为军用通信卫星、民用通信卫星和商业通信卫星；如果按用途的多少还可分为专用通信卫星和多用途通信卫星。按照通信业务的种类可分为固定通信卫星、移动通信卫星、电视广播卫星、海事通信卫星、跟踪和数据中继卫星。

一颗地球静止轨道通信卫星的覆盖范围为地球表面的40%，该范围内的任何通信站可以同时相互通信。如果在赤道上空等间隔布置3颗地球静止轨道通信卫星，就可实现两极部分地区之外的全球通信。地球静止轨道通信卫星的轨道位于地球赤道上空35786千米处，以每秒3075米的速度自西向东绕地球旋转，周期为23小时56分4秒，与地球的自转周期相同。从地面上看，卫星像挂在天上不动，接收站的天线可以固定对准卫星，一天24小时不间断地进行通信，无须像跟踪那些移动卫星那样四处"晃动"，造成通信的不连续。现在，通信卫星已承担了全部洲际通信业务和电视传输。通信卫星是世界上应用最早的卫星之一，也是应用最广的卫星。美、俄、中等众多国家都发射了通信卫星。

1965年4月6日美国成功发射了世界第一颗实用静止轨道通信卫星：国际通信卫星1号。该型卫星现已发展到第九代。前苏联的通信卫星命名为"闪电号"，包括闪电1、2、3号等。

我国于1984年4月8日发射第一颗静止轨道通信卫星——"东方红二号"，现已成功发射了5颗。这些卫星在我国国民经济建设中发挥了巨大作用，承担了我国境内的广播、电视信号传输、远程通信等业务，已在金融、证券、邮电、气象、地震等部门得到应用，并在远程教育、远程医疗、应急救灾、应急通信、应急电视广播、海陆空导航、连接互联网的网络电话、电视等领域得到应用。2005年4月12日，我国发射了"亚太-6号"（Apstar-6）卫星，它有38个C波段和14个Ku波段转发器；2006年10月发射直播卫星"鑫诺二号"（Sino-2），它有22个Ku波段转发器。我国卫星通信的最新成就是2010年9月发射成功的"鑫诺六号"，它装载有24个C频段转发器，8个Ku频段转发器和1个S频段转发器，卫星波束可覆盖包括中国全境的亚太地区及部分周边国家和地区，也是继"鑫诺三号"、"中星6B"之后，又一颗能够充分满足中国广播电视信息传输安全要求的卫星。

卫星通信的系统目前有实现全球覆盖的移动卫星通信海事卫星通信系统Inmarsat，全球覆盖的低轨道移动通信卫星"铱星"（Iridium）和全球星

（Globalstar）等系统。"铱星"系统有66颗星，分成6个轨道，每个轨道有11颗卫星，轨道高度为765千米。全球星由48颗卫星组成，分布在8个圆形倾斜轨道平面内，轨道高度为1389千米，倾角为52°。近年来卫星通信新技术主要有甚小口径天线地球站（VSAT）系统、中低轨道的移动卫星通信系统等。

"北约"的飞机如何获知攻击目标的位置

2011年，中东和北非的政治形势发生了剧烈变化。3月，由法国牵头和美国协助的利比亚战争打响，"北约"出动了大量的飞机、军舰，也动用了很多卫星，对利比亚进行"禁飞区"监视，并不断发起空中打击。"北约"的全名叫"北大西洋公约组织"，是1949年美国牵头成立的以西方国家为主的一个军事同盟，与当年苏联组织的"华约"军事同盟相对抗。苏联解体后，"华约"也就不存在了，但是"北约"一直在扩大成员国。这次利比亚战争，"北约"的很多国家都出动了飞机。号称"沙漠雄狮"的卡扎菲抵抗5个月后，被反对派武装赶出首都的黎波里，消失2个多月，无法找到他的确切位置，后来在其车队突围时被战机袭击，被迫下车躲藏而被活捉后打死。

奥萨马·本·拉登，被美国认为是发动2001年"9·11"袭击事件的幕后总策划人。在美国发动阿富汗战争以后的10年时间里，美国动用了所有的侦查力量，一直难以确定本·拉登的准确藏身位置。一直到美国特工发现一个与本·拉登有关系的联络人的日常行踪，才分析出本·拉登藏在巴基斯坦首都伊斯兰堡以北150公里的城市阿伯塔巴德的一处住宅大院内。2011年5月1日晚，美军出动特种兵"海豹"第六分队，乘隐形直升机飞抵该处院落，开枪射杀了本·拉登。

从这两件事情可看出，虽然"北约"有号称世界最先进的侦查手段，无人机、卫星满天飞，但是对于确定敌人的位置这种基本任务目标，还是面临很大困难。原因之一，就是卡扎菲和本·拉登都尽量不使用电话和互联网等现代通信工具，从而使得"北约"难以发现其行踪。

卫星、战机、无人机等侦查的基本原理，一类是利用在空中长时间停留的优势，直接监视地面目标区域的地面活动，发现可疑目标。另一类是，通过截获空中往来的无线电波，从通信内容中过滤筛选可疑的信息，进而分析和发现有关情报。无论是哪种方式，对于位置的判定，都离不开地理信息系统的使用。在地理信息系统里，事先把地球表面的所有位置用经纬度的格网进行分隔，配以地图，用以定位，在数学上称之为地理坐标系统。

确定一个目标的位置，有两种办法，一是绝对定位，一是相对定位。绝对定位，就是直接给出某种地理坐标系统下的具体位置，如普遍使用的经纬度数据。相对定位，一般把已知绝对坐标的参照物作为位置关系描述的起点。目前"北约"军队普遍使用GPS卫星定位系统，利用几十颗均匀分布在环绕地球轨道上的卫星发射出的无线电波，使用一个小小的信号接收装置就可以实时得到接收装置所处位置的准确的经纬度数据。有了准确的经纬度数据，就可以发射导弹攻击这个位置，也可以派兵袭击这个地理点位。当然这个经纬度位置数据首先需要从接收装置所处的地点通过无线通信方式传回指挥部门。因此，加密的无线传输技术就成为战场上不可或缺的技术手段。阿富汗战争期间，曾有报道说，美国的无人侦察机发射回指挥部门的空中侦查录像所使用的无线电信号，就被地面的塔利班组织截获并解密，从而可提前得知美军可能袭击的地点，实现提前转移，避免伤亡。利比亚战争中，"北约"飞机飞临任务地点、发射导弹等等任务，都需要GPS卫星定位系统的定位帮助，也同时需要加密的无线电信号传输。地面的侦查人员，事先潜入空袭区域，测定空袭位置和具体坐标，给空中打击指明位置。

在地理信息系统里，利用已有的地图上的地物作参照，确定目标物体相对地图上已知物体的位置关系就是一种相对定位。例如，"伊斯兰堡以北150千米的城市"就是一种相对定位。我们常用的手机，依靠基站进行通信，而每个基站都有其绝对的地理坐标存于地理信息系统内，每部通话的手机都可被周围的手机基站迅速准确地判定出所在的相对位置，位置精度可达到几米、几十米的范围。手机与基站的位置关系的确定是相对定位，而基站本身是有绝对定位坐标的，两者关联后，就可得到手机的绝对地理位置。为战机采集和指示打击目标，少不了利用相对定位和绝对定位的方法，把精确的打击位置通过无线加密通信手段传递给战机 和指挥中心，从而实现对目标的精确攻击。

本·拉登不想暴露位置，就从不使用现代通信手段，只使用人、信件、录音录像带来传递信息，成功躲过了美国的十年搜捕。1996年，俄罗斯打击高加索的叛军，也是探测到车臣非法武装头目杜达耶夫使用了卫星电话，进而判定出电话的具体地理位置，然后发射导弹而击毙了这个叛乱指挥官。因此为了避免准确位置的暴露，除了消灭潜入的特工，还要避免无线电通信的泄密。据《参考消息》报道的外电猜测，有人还在设想在战争爆发后利用同频率无线电波干扰GPS卫星定位系统中卫星的无线电信号。干扰和抗干扰，这就是现代战争必须研究的攻防对抗，也就是常被称呼为复杂电磁环境下的作战。可见离开了电磁波，现代战争简直就无法进行下去了。因此美国人一直努力在太空技术上确保领先，从而确保基于卫星和现代通信的战争能向美军倾斜。

现代战争的眼睛

现代战争的眼睛是什么？有人说是测绘，有人说是雷达，有人说是卫星。

其实"战争的眼睛"是从多方面多角度考虑的一个比喻，看清战场态势、战场情况，就是打胜仗的优势，谓之"眼睛"，以明其珍贵之意。《孙子兵法》说知己知彼才能百战不殆，假如"眼睛"不好，就不能看清对方，也就无法"知彼"。因此战争就是要壮大和保护自己的"眼睛"，弄瞎敌人的"眼睛"。

进入新世纪，军事测绘作为现代战争的"眼睛"，成为战场保障的重要力量。军事测绘在现代战争中发挥着越来越大的作用，充分体现了地理空间信息的重要性。美国原国防部测绘局已经改名为国家地理空间情报局，可见测绘保障的含义已经由原来单纯的地理空间信息演进为情报，测绘工作成为战时军事情报的一个重要组成部分。以前，使用传统测绘手段绘制一幅局部战区地图往往需要几个月，现在运用卫星遥感定位技术，只需短短几天甚至几个小时就可以把最新资料的地图等各类地理信息送到指挥员面前。

现代测绘技术的发展，使得三维战场虚拟显示、精确透视战场环境、演习数字化模拟、武器实时导航等作用十分突出，已经成为军队战斗力不可缺少的重要组成部分。在高技术联合作战中，军事测绘数据不仅直接向作战指挥者提供决策信息，而且已作为重要的指挥支撑平台。只要看看新闻报道中，已经成为各国指挥中枢标志的那一块块电脑屏幕和上面的地图、三维地形、动画显示，就可以想象测绘在其中的重要地位。各国的军事测绘保障工

作，告别了单纯制作地图的简单方式，开始渗透进战场指挥的自动化、数字化的各个领域，成为军事战斗力的重要"眼睛"。

卫星是站在太空中的"眼睛"，对于现代战争是必不可少的。在现代高科技战争中，没有信息控制权就没有一切，而要争夺信息的控制权就不能放弃太空。在高科技战争中，不论是飞机飞行、舰船航行、导弹和炸弹制导，还是对敌情的侦察，都离不开在太空中的"眼睛"——卫星。可以说，卫星在现代战争中具有举足轻重的作用。在美、英等国发动的海湾战争、科索沃战争、阿富汗战争、伊拉克战争中，美军都动用了几乎全部军用卫星系统，还征用了部分在轨的商业卫星，为参战部队提供了侦察、监视、通信、预警、导航、定位、气象等重要的作战保障，对敌方实施严密的侦察监视，掌握了精确的情报。有资料说，美军在科索沃战争中直接参与组织协同、情报采集和空中打击的卫星有50多颗，在阿富汗战争中，更是动用了近百颗卫星，这还不算大量使用的无人机。卫星已经成为战争中站得最高的锐利的"眼睛"。

雷达是20世纪人类的一项重大发明。雷达是利用一定的无线电波进行远距离探测，最初主要用于军事，现在在各个行业都得到了广泛使用。2005年我国对珠穆朗玛峰进行高程复测，就把一台测地雷达背到珠峰山顶，测出了峰顶冰雪覆盖的厚度。一般雷达由发射机、天线、接收机和显示器等部分组成。选择合适波长的电磁波发射出去，再用接收装置接收反射回来的电磁波，进一步分析测定反射电磁波的目标所在的方向、距离、高度角、速度等信息，达到探测目的。1935年，英国为了防御德国飞机对英伦三岛的轰炸，首次将雷达用于战争。当时使用BBC广播天线发射的50米波长的无线电波，探测到了由飞机反射回来的无线电信号。后来英国沿海岸线建起了庞大的雷达侦测阵地，使英国人能够准确测知德军的飞行路线，为抗击空袭做出了重要贡献。

雷达分为连续波雷达和脉冲雷达两大类。脉冲雷达因容易实现精确测距，且接收回波是在发射脉冲休止期内，所以接收天线和发射天线可用同一副天线，缩小了体积，因而在雷达发展中居主要地位。在现代战舰上，可以看到各式雷达天线占满了船体的各个有利部位。雷达的优点是白天黑夜均能探测远距离的目标，且不受雾、云和雨的阻挡，具有全天候、全天时的特点，并有一定的穿透能力。

326

现代雷达，使空军战机在相距几十千米甚至上百千米远，人眼还看不到时，就已经决定了战争胜负，这就是现代战争的超视距空战。因此，开发高超的雷达技术是各国军工企业的重点。现代战争中，为了躲避雷达的监视，又出现了隐形战机。2011年美国突袭位于巴基斯坦西北区域的本·拉登的住宅，就使用了带有隐形能力的直升机从阿拉伯海上起飞，穿行几百公里而未引起巴军方雷达的反应。2011年我国透露了第四代战机新式隐形歼-20和科研航空母舰平台的研制进展，引起各国广泛关注，其中猜测最多的就是该飞机和航母将安装何种先进的雷达。在现代战争中，雷达早就被人们称为空军的"千里眼"。

 ## 三维影像，精彩生活

《阿凡达》的精彩画面也许我们还记忆犹新呢！那种视觉的震撼冲击，仿佛自己也置身其中。这就是3D技术给我们带来的全新体验。那到底什么是3D技术呢？

3D是三维立体图形。3D技术是三维影像技术。由于人的双眼观察物体的角度略有差异，因此能够辨别物体远近，产生立体的视觉。具体地说，三维影像就是人左、右眼看到的影像其实并不完全相同，尤其是在观察近距离场景时，左、右眼看到的画面有较大像差，这是因为人两眼之间大约有6厘米的间距。可以通过一个简单的实验来感受这一细节，端起一个杯子仔细观察，左、右眼看到的其实是杯子不同的侧面和不同的背景，两个不同的实像通过视网膜进入大脑，于是人就获得了空间的"立体印象"。

三维影像有独特的成像原理。在人的视觉中，由于视点水平位移带来的前景与背景的视像差别，使人产生了前景与背景之间的空间感。而视像差别，是当人的视点移动时，前景与背景不同的位移量造成的。因此利用人类双眼的视觉差别，形成不同的视点观察的神经反映，产生前景与背景位移视像，在人的大脑中形成了空间感觉，从而在人脑中合成为立体影像。

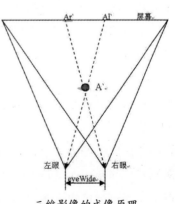

三维影像的成像原理

为了记录并模拟重现这种视觉体验，非全息三维立体影像技术应运而生。其关键技术点在于实现双眼视差效应，即让左右两眼看到不同的图像，因此无论在拍摄、制作阶段还是在放映阶段都需要采用特殊的手段，以实现双眼双像的分离。这种非全息三维立体影像技术只是模拟了人眼观看实物时其中的一种效应，因此并不是一种完全自然的观看状态，长期观看会造成视觉疲劳。而且如果画面的左、右眼相互间产生串扰，也会造成视觉疲劳。

最自然的观看状态应该是采用全息显示的方式，其基本机理是：利用光波干涉法同时记录物光波的振幅与相位。由于全息再现光波保留了原有物光波的全部振幅与相位的信息，故再现与原物有着完全相同的三维特性。换句话说，人们观看全息像时会得到与观看原物时完全相同的视觉效果。从这种意义上来说，全息才是真正的立体图像，它可以在不同的角度观看，且无须带立体眼镜。

至此，我们对三维影像及其基本原理、技术有了基本的了解。3D技术的发展给现代缤纷的生活增添了无数精彩，目前3D技术广泛地应用在我们日常生活中，最常用的有如下几个方面：

3D动画

3D动画（三维虚拟演示），它是运用三维动画软件在计算机中建立一个虚拟的模型以及场景，再根据要求设定模型的运动轨迹、虚拟摄影机的运动和其他动画参数，最后按要求为模型渲染上特定的材质，并打上辅助灯光，输出三维动画文件。由于3D动画的精确性、真实性和无限的可操作性，目前被广泛应用于建筑、工业、医学、教育、军事、娱乐等诸多领域。三维虚拟演示一般分为两种：虚拟现实和常规三维动画。

● 虚拟现实，简称VR，它的基本思想是观者可以避免被动的观看，观看时间不受限制，观众可以长时间浏览；观察角度不受限制，可以更换多个观察点；也可以像常规三维动画一样制定既定路线游览。它具有很强的交互性和更强的表现力。虚拟现实的最大特点是用户可以与虚拟环境进行人机交互，将被动式观看变成更逼真的体验互动。VR主要应用于城市规划、房地产、展览、军事、工业生产、医疗、培训等领域。例如：①商业宣传、多媒体产品推广宣传片、电视直销片，针对客户人群，用生动、可信的形式对产品特殊功能和用途进行富有吸引力的仿真宣传，可在电视台、卖场、展销会播放，亦可由销售人员在向客户推荐产品时进行辅助播放，降低讲解难度。

②企业宣传片中用于展示企业综合实力，提升企业形象。可以描述企业的历史、文化、产品、市场、人才、远景，也可以通过一些象征性的事物，反映企业的整体形象。③多媒体培训管理片。把一些优秀的培训课件制作成影视光盘，可以用于跨地区的企业集团培训，提高培训效率和培训效果。也可制作成音像制品出版发行。④触摸屏查询软件、互动多媒体、互动多媒体光盘，可进行人机交互查询操作。可用来制作企业宣传、产品演示、会议、展览、教育教学、业务讲解、产品说明书、电子出版物等，给人留下生动的印象，获得深刻持久的影响力。

● 常规三维动画。三维动画因为它比平面图更直观，更能给观赏者以身临其境的感觉，尤其适用于那些尚未实现或准备实施的项目，使观者提前领略实施后的精彩效果。设计时可融入声音、文字、角色等元素，使产品或项目更具有表现力和创意。主要用于远景规划、建筑房产、工业产品、影视娱乐、广告等领域。

3D动画通常用于演示房地产电子楼书、房地产虚拟现实等。利用3D动画虚拟沙盘、样板间的模型，在观看楼盘、样板间时，可以在三维虚拟的楼盘、样板间里面任意走动、随意观赏。突破了传统三维动画被动观察无法互动的瓶颈，使购房者充分体验楼盘的整体建筑、布局、外观、空间、绿化、景观及周边环境，获得身临其境的真实感受，更快更准地做出订购决定，加快房产销售的速度。

奇妙的3D液晶立体影像视界

立体电影是立体显示技术的一种应用。进入立体电影院，就领到一个一边是红色镜片、一边是绿色镜片的眼镜，透过这个怪模怪样眼镜银幕中的二维的世界发生了质的变化——飞机、坦克不可思议地从平板式的银幕里"冲"了出来，几乎触手可及。

它们所使用的是穿透液晶镜片，开可以控制眼镜镜片全黑，关可以控制眼镜镜片为透明。通过电路对液晶眼镜开、关的控制，使左、右眼画面连续互相交替显示在屏幕上，看到真正的立体3D图像。不过，3D立体眼镜所能够实现的立体效果是有限的，现在有了更玄的，那就是无须戴专用眼镜便可以欣赏立体电影的3D液晶显示器。这种新产品技术巧妙结合了双眼的视觉差和图片三维的原理，会自动生成两幅图片，一幅给左眼看到，一幅给右眼看到，使人的双眼产生视觉差异。因此无须戴上专用的眼镜就可看到立体图像。

首先是由美国DTI公司推出的15英寸2015XLS 3D液晶显示器。它采用了一种被称为视差照明的开关液晶技术。其工作原理是：针对左眼与右眼的两幅影像，以每秒60张的速度产生，分别被传送到不同区域的像素区块，奇数区块代表左眼影

3D液晶显示器

像，偶数区块则代表右眼。而在标准LCD背光板与LCD屏幕本体之间加入的一个TN上，垂直区块则会根据需要显示哪一幅影像，相应照亮奇数或偶数的区块，人的左眼只能看到左眼影像，右眼只会看到右眼影像，从而在大脑中形成一个纵深的真实世界。

前不久，日本东京大学土肥·波多研究室成功地进行了一次"长视距立体成像技术"基础试验，在B4大小的显示器上，立体显示的ATRE字母，各字母看起来就好像分别位于显示器前1米（字母A）、0米（字母T）、后1米（字母R）和后2米（字母E）的位置。据介绍，这是一种再现散射光的方法，光线照射到物体后，就会产生散射光，而人类则通过多视点确认散射光物体位置，并产生立体感。为了能够顺利再现散射光，研究人员使用具有微型凸透镜的简单光学系统，再现物体发出的散射光。观察者即便在离显示器5米远的距离处，不戴专用的液晶立体眼镜（Liquid Crystal shutter glasses），多个人从不同的角度同时观察，物体看起来也好像就在手够得着的位置。

三洋上市了电机为50英寸的3D液晶显示器，即使斜观看也可以欣赏到立体图像。还通过与可检测用户头部位置的"头部跟踪系统"，即使用户移动到了立体可视范围之外，也能相应地改变图像分割棒的开口部以便用户在移动后的位置上也能获得立体视觉效果。该公司还将图像分割棒和液晶面板分别在纵向上分为16个区域，根据用户所处的位置控制每个区域的图像分割棒的开口部位置和液晶面板的图像，使前、后方向的立体可视范围也得到了扩大。

三维技术在医学领域中的应用

三维技术目前已广泛应用于神经外科、骨科、消化内科、血管外科等学科，对这些学科的发展也起到了很好的推动作用。通过3D成像，可以更加直观、清楚地看到病变组织，即便普通人也能基本看懂，这为临床医生提供了更加直观、定位更加准确的影像学资料，改变了临床医生惯有的思维方式，对诊断更有帮助，可以直观地判定一些以往平面CT难以判定的疾病。以一个小肠神经纤维瘤为例，通过3D技术不仅可以直观地看到病变组织，还能直观地了解到病变组织的神经血管、骨骼浸润和血供状况，对临床治疗和手术提供了更加清晰的影像图，甚至可以通过浸润情况初步判定肿瘤的良、恶性质。

三维CT是20世纪80年代后期发展起来的一门新的放射学技术，主要用于颌面骨骨折的检查与诊断。传统放射学检查是应用头颅平片、定位片、断层片以及普通CT扫描来进行，需医师对连续的断层扫描图像进行综合分析思维，在诊断和治疗的设计上仍存在一定的困难。三维CT显示的图像，立体直观，清晰准确，能从多个方向和角度以及所需的断面显示出骨折的部位、范围，骨折段移位的方向和距离以及周围组织的空间关系，显示骨折愈合过程中的骨痂情况，有助于评价其愈合过程，对于颌面部多发性骨折、创伤后的复杂畸形的检查具有独特的价值。对于急性颌面骨骨折患者，常需要进行颅内损伤的CT检查，若同时进行颅底、颌面骨的三维CT扫描，更能及时准确、全面地了解患者的损伤情况。三维CT的检查扫描时间平均为10分钟，胶片制成的时间约30分钟。急性损伤患者，若生命体征平稳，是能够进行该检查的，它还能避免X光片检查对头颅定位需反复移动头颅的缺点。因此，三维CT对急性颌面部骨折患者也有快速准确的临床意义。在治疗上，对三维CT多方位显示的骨折特征、骨块厚度进行分析、测量，能正确指导选择骨块型号、放置位置、切口部位以及螺钉的长度，给治疗带来极大的方便。

三维技术在航天卫星中的应用

"嫦娥一号"探月卫星在西昌卫星发射中心成功发射，奔向距离地球约38万公里外的月球。本次探月，普通人也有望看到月球的真实面貌，这都归功于立体影像技术。"嫦娥一号"所使用的CCD立体相机在研制中采用了许多创新技术，用一台相机取代三台相机，能够实现拍摄物的三维立体成像。立体相机在工作时，采集CCD的输出，分别获取前视、正视、后视图像，随后进行处理，形成立体图像。卫星在飞行时，CCD立体相机沿飞行方向对月表目标进行推扫，可以得到月表目标三个不同角度的图像。目前，世界上现存的月球立体照片数量有限且不完整，探月顺利完成后，就能够得到栩栩如生的全月地形地貌的立体照片，具有深远的研究价值。科学家可以根据这些立体画面划分月球表面的构造和地貌单位，制作月球断裂和环形影像纲要图，勾画月球地质构造演化史，研究月球、宇宙的起源，并为下一步月球车以及宇航员登月选择着陆地点提供科学依据。

未来的定量遥感浅谈

目前，遥感技术得到广泛应用。随着科学技术的进步，环境研究动态化以及资源研究定量化，大大提高了遥感技术的实时性和运行性，使其向多尺度、多频率、全天候、高精度和高效快速的目标发展，从而实现从定性到定量的过渡。再有遥感影像获取技术越来越先进，能够通过高精度的数据进行数据的定量分析。获取遥感影像的先进技术主要有以下方式：（1）随着高性能新型传感器研制开发水平以及环境资源遥感对高精度遥感数据要求的提高，高空间和高光谱分辨率已是卫星遥感影像获取技术的总发展趋势。遥感传感器的改进和突破主要集中在成像雷达和光谱仪，高分辨率的遥感资料对地质勘测和海洋陆地生物资源调查十分有效。（2）雷达遥感具有全天候全天时获取影像以及穿透地物的能力，在对地观测领域有很大优势。干涉雷达技术、被动微波合成孔径成像技术、三维成像技术以及植物穿透性宽波段雷达技术会变得越来越重要，成为实现全天候对地观测的主要技术，大大提高环境资源的动态监测能力。（3）开发和完善陆地表面温度和发射率的分离技术，定量估算和监测陆地表面的能量交换和平衡过程，将在全球气候变化的研究中发挥更大的作用。（4）由航天、航空和地面观测台站网络等组成的以地球为研究对象的综合对地观测数据获取系统，具有提供定位、定性和定量以及全天候、全时域和全空间的数据能力，为地学研究、资源开发、环境保护以及区域经济持续协调发展提供科学数据和信息服务。

了解了定量遥感实现需要的条件，那什么是定量遥感呢？

定量遥感是利用遥感传感器获取的地表地物的电磁波信息，在先验知识和计算机系统支持下，定量获取观测目标参量或特性的方法与技术。作为新兴的遥感信息获取与分析方法，定量遥感强调通过数学的或物理的模型将

成像雷达

遥感信息与观测地表目标参量联系起来，定量地反演或推算出某些地学目标参量。定量遥感是当前遥感研究与应用的前沿领域。定量遥感研究的三个主要内容包括遥感器定标、大气纠正和地表应用参数反演。定量遥感较遥感技术的主要优势有三个方面：（1）充分发挥卫星遥感在灾害天气监测与探测中的重要作用；（2）进一步发挥新一代天气雷达的作用；（3）进一步加强GPS、飞机追踪观测技术的研究，并建成相应的观测系统，尤其在大城市区域建立空间间隔仅8~12千米的多个GPS组成的观测网，通过层析分析实现利用GPS分析水汽的垂直廓线。

接下来以在精细农业中的应用来介绍定量遥感。

定量遥感能满足精准农业的要求，监测农业中病虫害、估测农业产量。一直以来农业问题是全球可持续发展的基本问题，也是国际关注的焦点之一。精准农业是农业实现低耗、高效、优质、环保的根本途径，是世界农业发展的新趋势，也是我国农业在21世纪的最佳选择。定量遥感在农田土地资源调查、土壤侵蚀调查、农作物估产与监测、自然灾害监测与评估等方面获得广泛应用。

在农业资源清查、核算、评估与监测方面，遥感系统强大的图形分析与制作功能，可编绘出土地利用现状图、植被分布图、地形地貌图、水系图、气候图、交通规划图等一系列社会经济指标统计图，也可进行多种专题图的重叠而获得综合信息，实现对具有时空变化特点的农业资源存量和价值量的测算以及资源现状、潜力和质量的客观评估，从而真实反映农业资源状况，

为科学利用和管理农业资源提供强有力的决策依据。

在农业区划方面，遥感系统通过构建区划模型，进行不同区划方案空间过程动态模拟与评价，可使农业区划从野外调查、资料收集、信息处理、计算模拟、目标决策、规划成图到监督实施全过程实现现代化。

在土地资源与土地利用研究方面，遥感系统能方便获取资源数量和质量变化，提供研究区域土地面积、土壤特性、地形、地貌、水文、植被和社会、经济及自然环境的真实信息，直观反映土地利用现状、利用条件、开发利用特点和动态变化规律。

在作物估产与长势监测方面，遥感系统多时相影像信息可反映出宏观植被生长发育的节律特征，可通过对各种数据信息空间分析，识别作物类型，统计量算播种面积，分析作物生长过程中自身态势和生长环境的变化，构建不同条件下作物生长模型和多种估产模式，根据各种模型预估作物产量。

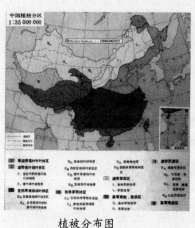
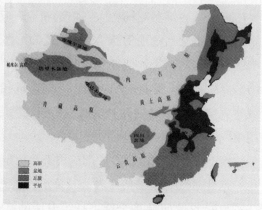

植被分布图　　　　　　　　　　地形地貌图

在农业灾害预警及应急反应方面，遥感系统可追踪害虫群集密集、飞行状况、生活习性及迁移方向等. 通过分析处理，可给出农作物病虫害发生图、分布图及可能蔓延区图，为防虫治害提供及时、准确、直观的决策依据。另外，可实现洪涝灾、旱灾、水土污染等农业重大灾害预测预报、灾情演变趋势模拟和灾情变化动态、灾情损失估算等，为防灾、抗灾、救灾预警及应急措施提供准确的决策信息。

在农业环境监测和管理方面，遥感系统能够对农业资源环境质量变化进行动态监测，及时发现情况进行预警；能够建立农业资源环境空间数据库，管理、分析和处理环境数据，高效汇总、汲取有用的决策信息；能够建立若干环境污染模型，模拟区域农业资源环境污染演变状况及发展趋势。

通过上述定量遥感在精细农业中的应用，可了解遥感信息模型是定量遥感应用深入发展的关键。应用遥感信息模型，可计算和反演对实际应用非常有价值的农业参数。在过去几年中，尽管人们发展了许多遥感信息模型，如绿度指数模型、作物估产模型、农田蒸散估算模型、土壤水分监测模型、干旱指数模型及温度指数模型等，但远不能满足当前遥感应用的需要，因此发展新的遥感信息模型仍然是当前定量技术研究的前沿。

再有定量遥感中高光谱遥感在集约化农业和精准农业中发挥巨大作用。而高光谱遥感在精准农业中的应用，除了要有足够数据的保障以外，关键是要建立完整的应用体系，开展相关理论的研究。这样，一方面能提高精准农业的实用性，找到农业发展的出路；另一方面，也能促进高光谱遥感在理论上的发展和不断完善。

美国目前正在对高光谱传感器进行农业领域的应用试验。人们希望通过高光谱遥感数据对主要作物生物化学参数的高光谱遥感监测以及设计水稻、棉花和玉米不同播种期处理的试验，获取不同生育期的生物化学和相应的高光谱反射数据，分析和研究这些作物在不同发育期的高光谱反射特征及其与生物化学参数的关系，确定能反映它们生物化学参数的高光谱遥感敏感波段，提取对应不同生物化学参数的高光谱遥感特征参数，摸索不同生物化学参数的高光谱遥感监测方法，建立其估算模型。

水系图

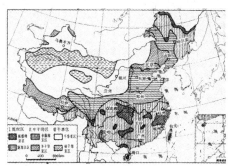

气候图

第四篇 地理信息趣谈

第14章

历史上的地图

最早的地图集——《山海经》

《山海经》是中国先秦古籍。主要记述的是古代神话、地理、物产、巫术、宗教、古史、医药、民俗、民族等方面的内容。其实《山海经》不单是神话，而且是一部远古地理图书，描述了众多山川鸟兽。有的学者认为它描绘的是美洲地图，有的认为是世界地图。但有一点是统一的，它是世界上最早的地图集。

《山海经》共18卷，其中《山经》5卷，《海经》8卷，

《山海经》中的地图

《大荒经》4卷，《海内经》1卷，共约31000字。记载了100多个邦国，550座山，300条水道以及邦国山水地理、风土物产等信息。不少学者认为，《山海经》尤其是《海经》，先有图，后有书，书的内容是对地图内容的叙述。《山海经》中的文字多静态的描述，而缺少动态的叙说，记述空间方位多，时间进程少，对地图的介绍可以说是一目了然。对地图内容如山川、河流等的注记，采用了写生、符号、文字等表示方法。

夏禹治水

　　相传尧、舜时期，每年洪水泛滥，百姓流离失所，无家可归。夏族的首领鲧奉命治水，他采用围堵的方法，结果九年不成功，却造成许多人丢了生命。他因擅自将神庙里的青铜礼器铸成治水工具，犯下弥天大罪，被舜帝诛杀于羽山之野。鲧死后，舜又命鲧之子禹治水。禹勤于治水，勘察测量山形水势，足迹遍布九州，居外十三年，三过家门而不入。禹同时汲取父亲治水失败的教训，改用疏导的方法，疏导了九条河道，修治了九个大湖，凿通了九条山脉，终于战胜洪水。由于禹治水有功，有德于百姓，舜举禹为继承人。

　　在大禹治水的过程中，有众多关于测绘和地图的传说。《史记·夏本纪》上说，夏禹治水"左准绳，右规矩，载四时，以开九州，通九道"。《山海经》也说，夏禹派大章和竖亥两位徒弟步量世界大小。

　　一日，大禹正在巡视黄河水情，至洛阳境内，洛河中浮出神龟，背驮《洛书》，献给大禹。大禹依据《河图》《洛书》中的水情图治理洪水，获得成功。在治水的过程中，大禹走遍天下，重新将天下规划为九个州，并指定名山大川为各州疆界。

　　《河图》是大禹治理黄河时的三件宝贝之一，凭借《河图》的作用，大禹成功地治理了黄河水患，成就一段佳话。由此可以看出，从上古时代起，地图就在人类生产、生活中发挥着巨大的作用。人类很早就学会了绘制和使用地图。

孙子兵法·地形图

　　古代著名军事家孙武，率领吴国军队大胜楚国军队，攻占了楚国国都郢城。其巨著《孙子兵法》十三篇，为后世推崇，被誉为"兵学圣典"，置于"武经七书"之首，被译为英文、法文、德文、日文等20种语言文字。1991年海湾战争期间，交战双方都曾研究《孙子兵法》，借鉴其军事思想以指导战争。它是美国西点军校和哈佛商学院高级管理人才培训必读教材，影响了松下幸之助、本田宗一郎、盛田昭夫、井深大等人的一生，也是通用汽车CEO罗杰·史密斯、软银总裁孙正义的成功法宝。

《孙子兵法》有九卷，其中《九变》、《行军》、《地形》和《九地》四篇，专讲地形与均势的关系，其他篇章也涉及地形问题。在《地形》篇中提出："夫地形者，兵之助也。料敌制胜，计险厄远近，上将之道也。知此而用战者必胜，不知此而用战者必败。"孙武说"地形"虽是用兵的条件，但要克敌制胜，必须考虑地形的险易和道路的远近，这样才能更进一步做出判断。简言之：了解地理形势去进行战争，必然胜利，反之必败。事实也是这样，古今中外，因不了解战场地形而遭失败的先例比比皆是。孙武在《地形》中把战场地形分为"通"、"挂"、"支"、"隘"、"险"、"远"六种类型；在《九地》篇中把作战环境归类为"散地"、"轻地"、"争地"、"交地"、"衢地"、"重地"、"圮地"、"围地"、"死地"九种类型。孙武对地形的论述及所附多幅相关地图反映了古代军事家对地形、地图的重视和地图对古代战争的重要价值。

荆轲献图

公元前230年，秦国灭了韩国；两年之后，秦国大将王翦（jiǎn）占领了赵国都城邯郸，俘虏了赵王，继续向北进军，抵达了燕国的南部边境。燕太子丹十分焦急，但燕国力量弱小，不足于抵抗秦国的侵入。燕太子丹就去找他的门客荆轲，希望他通过重利诱惑秦王，进而挟持秦王，逼秦国退兵。荆轲说："要诱惑秦王，先得找到能打动秦王的重利。我听说秦王早想得到燕国最肥沃的土地督亢，还有流亡在我国、他重金悬赏的秦国将军樊於期。我要是能拿着樊将军的人头和督亢的地图去见秦王，秦王一定会接见我。见到秦王，我就可以挟持他退兵了。"

公元前227年，荆轲带着燕国督亢的地图和樊於期的首级，前往秦国，想通过献礼挟持秦王。有督亢的地图和樊於期的人头做诱饵，荆轲顺利得到了秦王的接见。秦王在咸阳宫举行隆重仪式，欢迎燕国使者荆轲。荆轲在献督亢地图时，图穷匕首见，右手攥住匕首，左手抓住秦王的袖子，几个回合来抓捕和刺杀秦王，但均未果。秦王逃脱后将荆轲处死。

"荆轲刺秦王，图穷匕首见"，靠的是地图的诱惑。虽然地图本身的价值没有太高，但其表示的内容是燕国最肥沃的土地，是无价之宝。没有地图的诱惑，秦王绝不会冒险接见敌国的荆轲。

萧何抢图

秦汉时期，地图的品种逐渐增多，有土地图、户籍图、矿产图、天下图、九州图等。秦始皇统一中国后，收集了各类地图，其思路是"掌天下之图以掌天下之地"。其中全国地图由中央 "大司徒"专门管理，地方地图由地方的"土训"管理。后来刘邦推翻了秦二世，打进了咸阳城，众将官都争先恐后跑进仓库争夺金银财宝，但丞相萧何却忙于接收秦丞相、御史府所藏的律令、图书，并把秦朝的地图全部安置于坚固的资料库里。刘邦通过这些地图资料迅速掌握了全国的户口、民情和地势信息，为日后制定政策和取得楚汉战争的胜利打下重要基础。这一历史反映了古代政治家对地图的重视和战略眼光。

张松献图

张松是益州（相当于今四川省、重庆市和周边云贵部分地区）州牧刘璋手下一个有名的谋士，官至别驾。此人身材矮小，不满五尺，形象丑陋，走路一瘸一拐的。然而声音洪亮，言语有若铜钟，他很有才干，颇有计谋，可过目不忘。当看到曹操在北方势大，而州主刘璋生性懦弱，每临大事踌躇无计时，张松和一班有心的同事准备出卖刘璋，投靠曹操，于是借口去北方为刘璋求得封赏和援兵，以解背叛刘璋的张鲁之侵害。

征得刘璋的批准，张松带上随从、礼品，并偷偷携带了益州的地图，准备投靠曹操。

然而曹操刚平定了西凉马超的叛乱，正在春风得意、唯我独尊的兴头上。曹操见张松相貌丑陋，交谈中又有顶撞，遂将张松乱棍赶走。

在张松给曹操献图遇挫后，刘备在诸葛亮的策划安排下，盛情款待张松，并与之促膝长谈。张松认为刘备是仁主明君，把西川地理图献给了刘备。以张松献图为基础，刘备制订了"立足荆州，谋取西川，北图汉中，直指许昌"的立国战略。张松献图后，刘备携三万精兵，统领庞统、黄忠、魏延三员大将攻入西川。自此，刘备正式按诸葛亮隆中对的策略，奠定了中兴四百年汉室的基础，成就了建立蜀国霸业。从某种意义上说，张松献图对于形成三足鼎立之势发挥了至关重要的作用。

341

马王堆地图

1973年12月在长沙马王堆三号汉墓中发现了三幅西汉时期绘在帛上的地图——《地形图》、《驻军图》和《城邑图》。其中地形图和驻军图保存较完整。图成于汉文帝前元十二年（公元前168年）以前。 地形图是按比例尺绘制的，图幅中心精度较高，要素、符号接近现代绘制技术水平。驻军图是反映军事指挥员战斗部署和作战意图的布防图。城邑图破损严重，无文字，绘有城墙、亭阁、街坊、庭院和街道等。

《地形图》全名为《西汉初期长沙国深平防区地形图》，简称《地形图》，比例尺约为1：18万，其方位按上南下北、与今相反的表示方法。原图绘在边长96厘米的正方形绢上，地域范围跨越现湖南、广东两省和广西壮族自治区的一部分。地图主区表示汉时长沙国桂阳郡的中部地区，中心较大城镇为"深平"，内容涵盖山脉、河流、居民地和交通网等四大基本要素。山脉采用闭合曲线内加晕线表示，山体无注记，但山体清晰醒目，形态逼真，位置准确；河流按流向由细到粗均匀变化，平面形态特征与当今地图近似，部分河流配有注记，有的还加注了河源名称，全图表示了30多条河流；居民地用方框或圆形等不同级别符号表示，并配有居民地注记。居民地细分为县、乡、里等级别，一般位于河谷两岸，表示位置准确。全图表示了包括8个县在内的80多个居民地；道路用虚实两种曲线表示，无路名注记。

《驻军图》用红、黑、青三色绘制，是迄今发现最早的彩色军事地图。《驻军图》比例尺约为1：8万，地图幅面长98厘米，宽78厘米，主区为今湖南江华瑶族自治县的潇水流域，相当于西汉初期长沙国深平防区图主区的东南隅，方圆500公里。此图属于专题地图，突出军事内容，山川、河流、道路等要素属于背景要素，用于衬托和定位。《驻军图》用黑底套红勾框，重点表示九支驻军的驻地及其指挥中心。防区界线则用红线沿四周山脊绘出，用红三角符号表示防区界线上的烽火台。图上用红圈表示了49个与军事有关的居民点。圈内注记地名，圈外标注了居民点的户数及迁徙情况。部分居民点标注了乡里间里程。《驻军图》用黑色的特殊山形曲线表示山脉，重要的山脉加注名称。河流用浅淡的田青色表示，河名标注在上源处，共表示了20多条河流。道路用红色点线表示。

第15章

地球上的网格线

——地图投影

 ## 嫦娥奔月，测绘引航——探月工程

"嫦娥奔月"，这个在中国流传了千年的美丽传说，如今已成为现实，人类已经成功登上月球。

人类第一次实现登月是美国的"阿波罗11号"飞船。在1969年7月16日上午，巨大的"土星5号"火箭载着"阿波罗11号"飞船从美国肯尼迪角发射场点火升空，开始了人类首次登月的太空飞行。参加这次飞行的有美国宇航员尼尔·阿姆斯特朗、埃

人类第一次登月

德温·奥尔德林、迈克尔·科林斯。美国东部时间下午4时17分42秒，阿姆斯特朗将左脚小心翼翼地踏上了月球表面，这是人类第一次踏上月球。接着他用特制的70毫米照相机拍摄了奥尔德林降落月球的情形。他们在登月舱附近插上了一面美国国旗，为了使星条旗在无风的月面看上去也像迎风招展，他们通过一根弹簧状金属丝的作用，使它舒展开来。接着，宇航员们装起了

一台"测震仪"、一台"激光反射器"……他们在月面上共停留21小时18分钟，采回22公斤月球土壤和岩石标本。7月25日清晨，"阿波罗11号"指令舱载着三名航天英雄平安溅落在太平洋中部海面，人类首次登月宣告圆满结束。

我国探月工程的计划开始于1962年，真正意义上的探月构想是在1994年提出的，此后的10年间主要进行论证。最终，中国探月工程经过10年的酝酿，确定分为"绕"、"落"、"回"3个阶段。

第一期绕月工程在2007年发射探月卫星"嫦娥一号"，对月球表面环境、地貌、地形、地质构造与物理场进行探测。

第二期工程时间在2007年至2010年，目标是研制和发射航天器，以软着陆的方式降落在月球上进行探测。

第三期工程时间定在2011至2020年，目标是月面巡视勘察与采样返回。其中前期主要是研制和发射新型软着陆月球巡视车，对着陆区进行巡视勘察。后期即2015年以后，研制和发射小型采样返回舱、月表钻岩机、月表采样器、机器人操作臂等，采集关键性样品返回地球，对着陆区进行考察，为下一步载人登月探测、建立月球前哨站的选址提供数据资料。此段工程的结束将使我国航天技术迈上一个新的台阶。

经过数年的研制工作，2007年10月24日18时05分，中国第一颗探月卫星"嫦娥一号"在西昌卫星发射中心，由"长征三号甲"运载火箭成功发射升空并进入预定轨道。嫦娥奔月开启了中国人走向深空探测的时代，标志着我国已经迈进世界具有深空探测能力的国家行列。

"嫦娥一号"是中国自主研制、发射的第一个月球探测器，由中国空间技术研究院承担研制，以中国古代神话人物嫦娥命名。"嫦娥一号"主要用于获取月球表面三维影像、分析月球表面有关物质元素的分布特点、探测月壤厚度、探测地月空间环境等。"嫦娥一号"工作寿命1年，计划绕月飞行1年。整个"奔月"过程大概需要8~9天。"嫦娥一号"将运行在距月球表面200千米的圆形极轨道上。执行任务后将不再返回地球。"嫦娥一号"发射成功，中国成为世界第五个发射月球探测器的国家、地区。从"嫦娥一号"的发射、升空、获得月球的照片，测绘技术发挥了重要的作用，并且是测绘技术为"嫦娥一号"保驾护航。

"嫦娥一号"平台以中国已成熟的"东方红三号"卫星平台为基础进行

研制，并充分继承"中国资源二号卫星"、"中巴地球资源卫星"等卫星的现有成熟技术，对结构、推进、电源、测控和数传等8个分系统进行了适应性修改。"嫦娥一号"星体为一个2米×1.72米×2.2米的长方体，两侧各有一个太阳能电池帆板，完全展开后最大跨度达18.1米，重2350千克。有效载荷包括CCD立体相机、成像光谱仪、太阳宇宙射线监测器和低能粒子探测器等科学探测仪器。

在"嫦娥一号"升空时，最主要的是保证其按照正确的轨道运行，所以当时在嫦娥飞天时，来自北京、青岛、昆明、喀什等地的测控站对其实施测控，从电视直播的画面中不断传来各个测控站报告的消息，就是在对"嫦娥一号"进行实时测控。在严密的测控下，"嫦娥一号"顺利进入预定轨道飞行。

测控，就是测量控制，测控系统充分利用中国现有S频段航天测控网，并辅之以天文测量系统，通过优化设计、改造和组网来完成整个测控系统。全系统综合试验证了测控网对卫星跟踪、测定轨和开展深空测控的能力。其实，在全国各地有很多的测控站，是它们组成了航天"控制网"，从而对"嫦娥"等航天器实施测控。每一个测控站在建设的时候，其初始的精确坐标位置，都是由测绘来确定的；此外，在每一次执行航天任务之前，测控站都要进行"检定"，看它的仪器是否合格，误差值是多少，测绘就为其进行

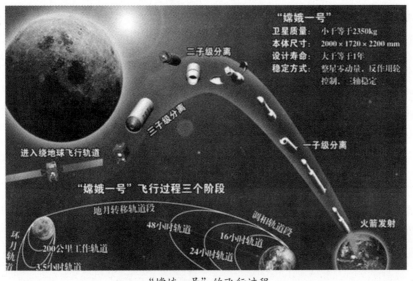

"嫦娥一号"的飞行过程

"标校"，确保测控站的准确。测绘在这其中就如同"质检员"，哪个仪器不合格，就要送厂维修，测绘就是一个基准。

测绘技术实现从地球飞向月球，完成了38万千米的"天路"。"嫦娥一号"中有一个大的雷达天线——50米直径，能够实施对"嫦娥一号"的测控；北京密云——亚洲最大的天文雷达天线所在位置，此次它是"嫦娥一号"长距离测控、通讯、数据传输的"主力站点"。对于如此大直径、高精度的天线测量，在国内是没有先例的。

"嫦娥一号"在经过了发射、飞行、进入预定轨道等程序后，如何将探测数据传回地面，成为工程的技术难题。"嫦娥一号"的第一个工作任务是为月球拍"全景照"；另外，目前世界上还未探测到月球南北纬50度以上的区域，而此次将实施对这一地方的探测。测绘技术在拍摄月球照片、将照片传回来等过程中功不可没，发挥了主要作用。

为获取月球的"全景照"，"嫦娥一号"搭载了CCD相机，开始首次月球测量，绘制月球表面三维图。"嫦娥一号"还有先进的卫星接收系统、航天测控网、地面应用系统等做支持，它们能保证这些探测数据顺利传回来。

小知识：CCD相机是以电荷耦合器件（CCD）作为光敏感器和光电转换器的遥感用相机。

"嫦娥一号"所使用的CCD立体相机在研制中采用了许多创新技术，如首次提出采用一个大视场光学系统和一片大面阵CCD芯片。它用一台相机取代三台相机，能够实现拍摄物的三维立体成像。立体相机在工作时，采集CCD的输出，分别获取前视、正视、后视图像，随后进行处理，形成立体图像。CCD立体相机以自推扫模式工作，为了重构月表立体影像的需要，在设计上做了特殊处理。CCD相机进行航空摄影测量加激光测量确定高程，用"纯经典"的测量手段与方式在"嫦娥一号"不断的绕月飞行中逐步完成月球三维影像的获取，通过北京密云的测控天线传回地球，地面接收之后，再进行信号的转换处理，就看到了月球的"容貌"。这就是测绘在嫦娥奔月中所提供的保障和服务。

"嫦娥一号"的成功标志我国已经迈进世界具有深空探测能力的国家行列。但是我国月球测绘技术还处于起步阶段，为了发展我国的月球测绘技术，还会发射"嫦娥二号"、"嫦娥三号"、"嫦娥四号"。

海洋如何划界

对自然界的老虎等食肉动物来说，活动区域的划分，是与食物资源、活动半径密切相关的。在我国古代的社会生活中也很早就形成了采邑、封封等管辖区域的概念。在历史长河中，人类聚居在一些居住点内，大的居住地周围用城墙、壕沟等作为防护的精确边界。陕西省西安市区东边有个半坡村遗址，参观时可以看到距今五六千年的古老先民们在居住地周围挖出的壕沟，用以抵御野兽和敌人。但在广大农村和旷野之地，大都很粗略地以河流、山脉、山口等为界。而现代国家之间对领土的划分就显得精确多了，即便是对看上去广阔荒凉而又漫无边际的沙漠、高山、海洋，都要精确到一条用数学地理坐标描述的线条上。从世界地图上很容易看到，美国各州之间的界线很多是直线，非洲和阿拉伯半岛上的一些国家间的界线也是用直线划分的。

古代邦国、州县之间的地理管辖区域划分大多是以河流、山脊、沟谷等自然地物为标志，尤其重视交通线上的城池、关隘、山口的界线作用。所谓"西出阳关无故人"，就体现出了陆地上边界城池的重要。而对于茫茫大海上的管辖划界就十分困难，缺少标志性地物是重要的原因。习惯界线大都是以岛屿、海峡、海岬、海沟等标志物为界。现代社会对海洋各类资源十分看重，而开发这些海洋资源都涉及海洋管辖区域的划界问题。茫茫海洋，缺少可视的标志物，洋底探测又十分困难，因此数学方法就成为海洋划界的主要办法。

海洋划界涉及领土主权和海洋权益，是濒海各国都面临的现实问题。21世纪随着陆地资源的逐渐枯竭，海洋作为一个巨大的物质宝库必然成为各国争先开发的重要区域，海洋划界也因此受到前所未有的重视。两国渔业协定的边界与专属经济区和大陆架划界也是关系密切，尤其是多国渔业管辖范围重叠区域，极易产生国家间的矛盾与冲突。我国拥有渤海、黄海、东海、南海四大海域，与朝鲜、韩国、日本、菲律宾、马来西亚、印度尼西亚、文莱、越南等八个国家海岸相邻或相向。在我国主张的约300万平方公里管辖海域中，约有一半被有关国家视为有争端的区域，存在海洋划界问题。

第二次世界大战以后，现代海洋划界开始实施，世界上许多沿海国进行了海域划界实践，海洋划界理论与技术方法有了全面的发展。1982年《联合国海洋法公约》赋予了沿海国家在管辖海域、资源开发利用、环境保护、科学研究等方面的多项权利。《联合国海洋法公约》明确规定沿海国家可建立最宽12海里的领海，对其领海以及领海的上空、海床及底土享有等同陆地领土的主权；沿海国可在领海以外建立毗连其领海的、从领海基线算起不超过12海里的毗连区，并有行使必要管制的权利；沿海国家还可在作为其陆地领土自然延伸的350海里大陆架或者200海里的专属经济区内享有自然资源的主权权利，对专属经济区和大陆架的人工岛屿、设施和结构的建造和使用，对海洋科学研究、海洋环境的保护等事项享有管辖权利。

像日本海、地中海、波斯湾和南海这样周边国家甚多的海区，全球有24个，其比邻国家达85个左右，使划界问题非常复杂化。不少海岸相向的国家间的海洋宽度不足400海里，使得各国主张的200海里的专属经济区形成重叠纠纷。比如，我国的东海海域，东西宽约300至500公里，南北长约1300公里，我国主张的海洋界线与日本、韩国所主张的海洋界线就存在很大分歧。东海蕴藏的大量石油和天然气，使得三国东海划界问题变得十分复杂。世界上已经划定的海洋界线，有的是通过国际法院或仲裁法庭的判决确定，有的则是当事国双方直接谈判的结果。海洋边界可以是一条纯粹的等距离线，或是一条非等距离线，也可以是一条等距离线和非等距离线两者的组合。资料表明，美国、俄罗斯、加拿大和印度等国大都是使用单一线与邻国划出了海洋边界。有资料显示，国际上已确定的海洋边界中，75%以上是运用等距离方法划出或者是运用等距离方法结合其他一些划界方法，如采用海岸线长度与海域成比例划界。海洋边界的划定还要考虑海岸线的分布和长度。

海洋划界的技术和方法问题得到各国专家的高度重视。在划界技术上，必须建立两种基本的技术手段，其一是海洋上的准确定位技术，其二是在地球椭球上计算距离和海域面积的技术。只有掌握了这些技术，才能在海洋边界的划定、描述、恢复、检查时满足高精确度的可重复性。

海洋划界必须依据大比例尺海图，对认定划界区域内的海岸方向、岸线长度和岛屿位置等进行计算或考虑。而各类海图或沿海地图，由于使用了不同的地图投影，具备不同的量度特点。因此不能把一般海图或地图在划界工作中不加分析地拿来就用。在墨卡托等角投影地图上，南北方向在图面上长度相同的线，在实际的地球表面却有着不同的距离。因此在地图上直接量取的两点连线的中间点其实并不是海洋上实际两点连线的距离中点。可见这条划界"中间线"的位置大大偏离了实际的位置。划界工作中的地图软件，一般都要经过严格的检测才能使用，以确保计算机软件算法在计算地球椭球面上的距离和海域面积时是准确的，是公平合理的。

给月球画上经纬线

地球上地物的位置可以通过经纬度确定其在地球表面的位置。月球上也有山脉和盆地等地物，那么如何确定月球上地物的位置呢？2009年3月1日16时13分10秒，"嫦娥一号"卫星在北京航天飞行控制中心科技人员的精确控制下，按预期目标准确落于月球东经52.36°、南纬1.50°的预定撞击点，圆满完成了中国探月一期工程任务。显然，月球上的位置也是通过经纬度确定的，那么月球上的经纬度是如何约定的呢？我们知道月球自己有它的自转轴，有与其自转轴垂直的月球赤道（纬度为0°）和两极（纬度为正负90°）；经度是以朝向地球的月面中心的子午线为0°，按其自转方向从0°到360°。

火星探测的问题

2011年11月初，俄罗斯发射了一枚火箭，任务是把火星探测器"福布斯—土壤"送上太空。这次发射引起了我国媒体的强烈关注，因为俄罗斯的火星探测器上还同时搭载了我国的第一颗火星探测器"萤火一号"。然而，非常不幸的是，这次发射出现了意外事故，"福布斯—土壤"探测器的发动机推力系统出现了问题，导致探测器的速度和高度都低于设计值，探测器未能进入前往火星的轨道。"萤火一号"是我国自己研制的第一颗火星探测器，但目前我国还不具备自己发射火星探测器的能力。

我国在实现了"神舟"飞船、嫦娥探月、"天宫一号"空间站等工程之后，又将深空宇宙探索的目光瞄准了火星。火星在人类了解宇宙的历史中有着非常独特的地位。火星是古代熟知的五大行星之一。古罗马人曾把火星作为农耕之神来供奉，古希腊人却把火星作为战争的象征。由于火星呈红色，像萤火虫的微光，亮度常有变化，而且在天空中运动，有时从西向东，有时又从东向西，情况复杂，令人迷惑，所以我国古代叫它"荧惑"。火星在很多方面与地球非常近似，离地球很近，体积、自转周期接近，也有大气层和四季变化，火星表面有与地球表面类似的各种地貌。据考证，在火星上曾经存在过水和浩瀚的海洋、宽阔的河流。从古到今，火星一直引人关注，各类科幻故事都以火星为背景，甚至在这个网络时代，"火星人"、"火星文"都成了网络世界中广为传播使用的词汇。

除了在地面和空中利用望远镜来观测火星，人类已经发射了40多个探测器到达火星附近，还有"勇气号"和"机遇号"等探测器8次降落到火星表面进行了详细考察。这些考察和观测活动，形成了很丰富和庞大的数据资源，需要花很长的时间去分析，一个人一辈子可能都看不完。于是，如何向普通大众和其他研究者公布这些资料，以促进科学研究，就成了一个有趣的问题。

2006年，谷歌公司相继推出"谷歌地球"和"谷歌月球"，把卫星拍摄的地球和月球的表面影像照片整理后公开，后来很快又推出了类似的"谷歌火星"。"谷歌火星"把目前已拍摄的1.7万多张火星表面的高分辨率的照片在因特网上公布出来。这些照片是由美国很早以前发射的探测器"火星奥德赛号"及"全球探索者号"拍摄的，包括了火星彩色高度图、火星表面黑白灰度图及红外线温度图。而拍摄的这些照片，原本是一张一张的平面的长方形的图像照片，但是在"谷歌火星"上，人们可以在球形的星体表面上连续漫游，随意移动。这是怎么实现的呢？

火星也是自转的球体，类似地球一样，人们把火星表面也分出了赤道、南极、北极、经纬线网。并且按照地图投影的概念，把火星表面的地形投影到平面的火星地图之上，当然也可以把平面的火星地图再用地图投影的方法转换回去，变回到球形的火星表面。另外，探测器拍摄的火星表面的照片，经过特殊的数学处理之后，照片上的每个点都具有可量测的经纬度坐标。这样一来，根据火星某处地点的经纬度数据，就可以查到这个地点所拍摄到的照片。根据图像上的经纬度坐标，利用图像处理技术和地图投影的技术，可以把照片上的影像正确填充到球面和圆形表面，从而实现各种火星外观的模拟再现。为了解决因特网上海量的用户在短时间内集中访问这些照片，还要采用一些巧妙的数据组织技术。

首先，要把不同分辨率的照片分成不同的组，有时也用高分辨率的照片缩制成分辨率低一些的照片。

然后，将同一分辨率的照片，按照照片所拍摄的火星上的具体位置，用火星上的经纬度数据标记出照片四个角的具体坐标，把这些照片切割成4块、9块、16块等等更小块的图像，每块图像的长、宽所覆盖的星球表面的经纬度间隔是一样的；或者按图像上像素点的数目，分成固定的大小，把照片切割成便于网络传输的同样尺寸的小块图像。这些切割完的图像，都进行了编号，并与其四个角的地理经纬度坐标建立了索引

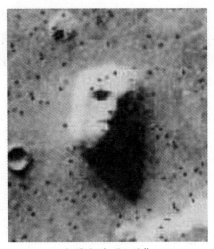

火星上的"人脸"

关系。因此只要给出具体的经纬度数据，计算机就立即知道应该调出哪张编号的照片来。在同一地理经纬度的格子中，形成了从详图到略图的层层递进的对应关系。一个分辨率低的照片，其覆盖区域往往对应有多层、多张分辨率高的照片。如果把同一经纬度格网内的几种相邻分辨率的照片竖着叠落、排列起来，就形成了一个宝塔状的层次关系。人们把这种分割组织不同分辨率照片的方法形象地称呼为"金字塔"结构。

这种金字塔结构的照片组织方式，已经成为网络地图上的一种标准模式。当区域很大时，还要结合地图投影的技术，完成曲面和平面坐标的转换问题。利用这些技术，将数量众多的照片完美地拼接到一起，使人可以看到覆盖整个火星表面的完整图像。2010年美国科学家根据美国发射的"火星奥德赛"探测器获取的大约2.1万幅图像，经过精心校准和处理，耗时8年，合成了迄今最精确的火星地图。用户可以任意转动或放大地图，可以看清火星表面大约100米见方的物体。现在研究人员与公众都可以在因特网网站上查询到这一地图，尽情地在这颗神秘的红色星球的整个表面上漫游。

"谷歌火星"、"谷歌地球"，也是采用这样的方式，使得人们可以模拟再现从远距离靠近星球表面时看到的星球地面景象。通过这些图像照片，人们甚至可以了解火星表面矿石的成分，火星上的气温、尘埃以及冰块的分布状况。除了放大（靠近）、缩小（远离）这种浏览方式，地名检索、根据经纬度定位等都是常用的火星照片的检索方式，可查找所有的火星地名位置，比如山脉、峡谷、沙丘、陨石坑的所在位置，还能查找所有已经登陆火

星的探测器的着陆地点以及相关资料。另外，这些功能的实现，还需要很多大型计算机服务能力的支持，当然也少不了一种叫"照片（图像）数据库"软件的支持，否则成千上万的人在因特网上访问"谷歌火星"时，网站就要堵塞瘫痪了。

利用图像处理、地图投影、三维动画等制作技术，就可以实现虚拟的火星景观探秘。在火星的网上地图中，世界各地的网民终于可以尽情游览火星上的高山低谷。1976年，人们在"海盗号"火星探测器拍摄的图像上发现了一张栩栩如生的"人脸"，后来在更高分辨率的图像上可以清楚地看到，那仅仅是一处普通的火星山地，由于特殊的光影效果而造成了"火星人脸"的错觉。最近，美国的一位天文爱好者就使用"谷歌火星"意外发现火星表面有一个神秘的"建筑物"，不过它到底是什么，需要今后去研究证实。

南极科考路线

2009年10月，我国第26次南极科学考察拉开帷幕。著名的极地科学考察破冰船"雪龙号"从上海起航，先后赴南极长城站、中山站运送科考人员和物资，在182天的时间里执行59项科学考察任务、21项后勤保障任务。这次南极科考队共有250多名队员，"雪龙号"出发时载有160多名，其他人在沿途登船。由于2009年初，中国在南极冰穹A地区建立了南极内陆考察站昆仑站，这次航行还将为新设立不久的昆仑站运送科考人员和物资。昆仑站地处南极内陆冰盖海拔最高的区域，海拔4093米，这里也是冰盖上距海岸线最遥远的一个冰穹，气候条件极端恶劣，被称为"不可接近之极"。1999年我国南极科考队在距离冰穹A地区只剩最后300千米的地方，因为队员病重，粮草耗尽，失败而归。临行前，他们用10个废油桶组成一个纪念碑，插上一面国旗。6年后，为在南极内陆建立昆仑站进行前期选址调研时，科考队员再次考察冰穹A地区，这才又见到了这个临时纪

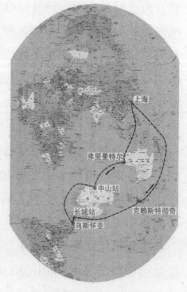

南极科考航线示意图

念碑，令人百感交集。昆仑站是全南极大陆海拔最高的科考站，这里是国际公认的南极冰盖最理想的冰芯钻取地点，预计钻取深度超过3000米。这些古老的冰芯能反映地球120万年的气候记录，这对全球气候变化研究和当今世界面临的全球气候变化问题具有重要意义。此次考察队钻取了一支超过130米长的冰芯，可以追溯过去五六千年的地球环境变化，考察队还在昆仑站附近建成了深冰芯钻探场地，这标志着我国在南极冰盖的深冰芯钻探即将拉开序幕。

从1984年我国第一支南极考察队首赴南极洲进行综合性科学考察开始，我国极地科考实现了从无到有、从小到大的转变。昆仑站的建立，使得我国从极地考察大国向极地考察强国方向迈出了具有国际影响力的关键步伐，预示着我国极地考察进入了新的发展时期。第26次南极科学考察是"雪龙号"第一次在一次任务中为三个科考站服务，航程超过3.2万海里，创下我国南极考察历史上人员数量、科考任务最多的纪录，也是"雪龙号"航行距离最长的一个航次。因此，这次"雪龙号"的南极之行引起了媒体的广泛关注。

在这次南极科考中，"雪龙号"的具体航程路线是，从我国上海出发，经新西兰的克赖斯特彻奇停靠补给，到达长城站，然后经阿根廷的乌斯怀亚港停靠补给，到达中山站，最后经过澳大利亚的弗里曼特尔，返回上海。当时中央电视台在新闻节目中连续滚动播出了此次南极科考航线示意图。

然而由于地图投影的问题，这种常见的世界地图在南极地区存在巨大的变形，没有表现出南极大陆地区的实际轮廓，长城站与中山站之间的距离被大大夸张，其地理关系产生了视觉上的偏差。实际上，这次南极科考几乎是绕南极洲航行一圈，这种地图投影选择不当的地图，给正确的科学知识普及必然带来很多问题。

其实，科考队在设计出行航线时，不能使用常规的世界地图（纬线多圆锥地图投影，墨卡托地图投影等），它无法准确地表达科考路线面临的问题。因此必须选用其他地图投影的地图，如有些世界地图上对南北两极地区单独使用小幅面的特殊投影，以控制两极地区的地图变形。

在2004年11月到2005年3月的我国第21次南极科考中，科学家们已经实现了对"雪龙号"实时航行轨迹的跟踪，并在因特网上实时公布出来，以培养普通民众对科学考察的兴趣。为了让普通人也能直观地感受"雪龙号"的轨迹，需要设计一种把我国的领土范围、赤道、澳大利亚、南美洲、南极洲同时画在一幅地图之中的地图，尤其是南极洲要保持完整的轮廓特征。当时南极科考办公室选中了中国科学院测量与地球物理研究所研制的一种新世界地图。它使用了一种特殊地图投影，在使用这种投影的世界地图上，通过适当的变形控制，可以把南极、北极的轮廓完整显示在同一张地图平面内，符合了我国南北极地科学考察的显示需要。

这张图，真实地呈现了第26次南极科学考察中"雪龙号"环绕南极洲航行的态势。比电视新闻中使用的地图更好地显示出"雪龙号"所经过的关键港口分布，长城站与中山站的地理位置，明确地表达了环绕南极洲航行的航线。南极科学考察网站上使用这种地图投影的地图，有助于一般读者准确体验南极科考的航程。可见，不同的地图投影，对于地图表现的内容和主题是密切相关的。这张地图所使用的地图投影，有人说在历史上也曾出现过，并不是创新。但是无论这种观点是否成立，用现代地图设计软件赋予这种地图投影以新的生命，以现代地图内容表示出这种地图投影的效果，这确实是历史上的第一次。历史上，科学家们曾经设计过各种各样的地图投影，有着各种不同的特点和新奇的视觉体验。挖掘古老的地图投影技术，选用和设计合适的地图投影，可以突出地表现地图主题，吸引读图者的目光，在专业服务与公众服务的广阔领域中发挥更大的作用。这就是南极考察网站用图带给我们的思考和经验。

 ## 北斗北扩一二三

我国第二代卫星导航系统设计中存在着一个严重问题：卫星信号在北半球的有效覆盖范围太小，战略意义大打折扣，应该向北扩大卫星信号的覆盖范围。这就是所谓的北斗北扩问题。

这个"北斗"是指北斗卫星导航系统。它是我国独立设计实施的一套卫星定位系统，利用多颗人造卫星发射的无线电信号来确定地面物体的空间位置，并能进行类似手机短信方式的文字通信。我国的北斗卫星导航系统是与美国的吉皮艾斯系统（GPS）、俄罗斯的格洛纳斯系统（GLONASS）、欧盟的伽利略系统（Galileo）齐名的全球卫星导航定位系统。

早在1983年，我国航天专家陈芳允院士首次提出利用两颗位于地球静止轨道的通信卫星实现在我国国土范围内快速导航定位的设想。1994年，我国启动了北斗卫星导航试验系统的建设，于2000年建成了由2颗"北斗"导航试验卫星组成的试验系统。2008年"5·12"汶川地震中，来自灾区的第一条信息就是通过北斗卫星传输出来的。从2003年12月北斗卫星导航试验系统正式宣告建成并开通运行以来，到2011年已经有约十万用户，累计提供定位服务2.5亿次，通信服务1.2亿次，授时服务2500万次，系统运行可靠性达到99.98%。北斗卫星导航试验系统已运用于渔业、气象、交通、通信、电力五大领域，在我国东海、南海作业的渔船已安装了一万多台北斗导航终端，有力地保障了渔船的生产安全。

北斗试验系统不能实现连续的定位，它采用的是一种应答式定位。用户需要先向导航卫星发出一个申请，申请通过卫星被传输给地面导航中心；地面导航中心根据这个申请算出用户的位置，之后再通过卫星把位置传给用户。这种导航方式在飞机、汽车等高速移动的物体中是无法使用的。因此，我国计划在第一代北斗的基础上建设第二代北斗卫星导航系统，规划在2012年以前发射14颗卫星，初步组成一个在亚洲东部范围内使用的、可以自主连续导航、用户数量不受限制的系统，到2020年，预计发射30多颗卫星组成一个覆盖全球的卫星导航系统，向全球用户免费提供高质量的定位、导航和授时服务，它的空间定位精度将达到10米，速度测量的精度达到0.2米/秒，授时精度达到10纳秒。

北斗系统的地面使用覆盖范围是依据参见的世界地图设计的。然而一般世界地图使用的地图投影都在北极地区存在很大变形和距离误差。在北斗系统设计初期，其地面使用覆盖范围的北部边界定，在一般地图上看起来已经很靠近北极圈了。但是对于熟悉地图投影情况的专家，却看到了这个北部覆盖边界离北极地区实际还很远。这就是大地测量专业委员会在2006年学术年会上曾讨论的一个问题。中国科学院测量与地球物理研究所的科研人员建议应该继续向北极方向多覆盖一些区域，后来他们专门写了篇学术文章发表在2007年的《大地测量与地球动力学》期刊上，并且不断到处解释、推销、传播他们的"北扩"观点：第二代北斗卫星导航系统原先的设计覆盖范围是往东向太平洋方向延伸达5000千米，而往北只到达我国最北端国界附近，没有再向北极方向延伸；可是本世纪初，因全球气候变化引起北极冰盖融化，北极因此受到世界各国的关注，成为一个热点地区。北极与中国的利益也是密切相关。因此，北斗系统的覆盖范围向北极方向扩大，有着重要的科研和军

事意义。

所以，专家们提出的北斗北扩问题很快就受到了卫星研制部门的重视。2006年12月，有关部门采纳了专家们的意见，更改了设计方案，使得第二代北斗卫星导航系统的覆盖范围从北纬55°向北极地区延伸了很多。

北斗北扩问题的发现和解决，少不了地图投影专家的作用。不同的地图投影有不同的用途，人们在生活、旅游中对地图投影的作用感觉不明显，但是在科学技术领域，地图投影有着很大的作用。尤其在使用大区域范围的地图时，千万不要忘了地图投影的重要性，更不要被地图的表面现象所蒙蔽！

第16章

真实世界与虚拟世界

——GIS作用与服务

 如何指挥现代战争

现代计算机应用技术尤其是地理信息技术的虚拟现实技术为指挥现代战争提供了许多直观、便捷的指挥方式。

虚拟现实是存在于计算机系统中的逻辑环境，通过输出设备模拟显示世界中的三维物体和它们的运动规律。把虚拟现实技术应用于现代战争指挥，是当今较为热门的虚拟战场技术。

指挥现代战争首先需要有一个强大的情报获取系统。现代战争信息和情报的获取主要依靠侦察机、遥感侦察卫星乃至太空空间实验站。获取的情报被输送到计算机虚拟战场指挥系统的地理数据库，形成电子沙盘或其他形式的虚拟战场环境。指挥现代战争其次需要有一个强大的情报处理系统。虚拟战场指挥系统有空间分析应用功能，建有丰富的知识库，可利用已有的数据和知识进行推理，提出作战方案，辅助作战指挥。另外，指挥现代战争需要有一个强大的兵力部署和军事行动标注系统。现代战争兵力部署和军事行动标注系统完全通过计算机自动生成。

在阿富汗和伊拉克战场上，美军利用多颗遥感卫星获取的图像，占据了绝对的信息优势，实现了对战场的单向透明。在错综复杂的战场上，美军利用"天眼"，实时地发现敏感目标，通过畅通的指挥系统下达指令，因此能够在数分钟给对方以精确打击。

托普沙特卫星是英军的遥感卫星，该卫星可提供分辨率为2.5米和5米的全色图像和多光谱图像，图像覆盖范围为15千米×15千米。它可以把图像直接传送到地面移动基站，战场的指挥员可以准确实时地接收到图像。

在阿富汗战争中，美军虚拟了阿富汗战场环境进行模拟训练。虚拟战场上有沙漠、丛林、街道等各种地形，其中的街道、建筑物，甚至车辆、门窗尽在飞行员虚拟战场的掌控之中。近年来，美军还建立了超现实军事训练系统，利用城市地形模块与野外地形模块去建立作战环境。同时，美军正在开发以地理空间数据、遥感影像及导航定位等测绘信息为基础，融合战场态势信息的一个动态的虚拟战场态势环境。在这个共同的虚拟环境中，战场上不同级别的指挥员、不同的作战平台、不同的作战单元可以实现协同操作、指挥。

 ## 智能交通

智能交通系统（Intelligent Transportation System，简称ITS）是将先进的信息技术、数据通讯传输技术、电子传感技术、控制技术及计算机技术等有效地集成运用于整个地面交通管理系统的一种在大范围内、全方位发挥作用的，实时、准确、高效的综合交通运输管理系统。ITS可以有效地利用现有交通设施、减少交通负荷和环境污染、保证交通安全、提高运输效率，因而受到各国的普遍重视。

在该系统中，车辆靠自己的智能在道路上自由行驶，公路靠自身的智能将交通流量调整至最佳状态，借助于这个系统，管理人员对道路、车辆的行踪掌握得非常清楚。

智能交通系统具有两个特点：一是着眼于交通信息的广泛应用与服务，二是着眼于提高既有交通设施的运行效率。智能交通系统由交通信息服务系统、交通管理系统、公共交通系统、车辆控制系统、货运管理系统、电子收费系统、紧急救援系统组成。

交通信息服务系统（ATIS）

交通参与者通过装备在道路上、车上、换乘站上、停车场上以及气象中心的传感器和传输设备，向交通信息中心提供各地的实时交通信息；ATIS得到这些信息并通过处理后，实时向交通参与者提供综合的道路交通信息、公共交通信息、换乘信息、交通气象信息、停车场信息以及其他与出行有关的

信息；出行者根据这些信息确定自己的出行方式、选择路线。车上装备了自动定位和导航系统时，系统可以帮助驾驶员自动选择行驶路线。

交通管理系统（ATMS）

它与ATIS共用信息采集、处理和传输系统，但对象不同，ATMS主要给交通管理者使用，用于检测控制和管理公路交通，在道路、车辆和驾驶员之间提供通讯联系。它对道路系统中的交通状况、交通事故、气象状况和交通环境进行实时地监视，依靠先进的车辆检测技术和计算机信息处理技术，获得有关交通状况的信息，并根据收集到的信息对交通进行控制，如信号灯、发布诱导信息、道路管制、事故处理与救援等。

公共交通系统（APTS）

它的目的主要是采用各种智能技术促进公共运输业的发展，使公交系统安全、便捷、经济、运量大。系统可通过个人计算机、闭路电视等向公众就出行方式和事件、路线及车次选择等提供咨询，在公交车站通过显示器向候车者提供车辆的实时运行信息。在公交车辆管理中心，可以根据车辆的实时状态合理安排发车、收车等计划，进而提高工作效率和服务质量。

车辆控制系统（AVCS）

它的目的是帮助驾驶员实施驾驶车辆控制的各种技术，使汽车行驶安全、高效。AVCS包括对驾驶员的警告和帮助，障碍物避免等自动驾驶技术。

货运管理系统

它指以高速道路网和信息管理系统为基础，利用物流理论进行管理的智能化物流管理系统。综合利用卫星定位、地理信息系统、物流信息及网络技术有效组织货物运输，提高货运效率。

电子收费系统（ETC）

ETC是一种自动的路桥收费方式。通过安装在车辆挡风玻璃上的车载器与在收费站ETC车道上的微波天线之间的微波专用短程通讯，利用计算机联网技术与银行进行后台结算处理，从而达到车辆通过路桥收费站不需停车而能交纳路桥费的目的，且所交纳的费用经过后台处理后分给相关的收益业主。安装电子不停车收费系统后可以使车道的通行能力提高3~5倍。

紧急救援系统（EMS）

EMS以ATIS、ATMS和有关的救援机构和设施为基础，通过ATIS和ATMS将交通监控中心与职业的救援机构联成有机的整体，为道路使用者提供车辆故障现场紧急处置、拖车、现场救护、排除事故车辆等服务。具体包括：
（1）车辆定位咨询。车主可通过电话、短信、翼卡车联网三种方式了解车辆具体位置和行驶轨迹等信息。（2）车辆失盗处理。用户可对被盗车辆进行远程断油锁电操作并追踪车辆位置。（3）车辆故障处理。接通救援专线，协助救援机构展开援助工作。（4）交通意外处理。系统会在交通意外发生后自动发出求救信号，通知救援机构进行救援。

🚗 神奇的电子地图

电子地图（Electronic Map），即数字地图，是利用计算机技术，以数字方式存储和查阅的地图，它与现实生活中的地图有本质的不同。

（1）现实生活中看到的地图是以纸张、布或其他可见真实大小的物体为载体的，地图内容绘制或印制在这些载体上。电子地图是存储在计算机的硬盘、软盘、光盘或磁带等介质上的，地图内容是通过数字来表示的，需要通过专用的计算机软件对这些数字进行显示、读取、检索、分析。（2）电子地图上可以表示的信息量一般大于普通地图，显示内容的详略可以调控。如在普通地图上公路用线划表示位置，线的形状、宽度、颜色等不同符号特性表示公路的等级及其他信息。在电子地图上用一串X、Y坐标表示位置，线划的属性表示公路的等级及其他信息，比如可以用"1"表示高速公路、"2"表示国道等，电子地图上的线划属性可以有很多，比如公路等级、名称、路面材料、起止点名称、路宽、长度、交通流量等信息都可以作为道路的属性信息记录下来，可以比较全面地描述道路的情况。电子地图显示地图内容的详略程度可以调控，例如我们可以只显示公路的名称，不显示公路的宽度等，传统地图的内容是固定的、不变的。（3）电子地图的制作、管理、阅读和使用能实现一体化，对不满意的地方能够方便地随时修改，例如表示一座山峰时既可以采用尖三角的山峰符号也可采用写生的山峰符号等。而传统纸质地图的生产、管理和使用都是分开的，一旦地图生产出来，修改相对困难。（4）电子地图能把图形、图像、声音和文字合成在一起，而纸质地图则做不到。例如可以在旅游电子地图的某个风景点上叠加景点的风景照片、文字介绍、视频录像等。（5）电子地图的使用要依赖专门的设备，如计算机、显示器及专门的软件等，而纸质地图的使用则不需要。（6）电子地图由于受计算机屏幕尺寸和屏幕分辨率的限制，整幅地图显示的效果受影响，以分块分层显示为主。而传统纸质地图以图幅为单位整页出版印刷，幅面大，读图的整体印象深刻，地理要素相互之间的关系明白清楚。

　　电子地图是地图制作和应用的一个系统，是电子计算机控制生成的地图，是基于数字制图技术的屏幕地图。"在计算机屏幕上可视化"是电子地图的根本特征。电子地图的特点是：可以快速存取显示。可以实现动画。可以将地图要素分层显示。利用虚拟现实技术将地图立体化、动态化，令用户有身临其境之感。利用数据传输技术可以将电子地图传输到其他地方。可以实现图上的长度、角度、面积等的自动测量。

　　电子地图有多方面的应用。如它可用来查找各种场所、各种位置；查找出行的路线，例如公交车的换乘，自驾车路线选择；另外还可以了解其他信息，如电话、联系人、某公司提供的产品和服务等信息。除了可以在电子地图上获取信息外，我们还可以在地图上发布信息。对企业来说，电子地图也是一个可以发布广告的宣传平台。

　　电子地图可以非常方便地对普通地图的内容进行任意形式的要素组合、拼接，形成新的地图。可以对电子地图进行任意比例尺、任意范围的绘图输出。易于修改，缩短成图时间。方便地图与卫星影像、航空照片等其他信息源结合，生成新的图种。也可以利用电子地图的信息，派生新的地图类型，如非专业人员很难看懂地图上用等高线表示地貌形态，但利用电子地图的等高线和高程点可以生成数字高程模型，将地表起伏以三维写真的形式表现出来。国家测绘局现有中国范围的1∶400万、1∶100万、1∶25万、1∶5万电子地图，这些是国家基础地理信息系统的重要组成部分，是其他各部门专业信息管理、分析的载体。各省、市测绘及城市规划部门生产了大量的大比例尺电子地图，如1∶5000、1∶2000、1∶1000等，可用于城市规划建设、交通、旅游、汽车导航等许多部门。这些数字地图将各部门日常工作由原来一大堆地图的翻来翻去，变成为计算机前作业，科学、准确、直观，大大提高效率。

　　电子地图神奇的原因无外乎两个方面：一个是它带有一个地图数据库，有序存储了大量地图信息和多媒体信息；另外就是它有一套非常专业的计算机地图制图软件，借助这套软件可以把地图数据库中的数据可视化展示，并且可以要什么提什么，并按用户要求修改、设置、输出等。

地理信息数据库有何用

　　地理信息数据库（Geographical Database）是应用计算机数据库技术对地理信息数据进行科学的组织和管理的硬件与软件系统，是自然地理和人文地理诸要素文件的集合，是地理信息系统的核心部分。它包括一组独立于应用目的的地理信息数据的集合、对地理信息数据集合进行科学管理的数据管理系统软件和支持管理活动的计算机硬件。广义的地理信息数据库还包括地理数学模型库、知识库（智能数据库）和专家系统。地理信息数据库属于空间数据库，表示地理实体及其特征的数据具有确定的空间坐标，为地理信息数据提供标准格式、存贮方法和有效的管理，能方便、迅速地进行检索、更新和分析，使所组织的数据达到冗余度最小的要求，为多种应用目的服务。

　　地理信息数据库是地理信息系统的数据源和基础，地理信息系统展示的栩栩如生的地图或真三维景观，选择的公共交通乘车路线，兴修公路导致的房屋拆迁费用计算等等都离不开地理信息数据库作支持。这里举一个房屋拆迁费用计算的例子说明地理信息数据库的作用（只介绍过程，不介绍具体计算结果）。

二维、三维、四维——GIS的发展之路

　　GIS概念最早在20世纪60年代由加拿大地理学家Roger Tomlinson提出，加拿大建成了第一个用于资源管理与规划的GIS软件。早期建设的GIS软件都是二维的，主要受计算机内存和外存空间的限制，用于计算机地图制图和相对简单的地理分析。GIS的主要数据源是二维地图，随着计算机技术发展和用户需求增长，GIS发展了2.5维技术（增加了数字高程模型或增加一些时态信息），地理信息分析的功能进一步增强。但总的来讲，二维GIS只能表示二维信息，不适于人们的视觉习惯，无法进行空间距离量测和真实再现地下空间信息，而且非专业人员读懂二维地形图也不是件容易的事。

　　计算机存储技术和图形学技术的发展为三维GIS提供了发展空间，三维GIS数据加工价格的降低为三维GIS的发展提供了客观条件。国外ESRI公司和国内的超图软件股份有限公司、高德软件有限公司等GIS软件厂商推出了

三维GIS软件。事实上，二维、三维GIS软件都是静态存储某个时刻客观世界的形态特征，客观世界是通过时空表示的，任何GIS存储的数据都是某个时刻客观世界形态特征的映射，只是这种映射是静态的，然而世界是发展变化的，要全面地刻画客观世界的形态特征必须从时空四个维度来描述刻画，因此完全可以相信，不远的将来四维GIS必将到来。

触手可及的虚拟现实

什么是虚拟现实

虚拟现实（Virtual Reality，简称VR，又译作灵境、幻真）是近年来出现的高新技术，也称灵境技术或人工环境。虚拟现实是利用电脑模拟产生一个三维空间的虚拟世界，提供使用者关于视觉、听觉、触觉等感官的模拟，让使用者如同身历其境一般，可以及时、没有限制地观察三度空间内的事物。我们在计算机游戏中有过多种虚拟现实的经历，比如城市规划或种菜等。那么，它的技术原理又是什么呢？

VR涉及了计算机图形（CG）技术、计算机仿真技术、人工智能、传感技术、显示技术、网络并行处理等技术，是一种由计算机技术辅助生成的高技术模拟系统，它用计算机生成逼真的三维视、听、嗅觉等感觉，使人作为参与者通过适当装置，自然地对虚拟世界进行体验和交互作用。参与者参与交互作用后，电脑可以立即进行复杂的运算，将精确的3D世界影像传回产生临场感。与传统的人机界面以及流行的视窗操作相比，虚拟现实在技术思想上有了质的飞跃。虚拟现实则将用户和计算机视为一个整体，通过各种直观的工具将信息进行可视化，形成一个逼真的环境，用户直接置身于这种三维信息空间中自由地使用各种信息，并由此控制计算机。

它是硬件、软件和外围设备的有机组合。用户可通过自身的技能以6个自由度（上、下、前、后、左、右）在这个仿真环境里进行交互操作。虚拟现实的关键是传感技术，同时离不开视觉和听觉的新型可感知动态数据库技术。可感知动态数据库技术与文字识别、图像理解、语音识别和匹配技术关系密切，并需结合高速的动态数据库检索技术。虚拟现实不仅是计算机图形学或计算机成像生成的一幅画面，更重要的是人们可以通过计算机和各种人机界面与计算机交互，并在精神感觉上进入环境，而这些需要结合人工智能、模糊逻辑和神经元技术。

虚拟现实的主要特征

● 多感知性（Multi-Sensory），指除了一般计算机技术所具有的视觉感知之外，还有听觉感知、力觉感知、触觉感知、运动感知，甚至包括味觉感知、嗅觉感知等。

● 浸没感（Immersion），又叫临场感，指参与者感到作为主角存在于模拟环境中的真实程度。

● 交互性（Interactivity），指用户对模拟环境内物体的可操作程度和从环境得到反馈的自然程度（包括实时性）。

● 构想性（Imagination），虚拟现实技术强调参与者具有广阔的可想象空间，可拓宽参与者的认知范围，不仅可再现真实存在的环境，也可以随意构想客观不存在的甚至是不可能发生的环境。

虚拟现实的典型应用

● 虚拟现实在城市规划中的应用

在城市规划中，规划方案设计是城市规划的基础性工作之一，目前常用的规划建筑设计表现方法包括以下几种：建筑沙盘模型、建筑三维效果图和三维动画。这3种方法虽然广泛应用，但它们却存在各自的不足之处：制作建筑沙盘模型需要经过大比例尺缩小，因此只能获得建筑的鸟瞰形象；建筑三维效果图表现也只能提供静态局部的视觉体验；三维动画虽然有较强的动态三维表现力，但不具备实时的交互性，人只是被动地沿着既定的路线进行观察。而城市虚拟现实应用可以弥补传统设计表现方式的不足，在虚拟现实应用中，可以在一个虚拟的三维环境里，用动态交互的方式对未来的规划建筑或城区进行身临其境的全方位的审视：可以从任意距离、角度和精细程度观察建筑；可以选择多种运动模式，如行走、飞翔等，并可以自由控制浏览的路线；能够真实感受建筑小区绿化情况、每一栋建筑的采光情况；能够观察设计方案对周边已有建筑物的影响情况，如建筑外立面颜色与周边是否协调、建筑物高度是否影响周边建筑物的采光等；而且在漫游过程中，还可以实现多种设计方案、多种环境效果的实时切换比较。

由于城市虚拟现实应用基于VR技术，所以它具有一般计算机VR技术的特点，同时它具有城市应用要求的特点。城市虚拟现实技术首先要求在一定软硬件的基础之上，创建尽可能真实的城市场景，场景的真实感是城市虚拟现实最为关键的一个因素。在硬件渲染能力的限制下，一方面需要发掘各种软件的功能，进行优化组合；另一方面，需要发展更为高级的高效算法。对一般的制作者而言，创建真实场景主要是充分利用各种已存在的软件工具。

由于城市规划的延续性和超前性要求较高，城市规划一直是对全新的VR技术需求最为迫切的领域之一。从总体规划到修建性详细规划乃至建筑单体设计，在各个阶段，通过在城市虚拟现实应用中对现状和未来的描绘，造成身临其境的城市感受，同时进行实时景观分析、建筑高度控制、交通规划、多方案城市空间比较等等，从而使城市布局更加合理，更加美观、协调。规划决策者、规划设计者和公众，在城市规划中扮演不同的角色，有效的合作是保证城市规划最终成功的前提，VR技术为这种合作提供了理想的桥梁。VR技术可以应用于城市规划的许多方面，包括规划设计、方案评估、领导决策、规划审批、市民公示、宣传展示及招商等方面。

设计单位对规划建设方案进行设计一般依据用地规划要求、建筑规划要求、绿化环境规划要求和交通规划要求等条件，处在仅凭经验和抽象数据模型的基础上，而对规划和建筑设计方案的可行性没有一个系统的评价论证，所以在城市建设过程中，很容易出现实际情况跟预期效果偏差很大的情况。如果在规划设计阶段，运用城市虚拟现实应用系统辅助设计，就可提高设计方案的质量，避免不必要的偏差。城市虚拟现实在规划设计中的应用主要体现在以下几个方面：一是更改建筑物的高度，二是改变建筑物外立面的材质颜色，三是改变绿化密度，四是计算建筑楼间距，五是通过日照分析查看各楼层日照情况。设计人员可以针对设计方案的控制要素进行修改，只要改变虚拟现实应用系统中的参数即可，并可随时查看设计方案的修改效果。例如可以改变建筑高度，使其符合建筑的控制高度要求；改变建筑楼宇间距，使其符合日照要求；根据设计方案不同视觉风格要求，变换建筑物外立面的材质颜色等等。

这样不同的方案、不同的规划设计意图通过城市虚拟现实技术实时地反映出来，使用者可以做出很全面的对比，并且城市虚拟现实应用系统可以快捷、方便地随着方案的变化而做出调整，辅助进行方案评估，从而加快了方案设计的速度和质量，提高了设计方案评估论证的效率。

● 虚拟现实在"天宫一号"发射中的应用

解放军报记者亲历了虚拟"天宫一号"的发射过程——"天宫一号"模

拟仿真发射。该虚拟场景中配备的外围设备包括坦克帽般的头盔、黑色紧身衣、黑色高脚靴和一副特制的高尔夫球手套。

模拟场景"天宫一号"发射在即，参与者走进了酒泉卫星发射中心航天发射一体化仿真训练中心，穿戴好配备的外围设备。外围设备上布满了各种感应器，参与者的每一个动作，都会在立体显示屏上展现出来，这就是上文所说的高沉浸感。仿真系统加电启动后，通过数据头盔的立体显示屏，参与者进入了三维仿真发射场：天空，戈壁，青草，蓝白相间的测试厂房，巍巍耸立的发射塔架……参与者情不自禁舒展了一下身体，显示屏中的虚拟人做着与参与者完全同步的动作。

发射开始，首先进行吊装对接。全长58米的虚拟火箭以水平状态运抵发射场，需要吊装至垂直状态完成对接，参与者担任操作员。

"小车左行1挡，主钩下降3挡……"随着指挥的口令，参与者服从指挥，起吊、运行……把虚拟火箭一、二级对接到了一起。

接下来的工序是单机装配。参与者成了装配操作手，漫步"跨进"箭体，半蹲装配螺丝钉……

模拟仿真最后一个课目是测试发射。参与者把密码代号输入计算机，立体显示屏上瞬间出现了虚拟发控台，参与者又变成了发控台操作手。

"关瞄准窗""箭机复位""测试断电"……数十个按钮纵横分布，跳变的数据有点眼花缭乱。完成所有测试工作后，轻点鼠标后，发射程序直接进入扣人心弦的那一刻。

"10、9、8……"发控台上倒计时指针指向"0"的一刹那，参与者迅速用尽全力按向"点火"按钮，虚拟火箭腾空而起。

虚拟火箭完成垂直对接

虚拟火箭成功发射

地理信息与数字地球

对于Google Earth，大家一定不陌生，想必大家都查过自己所在的位置。其中用到的地图及其相关的信息，就是地理信息。那什么是地理信息呢？

地理信息系统（GIS）是以地理空间数据库为基础，在计算硬件、软件环境支持下，对空间相关数据进行采集、管理、操作、分析模拟和显示，并采用地理模型分析方法，适时提供多种空间和动态的地理信息，为地理研究、综合评价、管理、定量分析和决策服务而建立的一类计算机应用系统。GIS的功能包括：具有采集、管理、分析和输出多种地理信息的能力，具有空间性和动态性；由计算机系统支持进行空间地理数据管理，并由计算机程序模拟常规的或专门的地理分析，作用于空间数据，产生有用信息，完成人类难以完成的任务；计算机系统的支持是地理信息系统的重要特征，它使地理信息系统能快速、精确、综合地对复杂的地理系统进行空间定位和过程动态分析。

国际GIS的发展历程

GIS起源于20世纪60年代的北美（加拿大和美国），到80年代末，特别是随着计算机技术的飞速发展，地理信息的处理、分析手段日趋先进，GIS技术也日臻成熟，目前已成功地应用于资源、环境、土地、交通、教育、军事、灾害研究、自动制图等领域。至今，GIS

数字国土信息系统

风风雨雨走过了40多年，纵观其发展历程，大致可归纳为以下几个阶段：

● 20世纪60年代。1963年加拿大测量学家Roger Tomlinson首先提出地理信息系统这一术语，并建成世界上第一个地理信息系统。随后，与GIS相

关的组织和研究机构相继成立，如1966年成立的美国城市与区域系统协会
（URISA），1968年成立的城市信息系统跨机构委员会（IAAC）、国际地理
联合会（IGU）的地理数据遥感和处理小组委员会，以及1969年成立的美国
州信息系统全国协会（NASIS）等等。

● 进入20世纪70年代，可以说GIS进入了真正的发展阶段，一些发达国
家先后建立了许多不同专题、不同规模、不同类型、各具特色的地理信息系
统。如美国森林调查局开发的全国林业资源信息显示系统、日本国土地理
院建立的数字国土信息系统、法国建立的GITAN系统和地球物理信息系统等
等。探讨以遥感数据为基础的地理信息系统逐渐受到重视。如美国NASA的
地球资源实验室1980研制的ELAS地理信息系统等。

● 20世纪80年代是GIS普及和推广应用的阶段，是GIS发展的重要时期。
①在70年代技术开发的基础上，GIS技术全面推向应用。②国际合作日益加
强，开始探讨建立国际性的GIS。并与卫星遥感技术相结合，研究全球性的
问题，如全球沙漠化、厄尔尼诺现象和酸雨、核扩散等等。③GIS研究开始
从发达国家逐渐推向发展中国家，如中国于1985年成立了资源与环境信息系
统国家重点实验室。④GIS技术开始进入多学科领域，如古人类学、景观生
态规划、森林管理以及计算机科学等等。⑤随着计算机价格的大幅度下降，
计算机的发展为GIS的推广和普及起到了决定性的作用。GIS软件的研制和
开发也取得了巨大成绩。如美国环境系统研究所（EII）公司开发的ARC／
INFD。

● 进入20世纪90年代，随着信息高速公路的开通、地理信息产业的建
立，数字化信息产品在全世界迅速普及，GIS逐步深入到各行各业乃至千家
万户，成为人们生产、生活、学习和工作不可缺少的工具和助手。具体而
言，一方面，GIS已成为许多政府部门和机构必备的工作系统，并在一定程
度上影响着他们的运行方式、设置与工作计划等；另一方面，社会对GIS的
认识普遍提高，用户数量大幅度增加，从而导致GIS应用的扩大与深化。国
家乃至全球性的GIS已成为公众普遍关注的问题，例如美国政府制定的"信
息高速公路"计划、美国前副总统戈尔提出的"数字地球"战略、我国的
"21世纪议程"和"三金工程"，都不同程度地包含着GIS的问题。

我国GIS的发展历程

如上述，大家了解了国际GIS的发展历程，而我国的GIS研究工作开始于

20世纪80年代初，以1980年中科院遥感应用研究所成立全国第一个地理信息系统研究室为标志。纵观其发展历程，也可以归纳为四个阶段：

● 筹备阶段（1978—1980年）。1978年，中国实行改革开放，加快了与西方先进国家的学术与技术交流，此时，地理信息产业被引进中国，但是由于人才、技术、设备、资金等方面的原因，发展GIS条件还不成熟，因此这一阶段主要是进行舆论宣传、提出倡议、组建队伍和组织个别实验研究等等。

● 起步阶段（1980—1985年）。从1980年中国科学院遥感应用研究所成立全国第一个地理信息系统研究室开始，我国GIS步入正式发展阶段，并进行了一系列的理论探索和区域性研究，制定了国家地理信息系统规范。截至1985年，国家资源与环境信息系统实验室相继成立。几年间，我国在GIS的理论探索、硬件配置、软件研制、规范制定、区域实验研究、局部系统建立、初步应用实验和技术队伍培养等方面都取得了较大进步，积累了丰富的经验。

● 发展阶段（1985—1995年）。这一时期，GIS的研究作为政府行为，被正式列入国家科技攻关计划，开始了有计划、有组织、有目标的科学研究、应用实验和工程建设工作。GIS进入了快速发展时期，全国建立了一批数据库；开发了一系列空间信息处理和制图软件；建立了一些具有分析和应用深度的地理模型和基础性的专家系统；在全国范围内出现了一批GIS的专业科研队伍，建立了不同层次、不同规模的研究中心和实验室；完成了一批综合性、区域性和专题性的GIS系统；同时出版了有关GIS理论、技术和应用等方面的著作，并积极开展国际合作，参与全球性GIS的讨论和实验。

● 产业化阶段（1996年以后）。"九五"期间（1996—2000年），原国家科委将GIS作为独立课题列入"重中之重"科技攻关计划，给予了充分的重视和支持，技术发展速度明显加快，GIS基础软件技术支持得到了全面的加强，出现了一大批拥有自主版权的国产GIS软件，如北京超图公司的SuperMap、武汉吉奥公司的Geogtar、武汉奥发公司的MapGIS、北京大学的CityStar（城市之星）、北大方正的方正智绘等等，我国的GIS产业化模型已初步形成。

地理信息不但给我们的生活带来极大的方便，还为数字地球提供技术支持。那么什么是数字地球呢？

"数字地球"这一概念是前美国副总统阿尔·戈尔于1998年1月31日在

一次讲演中提出的，他认为当前我们迫切需要利用地球的各种信息，而大量这样的信息又散落在世界各处未被充分利用。解决这一矛盾的基本方法就是建立起数字地球，以数字化的信息库来真实地重现地球。他所描述的数字地球是：将有关资源、环境、社会、经济和人口等的海量数据或信息，在计算机网络系统里，按地球坐标，从局部到整体，从区域到全球，进行融合，以不同空间、时间、物质和能量的多种分辨率进行多维显示，形成一个巨系统，它提供的数据和信息将在农业、林业、水利、地矿、交通、通讯、新闻媒体、城市建设、教育、资源、环境、人口、海洋以及军事等几十个领域产生巨大的社会和经济效益。此概念提出后，受到广泛的关注，各国都相继开展了数字地球的研究。

● 首先看看数字地球的技术。

数字地球的核心是地球空间信息科学，地球空间信息科学的技术体系中最基础和基本的技术核心是"3S"技术及其集成。除此之外还有宽带网络、仿真与虚拟技术，其间渗透着计算科学、海量存储、高分辨率的卫星图像等核心技术，还包括开放地理数据库操作标准、空间数据交换标准等一系列标准规范。信息技术在地球科学中革命性的应用和实现，无疑地会为地球系统创造科学实验的条件，不仅可对未来的事件或过程进行实验，而且还可以对已经发生过的系统过程进行反演。

数字地球可以充分地利用有关地球的所有信息，促进社会进步和经济发展，其应用可以划分为全球层、国家层、区域层3个层次。目前，数字地球、数字中国、数字城市、数字流域等研究在我国已蓬勃开展，取得了显著的成就。

● 再来看看数字地球的主要资源。

数字地球的主要资源是全球各方面的综合资料，包括各种立体数字化地理图，资源、人文、地物等专题图和城市地图。20年来，我国在这方面已经走在了世界前列，积累了大量原始数字化资料，正在进行各种基本地形图的数字化工作。在农业、资源环境、灾害、人口、可持续发展决策、城市建设和全球变化等许多方面，为数字地球的应用积累了丰富的经验。

数字地球的内容是动态的，它的另一个基础是空间技术和空间数据基础设施。我国的空间技术实力雄厚，已经发射了试验宇宙飞船和多颗各种类型的卫星，建立了多个遥感卫星和气象卫星地面接收台站，配合中低空机载对地观测平台和地面观测台，能够接收和处理多种标准的卫星图像数据，取得了大量高分辨率的全景摄影图像。

不仅如此，数字地球还对发展全球信息产业具有非常重要的作用。数字地球已然是因特网上一个最主要的信息载体，社会经济生活的各个部门和行业都可以将自己的信息加载到上面，最终形成全世界每年数百亿美元的新的经济增长点。目前国外一些软件厂商已经开发了一些与数字地球有关的系统，他们的目标和服务价值主要体现在地图搜索和其他的辅助商业服务。目前主要有Google公司推出的Google Earth，Microsoft 公司推出的MSN Visual Earth，以及NASA 的World Wind。在现代化战争和国防建设中，数字地球具有十分重要的意义。建立服务于战略、战术和战役的各种军事地理信息系统，并运用虚拟现实技术建立数字化战场，这些显示数字地球在国防中有重要应用潜力。

我们以"数字奥运"项目为例介绍数字地球对于信息产业具有的作用。围绕2008年北京奥运的"绿色奥运、科技奥运、人文奥运"三大理念，落实奥运科技行动计划，面向数字地球、数字北京、数字奥运开展奥运环境遥感动态监测，服务于绿色奥运目标，重点对奥运实施过程中的环境、交通、污染、场馆建设等焦点问题开展多目标连续观测。通过对场馆工程、交通工程、环境工程的观测与监测，应用虚拟仿真技术来模拟工程环境的动态变化，展现工程环境建设进展，实现虚拟奥运网络发布与浏览，建设数字奥运空间数据综合信息平台，建成了奥运主场馆区工程环境高分辨率遥感监测技术系统与奥运工程环境虚拟仿真信息平台系统，形成了一套分析应用体系。

目前，数字地球已极大地方便了百姓的生活。普通大众可以在数字地球上学习、购物、参观、旅游，也可以通过时间和空间的变化，穿越时间和空间范围，领略风土人情、文学艺术、自然景观、植物、动物、天气等，仿佛身临其境。总之，数字地球将对我们社会生活的各个方面产生巨大的影响。其中有些影响我们可以想象，有些影响也许我们今日还无法想象。

测绘地理信息——科幻电影

浏览近些年的科幻大片，人为构造的新奇的地理环境比比皆是。如外星生物题材的《异形》《第五元素》等，人造生命题材的《侏罗纪公园》《第六日》等，太空历险题材的《星际迷航》《人猿星球》等，时空穿越题材的《时间机器》《回到未来》等，机器人题材的《机械战警》《终结者》《人工智能》等，它们都用电影胶片和镜头给我们展示了迷人的虚拟未来世界。经典的《星球大战》，更是开创了神奇的虚幻宇宙世界的先例，通过地外行星为我们展示了各类绚烂的地理环境；而经典的《黑客帝国》，则是利用机器人和时空转换结合起来的题材，提出了如果计算机控制人类世界将会怎样的哲学性思考。这些电影中可见的未来人类存活的环境，是用可视化的虚拟场景直接呈献出来的。这些特效成果的取得，都离不开科幻电影中的计算机虚拟技术。

在《侏罗纪公园》（1993上映）和《失落的世界》（1997上映）两部电影中，导演斯皮尔伯格创造的远古世界和恐龙形象成为了经典设计。据说当年使用了几十台惠普的计算机图形工作站来设计和实现虚拟的恐龙时代。三十多年前计算机X86芯片时代拉开帷幕之始，电脑游戏中就开始创建计算机中的虚拟世界，那时的三维虚拟场景是十分难得的。

无论是地形还是恐龙，在计算机中都要先构造出一个个三维立体模型。在《断剑》等很多电影中都展示过飞行员在飞行过程中看到的地形起伏形态，大都是用一种立体的格网表示的地面起伏。恐龙也是一样。在计算机中，恐龙模型的表面和起伏的地面都盖上了一层格网。这种含有三维坐标的格网是计算机进行虚拟计算的基础，有了这些格网，就可以在格网间的每个小格子所代表的小平面上填充各类事先采集的有真实内容的图片，如毛发、皮肤、航空摄影取得的地面纹理照片、高楼大厦的外观图案等真实的图片资料，从而使得模型效果达到视觉上的逼真。为了能产生运动，有关器具和生物体不仅要构造三维的立体数据模型，还要采集真实物体的运动轨迹用以合成逼真的运动感觉。例如在《阿凡达》中虚拟人物的表情非常逼真，令人惊叹，就是采用了运动捕捉技术：事前在演员脸上设置了大量的运动标志点，随着表情的变化，这些运动标志点的运动轨迹被记录下来，然后在虚拟的人物做有关表情时，用事前记录的标志点的运动轨迹去控制和恢复虚拟脸部模型等身体部位的运动位置，这样就使得虚拟人物的表情看起来非常自然，和真实演员的表演十分接近。自然环境下的地形地貌，还要考虑太阳等光照条件，给出阴影的感觉来满足人眼的敏感，也可以增强立体的感觉。为此，计算机要计算大量的光线照射方程，才能形成较为自然的光照阴影效果。为了实现波浪的动感，也需要高超的计算机算法和大量的计算。

　　真实世界与虚拟世界的交融、往返、相互作用，是科幻影片的基本主题。科幻电影中那些现实中不存在的地理环境场景，都需要大量的想象设计。那些假想出来的地理环境，要么是以目前自然界中存在的很多景象为蓝本改造出来的，要么是大胆地创新、想象、构思出来的新奇环境。这些电影中的虚拟场景正是使用了大量的地理信息，从我们生活的世界中采集了大量的素材，才搭建和创建了美轮美奂的幻想世界。网络游戏《快乐农场》也算是给大小朋友们创造了一个模拟农场又超越农场的虚拟世界，成为现代城市中忙碌的人们放松精神的场所。

　　三维科幻电影《阿凡达》中的潘多拉星球，悬浮在空中的山峰令观众大为惊叹。为了创造《阿凡达》中飘浮的群山，据说导演远隔万里专门跑到湖南张家界风景区去采风，拍摄了很多照片做资料，吸取了张家界秀丽的山峰因素，为影片中飘浮的群山提供了原形灵感，演绎出了《阿凡达》中的美丽星球。2010年上映的《盗梦空间》，导演克里斯托弗·诺兰使影片中梦境与真实世界之间的界限很难分辨，梦中梦的层层嵌套，体现了虚拟世界对真实世界的影响。《黑客帝国》所描述的虚拟世界与真实世界也是难分真假，哪个世界是真实的，哪个世界是虚拟的，对于电影主角和观众，都成了难以分辨和回答的问题。

　　目前，计算机可以虚拟核武器试验中的核爆炸、飞行器研制中的风洞试验等非常复杂的事物。虚拟技术的发展，对计算机的运算能力不断提出更高的要求，这也就是世界各国不断发展和制造超级计算机的动力。我国从"银河"开始，不断制造了"曙光"等超级计算机，占有了世界超级计算机的一席之地。如今，高性能计算机所创造的虚拟世界越来越逼真，催生了一个新型的高仿真软件行业。飞机制造、神舟飞天、药物开发、矿藏勘探等等很多领域，都需要每秒运行千万亿次的超级计算机。除了科学计算之外，虚拟环境的模拟计算也是其重要的应用领域之一。可以说，没有了计算机的超级虚拟能力，当代高科技发展几乎就失去了推动力。

 汶川堰塞湖将淹没城区如何知晓

　　测绘技术在对汶川地震导致的堰塞湖的监测和处理中发挥了重要的作

用。2008年5月12日四川汶川特大地震的新闻报道中提到了"堰塞湖灾害"。"堰塞湖"，这个过去连许多水利行业人士都不甚熟悉的名称，在汶川地震中像定时炸弹一样对汶川大地震灾区群众的生命财产构成了严重威胁，引起了社会各界的广泛关注。那到底什么是堰塞湖呢？

堰塞湖是由火山熔岩流或地震活动等原因引起山崩滑坡体堵截河谷或河床后贮水而形成的湖泊。由火山熔岩流堵截而形成的湖泊又称为熔岩堰塞湖。堰塞湖的形成过程：原有的水系→原有水系被堵塞物堵住→河谷、河床被堵塞后，流水聚集并且往四周漫溢→储水到一定程度→形成堰塞湖。其中堰塞湖的堵塞物不是固定不变的，它们也会受冲刷、侵蚀、溶解、崩塌等等。一旦堵塞物被破坏，湖水便漫溢而出，倾泻而下，形成洪灾，极其危险。大破坏性的堰塞湖不是什么地方都会发生，常发生在以下的几种地方。

● 由山崩滑坡所形成的堰塞湖多见于藏东南峡谷地区，如1819年在西姆拉西北，因山崩形成了长24~80千米、深122米的湖泊。藏东南波密县的易贡错是在1990年由于地震影响暴发了特大泥石流堵截了乍龙湫河道而形成的，波密县的古乡错是1953年由冰川泥石流堵塞而成的（实际也属冰川湖），八宿县的然乌错是1959年暴雨引起山崩堵塞河谷形成的。

● 台湾地震活动频繁，1941年12月，嘉义东北发生一次强烈地震，引起山崩，浊水溪东流被堵，在海拔580米处的溪流中，形成一道高100米的堤坝，河流中断，10个月后，上游的溪水滞积起来，在天然堤坝以上形成一个面积达6.6平方千米、深160米的堰塞湖。

● 最新的堰塞湖是2008年5月12日汶川大地震导致的。

其中使用遥感卫星和航空测量技术，制成卫星遥感影像图和航空遥感图，其所反映的地形特征为灾后重建工作提供科学依据。航空遥感拍摄飞行高度一般为6 000米，拍摄的图片能捕捉到更多细部信息，能清楚地看到道路、房屋等信息，如果云层低，重点区域比较小，可以调用无人飞机，其低空遥感系统可以在阴天或小雨情况下实施400米以下低空航拍，一次起飞覆盖半径30千米，获取地面1米至0.2米分辨率影像图。这样，航空遥感飞机、无人飞机与遥感卫星形成了灾害监测"天网"。

专家根据航空遥感资料实地调查初步分析，目前四川大地震灾区发现34处堰塞湖城区有被淹没的危险，其中，被水利部抗震救灾指挥部前方专家列为1号风险的"唐家山堰塞湖"，是汶川大地震后形成的最大堰塞湖。

　　唐家山堰塞湖位于涧河上游距北川县城约6千米处，是北川灾区面积最大、危险最大的一个堰塞湖。库容为1.45亿立方米。坝体顺河长约803米，横河最大宽约611米，顶部面积约30万平方米，由石头和山坡风化土组成。

　　石板沟堰塞湖是汶川地震发生后，青川县青竹江石板沟一带形成蓄水1 200多万立方米水的堰塞湖，威胁着下游数万人的安全，其中蓄水超过800万立方米。另外，水量在300万立方米以上的大型堰塞湖有8处，100万立方米至300万立方米的中型堰塞湖11处，100万立方米以下的小型堰塞湖15处。

　　下图是利用遥感卫星技术为唐家山拍摄的卫星图像，下左图是地震前的唐家山的卫星图像，下右图为地震后唐家山的卫星图像，这两幅图形成对比，可明显看出地震前后地形的变化。

　　测绘技术在对唐家山堰塞湖进行监测和处理中起到重要作用，分别体现在堆积体监测、风险分析、应急处埋的原则、应急处置技术、溃决临灾预案几方面。

震前唐家山卫星图像

震后唐家山体滑坡的卫星图像

　　● 堆积体监测。由于滑坡造成的地震堵江堆积体事发突然，考虑灾变现场的交通、通信条件，初期以现场人工观监测为主，同时通过航空遥感技术等手段，采用高分辨率的卫星遥感数据和地形图对堰塞湖进行监测。

　　● 堰塞湖应急处理的原则。最基本的原则是在最短的时间内，最大可能地降低和排除堰塞坝以内拦蓄的大量洪水，保证堰塞湖的稳定和安全，千方百计保证抗震救灾顺利进行，为灾后重建提供最基本的安全保障。

　　● 高危堰塞湖的应急处置技术。四川地震灾区高危堰塞湖应急治理的基本方式：一是针对交通便利，可以创造条件进行机械化施工抢险的堰塞湖，必须尽快调动重型机械设备进场，通过爆破与机械施工等手段，开挖临时溢洪道，降低堰塞湖坝体以内的水位和减少积蓄水；二是对于地形条件差、环境恶劣、交通极其不便、人迹罕至的堰塞湖，可考虑用一些轻型、便捷的小设备进行钻空和小批量多次爆破，同时配合人工作业，从而实现有效降水或可控制性溃决，减轻堰塞湖水骤然溃坝导致的洪灾；三是在电力条件不能满足的情况下，采用倒虹吸的方式或发电机水泵等设备，抽排堰塞湖体内洪水，降低湖区淹没范围，或者是降低滑坡坝溃坝的可能；四是对堰塞湖进行监测预警，在所有工程应急措施难以实施、滑坡坝出现险情的情况下，及时通知上下游人员撤离，保障人民生命安全。

● 四川地震灾区堰塞湖风险分析。第一是要建立堰塞湖监测体系。第二是收集基本信息。第三是稳定和溃坝风险分析。一是安全性分析，包括抗滑稳定性分析、渗透稳定性分析、溃决形式分析。二是溃决风险分析，根据堰塞坝体本身的稳定性、区域的来水特征和外力作用对坝体稳定的影响三方面进行分析。第四是预警、警报的发布，按照防汛应急预案规定，根据事件可能造成的危害程度，由不同级别的行政主管部门分别发布相应的等级警报。

● 堰塞湖溃决临灾预案的制定。堰塞湖避灾要从发现堰塞坝可能发生溃决前做起，做到有备无患。要尽早制定临灾预案，一是堰塞湖次生灾害应急预案的宣传。二是建立堰塞湖灾害防范"明白卡"，将基本灾害信息、危害人员及财产、预警及撤离方式，以及政府责任人等落实到乡镇长、村委会主任以及被堰塞湖灾害隐患点威胁的村民。三是预先选定临时避灾场所，注意避灾场地的安全性、稳定性。四是预先选定群众撤离路线，规定预警信号（如广播、敲锣、发出信号弹或者拉动空袭警报等），要规定信号管制办法，以免误发信号造成社会混乱。五是落实公布责任人、总负责人，以及疏散撤离、救护抢险、生活保障等各项具体工作的负责人。六是预先做好必要的物质储备、撤离人员临时住所的搭建工作，财产和生活用品也必须提前做好转移工作。

火车相撞的动画

2011年7月23日晚8点30分，在浙江温州南站附近的高速铁路线路上，北京南至福州D301次列车与杭州至福州南D3115次列车发生追尾事故，造成40人死亡，200多人受伤，全国为之震动。中央电视台立即播出了新闻，很快就配合新闻解说出现了计算机制作的动画，模拟火车相撞时列车的位置、相撞过程、车厢损毁掉落桥下的过程，令人印象深刻。

大概从2008年汶川地震开始，中央电视台就开始把动画和虚拟技术应用于重大新闻活动的报道过程。一开始，国家测绘局向中央电视台提供了我国基础地理信息数据库的三维地形浏览软件，可以在崇山峻岭之中漫游祖国山河。后来又发生了青海玉树地震、甘肃舟曲泥石流、长江流域大旱灾和洪涝灾害等重大自然灾害事件，中央电视台和国家测绘局密切合作，每次都利用了信息化测绘的成果，向全国电视观众提供了形象、生动、准确的地形地貌等地理信息，使得本世纪刚刚兴盛起来的地理信息的虚拟现实技术展现到了普通老百姓面前，为增强电视新闻的可看性、普及地理知识、加强特殊自然灾害现场感和了解新闻发生的宏观背景，提供了一种以往没有的解决方案。

我国的探月工程、神舟七号宇航员出仓太空行走、神舟八号与天宫一号的太空对接等航天项目，中央电视台在这些重大事件的直播过程中，都大量使用了计算机虚拟现实的技术，为观众提供了各类航天飞行器在太空中运行工作的模拟场景，使得电视观众直观地看到太空中发生的航天事件，使得我航天工程的目标、原理、过程、效果等直观地展示给广大的观众，提升了国民的科技素养，解决了重大科技活动如何有效传播、如何能被观众所理解的问题，取得了很好的媒体传播效果。

电视上这些"动画"技术的使用，得益于近些年来快速发展的计算机虚拟技术、计算机仿真技术、地理信息虚拟现实技术等高科技的迅猛发展。测绘科技的发展，使得地图不再仅仅以纸张的形式出现，网络地图、手机地图、车载导航地图等等，都已经渗透到日常生活之中。网络上的街景地图、三维数字城市、高清晰度的卫星影像，使得过去只有专业部门使用的地理信息和地图，变成了老百姓日常生活的组成部分，变成了如此平常、如此触手可及、如此与生活密切关联的东西。如今，出差、旅行、探古、访幽，要是没有了这些信息测绘成果的便捷使用方式，还真是为难了很多要在出行前进行周密安排的人。

目前，地理信息虚拟现实和计算机仿真、三维立体动画等先进的科学技术，大量进入了普通百姓的生活视野，不仅在科学技术与工程建设中发挥着作用，也与日常日活紧密联结在一起。未来，也许当我国的火星探测器降落火星表面的时候，我们每个人不仅可以通过电视和通讯网络看到火星表面的斑斓景象，甚至可以操作自己的虚拟探测器，在火星地表上漫游行走，透过屏幕，我们每个人都可以去寻找自己感兴趣的火星角落。没准在虚拟火星的探测旅行中，你还会发现火星人的痕迹，成为了不起的第一发现者啊！

第五篇　未来发展撷英

第17章

测绘之光

测量机器人（测量仪器的自动化）

测量机器人就是指能够不用人工操作或用简单人工操作而使仪器自己测量，获得所需数据的人工智能化仪器。就现代的测量技术来说，测量机器人大体可以归纳为以下几种：自动全站仪、全自动摄影测量工作站、高性能的自动航空摄影仪、自动室内激光扫描仪、车载摄影成像系统等。这些都是本学科领域中最新、最先进的设备。

● 自动全站仪又称全站仪，是一种能代替人进行自动搜索、跟踪、辨识和精确照准目标并获取角度、距离、三维坐标以及影像等信息的电子全站仪，亦称测地机器人。它是在全站仪的基础上集成步进马达、CCD影像传感器构成的视频成像系统，并配置智能化的控制及应用软件。它是现代多项高技术集成应用于测量仪器制造领域的最杰出代表，它通过影像传感器和其他传感器对现实测量世界中的"目标"进行识

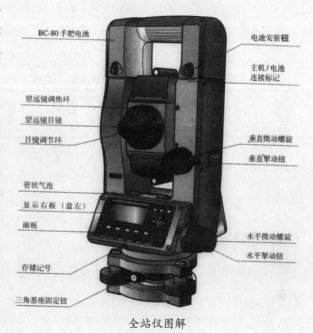

BC-80 手把电池
电池安装钮
主机 / 电池
连接标记
望远镜调焦环
望远镜目镜
目镜调节环
垂直微动螺旋
垂直掣动钮
管状气泡
显示右板（盘左）
面板
水平微动螺旋
水平掣动钮
存储记号
三角基座固定钮

全站仪图解

别，迅速做出分析、判断和推理，实现自我控制并且自动完成照准、读数等操作，以完全代替人的手工操作。

目前，全站仪是地理信息工程中最常见的测量仪器，它集成了那些能够表述三维位置信息所需的仪器，如电子经纬仪、测角、电子测距仪、测距、数字数据处理和数据记录器。不论全站仪所处的时代和技术水平是怎样的，所有全站仪都有着相似的结构特征和基本相同的功能。

现在，具有自动目标识别 ATR 功能和精确照准功能的智能全站仪，可以连续跟踪目标测量或按照已经设定的程序自动重复测量多个目标。它是能代替人进行自动搜索、跟踪、辨识和精确照准目标并且获取角度、距离、三维坐标以及影像等信息的智能型电子全站仪。可以实现测量的全自动化、智能化。尤其在小尺度局部坐标测量当中，在测量精度高、灵活机动、快速便捷、无接触等方面，有着其他测量技术不可比拟的优势。

自动全站仪应用范围广，凡普通全站仪或GPS接收机难以测量作业的地方，可以叫"测量机器人"代替干活。目前我国已将测量机器人用于大坝、桥梁、滑坡的变形监测和三维工业测量。由于测量机器人具有全自动、遥测、实时、动态、精确、快速等优点，其应用领域将愈来愈广。

自动全站仪在测绘工程中的应用表现在：利用测量机器人自动跟踪目标、实时测量，在库区地壳形变、滑坡、岩崩以及水库诱发地震监测，矿区边坡监测，道路施工等工程方面都有重要应用。例如，露天矿的边坡因受地质构造、岩性、水、井工采动、露天开采、内部排土、爆破震动和设备动载荷、不正确采掘活动遗留问题等因素的综合影响，易产生滑坡、崩落、变形失稳、泥石流、塌陷等地质灾害，这些地质灾害是露天矿安全生产的最大隐患，现露天矿已经利用测量机器人成功对边坡进行有效和精确的变形监测。

自动全站仪在道路路基施工和路面施工中，利用测量机器人有实时跟踪测量的优势，可以随时得到施工点的平面位置和施工标高，而知道该点的设计标高，就可以得到该点处的填挖高度，从而使道路施工的动态控制成为可能。通过对施工的动态控制，可克服测量与施工之间时间上的过长等待，进而大大提高施工效率和精度，减轻测量人员的劳动强度，实现了道路测量与施工的自动化、一体化、程序化。测量机器人在道路施工控制系统的成功应用，加快了道路施工技术革新的步伐。

自动全站仪在大跨度桥梁结构施工过程中也有应用。桥梁结构的空间位置随施工进展不断发生变化，要经历一个漫长和多次的体系转换过程。施工过程中结构自重，施工荷载以及混凝土材料的收缩、徐变，材质特性的不稳定性和周围环境温度变换等因素，使得施工过程中桥梁结构在各个施工阶段的形态不断发生变化，这将在不同程度上影响成桥目标的实现，并可能导致桥梁合龙困难，成桥线形与设计要求不符等问题，所以在施工阶段就需要对桥梁施工过程进行监控，除保证施工质量和安全外，也为桥梁的长期健康监测与运营阶段的维护管理留下宝贵的参数资料。

在地铁隧道变形监测中，工程人员通过自动化测量机器人监测设备系统，把在外力作用下地铁隧道的变化数据传送至控制器或仪器内。

自动全站仪系统也可广泛应用于航空、航天、汽车、造船等部门的工业测量和变形观测。

● 全自动摄影测量工作站即全自动影像测量仪，拥有稳定性高、精度高、速度快、图像清晰度高、对光源适应能力强等优点。可自动编程、离线编程、自动检测。当产品量产时不需要再进行编程，只要打开原来CAD图档设计的程序，就可以马上开始测量。无须加探针即可通过光学对焦测量产品高度及孔的深度。可以将高度差超过镜头景深的产品清晰成像到一个平面上。软件直接给出清晰度值，不需要人眼判断；软件智能祛除杂点毛刺，测量精度不会受到杂点毛刺

全自动影像测量仪

的影响；可以对不规则边缘自动跟踪，测量不规则产品的周长和面积。

自动航空摄影仪简称"自动航摄仪"。就是指无需人工操作即可实现自动航空摄影作业的摄影仪器。通常情况下，自动航空摄影仪是装置在飞机或其他飞行器上对地面拍摄航空像片的仪器。自动航摄仪由镜箱、胶片暗盒、座架、传动系统、光阑系统、快门机构、卷轴机构等组成，并配备有投影器、航空仪、高差仪、滤色镜及自动光束控制系统等附属设备。自动航摄仪摄取的像片具有较高的光学几何精度和摄影质量，且可按一定的时间间隔进行自动连续摄影。自动航摄仪大多应用于遥感一类的学科，按用途分为军事侦察航空摄影仪和测图航空摄影仪。按镜箱数分单镜箱航空摄影仪和多镜箱

航空摄影仪。测绘地形图用的多为单箱航空摄影仪。此外，还有缝隙式连续航空摄影仪和扫描式全景航空摄影仪。

自动室内激光扫描仪有多种通讯接口，具有高精度的检测能力，可以根据距离测量出精确的数据，具有动态切换扫描区域的功能，有体积小、重量轻、耗电少的优质特点，可以对非常稳定的物体进行探测。在探测物体时可直接将两台LMS100联网，非常方便。自动室内激光扫描仪还有防撞的特点，可以用于集装箱码头、物流及机器人以及监狱、核电、军事基地等室内室外安防监控，还可以用于车辆收费站的车辆分离及车辆分类等。

车载摄影成像系统也是测量机器人的一个应用方面，就是将摄影测量设备装载在汽车上，使汽车在行驶过程中能够无人工操作而拍摄路边带状事物。

为什么要发展测量机器人呢？测量机器人与传统的测量仪器比较有什么优势和劣势呢？

经纬仪是传统的地面测量仪器，它在工程测量和大地测量工作中发挥了重要作用，广泛应用于各种测量工作。第三代、第一代经纬仪的特征是采用金属度盘，用游标方法读取度盘读数，仪器重且精度低、操作不方便。第二代光学经纬仪用玻璃度盘代替金属度盘，增加了光路系统。通过目镜读数窗进行读数，精度大为提高，重量明显减轻，体积减小，高精度仪器的水平方向和垂直角的读数精度达到了1至0.2。可以说，这样的仪器精度已相当高。但外界因素：如大气折光和测量员的观测技能，对中照准等，对方向值的影

光学经纬仪

响已成为重要的误差来源。所有的操作均由测量员手工完成，其操作技能是通过长期实践获得的，因而测量精度与观测员的操作技能很有关系。第三代仪器实现了测角、测距的数字化，测角部分采用了电子编码度盘或光栅度盘，测距部分同测角部分合为一个整体。方向和距离以数字形式显示在仪器的屏幕上，再配以电子记录手簿和相应的软件即可实现数据记录和处理的内外业一体化测量，这是从全手工操作的光学仪器到数字化仪器的一次飞跃。但由于不具备视觉系统，马达伺服机构不能进行自动搜索目标和自动照准，

而测量机器人实现了仪器转动、寻标、精确照准的自动化，可实现测站无人观测，这就形成了第四代地面测量仪器。其特征是在电子速测仪的基础上进一步配备摄像机、影像传感器。

在测量机器人与GPS的比较分析中，测量机器人是高度自动化的地面测量仪器。它要求仪器与目标之间通视，采用极坐标或方向交会进行定位，可观测多个目标点，目标点可以是特殊标志：棱镜、微棱镜片、双微棱镜片测杆、照准标志等。也可以是自然特征点：建筑物、边缘线、角点、圆点等，这基于空间卫星的定位系统。在大范围内获取空间位置对效率要求很高，要把测量从地面基准拓展到空间卫星基准，不再要求地面点之间相互通视，但是要求天线与空中卫星之间无障碍遮挡。测量机器人在大范围的开阔地区作业时，效率不如GPS，但它在城市建筑密集地区进行碎部测量和工程放样时，则有明显的优越性，两者都可用于全自动变形监测系统。测量机器人可对大型工业构件进行高精度的无接触外形测量，可用于导航等其他领域。将测量机器人同GPS接收机集成到一起，可优势互补，只要有一个参考站，则可在大范围内做无控制网的碎部测量和施工放样等各种测量工作。

测量机器人具有无人值守，全自动（定时或连续）长期监测，监测精度高，实时处理，可靠性高等特点。测量机器人的自动测量不但给人们的测量作业带来方便，而且节省了许多的人力、物力、财力，因此，它将更加广泛地得到应用。但是反过来说，它相对于普通的光学仪器还有一些缺陷。所以这些仪器，都是不可取代的，当真正施工时就依据情况各取所需。

测量机器人比传统的测量仪器有优势，但是传统的测量仪器也有它不可替代的价值。所以，我们在研究和发展智能化仪器的同时，也不会摒弃对传统测量仪器的应用。它们都是测绘行业不可或缺的重要仪器，为测绘事业的进步和测绘事业的发展做出了或将做出不可估量的贡献。

文物测量新技术

文物是国家不可再生的文化资源。文物测量是测量的重要组成部分，是确保国家历史文化遗产安全的重要措施，是我国文化遗产保护的重要基础工作。

小知识：文物测量：指利用测量技术，如三维激光扫描、视距测量、摄影测量等手段，对文物进行量测，知其大小、形状、完好程度，收集其图像，并进行进一步的加工，而知破损文物的全貌。

我国是一个具有五千年历史的文明古国，老祖先为我们留下了灿烂的文化、艺术，古文物、古建筑就是一份珍贵的历史遗产。在我国，仅全国重点文物保护单位就有6534处。

多年来，我国古文物、古建筑的测绘方法，主要采用手工测绘（即人工攀登、搭架和逐点测量的方法）或临摹的传统方法，难以快速地完成全国大量的测量任务。尽管文物测量的方式有很多，然而广泛应用的就是近景摄影测量技术。

近景摄影测量成为了文物考古测绘的新技术，是研究各类目标，如固体、液体、气体、物理化学现象的坐标、形状、面积、体积、速度、加速度、轨迹以及各类特性参数的一门科学技术。以文物考古为研究对象和测量目标的近景摄影测量，我们称之为文物考古摄影测量。这是由于近景摄影测量有明显优于手工测绘的优点，它能为古建筑物提供可靠的技术资料和科学的档案材料，能基本解决文物考古部门长期以来的难题，能满足文物保护的需要。这些已经得到了考古部门的确定以及肯定。因此，近景摄影测量工作者与考古界紧密结合，开展各种用于文物研究、恢复、重建，开发文物古迹的测量，且已经获得显著的经济效益和社会效益。在古建筑文物测量中，进一步开发应用近景摄影测量技术，具有重要的现实意义。近景摄影测量的主要优点：不触及被摄物体，有利于保护文物；可摄得物体的瞬间信息；影像信息丰富逼真；资料便于长期保存；产品花色品种多样化，质量高；大量减少内外业工作量，具有显著的经济效益和社会效益，与传统的手工测绘方法相比，节省经费，提高效率。以上优点在古建筑文物和考古测绘中具有更显著的效果。

文物记载着一个国家和民族特定时期政治、经济、文化的发展过程。文物是不可再生的，也不是永生的。随着时间的流逝和人类活动的影响，文物不断遭到侵蚀和破坏，如何采用新技术在不损伤文物的前提下让人类瑰宝长久保存已经成为全球性的课题。由于三维激光扫描技术（近景摄影测量技术之一）具有不用接触被量测目标、扫描速度快、点位和精度分布均匀等特点，其在国内外的文物保护领域已经有了很多应用和成功案例。三维激光扫描技术又称作"高清晰测量"，是通过计算激光的飞行时间，来计算目标点与扫描仪之间的距离，通过记录被测物体表面大量的、密集的点的三维坐标信息和反射率信息，将各种大实体或实景的三维数据完整地采集到电脑中，进而快速复建出被测目标的三维模型及线、面、体等各种图件数据。相位式扫描仪可发射出一束不间断的整数波长的激光，通过计算从物体反射回来的激光波的相位差，来计算和记录目标物体的距离。这样连续地对空间以一定的取样密度进行扫描测量，就能得到被测目标物体密集的三维彩色散点数据，称作点云，结合其他各领域的专业应用软件，所采集的点云数据还可进行各种后处理应用。

目前，三维激光扫描技术主要应用领域包括文物古迹保护、建筑、规划、土木工程、工厂改造、室内设计、建筑监测、交通事故处理、法律证据收集、灾害评估、船舶设计、数字城市、军事分析等。

历史文物测量主要用于为修复和改建所进行的初步研究，用于普查和清查工作，以及艺术史的研究。如编制古建筑物的系统文件，用于编制有关古建筑结构的技术历史及其演变过程的文件也可以用于分析古建筑物的结构线和编制有关古建筑的条件、保护和修复的文件。

国内就物质、非物质文化遗产的数字化保护工程已经取得了一些令世界瞩目的成绩，比如浙江大学CAD&CG国家重点实验室就敦煌艺术的数字化保护技术，自1997年至今已取得了多方面的研究成果。浙江大学虚拟故宫漫游，北京大学故宫数字化，微软研究院的兵马俑，南京大学三峡文化遗产数字化展览工程，还有国内各种数字博物馆：南京博物馆的数字化、山东大学考古数字博物馆、中国国际友谊博物馆工程等项目，为我国通过信息技术对

我国物质、非物质文化遗产的数字化保护工程

时间	项目名称	实施单位
2005年11月	故宫数字化保护工程	北京建筑工程学院
2005年11月	山西西溪二仙庙三维扫描工程	清华大学古文化保护研究所
2006年1月	西安兵马俑二号坑遗址数字化工程	西安四维航测遥感中心
2006年10月	乐山大佛数字化记录保护工程	乐山大佛管理委员会
2006年12月	承德普乐寺场景数字化工程	北京建设数码
2007年12月	麦积山洞窟保护性扫描研究	CAD Center
2008年1月	敦煌数字化研究工程	敦煌研究院

濒危文化遗产的保护、传承与再创造提供了有益的方法。特别是在非物质文化遗产领域开展的一些实质性的数字化保护项目，成果尤为突出，如浙江大学CAD&CG国家重点实验室的"民间表演艺术的数字化抢救与开发的关键技术研究"，浙江大学计算机学院现代工业设计研究所的"楚文化编钟乐舞数字化技术研究"、"云南斑铜工艺品数字化辅助设计系统"等。

秦俑的测量

对于考古挖掘而言，其特点是所测目标大多水平尺寸较大。因此，可以用摄影测量方法测绘古挖掘现场的平面图。也可对考古现场、考古营地或博物馆内出土文物、雕刻品的碎片、各种大小的塑像、墓碑、棺材和珠宝等，进行近景摄影测量，提供研究数据。对于重要的地下古墓，可以测绘其平面图、剖面图、壁面立面图和壁画等，以提供准确的图件资料。考古摄影测量也可在水下应用，如对古代沉船和古代港口的设施进行测量。历史遗址的近景摄影测量可用于测绘古遗址的平面图，也可用于获得有关古代建筑群的重要资料，以便进行研究、保护、发展和改善，还可提供建筑群的总立面图、断面图、透视图和轴侧视图等。对于在古建筑群中增加新建筑物，也可以用摄影测量技术来确定其最佳的位置和布设。

西安四维航测遥感中心总工程师陈光裕说："秦俑二号坑遗址的数字化工程，证明将三维激光扫描技术用于测量数据采集和处理是可行的。三维激光扫描仪具有精度高、速度快的特点，是获取高清晰测量数据的有效手段；在大规模测量数据处理方面，三维数据处理软件在拼接和建模方面也有其独特的优势。"

"南海一号"古沉船的研究也是一个重要项目，"南海一号"是南宋时代沉没的一艘古代商船，是迄今为止世界上发现海上沉船中年代最早、船体最大、保存最完整的远洋贸易商船，承载着巨大的文物信息。她在海上丝绸之路的阳江海域沉睡了840余年后，经过我国海洋考古专家近20年的勘查准备，终于在2009年9月27日被整体起吊发掘，得以重见天日。

三维激光扫描技术为此次发掘提供现场激光测量，该次测量得到的点云数据弥足珍贵，精确地记录了该古船出水后的第一手三维数据。考古专家利用点云数据分析了"南海一号"出水后的几何尺寸和各种结构信息，实现了沉船文物的记录标定工作。目前，"海南一号"被收藏在广东海上丝绸之路博物馆的"水晶宫"内，不日将进行再次灌水保存，等待相关技术人员制定科学的整体发掘保存方案。

三维测量也可用于建筑物恢复，在能源短缺和其价格攀升的时期，人们更多地关注潜在节约能源途径的开发。在2006年年中的时候，一个大型的联合项目在苏黎世大学的能源与移动性能力中心（CCEM）获得批准，这个项目叫"先进高效能源在建筑物中的革新（CCEM Retrofit）"。CCEM改造项目就是在建筑物领域里的一个实践，这个领域正考虑提供重要的、潜在的节约型能源。一个将节约潜能最大化的方法是给旧建筑物覆盖上预制特殊材料。这个过程中一个不可缺少的步骤是高精度、可靠地获取三维规划数据。这就是在测量涉足的领域，这也是在CCEM改造项目中测量对于未来建筑物的能源节约所做出的重要贡献。

近景摄影测量作为摄影测量学与其他多种学科相结合的一种优化测量手段，已经深入到经济建设和国防建设的各个领域以及尖端科学领域之中。目前国内外有不计其数的部门和单位从事近景摄影测量的研究和应用。

近景摄影测量在古建筑文物和考古中的应用最为广泛，已成为独特的专业摄影测量技术。我国近十年来也有较多的实际应用，并取得了较好的成果。为了实现文物考古自动化测图和自动化管理，近景摄影测量正在由模拟法测图向解析测图和数字化测图发展。目前，近景摄影测量正在利用当代计算机和图像分析、图像处理技术为基础的数字摄影测量方法和数字摄影系统走向实时摄影测量这一新阶段。我们相信近景摄影测量在文物考古中的广泛应用，将带来文物考古科学技术的开拓性进展。

秘密武器——激光

激光最初的中文名叫做"镭射"、"莱塞"，意思是"通过受激发射光扩大"。1964年按照我国著名科学家钱学森建议，将"光受激发射"改称"激光"。

激光是20世纪以来，继原子能、计算机、半导体之后，人类的又一重大发明，被称为"最快的刀"、"最准的尺"、"最亮的光"和"奇异的激光"。它的亮度

激光

为太阳光的100亿倍。它的原理早在1916年已被著名的美国物理学家爱因斯坦发现，但直到1960年激光才被首次成功制造。

激光技术是涉及光、机、电、材料及检测等多门学科的一门综合技术。激光的用途有很多，比如在机械方面、生活方面、医用方面以及军事方面。在这里我们主要强调激光测绘工程方面的应用。

在测绘工程的工作当中所接触的与激光相关的就是三维激光扫描仪。将三维激光扫描仪按照扫描平台的不同可以分为：机载（或星载）激光扫描系统、地面型激光扫描系统、便携式激光扫描系统。三维激光扫描仪作为现今时效性最强的三维数据获取工具可以划分为不同的类型。通常情况下按照三维激光扫描仪的有效扫描距离进行分类，可分为：

● 短距离激光扫描仪：其最长扫描距离不超过3米，一般最佳扫描距离0.6~1.2米，通常这类扫描仪适合用于小型模具的量测，不仅扫描速度快且精度较高，可以多达30万个点，精度至±0.018毫米。例如：美能达公司出品的VIVID 910高精度三维激光扫描仪，手持式三维数据扫描仪FastScan等等，都属于这类扫描仪。

● 中距离激光扫描仪：最长扫描距离小于30米的三维激光扫描仪属于中距离三维激光扫描仪，其多用于大型模具或室内空间的测量。

● 长距离激光扫描仪：扫描距离大于30米的三维激光扫描仪属于长距离三维激光扫描仪，其主要应用于建筑物、矿山、大坝、大型土木工程等的测量。例如：奥地利Riegl公司出品的LMS-Z420i三维激光扫描仪和加拿大Cyra技术有限责任公司出品的Cyrax 2500激光扫描仪等，属于这类扫描仪。

● 航空激光扫描仪：最长扫描距离通常大于1千米，并且需要配备精确的导航定位系统，其可用于大范围地形的扫描测量。

三维激光扫描仪的主要构造是由一台高速精确的激光测距仪，配上一组可以引导激光并以均匀角速度扫描的反射棱镜。激光测距仪主动发射激光，同时接受由自然物表面反射的信号从而进行测距，针对每一个扫描点可测得测站至扫描点的斜距，再配合扫描的水平和垂直方向角，可以得到每一扫描点与测站的空间相对坐标。如果测站的空间坐标是已知的，那么则可以求得每一个扫描点的三维坐标。以Riegl LMS-Z420i三维激光扫描仪为例，该扫描仪以反射镜进行垂直方向扫描，水平方向则以伺服马达转动仪器来完成水平360度扫描，从而获取三维点云数据。

　　三维激光扫描技术是国际上近期发展的一项高新技术。随着信息科学技术的不断发展，三维模拟实物重构、虚拟现实等理论的相继提出，人们对事物的认识已从平面二维空间，逐渐转向空间三维立体思维模式。三维激光扫描仪的出现解决了这一实际问题，通过三维激光扫描技术，又称实景复制技术，以其非接触、扫描速度快、获取信息量大、精度高、实时性强、全自动化、易于复杂环境测量等优点，克服传统测量仪器的局限性，成为直接获取目标高精度三维数据，并实现三维可视化的重要手段。它极大地降低了测量成本，节约时间，使用方便，而且应用范围广，在工程测量变形监测、文物保护、森林和农业、医学研究、战场仿真等领域都有很大的发展空间。随着三维激光扫描仪在工程领域的广泛应用，这种技术已经引起了广大科研人员的关注。通过激光测距原理（包括脉冲激光和相位激光）和瞬时测得空间三维坐标值的测量仪器，利用三维激光扫描技术获取的空间点云数据，可快速建立结构复杂、不规则的场景的三维可视化模型，既省时又省力，这种能力是现行的三维建模软件所不可比拟的。目前市场上销售的三维激光扫描仪按测量方式可分为基于脉冲式，基于相位差，基于三角测距原理。按用途可分为室内型和室外型，也就是长距离和短距离的不同。按生产厂家不同，有Surphaser（美国）、I-site（澳大利亚maptek）、riegl、徕卡、天宝、optect、拓普康、faro等产家。

　　三维激光扫描仪具有可以进行三维测量的特点。在传统测量概念里，所测得的数据最终输出的都是二维结果（如CAD出图），在现代测量仪器里全站仪、GPS比重居多，但测量的数据都是二维形式的，在逐步数字化的今天，三维已经逐渐代替二维，因为它的直观是二维无法表示的。现在的三维激光扫描仪每次测量的数据不仅仅包含X、Y、Z点的信息，还包括R、G、B颜色信息，同时还有物体反色率的信息，这样全面的信息能给人一种物体在电脑里真实再现的感觉，是一般测量手段无法做到的。

　　三维激光扫描仪还有快速扫描的特点。在常规测量手段里，每一点的测量耗时都在2~5秒，更甚者，要花几分钟的时间对一点的坐标进行测量。在数字化的今天，这样的测量速度已经不能满足测量的需求，三维激光扫描仪的诞生改变了这一现状，最初每秒1000点的测量速度已经让测量界大为惊叹，而现在脉冲扫描仪最大速度已经达到每秒5万点，相位式扫描仪Surphaser三维激光扫描仪最高速度已经达到每秒120万点，这是三维激光扫描仪对物体详细描述的基本保证，工厂管道、隧道、地形等复杂的领域无法测量已经成为过去式。

四维无臂式手持3D扫描系统和C-Track™双摄像头传感器形成了一个独特的组合，确保在实验室和工作场所能生成最精确的测量值。

结合HandyPROBE™，这一完备且功能强大的检测方案提高了测量过程的可靠性、速度和多功能性。在铰接臂方面与其他3D扫描仪相比较，MetraSCAN光学3D扫描系统可以完全自由移动，显著提高了工作效率和质量！

虽然三维激光扫描仪是测绘科学的领先产品，具有鲜明的优势，从整体来看基本涵盖测绘的各个领域，具备大面积、高自动化、高速率，高精度测量的特点，但是其自身还存在诸多不足，如：（1）三维激光扫描仪售价太高，基本都在100万元以上，难以满足普通化需求；（2）仪器自身和精度的检校存在困难，目前检校方法单一，基准值求取复杂，精度评定不好；（3）点云数据处理软件没有统一化，各个厂家都有自带软件，互不兼容；（4）精度、测距与扫描速率存在矛盾关系。然而三维激光扫描仪作为现代科技产物仍然具有很大的发展趋势，主要体现在以下几个方面：（1）三维激光扫描仪国产化，研制具有自主知识产权的高精度仪器；（2）点云数据处理软件的公用化和多功能化，实现实时数据共享及海量数据处理；（3）在硬件固定的情况下，注重在测量方法和算法上提高精度，如采用脉冲和相位结合的方式测量距离；（4）进一步扩大扫描范围，实现全圆球扫描，获得被测景物空间三维虚拟实体显示；（5）与其他测量设备（如GPS IMU 全站仪等）联合测量，实时定位、导航，并扩大测程和提高精度；（6）三维激光扫描仪与摄像机集成化，在扫描的同时获得物体影像，提高点云数据和影像的匹配精度。

作为新的高科技产品，三维激光扫描仪已经成功在文物保护、城市建筑测量、地形测绘、采矿业、变形监测、工厂、大型结构、管道设计、飞机船舶制造、公路铁路建设、隧道工程、桥梁改建等领域得到了广泛的应用。所以说，三维激光扫描仪的更新与发展对测绘事业有着举足轻重的作用。

 可量测影像

可量测影像技术就是指能够运用测量新技术对实际存在的物体进行量

测、分析和对量测信息进行管理的技术。

面向第三次Internet浪潮和Web2.0模式，信息化测绘为了更好地满足社会各行各业日益增长的需求，可将移动测量系统所获得的可量测实景影像作为新的数字化测绘产品与4D产品集成，以推进按需测量的空间信息服务。

信息化测绘的本质是为社会提供空间信息服务。随着信息技术、网络通信技术、航天遥感和宇航定位技术的发展，地球空间信息学将形成海陆空天一体化的传感器网络并与全球信息网格相集成，从而实现自动化、智能化和实时化地回答何时（When）、何地（Where）、何目标（What Object）、发生了何种变化（What Change），并且把这些时空信息（即4W）随时随地提供给每个人，服务到每件事（4A服务：Anyone，Anything，Anytime and Anywhere）。

长期以来，测绘地形图是测绘的任务和目标，当前测绘成果称为4D产品，即数字高程模型（DEM）、数字正射影像（DOM）、数字线划地图（DLG）和数字栅格地图（DRG）。

● 数字高程模型（DEM）。它是用一组有序数值阵列形式表示地面高程的一种实体地面模型，是数字地形模型（DTM）的一个分支，其他各种地形特征值均可由此派生。

● 数字正射影像（DOM），是利用数字高程模型对扫描处理的数字化的航空像片、遥感影像（单色、彩色），经逐个象元进行投影差改正，再按影像镶嵌，根据图幅范围剪裁生成的影像数据。

● 数字线划地图（DLG）可进行放大、漫游、查询、检查、量测、叠加。其数据量小，便于分层，能快速生成专题地图，所以也称矢量专题信息。

● 数字栅格地图（DRG）：是根据现有纸质、胶片等地形图经扫描和几何纠正及色彩校正后，形成在内容、几何精度和色彩上与地形图保持一致的栅格数据集。

然而，当前大量用户需要的与专业应用和个人生活相关的信息，如电力部门的电力设施、市政城管的市政设施、公安部门重点布防设施（消防栓、门牌号码）、交通部门的交通信息、个人位置要求的快餐厅等细小的信息，这些均无法涵盖在传统的4D产品中。

例如公安地理信息系统中的基本信息来自4D产品的仅占20%，其余80%

需要通过实地调查来补充。又如武汉市城市网格化服务系统在1∶500比例尺数字地图基础上，补充调查和采集了185万个物件。原来，来自客观世界的影像经过测绘人员按规范加工后，只保留了基本要素，而将上述大量原始影像包含的信息删除掉了。如果将原始的立体影像（地面、航空或者航天影像），连同它们的外方位元素一起作为数字可量测影像存储和管理起来，并在互联网上提供必要的使用软件，就有可能直接由用户根据其需要去搜索、量测、调绘和标注出他们所需要的空间目标信息。

可视可量测可挖掘实景影像包含了传统地图所不能表现的空间语义，是代表地球实际的物理状况，带有和人们生活环境相关的社会、经济和人文知识的"地球全息图"。因此，可视可量测可挖掘的实景影像地图所包含的、丰富的地理、经济和人文信息是聚合用户数据、创造价值、实现空间信息社会化服务的数据源，是完全符合Web2.0模式的新型数字化测绘成果。

可量测实景影像（5D产品）是指一体化集成融合管理的时空序列上的具有像片绝对方位元素的航空、航天、地面立体影像的统称。它不仅直观可视，而且通过相应的应用软件、插件和API可让用户按照其需要在其专业应用系统进行直接浏览、相对测量（高度、坡度等）、绝对定位解析测量和属性注记信息挖掘，而具有时间维度的DMI在空间信息网格技术上形成历史搜索、探索、挖掘，为通视分析、交通能力、商业选址等深度应用提供用户自身可扩展的数据支持。所以，DMI是满足Web 2.0的新型数字化产品，是实现从专业人员按规范量测到广大用户按需要量测的跨越。

时空序列上的航空、航天立体影像可来源于对地观测体系中的4D产品库。但是，其垂直摄影与人类的视觉习惯差异较大，要实现可视可量测可挖掘需要进行专门训练，而且它不包含垂直于地面的第三维街景信息。而海量的具有地理参考的高分辨率（厘米）地面实景立体像对符合近地面人类活动的视觉习性，并且包含实地可见到的社会、人文和经济信息，因此地面移动测量系统获取的可量测街景影像应作为可视可量测可挖掘实景影像体系的优选产品。

移动道路测量技术作为一种全新的测绘技术，是在机动车上装配GPS（全球定位系统）、CCD（成像系统）、INS/DR（惯性导航系统或航位推算系统）等传感器和设备，在车辆高速行进时，快速采集道路前方及两旁地物的可量测立体影像序列（DMI），这些DMI具有地理参考价值，可根据应用需要进行各种要素，特别是城市道路两旁要素的按需测量。

特别要指出的是，移动测量获得的原始影像数据与相应的外方位元素可自动整合建库，而上面的按需测量是由用户在网上自行完成的，所以移动测量获取的数据就不再需要专业测量人员加工，可直接成为网上的测绘成果。

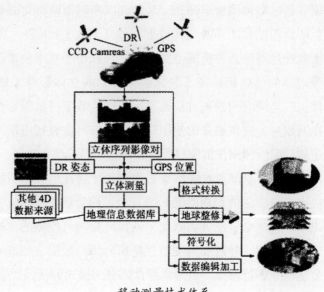

移动测量技术体系

因此，应当将这样的可量测实景影像（DMI）作为城市空间数据库中4D产品的重要补充，构建城市新一代的5D数字产品库。

可量测地面实景影像与4D集成是现代信息技术、计算机网格技术、虚拟现实技术和数据库技术的发展使得海量的DMI数据可以与传统的4D产品进行一体化无缝集成、融合、管理和共享，形成更为全面的、现势性强的、可视化并聚焦服务的5D国家基础地理信息数据库。基于这样的空间数据库，可以将移动测量系统沿地面街道获取的DMI数据与由航片、卫片加工的DOM、DLG和DEM按统一坐标框架有机结合起来，从而构成一个从宏观到微观、完全可视化的地理信息数据库，实现空中飞行鸟瞰和街头漫步徜徉。同时，用户可以在图像上对地物进行任意标注，并将其链接到其他专业数据库（人口数据库、经济数据库、设备数据库、设施数据库等）中，真正实现地理信息、专业台账信息和图片—影像信息的有机结合，更好地发挥空间信息服务的使用功效。该集成模式可用于大范围的空间分析、通视分析、信号覆盖分析等等，并可将做好的预案进行多角度、全方位的三维立体浏览，可广泛地应用于数字战场、应急指挥、抢险救援等。

目前全球LBS主要基于4D产品，特别是采用了从粗到精的DOM、DLG和DEM的集成，其中高分辨率卫星影像可提供米级的分辨率，部分城市还采用了3D房屋模型。其主要缺点是所提供的服务是需要判读和理解的二维地形图、影像图，即使三维城市模型也不具备可量测可挖掘功能，不能最有效地反映真实地球表面的三维现实，也缺少厘米级的可视可量测实景影像。而采用DMI与4D产品集成的5D产品来构建新一代的空间信息服务系统（简称vLBS），则可以更好地满足各类用户的需求和充实用户的参与感和创造力，同时也可以实现摄影测量的大众化。这样的基于可量测实景影像的空间信息服务，无疑将明显优于目前国际上流行的Google Earth，Virtual Earth等一系列网上空间信息服务系统。

面对海量对地观测数据和各行各业的迫切需求，我们面临着数据又多又少的矛盾局面：一方面数据多到无法处理；另一方面用户需要的数据又找不到，致使无法快速及时地回答用户提出的问题。由移动道路测量技术获取的可视可量测可挖掘的实景影像DMI可以达到细至厘米级的空间分辨率，实现聚焦服务的按需测量，应作为5D产品充实到国家基础地理信息数据库中。基于可量测实景影像DMI的空间信息服务代表了下一代空间数据服务的新方向，并与空间信息网格服务，空间信息自动化、智能化和实时化解析解译服务与网络通信服务有机结合，实现空间信息大众化，为全社会、全体公民直接服务，从而达到做大信息化测绘的目标。

 # 汽车长着电子眼（车载移动测量技术）

汽车的电子眼是指在汽车中安装一个可以像眼睛一样"看到"周围事物的东西，类似于相机，它可以拍下并记录汽车所经过地点的景象和方位并且形成一个电子地图。

然而，目前我国导航电子地图制作的主要方式为，在原有地形图、航片或卫片的基础上，通过大量的人工调绘来采集所需信息（如交通标志、立交桥、交叉口、建筑物等），将这些数据信息叠加到底图之上，再按照一定的格式加工成电子地图。这种方式的主要弊端为：一是难以获得现势性强的大比例尺地形图。据权威资料显示，我国现有1：1万比例尺地形图大多是20世纪70年代后期生产的。二是航片或卫片存在判读难的问题。受摄影方向和条件的局限，有时不能或难以判读某些地物属性。三是易受人为主观影响。人工调绘的主观局限，直接影响了成图的精度。四是效率低下难以适应地图更新要求。以人工的方式每天仅能调绘数千米，加上内业处理的时间；类似北京这样城市的电子地图测制需要半年甚至一年以上的时间，而基础建设的日新月异使得北京市的电子地图必须一个月更新一次。因此，运用传统的方式，往往新图尚未出品，便已宣告过时。

可见，制约我国导航产业发展的关键就在于缺乏全面、准确的导航地理数据。我国现有1：1万等基本比例尺地形图在很多方面早已不能满足需要。落后的导航图测成图方式直接制约了卫星导航这一巨大的新兴产业的发展。另外，在勘测、部队、交通等领域，GIS系统（地理信息系统）已普及到了相当的程度，但也由于不能有效采集数据和及时更新数据，造成了GIS系统的功能不能充分发挥。因此，应用先进的科技手段，解决落后的数据采集方式问题，已是当务之急。

车载移动测量也可以叫做移动道路测量技术，它可帮助人们更为便捷、经济地获得准确的地理信息。

移动道路测量系统LD2000在多传感器同步集成、海量CCD图像的高速采集、压缩和存储、不间断数据采集、属性记录自动化、有效融合其他数据、高效的数据处理流程等方面具有自主创新特性，建立了较完整的空间信息网络服务技术体系。在交通、铁路、公安、数字城市建设等领域得到广泛的应用，并出口到韩国、意大利等国际市场。移动道路测量系统主要应用于基础测绘、电子地图测制、电子地图修测、公路GIS与公路路产管理、铁路可视化GIS建库、公安GIS、空间信息服务等领域。

作为车载"3S"集成移动测量系统的应用，车载道路诊断系统是针对运营中的高等级公路、城市道路和机场跑道等路面的破损、车辙变形、平整度损害等进行快速、无损、自动化的采集与智能分析的多传感器集成与

移动的道路测量系统

处理系统。该系统以机动车为平台，装备高分辨率线阵图像采集系统、激光线结构光三维测量系统、惯性补偿的激光测距系统、GPS/DMI/GYRO组合定位系统等先进的传感器以及车载计算机、嵌入式集成多传感器同步控制单元等设备，在车辆正常行驶状态下，自动完成道路路面图像、路面形状、平整

度及道路几何参数等数据的采集与分析。

移动测量系统是一种多传感器集成的数字成图系统，一般由移动载体（车辆）、多传感器、车载计算机以及数据采集软件构成。其关键技术有如下方面：

多传感器集成技术。移动测量技术利用多种空间数据采集手段，将各种空间数据采集传感器进行集成，进行全面高精度空间数据采集，为地理信息系统和三维空间数据的采集提供全面、可靠、高效的方式。尽管多传感器系统与单个传感器系统相比有许多的优点，但是多个传感器的引入使整个系统处理过程复杂化，同时也因此产生一系列新的问题，如多传感器描述的一致性问题、多传感器协调工作等问题。多传感器集成的关键是要解决多传感器选择和多传感器的控制。

传感器时间和空间同步技术、系统检校技术、地理参考技术。对于多传感器集成空间数据采集系统而言最重要的是直接地理坐标参考。直接地理坐标指不使用地面控制点和摄影测量三角测量的方法来确定测量传感器的坐标，使得移动测量系统成为一种独立的测成图系统。

道路几何特征的快速重建和交通标志的自动提取技术。随着移动测量的应用不断扩大，提高内业数据处理效率的道路自动重建和交通标志的自动提取技术显得尤为重要。

传统的电子地图测制作业方式：一是传统的人工内外业结合的方式，耗时费工，历时数十年，已明显不能适应快速成图的现代潮流；二是卫星遥感与航空摄影测量，适用于大面积测绘作业，但同时具有成本高、无法采集细部属性的缺点。因此，现在通行的方法是将上述两种方式结合起来，所以车载导航是趋势也是必然。

移动测量系统既是汽车导航、调度监控以及各种基于道路的GIS应用的基本数据支撑平台，又是高精度的车载监控工具。它在军事、勘测、电信、交通管理、道路管理、城市规划、堤坝监测、电力设施管理、海事等各个方面都有着广泛的应用。

随着导航产业的快速发展，导航数据的需求也越来越旺盛。导航数据的生产，成为世界经济增长的一大热点，作为一种全新的导航数据采集方式，世界上最大的两家导航数据生产商 NavTech和Tele Atlas均将移动测量系统作为其数据采集与更新的主要手段，并将移动测量系统视为公司的核心技术。

可见，移动测量技术已经成为导航数据采集的最好解决方案，将在导航数据采集与更新中发挥越来越大的作用。

移动测量系统的主要功能有位置与角度测量、属性记录、3D图像获取、数据融合与利用、精准导航功能等。位置与角度测量就是通过GPS/CCD/INS的集成，既可从CCD立体影像对中提取目标点精确的绝对位置坐标，又可进行目标点间相对位置关系的解算。这一功能可完成的测量任务：道路中心线和边线坐标的测量；电线杆、交通标志、报警点、下水道出口等点状地物的坐标量测；房屋角点、街道边界、铺装路面的测量；道路宽度、桥梁涵洞宽度高度的测量等等。同时，还可测量道路坡度、转弯半径等。属性记录就是通过CCD视频系统，连续全过程地记录道路及道路两旁的地物属性，形成闭环的属性记录及检验系统，保证了地物属性记录的完整性和品质。作业员还可通过手写、语音输入装置及键盘进行补充属性录入。针对交通标志的记录，设有专门的属性记录器；将上百种道路交通标记（红绿灯、立交桥、加油站等）设置成直观醒目的按钮，作业时只需轻轻一按，即可将矢量化的属性录入车载电脑。3D图像获取就是在作业过程中拍摄的图像均为连续可量算的三维图像，能用于道路可视化建设、数字城市、商业选址等方面。数据融合与利用就是在最大限度地采集了各种道路综合信息之后，通过数据处理软件，方便地将各种位置数据、属性数据以及图像进行后处理，最后存储在开放式的数据库中，并可输出形成各种适应不同需要的数字地图成果（如：导航电子地图等）。

移动测量系统的优点有很多，主要体现在：（1）独立测成图系统。（2）成果全面准确。（3）有效融合其他来源数据。可以通过后台处理软件，与航片、卫片以及传统地形图进行有效融合，从而生成信息更为全面的地理信息系统。（4）高效率。能以60千米/小时的速度完成外业测图工作，通过友好的数据处理软件可方便地对所采集的数据进行编辑处理。相比传统导航图测成图方式，可将整个测成图效率提高10倍乃至数十倍以上，完全满足道路电子地图的快速测制与更新需要。（5）低成本。（6）安全舒适。

导航数据在整个车辆导航应用体系中起到核心的作用，通常导航数据由记录实际地物的地理数据和与实际地物相关的信息组成，包括道路形状数据、背景数据、拓扑数据和属性数据等。

传统的导航数据的生产组织方式到目前国际上已经发展得较为完善了，

但是还有很多值得改进的地方，其中，野外数据的采集一般采用改装的专用笔记本、手持计算机（Pocket-PC）、PDA和专用采集车辆（带一个GPS），使用人海战术，成本较高，作业效率不高，而且数据更新周期还需加快。采用移动测量技术进行导航数据采集可将上述方式有效集成。

事实上，当前的移动测量技术在导航数据产业中没有获得广泛的应用，这主要是因为它的技术复杂性和很高的开发费用。移动测量技术是一种全新的独立测成图方式，随着技术的成熟、传感器性价比的提高、自动处理技术的不断发展和开发系统费用的减少，移动测量技术将会在导航数据采集和更新中发挥越来越大的作用。

 # 网络地图中的"惊人"发现

网络地图是利用计算机技术，以数字方式存储和查阅的地图。网络地图储存资讯的方法，一般使用向量式图像储存，即地图比例可放大、缩小或旋转而不影响显示效果；早期使用的是位图式储存，即地图比例不能放大或缩小。现代电子地图软件一般利用地理信息系统来储存和传送地图数据，也有其他的信息系统。

基于互联网的电子地图，是随着互联网的发展，结合传统的卫星导航数据和电子地图技术产生的。

现在的网络地图在技术上分一维地图、二维地图、三维地图，在中国目前普遍应用的是二维地图。

网络地图有很多功能，能够做很多事情，实用、方便，又节省时间。例如，它可以提供城市列表，全国概览图以及104个详细城市地图可供用户下载。也可以提供地图搜索，即能够以名称、地址、门牌号、电话号码等多种方式查找到街道、建筑物等所在的地理位置。还可以进行公交查询，即可在城市内部任意两点间进行导航，列出最佳公交换乘方案，并将路线在地图上展现出来。还可以方便出行的人，尤其是驾驶导航，使用网络地图可整体打印路线的文字、地图导航信息，可以驾车时携带，也可将这些信息一起发送给朋友。为了能够按照用户的意愿使用标点功能，可以自由地将各种信息直接标注在地图上，并对这些标注进行管理和编辑。然而，地图图层的选择就是按专业进行分类，使各类设施能按用户的需求一一展现，并可以自己控制地图上显示的POI（兴趣点）类别。地图的收藏也是一个很重要的功能，在地图浏览时收藏地图，并可以导出收藏夹的内容与好友进行共享。

网络地图是地图制作和应用的一个系统，是由电子计算机控制所生成的地图，是基于数字制图技术的屏幕地图，是可视化的实地图。"在计算机屏幕上可视化"是电子地图的根本特征。然而，网络地图还有另外六个特点：可以快速存取显示；可以实现动画；可以将地图要素分层显示；利用虚拟现实技术将地图立体化、动态化，令用户有身临其境之感；利用数据传输技术可以将电子地图传输到其他地方；可以实现图上的长度、角度、面积等的自动化测量。

网络地图不但给我们带来很多的方便和好处，还会有很多惊人的发现，其中以谷歌地图为例，就有十大惊人发现，非常有趣。

第一个惊人的发现，亚特兰蒂斯。

这会是失落的大陆亚特兰蒂斯的废墟吗？探险狂热者们当然会这样认为：地图上位于非洲海岸边上的格子状图案就是一座失落的神秘城市的街道。然而事情的真相却远远没有这么有趣，谷歌地图的工程师很快宣布，这个格子状的图案只不过是收集地图资料的声呐船所产生的电子遗迹而已。

传言依然有，但是人们短时间内恐怕不会再忘记这个失落的文明。

第二个惊人的发现，麦田里的火狐狸圈。

麦田里的火狐狸圈出现在美国俄勒冈州的一片麦田中，但它的出现并不神奇。2006年，俄勒冈州立大学的一个linux使用者团体创作了这个大型的标志（占地4.5万平方英尺，约4180平方米），以此来庆祝这款浏览器的下载量超过5亿。

麦田里的火狐狸圈

第三个惊人的发现，UFO的登陆台。

这是一个真正的谷歌地球之谜，这些奇怪的组合可以在美国和英国的空军基地地图上看到，这张图片则是来自英国诺里奇的一个空军基地外，英国国防部宣称它是一个机车的训练场，但是其他一些人推测它可能是某种有卫星用途的测定工具。

第四个惊人的发现，奥普拉迷宫。

奥晋拉已经有一个影响巨大的脱口秀节目，一本叫做《O》的杂志，并且还被福布斯评价为全世界最具影响力的艺人。为什么奥普拉不能再拥有一个自己的麦田迷宫呢？一名美国亚利桑那州的农民在2004年创作了这个迷宫，并献给了这名脱口秀主持人。

奥普拉迷宫

第五个惊人的发现，秘密的万字文。

当美国科罗拉多州的海军陆战队基地的建筑师们在1967年设计这一建筑群的时候，卫星地图的出现可能是他们永远不会想到的事情。但是，在2007年，谷歌地球的"侦探"们发现，基地上这四栋并没有相连的建筑从上空俯瞰的时候却形成了一个不吉利的图案——万字文。海军方面说他们现在已经花了超过60万美元来掩饰这一形状。"我们不想被

"万字文"建筑群

认为与任何像万字文这样有不好暗示和令人讨厌的东西有关联。"一名发言人说。

第六个惊人的发现，海上消失（或重现）。

SS贾西姆号，一艘玻利维亚的货运渡船，在苏丹海岸外的温盖特暗礁处触礁沉没。现在它是在谷歌地球上可见到的最大船体残骸之一。

第七个惊人的发现，印第安人的脸。

这张脸坐落在加拿大的阿尔伯特省，是完全的鬼斧神工。它被称为不毛之地的守护者，实际上是一条峡谷侵蚀黏土而成。有的人说这个人好像在戴着耳机，其实那里只

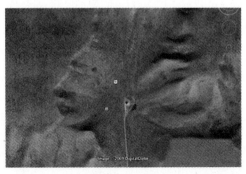

印第安人的脸

是一条路和一个油井。

第八个惊人的发现，伊拉克的"血湖"。

伊拉克萨德尔城外的血红色湖泊在2007年被发现时就已经引起了足够多的血腥的猜测。有知情人士透露，伊拉克的屠宰场会把血倾倒在运河中。不过，至今没有人提供官方的解释，"血湖"的颜色更像是被污染或者水处理造成的。

伊拉克的"血湖"

第九个惊人的发现，飞机墓地。

美国亚利桑那州图森市外的戴维斯—蒙森空军基地，是旧飞机报废的地方，基地上停着从B-52s到隐形轰炸机等共超过4000架军用飞机。在这里，飞机的某些部分被重新利用，其余的则被拆掉以金属回收。这张图片现在是网络上最流行的卫星图片之一，并且去飞机墓地旅行也是一票难求。

第十个惊人的发现，导弹试射。

谷歌地球曾经抓拍过很多飞行中的飞机、直升机，甚至是热气球，但是这个被认为是在军事演习中发射于美国犹他州山区的巡航导弹，却是至今为止最难以置信的抓拍。很多人质疑这幅图，他们说这只不过是一个飞机。

网络地图中为什么会出现这些神奇的情况呢？这些事情到底是怎么一回事呢？要想探个究竟，就要了解遥感技术，看看遥感技术是否能够解决这些疑惑。

第18章

未来之路

 ### 国家测绘局更名

前不久国家测绘局改名为国家测绘地理信息局,对测绘地理信息行业的人来说这件事意义非常深远,地理信息的行业范畴要远远大于传统测绘,多行业应用的张力将会凸显。同时改名的还有,中国地理信息系统协会改名为中国地理信息产业协会,从单纯的系统层面的应用与集成上升到了产业层面的发展。这标志着地理信息产业将迎来新一轮的发展高潮,单纯的系统应用与集成商都将面临着转型,转型为平台加服务行业的综合供应商,各种地图服务网站也必须走上生活化、本地化等各种增值服务的轨道,地理信息行业将不断洗牌。

国家测绘局更名具有深刻的时代背景和现实意义。国家测绘局原有名称已经不能涵盖党和国家对测绘地理信息工作的要求,更名是为了更全面准确地反映测绘地理信息部门的职责和任务,促进测绘地理信息事业快速发展。

具体来说,一是顺应我国经济社会发展的客观需要。当前,促进国民经济和社会信息化,转变发展方式,优化国土空间布局,增强应急处置能力,保障国家安全利益,提高人民群众的生活质量等都对地理信息支撑保障提出越来越迫切的需求。二是加快地理信息产业发展的必然要求。我国测绘地理信息技术已经全面进入到数字化、信息化阶段,地理信息产业近年来持续快速发展,已经成为最具发展潜力的战略性新兴产业,是建设数字地球、物联网和智慧地球的重要支撑。三是与国际测绘地理信息领域发展接轨。国际上相当一部分国家的测绘行政管理机构已经更名为与地理信息相关的名称。这次测绘局更名也是顺应国际发展趋势、使中国测绘地理信息工作更好融入全

球发展的举措。

国家测绘地理信息局的名称，可以更加全面准确地反映测绘事业向测绘地理信息事业的发展。人类社会已进入地理信息大应用、大发展的时代，迫切需要国家强化对地理信息技术和应用的管理，为转变发展方式、加快信息化建设提供有力支撑，为提升应急救急能力、维护国家地理信息安全提供服务保证。所以说，更名不仅仅是名称的改变，更是职能的强化、责任的强化，意义重大。

更名后，国家测绘地理信息局的主要职责、内设机构和人员编制不变。在2009年3月国务院批准的"三定"规定中就已明确赋予测绘局"监督管理地理信息获取与应用、组织协调地理信息安全监管工作、组织指导基础地理信息社会化服务"等职责。

虽然职责没有改变，但是更名有利于直接表明国家对地理信息重要资源的监管要求，从根本上快速提升全社会对地理信息资源重要性的认识，进一步强化国家测绘地理信息局对地理信息资源的监管责任。也更有利于它全面和有效地履行职责，统筹地理信息资源建设与应用服务，进一步规范地理信息交换和共享活动，并将提升国家测绘地理信息局作为地理信息活动主管部门的权威性，促进相关工作的开展。

在今后的发展中，国家测绘地理信息将更加强化对地理信息相关工作的政府指导、引导、监管和社会服务，并着力做好五个方面的工作。

一是尽快起草出台《关于促进地理信息产业发展的若干意见》，从国家战略的高度研究制定扶植和推动产业发展的具体政策措施，为推动地理信息产业发展营造良好的发展环境。

二是加快制定《地理信息产业发展"十二五"规划》，并纳入国家"十二五"专项规划，统筹部署地理信息产业发展优先领域，明确产业发展方向、合理布局及重点任务，强化宏观指导，推动我国地理信息产业做大、做强。

三是打造三个平台："十二五"期间完成全部地级城市和部分有条件的县级市的数字城市建设；进一步丰富和整合地理信息资源，将"天地图"打造成具有国际影响力的民族品牌；加强地理国情监测，准确掌握国情国力。

四是加快建设国家地理信息科技产业园，形成年产值超100亿元的高新技术产业园区，充分发挥园区的聚集、示范、引领、推动效应，强化尖端领域科技自主创新，提升产业整体规模效益。

五是加强对地理信息获取、加工、传播、应用的监管，营造公平、竞争、有序的市场环境。加强国家版图意识宣传教育和地理信息市场监管，减少"问题地图"的出现，保障国家地理信息安全。

 ## 迈进信息化测绘时代（信息化测绘的内涵与体系）

"信息化测绘"是指在信息时代、采用信息化方式、具有信息化特征的"测绘"。其主要特征是：数据获取实时化、动态化，数据处理智能化、自动化，数据交换服务网络化，信息应用社会化，功能取向服务化；信息共享法制化。"信息化测绘"它是相对于"数字化测绘"而言的，数字化测绘主要体现在测绘生产过程的数字化、测绘产品的数字化（包括大地网、坐标系、影像产品、地图产品）和测绘保障的数字化：数字化测绘的主要特点是：生产过程的自动化或半自动化，产品形式的数字化，存储方式和获取的磁介质化，保障方式的超前化、储备化或嵌入化。

测绘体系的构成

测绘业的发展经历了"模拟化"、"数字化"、"信息化"几个阶段。模拟化测绘时代，测绘仪器及材料、介质、成果都是模拟产品。每个测绘发展阶段的"测绘体系"，都是由"工程系统"和"技术系统"两大部分构成的。"工程系统"包括了时空定位与数据获取处理系统、成果资源与管理系统、分发服务系统，而"技术系统"则包括了技术与标准系统、组织装备运行系统、政策法规系统，前者是建设目标，后者是支撑保障。"信息化测绘体系"，在各个"工程系统"和"技术系统"的内涵中，都体现出鲜明的信息化特征和信息时代高新技术及其标准的印记。

测绘发展经历了"模拟—数字—信息"三个阶段，三个阶段是一脉相承的，它们之间有着共同的基础。

不同阶段测绘体系的内容构成都可按"工程系统"、"技术系统"进行归纳，分为纵、横两个方面：

● 纵向为"工程系统"：工程系统应描述整个测绘活动的业务流，即测绘需要"做什么"，归纳为测绘工作的对象，可称为测绘的"对象维"。具体可划分为三大系统，时空定位与数据获取处理系统、成果管理系统、交换

分发服务系统。

● 横向为"技术系统"：描述测绘工作"如何去做"，需要哪些手段和方法进行支撑，归纳为测绘工作的方法，可称为测绘的"方法维"。也可分为三个系统，技术与标准系统、组织装备运行系统、政策法规系统。

其中之所以将技术与标准作为一个系统，是因为标准与技术是密切相连的，主流技术发生了变化，时空定位与数据获取处理的方法、产品模式、服务手段随之改变，相应的标准也应与之适应配套。从这个意义上说，将标准与技术划为一个系统，比将标准与政策法规划为一个系统更科学合理，也更易于实施。按照这种划分，测绘体系就可用工程系统与技术系统的二维结构来加以描述。

在此基础上，进一步分析不同发展阶段的测绘体系，可以发现"工程系统"与"技术系统"的系统构成并没有发生根本性变化。但是，由于处于不同的历史时代、不同的发展阶段、不同的科技水平，各个阶段测绘体系体现在系统构成的具体内容上，却发生了"质"的变化。比方说，同样的"时空定位与数据获取处理系统"，对于模拟测绘、数字测绘、信息测绘来说，具有完全不同的内涵。因此在二维系统结构的基础上，加上"时间维"，即模拟时代、数字时代、信息时代，就形成了"测绘体系"完整的三维结构。

下图为"测绘体系"的三维结构概念模型，完整地表达了测绘体系的发展阶段、体系构成、实现方法及其之间的内在关系。

"测绘体系"三个发展阶段的系统构成及主要内容

系统构成		模拟化测绘	数字化测绘	信息化测绘
时空定位与数据获取处理系统	测绘基准	1954北京坐标系 1956 黄海高程系	1980西安坐标系 1985国家高程基准	CGCS2000国家大地坐标系 时空测绘基准
	数据获取处理系统	三角控制测量 水准测量 平板仪测量 航空摄影测量（模拟）	GPS控制测量 水准测量 全站仪测量 航天遥感测量 航空摄影测量（数字）	卫星组合导航定位系统 天空地海观测系统（数码航摄、SAR、LIDAR系统等） 观测数据处理平台 变化监测与快速更新系统

续表

系统构成	模拟化测绘	数字化测绘	信息化测绘
成果资源与管理系统	平面、高程控制成果印刷地形图	平面、高程控制成果地理数据集（DOM/DEM/DLG/DRG）地理空间数据库衍生数字产品	三维、地心大地控制框架时空数据集地理空间数据库、GIS系统电子地图（政务、公众）数据挖掘与深加工
分发服务系统	测绘成果资料汇编上门申请索取或购买基于印刷图交接	地理信息网上发布系统上门申请或网上订购基于数字载体交接	导航定位综合服务系统地理信息门户网站公众电子地图网站基于网络一站式服务的地理数据交换公共平台
技术与标准系统	模拟测绘技术边角交会测量技术综合法测图技术微分法测图技术全能法测图技术模拟测绘标准	数字测绘技术GPS、RS、GIS技术数字摄影测量技术扫描矢量化技术数字测绘标准数字产品标准数字生产技术与质控标准	信息测绘技术卫星大地测量技术摄影测量与遥感技术制图与地理信息工程技术信息测绘标准测绘标准地理信息标准通信标准
组织装备运行系统	组织机构大地队、地形队、航测外业队、内业队制图队、印刷厂档案馆装备经纬仪、水准仪……胶片航摄仪……运行指令性计划	组织机构测绘工程院（外业）航测遥感院（内业）地理信息中心资料档案馆装备全站仪、GPS……胶片航摄仪、影像扫描仪数字摄影测量工作站……运行计划＋市场	组织机构卫星定位导航服务中心卫星遥感数据中心观测数据处理中心内外业一体化测绘院基础地理信息中心地理数据交换中心……装备全站仪、GPS网络RTK……数码航摄仪、测图卫星……DPGrid…运行市场＋计划
政策法规系统	测绘行政法规测绘部门规章测绘规范性文件……	测绘基本法《测绘法》测绘行政法规测绘政府、地方性法规测绘部门规章测绘规范性文件……	测绘基本法《测绘法》测绘行政法规测绘政府、地方性法规测绘部门规章测绘规范性文件……

绝非奇谈——打破人月神话（在线协同式、实时化测绘）

"人月神话"是计算机领域的一个术语，同名图书是由曾荣获美国计算机领域最具声望的图灵奖的布鲁克斯博士写的。作者为人们管理复杂项目提供了颇具洞察力的见解，既有很多发人深省的观点，也有大量的软件工程实践。书中有很多深刻的哲理与内涵。给人以很多的启示。但是这些启示与我们的测绘行业有什么关系呢？要想知道"人月神话"是怎么一回事，就要先了解一下"天地图"。

"天地图"是中国区域内数据资源最全的地理信息服务网站，已于2010年10月21日正式开通，除地图模式，还有影像模式和三维模式供用户使用。

国家地理信息公共服务平台包括公众版、政务版、涉密版三个版本，"天地图"就是公众版成果，是由国家测绘局主导建设的统一地理信息服务的大型互联网地理信息服务网站，旨在使测绘成果更好地服务大众。

"天地图"装载了覆盖全球的地理信息数据，这些数据以矢量、影像、三维3种模式全方位、多角度展现，可漫游、能缩放。"天地图"中对我国数据的覆盖范围从宏观中国全境到微观具体县市乃至乡镇、村庄，数据内容包括不同详细程度的交通、水系、境界、政区、居民地、地名、不同分辨率的地表影像以及三维地形等。"天地图"覆盖全国300多个地级以上城市的0.6米分辨率卫星遥感影像等地理信息数据，是目前中国区域内数据资源最全的地理信息服务网站，还包含以门户网站和服务接口两种形式为用户提供服务。

通过"天地图"门户网站，用户接入互联网可以方便地实现各级、各类地理信息数据的二维、三维浏览，可以进行地名搜索定位、距离和面积量算、兴趣点标注、屏幕截图打印等常用操作。

对于企业、专业部门而言，经过授权后，可以利用"天地图"提供的二次开发接口自由调用"天地图"的地理信息服务资源，并将其嵌入已有的GIS（地理信息系统）应用系统或利用"天地图"提供的API（应用程序编程接口）搭建新的GIS应用系统。

"天地图"中的数据是依据统一的标准规范，由国家、省、市测绘行政主管部门和相关专业部门、企业采用"分建共享、协同更新、在线集成"的方式生产和提供。将制定数据管理、更新、服务管理办法，遵循"谁提供，谁更新；谁拥有，谁更新"的原则。在突发事件或应急情况下，还会采取多种技术手段与方式实现局部数据快速更新。

"天地图"未来的发展将以"政府主导、企业经营"为总体原则，以市场化运营为手段，通过不断整合全国乃至全球各类地理信息资源，真正形成中国地理信息行业合力，切实促进我国地理信息产业发展，使测绘在服务大局、服务民生、服务社会中发挥更为重要的作用。

"天地图"是一个很大的工程，不仅需要强大的人力、物力、财力，而且还需要切实可行的方案。那么如何运营起这么艰难而巨大的工程，这与《人月神话》有关。《人月神话》分为15个板块，下面就以这15个板块的内容来说一说"天地图"。

● 外科手术队伍："天地图"的项目经理在项目的初期必须清楚地估计项目的运作模式（时间、人力在项目各阶段的分配），例如什么时候需要出什么样的成果，决定了什么时候需要什么样的人加入项目，这是项目经理的责任。而要获得概念的完整性，设计必须由一个人或具有共识的小组来完成，这就是贵族专制，民主政治。

● 有四个问题：（1）是否可得到概念的完整性。（2）是否要有一位杰出的精英，或者说是结构设计师的贵族专制。（3）如何避免结构设计师产出无法实现或代价高昂的技术规格说明，使大家陷入困境。（4）如何才能与实现人员就技术说明的琐碎细节充分沟通，以确保设计被正确地理解，并精确地整合到产品中。

● 避免画蛇添足：也就是说在"天地图"的制作过程中，如何避免开发出不同的系统。不同的系统是不安全的，因此要求设计师们要有自律性。

● 贯彻执行：在这个项目中，体系结构设计人员必须为自己描述的任何特性准备一种实现方法，但他不应该支配具体的实现过程。

● 为什么巴比伦塔会失败：《人月神话》中讲述巴比伦塔会失败的原因，即缺乏交流。就是说在"天地图"的研究过程中各成员要进行及时的沟通和交流，使之成功。

● 胸有成竹：主要讲述如何计算编程时间，以及提出几个人的经验算法。讲述的各种算法可能都不太适合于现在的高级语言，但作者的观点仍然适合现在，即编程人员实际的编程时间只有50%，其他的时间都花在了无关的琐碎事情上。在"天地图"这个项目上，我们看到了研究人员的智慧。它可以进行实时的信息更新和收集。

● 削足适履：主要讲述程序占用的空间等，在20世纪70年代比较突出，但现在好多了。

● 提纲挈领：说明文档的作用，即"天地图"中的说明性文字，易于让人理解。

● 未雨绸缪：唯一不变的是变化本身。在大型项目中，项目经理需要有两个和三个顶级程序员作为技术轻骑兵，当工作最繁忙密集的时候，他们能急驰飞奔，解决各种问题。讲述技术人员与项目人员是互换的，对"天地图"的制作有一定的帮助。

● 干将莫邪：主要讲述项目中管理好各种工具的重要性，项目经理首先要制定一种策略，让各种工具成为公用的工具，这样才能使开发、维护和使用这种工具的开发人员效率更高。这种工具可能是开发人员开发出来的，也可能是现有的；可能是通用的，也可能是专用的或个人偏好的。比如：文档编写工具、开发工具（包括各种不同开发平台）、调试工具、测试工具、数据库工具、版本管理工具、项目管理工具等。

● 整体部分：BELL实验室监控系统项目的V.A.Vyssotsky提出，关键的工作是产品定义。许许多多的失败完全源于那些产品未精确定义的地方，"细致的功能定义，详细的规格说明，规范化的功能描述说明以及这些方法的实施，大大减少了系统中必须查找的BUG数量"。由此可见系统分析的最重要的工作——产品定义。

● 祸起萧墙：这章节说明使项目进度拖后的最大原因不是重要的事件，如新技术、重组等，而是一些琐碎的小事，每件小事只耽误半天或一天时间，但这种小事多了以后，将使项目的进度严重拖后。

项目对于公司就如程序对测试工程师一样，如果不了解它，它就是一个黑盒子；如果不打开这个黑盒子，你可能永远不知道盒子里面有什么。

● 另外一面：本章说明程序的另一面——文档。不了解，就无法真正拥有——歌德。作者引用歌德的话来描述文档对客户的重要性，提出客户需要什么样的文档以及文档的格式和包含的内容，指出当时存在的大多数文档只描述了树木，形容了树叶，但没有整个森林的图案。

在"天地图"中做到了图文合一，易于让人理解和接受。

● 没有银弹——软件工程中的根本和次要问题：人狼是传说中的妖怪，只有银弹才能杀死他。作者认为软件项目具有人狼的特性，因为软件项目也可能变成一个怪物，一个落后进度、超出预算、存在大量缺陷的怪物。

● 再论"没有银弹"：根本和次要问题的划分以及定义。作者认为软件开发困难的部分是概念的结构，如规格化、设计和测试等概念的结构，而不是概念的表述和实现概念，虽然实现概念可能占用了近90%的时间。就如现今的软件开发一样，系统分析通常占用整个项目的开发时间不超过20%，而80%以上的时间花在编程上一样。

"天地图"的编绘与形成最终成果要克服"人月神话"的15道关卡，可见，我们的测绘行业人员付出了多少的艰辛与汗水，排除了多少的困难与彷徨。尽管现在实现了最初的梦想，但是还要有很多的坚持。

"在线卫星地图服务"是地球空间信息产业的重要组成部分，也是地球空间信息技术民用化的典范。"天地图"只是在线协同式实时测绘中的一种形式。与"天地图"有相同性质的有在线卫星地图，如谷歌地球。基于网络浏览器的在线卫星地图服务通常操作比较简单，基本功能是兴趣点、路线和本地信息（例如商家信息）的查询，用户可以在浏览器中通过逐级改变俯瞰高度、观察兴趣点在全球区域以及局部地区的位置和视图中，进行路线查询以获悉起点和目的地间的交通路径。其常规功能还包括测距和经纬度显示等。此外，一些运营商提供的特色功能可令使用者有身临其境的感受，例如谷歌地图可提供街道实景地图，而Live Search Maps可提供模拟在街道上驾车行驶的服务。

通过在线卫星地图和虚拟地球软件，用户不仅可以查看地球表面的地形和浏览高分辨率的卫星影像，还可获得丰富的地理信息，以及经济、社会和人文信息，例如旅游、交通、商业、自然、历史和军事信息等。

目前，在线卫星地图和虚拟地球软件所提供的卫星影像的分辨率达到了几年前军用卫星的水平，可清楚地辨识出树木、汽车等较小的地面物体。通过高分辨率的卫星影像可对全球的资源、环境、社会、经济的现状和变化进行了解，其意义是十分重大的。在一定程度上，在线卫星地图和虚拟地球软件与数字地球一样，均具有重要的战略意义。随着该产业的发展和用户的增长，它将改变人们原有的思维模式和操作方式，其作用在社会各领域中也将逐渐凸显出来。例如：在教育、农业、商业、军事和科研等行业中，在管理

决策、土地利用规划、防灾减灾、区域或城市生态规划、环境保护等应用领域中，以及在信息科学、地球科学和生物学等科学研究领域中，在线卫星地图、虚拟地球软件以及不断发展的数字地球都将大有可为。

数字地球—数字城市

什么是数字地球？

通俗地讲，就是用数字的方法将地球、地球上的活动及整个地球环境的时空变化装入电脑中，实现在网络上的流通，并使之最大限度地为人类的可持续发展和日常的工作、学习、生活及娱乐服务。数字地球是一个建立在信息论、系统论和控制论基础上的新概念，是一门基于超大容量存贮（信息存贮）、宽带网络（信息流通）、空间信息基础设施（信息参考框架）等发展起来的综合技术。

数字地球是信息革命发展的结果。1993年美国"信息高速公路"法令的签署，刺激了美国的经济增长；1994年"建立国家空间数据基础设施"总统令签署的结果为信息高速公路的发展提供了地理空间数据，促进了国家知识经济的繁荣和发展。1998年1月美国副总统戈尔"数字地球"概念的提出，既为信息高速公路的运行提供了丰富的数据和信息资源，又为世界知识经济的发展提供了一个统一的运行平台，为国家的可持续发展提供了强有力的技术支持。

数字地球是世界进入信息时代的重要标志之一，全球定位系统、遥感和地理信息系统是数字地球重要的技术基础。数字地球不仅包括高分辨率的地球卫星图像，还包括数字地图以及经济、社会、生活等方面的信息，其应用涉及政治、经济、军事、文化、教育、生活和娱乐等诸多领域和方面，发展前景非常广阔，因此引起了世界各国有识之士的广泛关注。

1999年11月29日，在我国政府的发起和组织下，首届数字地球国际会议在北京召开，这标志着我国政府已将发展"中国数字地球"（即"数字中国"）列入国家发展目标，并为实现这一目标加强国际交流与合作，以促进中国数字地球的建设与应用。

美国为什么要建设数字地球？

美国提出数字地球的概念，主要是出于国家目标和全球战略的需要。冷战以后，美国面临经济和政治两个方面的可持续发展的挑战。一方面，国际政治格局多极化的趋势目前已不可逆转，靠冷战思维来刺激经济发展已越来越没有出路；另一方面，经济和政治的可持续发展又需要一个国家级的、吸引力很强的、具有挑战性的目标。亚洲金融危机再次告诫人们，当今世界的竞争主要是经济的竞争，而经济竞争的基础是科技实力的竞争。可以说，从星球大战到信息高速公路，再到数字地球，其共同特点是，它们都服务于美国国家战略目标，是从经济、社会、可持续发展各方面考虑后作出的重大决策。因此，数字地球的提出并不是主要为了世界科学技术的发展，而是为了美国自身的利益和需要，即主要是为了保持美国在科学技术方面，尤其是在高新技术方面的领先地位。

数字地球的技术特征。

● 首先，数字地球在因特网上运行，由于数据量大，这个网应是宽带高速网，除此之外，要开发出功能强、效率高的因特网GIS软件。目前地理信息系统在局域网上运行能够得心应手，但使用GIS软件还不能像万维网上浏览主页那样可以在全球以多种比例尺任意漫游。在GIS中使用超链技术，有可能解决这一问题。这样，现有的GIS软件的设计思想和体系结构就需要作较大的改动。

● 其次，空间数据基础设施中仅建立了数字地球空间数据的框架，它的信息是有限的，虽然这些信息可以有许多用途，但它是由专门部门生产的框架数据。而数字地球则容纳了大量行业部门、企业和私人添加的自己的信息。例如房地产公司，它可以将房地产信息链接到这个框架上；旅游公司可以将酒店、旅游景点，包括它们的风景照片和录像，放入到这一公用的数字地球上；世界著名的博物馆、图书馆可以将它们的馆藏通过图形、影像、声音、文字形式放入数字地球中；甚至商店也可以将货架上的商品制作成多媒体或虚拟产品放入到这一数字地球的网络中，让用户任意挑选。所以数字地球是一个向公众开放的系统，它可以让不同的用户任意添加信息。此时，数据共享的标准和互操作性就显得异常重要。

● 再次，数字地球的一个显著的技术特点是虚拟现实技术。建立了数字地球以后，用户戴上显示头盔，就可以看见地球从太空中出现，使用"用户界面"的开窗放大数字图像；随着分辨率的不断提高，可看见大陆，然后是乡村、城市，最后是私人住房、商店、树木和其他天然和人造景观；如对商品感兴趣，可以进入商店内，欣赏商场内的衣服，并可根据自己的体型，构造虚拟自己试穿衣服。

虚拟现实技术为人类观察自然、欣赏景观、了解实体提供了身临其境的感觉。最近几年，虚拟现实技术发展很快，已在因特网上推出了虚拟现实语言VRML，为虚拟现实技术在因特网上实现奠定了技术基础。实际上，人造虚拟现实技术在摄影测量中早已是成熟的技术，近几年随着数字摄影测量的发展，人们已经能够在计算机上建立可供量测的数字虚拟技术。当然，当前的技术是对同一实体拍摄相片，产生视差，构造立体模型，通常是当模型处理。进一步的发展是对整个地球进行无缝拼接，任意漫游和放大，由三维数据通过人造视差的方法，构造虚拟立体。

我国为什么要发展"数字地球"？

"数字地球"是信息时代的产物，它利用现代信息技术将我们对地球的认识进行集成和表达。虽然它必须建筑在我们对地球认识的基础之上，也不能完全代替我们对地球认识的进一步探索，但这种数字化的集成和表达，通过"数据挖掘"和"知识发现"，将使我们对地球的认识得到升华，从而对经济、社会和军事的发展，具有很大的促进作用。目前，全球化已成为世界经济发展的一种趋势。美国为了抢占全球化的制高点，提出的许多高技术计划都是全球性的，例如互联网技术、各种全球卫星通信系统、行星地球任务、数字地球等都是面向全球的行动。全球化有可能给一个国家带来发展的机会，也可能损害发展国家的民族利益。如果我国在"数字地球"方面不做或少做工作，就只能使用美国在"数字地球"方面的成果，这不仅丧失了市场，而且在战略上将处于被动局面。做好"数字地球"工作，是在全球化背景下保护我国国家根本利益的有效措施。拥有"数字地球"等于占领了知识经济社会的一个重要的战略制高点。"数字地球"是保证经济可持续发展的重要手段。"数字地球"不仅能为各种信息提供准确的定位参考，而且这些信息本身对经济、社会和军事都具有巨大用途。它所提供的数据和信息将在全球变化、农业、环境、资源、人口、灾害（水灾、旱灾、火灾）、城市建设、教育等领域产生广阔的效益。"数字地球"能够综合研究全球性资源与环境问题，能够为发展地球系统科学，推动全球经济的可持续发，作出切实的贡献。例如：

● 防灾、减灾与灾后重建。"数字地球"的空间数据对农田水利规划、灾情预报（如水库蓄水量计算、江河水流量计算、洪水模拟）、灾情损失评估以及灾后重建（如移民建镇、退田还林）有重要作用。

● 土地动态监测。"数字地球"技术的发展使我们能够得到高达1米分辨率的数字正射影像。将新的数字正射影像和已有的土地利用详查图叠合，就可以自动地或人工交互式调查出土地利用变化的区域，并得到新的土地利用现状图。

● 精细农业。利用"数字地球"的成果可获取农田长势和虫害的征兆，可及时地把杀虫剂、化肥和水用到最需要的地方，提高农业的生产力。

"数字地球"的空间数据还可以在城市和乡村规划、地质找矿、农业估产、汽车导航、打击罪犯以及环境保护和监测等方面发挥重要作用。"数字地球"是打赢高技术局部战争的重要保证。未来的高技术局部战争是在核威慑条件下的信息化战争。它的核心是信息的获取、传输、处理和分发。为此，必须发展数字战场。数字战场与数字地球有着密不可分的联系。建设"数字地球"将为发展"数字战场"打下重要基础，从而在打赢一场高技术局部战争方面起到重要的保证作用。

我国发展"数字地球"时，可以采取模仿先进国家发展过程的"平行式"发展战略，也可以采取创新的"跨越式"发展战略。任何一个强国的崛起，都是采取"跨越式"发展战略的结果。在这种"跨越式"的发展中，重要的是抓住新技术革命的成果所提供的历史机遇。历史上，英国的崛起是蒸汽机所导致的工业革命的直接结果，德国的迅速发展有赖于钢铁工业和合成化学工业，美国的发展则直接得益于电力和内燃机工业。现在，信息技术的发展将为发展中国家的崛起，提供一个全新的历史机遇，由此而出现的市场将成为国际经济竞争的焦点。自新中国成立以来，我国经济和科技的发展已令世人瞩目。我国完全有条件按照自己的发展道路，例如我们已经没有必要按照美国的模式，发展投资巨大的大型对地观测卫星，而可以直接发展投资较少而重访周期更短的对地观测小卫星星座。当然，为了实现这种"跨越式"的发展，必须慎重地选择发展途径，包括进行必要的演示验证工作。

"数字地球"离我们有多远？

如上所述，尽管有关于"数字地球"的许多问题，包括其概念本身都还有待深入探讨；尽管实现戈尔提出的"数字地球"的具体指标，如每秒传送100万兆比特数据的宽带网络和分辨率为1米的对地观测卫星系统等，还需要一个较长的发展过程，美国实现"数字地球"，要花5~10年时间，我国可能要花20年甚至更长的时间；但我国经过20多年的努力，已经为建设"数字地球"打下了相当好的基础，已经具备或正在发展"数字地球"所需的各种技术和能力。

近年来，在国务院的领导下中国在通讯网络建设，地球信息技术及其应用领域的法规建设，对地观测卫星、空间数据信息收集、传输和处理的基础设施建设，计算机硬件和软件开发等方面，都取得了很大的进展。中国的信息高速公路经过十多年的建设已经取得了显著的进步。预计到2020年可以建成我国的国家信息基础设施（CNII）。"九五"期间，主要建设了"八金工程"。中国四大计算机网络已成为完善的信息传输基础平台，主要包括数据网、光纤骨干网、ATM异步传输模式网、SDH同步数字系列网和光纤接入网。各地信息服务网和数据库的发展已成为本地电子信息资源的中心。到1999年6月底，光缆总长度达到100万千米，计算机社会拥有量已经超过1200万台，因特网用户也已达到400万户，网站9906个。国际线路总容量为241Mb的国家公用信息网络已经覆盖全国239个城市。政府上网工程正在迅速推进，网上大学、网上图书馆、远程医疗、电子商务等也已开始推广。

中国有关部委、中科院，各省、市、县在近20年间，已经积累了大量建立"数字地球"所需的原始数字化数据和相应的资料，这包括无以数计的各类数字化地理基础图、专题图、城市地籍图等。中国基本地形图系列有多种比例尺。从1：1万起，到1：2.5万、1：5万、1：10万、1：25万、1：50万和1：100万。目前，全国范围的1：5万、1：25万、1：100万的基本地形图已经数字化入库完毕。由于地形图几何精度比较高，所以被常用于其他专题地图制作的基础底图。我国许多城市利用航空摄影测量绘制了1：500至1：2000的地形图。我国已经发射了近百颗卫星，其中科学技术卫星10颗，气象卫星8颗，资源卫星3颗，返回式遥感卫星22颗，获取了高分辨率的全景摄影图像，建立了多个遥感卫星地面接收站，能够接收和处理我国遥感卫星和国外遥感卫星如Landsat TM、SPOT和RADARSAT等卫星图像数据；建立了许多气象卫星接收台站，接收和处理我国气象卫星和国外气象如NoAA气象卫星等数据；建立了中、低空高效机载对地观测组合平台和大量的地面观测台站。综上所述，我国已经具备了发展"数字地球"的必要的技术基础。但是，在空间数据基础设施的建设方面，还存在标准不一致，兼容性、可比性差，利用率低等现象。我国还没有高分辨的遥感数据和宽带信息网络，因此离"数字地球"的要求还有相当距离。特别是我国虽然在"两弹一星"等巨型科学技术工程中已积累了许多巨型系统工程的经验，但对于"数字地球"这种软件占很大比重的巨型科学技术工程，还需在实践中不断总结经验。因此，发展"数字地球"，不仅给我们提供了机遇，而且也给我们在技术、管理和资金等方面，提出了严峻的挑战。

什么是"数字城市"？它与"数字地球"是什么关系？

● 数字城市就是将真实城市以地理位置及其相关关系为基础而组成数字化的信息框架，并在该框架内嵌入我们所能获得的信息，同时帮助人们快速、准确、充分和完整地了解及利用城市中各方面的信息。数字城市首先是国家空间数据基础设施在城市尺度的具体化实施，是指城市空间数据基础设施。数字城市工程就是要建立和完善城市空间数据快速高效的获取、共享与应用体系，建设城市基础地理信息系统，完善以城市基础地理数据（4D数字产品）为核心的城市空间信息基础设施建设，在此基础上建立城市的四维时空参考框架，集成多样化的信息应用。数字城市的本质（或者核心）就是海量城市空间数据与三维城市地理信息系统、时序城市地理信息系统的融合。目前，365个试点城市已建设数字城市，国家测绘地理信息局计划在"十二五"期间完成全国所有地级市的地理信息公共服务平台（数字城市雏形）建设。

● 数字城市是数字地球研究的一部分。

数字地球是一个全局性的长远的战略思维，其核心即用数字化手段统一地处理地球问题并最大限度地利用信息资源数字地球在不同历史时期达到特定的目标。目前建立多比例尺—多应用层面的数字城市是数字地球应用的一个方面，也是建立数字地球的重要组成部分。数字城市是数字地球实现的一个重要步骤。

数字地球是一个核心思想，目前的数字城市—数字区域—数字国家—数字高校—数字企业—数字小区等的建设都是基于数字地球思想的。即都是利用各种获取、存储、传输、表达、处理等技术将现实世界数字化，并利用这个数字化的实体来解决各种各样的现实问题，它们的最终目的都是解决现实生活中的问题，为人类服务。

● 数字城市与数字地球有共同的理论基础，数字城市需要数字地球的关

键技术支持。

由于数字城市是基于数字地球思想的，因此它们有共同的理论基础：地理信息科学、地球系统科学、计算机科学等。数字城市的建设需要大量现代技术的支持。建设数字城市的基础是表达现实城市的数据，因此，在数字城市的实现过程中需要空间数据获取技术、海量数据存储技术、宽带网络传输技术、可视化与互操作技术、虚拟现实技术等的支持，以实现数据的获取、存储、传输和应用，而这些关键技术也正是数字地球所需要解决的关键技术。

● 数字城市的应用。

数字时代的城市发展需要一个以因特网为依托的、支持城市可持续发展的数据共享系统和网络技术平台。在城市基础框架数据的支持下，实现对现实城市的虚拟重现，实现对城市人口、资源、环境各个子系统有效的整合，实现城市资源空间上的优化配置以及时间上的合理利用，辅助城市可持续发展决策的制定，为人们创造可持续的生活信息空间。数字城市的应用领域研究包括政府决策支持、公用信息查询、城市资源调度等。

政府决策支持是指在对整个城市建设进行动态监测和仿真模拟的前提下提出城市发展规划、基础设施建设、环境整治等政府宏观发展计划的建议，服务城市总体可持续发展。这些决策贯穿于城市系统的整个运作过程。公用信息查询是数字城市服务于广大市民的部分，包括公众服务、政务信息服务、企业信息服务、位置信息服务等。

数字地球+物联网=智慧地球

● 什么是智慧地球？

2009年1月28日，奥巴马就任美国总统后，与美国工商业领袖举行了一次"圆桌会议"，作为仅有的两名代表之一，IBM首席执行官彭明盛首次提出"智慧地球"（Smart Earth）这一概念，建议新政府投资新一代的智慧型基础设施。这一理念的主要内容是把新一代的IT技术充分运用到各行各业中，即要把传感器装备到人们生活中的各种物体当中，并且连接起来，形成"物联网"，并通过超级计算机和云计算将"物联网"整合起来，实现网上数字地球与人类社会和物理系统的整合。在此基础上，人类可以更加精细和动态的方式管理生产和生活，从而达到"智慧"状态。在智慧地球上，人们将看到智慧的医疗、智慧的电网、智慧的油田、智慧的城市、智慧的企业等。由此可见，数字地球加上物联网就可走向智慧地球。智慧地球支持人与人、人与机器、机器与机器的参与和沟通，提供面向IP的灵性服务。

2009年8月7日，温家宝总理在中国科学院无锡高新微纳传感网工程技术研发中心考察时指出，传感网是一个全新的技术领域，实现了物与物的互联而被称作"物联网"。当前，世界不少发达国家加大了这方面的投入，研究开发新技术，力图占据领先位置。2009年11月3日，温家宝总理发表了题为"让科技引领中国可持续发展"的讲话。温家宝强调，要着力突破传感网、物联网关键技术，及早部署后IP时代相关技术的研发，使信息网络产业成为推动产业升级、迈向信息社会的"发动机"。目前，我国也将这项技术的发展列入国家中长期科技发展规划。

"物联网"概念的问世打破了传统的思维。过去的思路一直是将物理基础设施和IT基础设施分开，一方面是机场、公路、建筑物，而另一方面是数据中心、个人电脑、宽带等。物联网将与水、电、气、路一样，成为地球上的一类新的基础设施。

● 智慧地球的特征。

把数字地球与物联网结合起来所形成的智慧地球将具备以下一些特征。

智慧地球包含物联网。

物联网的核心和基础仍然是互联网，是在互联网基础上延伸和扩展的网络，其用户端延伸和扩展到了在任何物品与物品之间，进行信息交换和通信。物联网应该具备三个特征：①全面感知，即利用RFID、传感器、二维码等随时随地获取物体的信息；②可靠传递，通过各种电信网络与互联网的融合，将物体的信息实时准确地传递出去；③智能处理，利用云计算、模糊识别等各种智能计算技术，对海量的数据和信息进行分析和处理，对物体实施智能化的控制。

智慧地球面向应用和服务。

无线传感器网络是无线网络和数据网络的结合，与以往的计算机网络相比，它更多的是以数据为中心。由微型传感器节点构成的无线传感器网络则一般是为了某个特定的需要设计的，与传统网络适应广泛的应用程序不同的是，无线传感器网络通常是针对某一特定的应用，是一种基于应用的无线网络，各个节点能够协作地实时监测、感知和采集网络分布区域内的各种环境或监测对象的信息，并对这些数据进行处理，从而获得详尽而准确的信息，再将其传送给需要这些信息的用户。

智慧地球与物理世界融为一体。

在无线传感器网络当中，各节点内置有不同形式的传感器，用以测量热、红外、声呐、雷达和地震波信号等，从而探测包括温度，湿度，噪声，光强度，压力，土壤成分，移动物体的大小、速度和方向等众多人们感兴趣的物质现象。传统的计算机网络以人为中心，而无线传感器网络则是以数据为中心。

智慧地球能实现自主组网、自主维护。

一个无线传感器网络当中可能包括成百上千或者更多的传感器节点，这些节点通过随机撒播等方式进行安置。对于由大量节点构成的传感网络而言，手工配置是不可行的。因此，网络需要具有自动组织和自动重新配置的能力。同时，当单个节点或者局部几个节点由于环境改变等原因而失效时，网络拓扑应能随时间动态变化。因此，网络只有具备维护动态路由的功能，才能保证不会因为节点出现故障而瘫痪。

● 智慧地球典型应用。

智慧地球的目标是让世界的运转更加智能化，涉及个人、企业、组织、政府、自然和社会之间的互动，而它们之间的任何互动都将是提高性能、效率和生产力的机会。地球体系智能化的不断发展，也为人们提供了更有意义的、崭新的发展契机。除了在国防和国家安全方面的应用外，智慧地球在各行各业将会有着更广泛的应用。

城市网格化管理与服务。智慧地球可以更有效地实现城市网格化管理和服务。如武汉市有200多万个部件设施、800多万人，每年超过60万件事情，人们可以通过智能采集数据、智能分析将这些部件设施、人口、事件进行有效的管理和服务。

智能交通。智能交通系统通过对传统交通系统的变革，提升交通系统的信息化、智能化、集成化和网络化，智能采集交通信息、流量、噪音、路面、交通事故、天气、温度等，从而保障人、车、路与环境之间的相互交流，进而提高交通系统的效率、机动性、安全性、可达性、经济性，达到保护环境、降低能耗的作用。

数字家庭应用。不论室内还是户外，通过物联网和各种接入终端，每个家庭都能感受到智慧地球的信息化成果。

 太空征程——从"嫦娥一号"到"天宫一号"

1999年10月14日，我国第一颗数字传输型资源卫星"资源一号"中巴卫星成功发射；2000年9月，中国"资源二号"卫星顺利升空，这是我国自行研制的传输型遥感卫星；2010年8月24日15时10分，我国在酒泉卫星发射中心用"长征二号丁"运载火箭成功将"天绘一号"卫星送入预定轨道。天绘系列卫星顾名思义就是专门绘图的卫星，它直属国家测绘局。2012年1月15日，发射我国首颗自主知识产权的测绘卫星"资源三号"。到2016年，我国计划再发射3颗地理测绘卫星。届时获取的信息将可制作1∶1万比例地图。

以上是我国测绘卫星发展的里程碑，在深空测绘方面，我国将开展月球和火星的探测。从对月球的探测来看：其发展将分"绕、落、回"三步走。2007年10月24日，"嫦娥一号"卫星升天，"嫦娥二号"于2010年10月1日18时59分57秒在西昌卫星发射中心发射升空，并获得了圆满成功。2011年9月29日"天宫一号"发射成功，探索建设永久载人空间站，并在2011年1月3日和14日与"神舟八号"飞船实现交会对接。此后两年内，我国还将发射"神舟九号"和"神舟十号"（将搭载宇航员），再与"天宫一号"对接，组装成一个能容纳三名宇航员工作和生活的小型空间站。预计2013年发射的"嫦娥三号"卫星将实现软着陆、无人探测及月夜生存三大创新。"嫦娥三号"最大的特点是携带有一部"中华牌"月球车，实现月球表面探测。深空测绘将在这一系列太空征程中发挥作用。

"嫦娥一号"卫星上装有我国自主研发成功的多种科学仪器，包括CCD立体相机、激光高度计、伽马射线谱仪、X射线谱仪、微波辐射计、高能粒子和低能离子探测器等。

在"十一五"期间，完成了"神舟一号"到"神舟六号"飞船发射飞行和回收试验的大地、天文测量保障任务，"嫦娥一号"探月卫星某测控天线的安装任务等。另外完成了我国测绘卫星的规划设计工作，在遥感影像压缩质量验证、影像仿真、卫星地面检校等方面取得了重要成果，为"资源三号"卫星的设计研制和应用系统建设奠定了基础。初步建立了国家级遥感卫星数据接收和服务系统，实现了大范围高分辨率卫星影像地形测绘技术。

　　"十二五"期间，我国将开展国产测绘系列卫星应用关键技术与系统的研究。总体思路是：结合国家高分辨率对地观测系统重大专项和"资源三号"卫星应用系统建设，研究全天候、全球化、多数据源高分辨率测绘卫星技术框架体系，编制测绘卫星中长期发展战略和规划；开展光学立体测图卫星、干涉雷达卫星、激光测高卫星和重力卫星等测绘卫星需求分析与技术指标论证；开展国产卫星测绘应用关键技术研究，包括国产测绘卫星精密定轨和定姿、卫星影像质量分析与地面几何检校、卫星影像高精度几何、辐射处理、产品研制、海量卫星数据管理与分发服务、卫星产品质量监督与评价等，形成卫星测绘应用技术体系。

　　在深空测绘方面，将研究月球测绘关键技术。主要内容包括：开展月球测绘与深空测绘技术研究，充分利用我国探月工程数据，最大限度地整合国际已有的月球探测数据和月球科学数据，研究确定月球坐标基准框架构建和更新技术、方法和软件，确定月球卫星轨道、月球重力场和月球高程系统，开展稀少控制点情况下的月球卫星遥感影像几何纠正与定位方法研究，开展月球表面地形测绘和地形图编制技术研究，开展月球表面数字高程库和月球数据库共享平台和月球空间信息系统建设技术研究。

　　在卫星发射方面，将加快自主发射系列测绘卫星，积极研发平流层、航空、低空、地面及海洋测绘的数据获取手段和困难地区测绘的数据获取手段，提升应急测绘的技术能力，逐步形成天空地一体化数据立体获取平台。

　　从我国测绘卫星、深空测绘方面的发展趋势来看，航空航天遥感将朝着"三多"（多传感器、多平台、多角度）和"四高"（高空间分辨率、高光谱分辨率、高时相分辨率、高辐射分辨率）方向发展，对地观测系统逐步小型化，卫星组网和全天时全天候观测成为主要发展方向。遥感应用开始从定性分析转向了定量分析，如"天绘一号"的地面分辨率为5米，"资源三号"的地面分辨率升至2.5米，可用于1∶5万大比例尺地形图测制更新。遥感数据产品呈现了高、中、低空间分辨率，多光谱、高光谱、SAR共存的趋势，如气象卫星的空间分辨率较低，高时相分辨率较高，而资源卫星的空间分辨率较高，时相分辨率较低。未来几年我国也将发射高光谱卫星和雷达卫星等。另外卫星覆盖的范围也将越来越广，如"资源三号"卫星可对地球南北纬84度以内的地区实现无缝影像覆盖。嫦娥系列卫星覆盖月球，进一步的深空探测可覆盖火星等其他行星。

无限遐想的未来——50年后的测绘业

测绘学是一门古老的学科，随着人类社会的进步、经济的发展和科技水平的提高，测绘学科的内涵也在不断地发生变化。目前测绘学已经成为研究地球和对其他星体（月球、行星）与空间分布有关的信息进行采集、量测、分析、显示、管理和利用的一门科学技术。在国外，测绘被称为地球空间信息学。测绘行业也逐渐成为信息行业中的一个重要组成部分，它的服务对象和范围已经远远超出了传统测绘学比较狭窄的应用领域（如绘制地图），扩大到了国民经济和国防建设中，并且延伸到与地理空间信息有关的领域。

测绘技术最近几十年确实发生了翻天覆地的变化，可以"上天入地"，但作为"十分重要的基础工作"，测绘仅以地球为研究对象，对它进行测定和描述。未来的测绘已经不再是仅仅限于对地球的研究，更多的是对太空，甚至是多维空间的测量研究，以此满足人们日常的生活需求和科学研究需求。

测绘作为测绘数据获取的重要信息源，是信息建设的重要基础。那么测绘各学科的未来是什么样子的呢？

未来的测绘会更加的快速、更加的准确、更加的方便、更加的人性化、更加的智能。一些科幻片就对测绘做出了许多的遐想。在未来的五十年及以后，人们的出行可能已经不再是乘坐带轮子的轿车、水中的轮船、铁轨上的火车等交通工具。那时人们的出行可能是乘坐与飞机类似的"飞船"，"飞船"不仅有现代飞机的导航、自动驾驶、隐形等功能，同时还有自动避开障碍物和能在天空和水下航行的功能。除此之外，这种"飞船"还可以在外太空飞行，可以打开第六维空间，进行光速运行，在瞬间达到指定星球。这些功能都需要非常好的测绘仪器和非常先进的测绘技术来支持。

未来人们旅游已经不再仅仅局限于地球，宇宙旅游和星球旅游将成为人们最热衷的旅游对象。未来人们只需要乘坐飞行器就可以到太空自由自在地欣赏太空的美景。也许有人会问，宇宙那么大人们岂不是很容易迷路吗？是的，所以就需要非常先进的测绘导航仪器。未来人们可能不再只是用卫星作为测量的载体，也许会发明一种测绘小机器，人们把许多测绘小机器人放到彗星上，进而在宇宙中建立庞大的测绘网。

未来五十年的工程测量将有巨大的变化。首先，拿军事工程测量来说，

　　未来的导弹将成为"顺风耳"和"千里眼"，不管敌人有多么的狡猾，导弹将"不达目的誓不罢休"，导弹的制导能力将有巨大的提升。其次，大地测量未来的主要任务是建立全国统一的测绘基准和测绘系统，需要在全国范围内布设各类大地控制网。这项工作以前需要测绘人踏遍祖国的山山水水，但随着科技的发展，大地测量的手段发生了很大的变化，平面控制测量主要采用卫星定位技术，大大提高了自动化程度和数据采集的速度。再次，如航空重力测量在飞机上就能完成测区的重力测量任务，大大提高了作业效率，不需要测绘人肩背仪器翻山越岭去完成重力测量任务了。当然有些测量任务还要到现场去完成，还要人工去完成，如高精度水准测量等。在未来，测绘将逐步完善测量仪器，提高测量仪器的精度，从而彻底实现自动化作业，但是这也要求测绘仪器研究人员把大量的精力投入到仪器的制造和检修上。正因为如此，测绘人仍然需要继续保持和发扬老一代测绘人特别能吃苦、特别能奉献的革命精神。

　　计算机科学、材料科学、系统科学，以及通信、电子、航空航天科技的飞速发展使得卫星测绘在基础理论与技术手段等方面取得了显著的进步，星载光电传感器、合成孔径雷达干涉以及对地观测系统若干关键技术获得重大突破，使得测绘卫星搭载的有效载荷功能总体、分辨率及观测精度越来越高。

　　卫星大地测量是利用人造地球卫星测定地球上任何点（包括地面上和海洋上）的位置并计算其间的距离，以及测定地球重力场和地球形状、大小等的技术。测绘卫星包括：高分辨率光学立体测图卫星、干涉雷达卫星、激光测高卫星、重力卫星和导航定位卫星。其特点是：精度高；速度快，点间不必通视，可以全天候测量；测程远，可以测量几十、几百至数千千米的边长，可用于海岛和洲际联测；仪器放在卫星上，能对地球上任何地方测量。在未来的测绘中，卫星大地测量更具实时性，更新更快，图像更加清晰，使得地面的用户，更加容易、全面地了解信息的变化。

　　孙子曰：知天知地，胜乃无穷。从古至今，感知战场环境，掌握地理地形，是排兵布阵的基础。数十年来，中国人民解放军一代又一代测绘兵登珠峰、下海岛、进沙漠、勇闯无人区，用"铁脚板"丈量祖国的版图，有的甚至为之付出生命的代价。与他们如影相随的三脚架、测量仪，已成为传统测绘兵的标志和"名片"。然而，未来的测绘兵可能就不用背这么沉重的测绘仪器了。测绘仪器将变成可伸缩折叠的、很小的掌上仪器，或者指挥者坐在军帐中就能知天上星星的变化，地上地形的变化了。军事测绘作为现代战争的"眼睛"，其实时导航、精测透视战场作用更加突出，测绘未来更精确的定位和导航功能将继续成为战斗力不可缺少的重要组成部分。

现代测绘兵的"新三件"——卫星动力测地、航空摄影定位、数字摄影测量，这些高新技术手段将代替昔日手工作业。

根据我国国民经济和社会信息化建设的需求，要加快我国空间信息基础设施建设和测绘信息产品的生产更新速度，急需发展我国满足测绘用途的卫星，即测绘卫星。

从国外测绘卫星的发展状况来说，其总体性能和技术指标较为先进，基本形成系列甚至成网络，且具有很高的商业化运行程度，正在进一步向高空间分辨率、高光谱分辨率、短重访周期发展。测绘卫星摄影系统不仅需要高分辨率，而且需要获得立体影像与带有精密的卫星定位导航系统。这些卫星由于其巨大的应用市场，已吸引了世界上大批用户的注意力。所以说，未来的测绘可能就是只要打开电脑就可以看到地理信息的实时更新了。不管是哪里建高楼，哪里修大桥，哪里有地震……都将会实时呈现。

我国卫星测绘发展应用现状也很有前景，目前我国已建立了资源、气象、海洋、环境与减灾卫星系列，初步形成了国家对地观测体系，正在启动高分辨率对地观测系统重大专项，以建立更完善的国家对地观测系统。我国对高分辨率卫星影像具有大量而迫切的需求，国家每年需投入大量经费，订购遥感卫星影像数据，用于我国基础地理信息的建设和更新。

军事测绘在现代战争中发挥着越来越大的作用，充分体现了地理空间信息的重要性。军事测量关系着国家的安危、领土的完整，未来的军事测绘将更加精确化、自动化、军事化、高效化。

从诸葛亮借东风到拿破仑兵败莫斯科，从日本偷袭珍珠港到盟军登陆诺曼底……古往今来，在军事对抗中谁掌握的战场环境更准确，谁就能获得较大的军事优势。

未来海战亦是如此。海洋测绘信息保障主要为水面舰艇和潜艇作战训练提供海洋环境数据和水文气象资料，是争夺未来海战场主动权的关键之一。目前，随着现代科学技术的快速发展，海洋测量已经打破了传统的海洋时空局限，进入了一个以数字化测量为主体、以计算机技术为支撑的现代海洋测绘新阶段。大力推进海军由近海防御向远海防卫的整体转型，提高信息化条件下远海机动作战能力，是海军新时期履行历史使命的必然要求，也为我军海洋测绘实现战略转型指明了方向。保障远洋航海成为了海洋测绘发展的重点和远海测量的重要内容。远海和大洋的海洋深度测量、多波束测量、重力磁力测量、海底地质地貌和地形等多要素数据资料的获取，都是当前和今后要面临并要完成的任务。

海事测绘，是海道测量学的一个重要分支，是以航海安全保障为目的，研究和测量地球表面水体（海洋、江河、湖泊）以及水下地貌的一门综合性学科。主要研究江河湖海及水下地貌的控制测量、地形岸线测量、水深测量等各种测量工作的理论技术和方法。社会对海洋关注程度的增强和航运的快速发展，迫切需要加快推进信息化，丰富和开发利用基础海道测量信息资源，发展电子航海图。

电子海图是在显示屏上显示出海图信息和其他航行信息，所以，也称为"屏幕海图"，主要由海洋数据库、海图更正系统、附加功能设备、微处理机以及显示器五部分组成。电子海图是把纸海图上的资料和信息存储起来，并提供经综合加工处理的各种航行所需要的动态信息，再在显示器上显示出来。在未来，通过Internet提供电子海图可以实时地更新海图信息，并且可以使海图信息更加多源性，使全国甚至全世界的海上交通信息数据资源得到最大程度的共享和再利用，为航海人员提供现时数据以便能在海上顺利航行。

海事测绘信息化作为海事信息化的基础和重要组成部分，其建设目标是：在现有海事测绘基础上，建立标准化信息体系，实现一体化的海道测量数据采集与数据处理，实现网络化的海道测量数据提供与维护更新，形成海事测绘外业测量、内业数据处理、标准数据入库和网络化海道测量数据服务与维护的一体化、海事测绘信息化体系，加强海道测量服务的履约能力，提高海道测量服务水平。目前，海洋测绘基本实现了全球化定位、自动化数据采集、数字化处理、一体化成图，测量设备与世界同步，测量规范与国际接轨；测量方式实现了由点测量到面测量的飞跃，海洋测绘成果的提供将趋向于动态性和实时性；测量平台也开始实现由船载向船载与机载、星载相结合的转化。大量新技术的运用为我们打造未来海战场提供了强大的物质基础。

测绘地理信息是战略性新兴产业和生产型服务业的重要结合点，开发利用潜力很大。地理信息的不断丰富和广泛应用，将促进物联网、数字城市等领域及关联服务业的发展，完善"网格化"社会管理，支撑重大项目决策，带动扩大就业，方便生产生活。

积极开发利用测绘地理信息，抢占未来发展制高点。海事测绘的价值体现在为船舶航行提供支持平台上，要使海道测量信息产品在航海中得到广泛应用，网络化数据提供与维护更新平台将是发展的趋势。目前，我国信息化步伐不断加快，测绘的重要作用日益突出、应用领域越来越广泛，经济社会对测绘管理和保障服务的要求越来越高，测绘信息化工作面临着许多新的机遇和挑战。

数字摄影测量是在数字影像和摄影测量基本原理的基础上，应用计算机技术、数字影像处理、影像匹配、模式识别等多学科的理论与方法，提取所摄影的对象并以数字方式表达该对象的几何与物理信息的摄影测量学的分支学科。数字摄影测量的应用范围十分广泛，既可以应用于几厘米的目标，也可以测量几十米大小的目标。特别是对无法移动或者运输的大型目标，摄影测量更成为唯一的选择。所以，我们预测未来的摄影测量将能够直接对物体进行摄影成图，并产生即摄即成的高科技技术，不需任何的加工与处理，既节省了人力物力，又节省了时间。

在我国的测绘事业与科技发展中，基础地理信息资源短缺、信息数据获取能力不足，已成为制约发展的严重的"瓶颈"问题。测绘卫星由于其全球、全天候、实时动态观测等优点，越来越成为主要的对地观测手段，成为测绘数据获取的重要信息源。现代测绘已经十分依赖于卫星测绘技术，目前高分辨率卫星遥感资料主要用于测绘和地理信息产业；卫星定位系统成为测绘定位的全新手段；国家高程基准的建立愈来愈依赖于卫星重力测量资料；

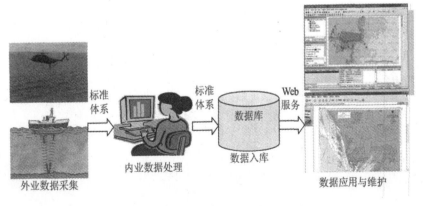

海事测绘信息化体系结构图

我国海平面和高程基准建立、海面地形测绘均需要海洋测高卫星的数据；干涉雷达卫星不仅可以用于数字高程模型的建立，更由于其可满足恶劣天气条件下的数据获取，已在测绘诸多领域中发挥特殊的作用。测绘获取的是与地表有关的地理空间信息，是地理空间框架的基本内容和国民经济、社会信息化建设的重要基础。

信息化建设离不开卫星的建设，卫星测量是现代测绘行业的领头产业。那么建立卫星产业，我们就要实施一些举措，以便更好地对其进行建设。

我国卫星测绘发展的主要方向是建设卫星测绘应用系统，形成自主的卫星测绘技术体系，开展测绘卫星地面接收、校正、处理、多级产品加工和分发服务的关键技术研究与系统研制工作。

为适应国际测绘行业的需求，发展国际国内测绘卫星科技合作与交流，我国的测绘须加强人才队伍建设，特别是开展项目合作，引进消化国际先进技术和资金援助，培养高层次的、具有国际影响力的测绘卫星科技人才，提升我国在国际测绘科技界的地位。加强测绘卫星的人才队伍建设，在培养测绘卫星领军人才的同时，还要建立测绘卫星科技创新人才培养体系，培养多层次的技术人才，从而联合开发新的测绘技术，使测绘行业达到一个新的巅峰。

附录1　常见测绘学名词术语

测绘	surveying and mapping	一门专门研究与人类环境紧密相关的地理空间信息的科学与技术，主要解决如何采集、处理、管理、分析、显示、利用分布于各处空间位置上的地理信息。从地下、水下、地表到空中、太空，从地球、月球到太阳系、宇宙等这些与人类活动有关的自然环境，都成了测绘学的研究对象。
大地测量	geodesy	研究和确定地球的形状、大小、重力分布、整体与局部的运动、地表面点的几何位置及其变化的理论和技术工作。
重力场	gravity field	指一个星球对周围物体产生吸引力（重力）的空间及其重力特征。在该空间中，每一点都有唯一的一组重力大小和重力方向与之相对应。
参考椭球	reference ellipsoid	代表地球形状和大小的旋转椭球，用于大地测量模型和计算中。
子午面	meridian plane	包含椭球旋转轴的平面，即空间的一点与星球的旋转轴形成的平面。
大地纬度	geodetic latitude	椭球面上一点的法线（垂直于该处局部椭球面的直线）与椭球赤道面之间的夹角。由赤道向南北两极，各分为90°；且向北称为"北纬"，向南称为"南纬"。
大地高	geodetic height, ellipsoidal height	空间一点沿着椭球法线到达指定的参考椭球面的距离。当大地高为0时，表示点的高程为0，即位于指定的椭球面上。
大地坐标	geodetic coordinate	为在星球上量度空间位置而建立的各种绝对坐标系中的一种，是以星球的某个指定的椭球面（大地椭球面）为基准面的位置坐标。在大地测量中，它一般是指大地坐标系下的3个坐标分量，包括大地纬度、大地经度、大地高。
大地原点	geodetic origin	国家大地坐标的起算点，中国目前的大地原点被设置在陕西省咸阳市泾阳县的永乐镇，其正南方向大约31千米处就是西安市区中心的标志性建筑——钟楼。
水准原点	leveling origin	国家统一高程的起算点。中国目前的水准原点被设置在山东省青岛市内的观象山，也建设有专门的建筑进行防护和便于测量。
重力基准	gravity datum	重力的起算值和量算尺度参数，即量算重力的起算依据。
大地基准	geodetic datum	一套用于大地坐标计算的起算数据，包括参考椭球的大小、形状及其定位、定向参数。

续表

海拔	height above sea level	"海拔"也称"拔海"，是元朝郭守敬在兴修水利过程中首次提出应用的一个测量概念，用来指地面某点距离平均海水面的垂直高度，即由平均海水面起算的地面点高度。
高程	height	地面一点到高度的起算面之间的垂直距离。海拔也是高程的一种形式。
三角测量	triangulation	通过观测三角形内各水平角，并利用已知起始边长、方位角和起始点的坐标，确定其他未知各三角点水平位置的测量技术和方法。
遥感	remote sensing	一种利用传感器收集目标的电磁波信息，从电磁波信息中提取目标的几何、物理、化学等奥秘的现代科学技术。
摄影测量	photogrammetry	利用空中相机拍摄的地面照片提取地表形状、大小、距离等信息并绘制成地图的技术。
数字地面模型	DTM（digital terrain model）	表示地面起伏形态和地表景观形态的一种数字化方法，目前一般用一系列离散点的三维坐标数值（X，Y，Z）的集合表示，前两个数字（X，Y）代表平面位置点，第三个坐标Z代表这个点所处的地面或建筑的高度。
地形图	topographic map	表示地表上的地物、地貌的平面位置及基本的地理要素，地貌与高程用等高线和一些符号表示，是国家测量工作的基本成果之一。
比例尺	scale	地图上用来量取长度的工具，一般在地图上用某一线段的长度与地面上相应线段水平距离之比（即比例）表示，有数字比例尺、图形比例尺、文字比例尺等类型。
等高线	contour	地图上地面高程相等的各相邻点所连成的曲线。
数据库	database	计算机中存储和管理各种相关数据的软件、数据的集合体的总称。
地理信息系统	GIS（geographic information system）	由计算机管理软件、数据库和有关硬件组成的计算机系统，通常把有关的各种地理信息按照空间分布及属性，以一定的格式输入、存储到这个计算机系统中，并能进行信息检索、编辑、更新、显示甚至综合分析、输出等应用。
主动式遥感	active remote sensing	由遥感器发射一定频率的电磁波，然后接收被目标返回的电磁波的遥感方式。
控制点	control point	以一定精度测定其位置，为其他测绘工作提供依据的固定点。
图根点	mapping control point	直接用于测绘地形图碎部的控制点。
水准测量	leveling	利用水准仪和水准尺测定地面两点间高差的技术方法。

📖 附录2　非常测绘语

　　我们阅读时会碰到一些专业术语，似曾相识，容易和其他领域的类似术语混淆。一起了解一些比较有误导性的测绘名词和常识性的名词吧。

地理信息非常语

● 1954年北京坐标系——1954年我国决定采用的国家大地坐标系，实质上是由原苏联普尔科沃为原点的1942年坐标系的延伸。

● 1956年黄海高程系统——根据青岛验潮站1950年—1956年的验潮资料计算确定的平均海面作为基准面，据以计算地面点高程的系统。

● 1985国家高程基准——1987年颁布命名的，以青岛验潮站1952年—1979年验潮资料计算确定的平均海面作为基准面的高程基准。

● ISO/OSI参考模型——该模型是国际标准化组织（ISO）为网络通信制定的协议，根据网络通信的功能要求，它把通信过程分为七层：物理层、数据链路层、网络层、传输层、会话层、表示层和应用层。

● WGS-84坐标系——一种国际上采用的地心坐标系。坐标原点为地球质心，Y轴与Z轴、X轴垂直构成右手坐标系，称为1984年世界大地坐标系统。

● 编码——将信息分类成一种易于被计算机和人识别的符号体系表示出来的过程，是统一认识、观点、相互交换信息的一种技术手段。编码的直接产物是代码。

● 标识码——在要素分类的基础上，用以对某一类数据中某个实体进行唯一标识的代码。它便于按实体进行存贮或对实体进行逐个查询和检索，以弥补分类码的不足。

● 标准化——在经济、技术、科学及管理等社会实践中，对重复性事物和概念通过制定、发布和实施标准，达到统一，以获得最佳秩序和社会效益。一般说来，包括制定、发布与实施标准的过程。

● 标准纬线——地图投影中无任何变形的纬线。

● 波谱分辨力——遥感器或波谱测量仪器能够区分或分辨的最小波段范围或波长间隔。

● 参考椭球——一个国家或地区为处理测量成果而采用的一种与地球大小、

形状最接近并具有一定参数的地球椭球。

● 城市地理信息——城市中一切与地理分布有关的各种地理要素图形信息、属性信息及其相互间空间关系信息的总称。

● 城市地理信息系统——简称"UGIS"。运用计算机硬、软件及网络技术，实现对城市各种空间和非空间数据的输入、存贮、查询、检索、处理、分析、显示、更新和提供应用，以处理城市各种空间实体及其关系为主的技术系统。

● 城市基础地理信息——包括各种平面和高程控制点、建筑物、道路、水系、境界、地形、植被、地名及某些属性信息等，用于表示城市基本面貌并作为各种专题信息空间定位的载体。它具有统一性、精确性和基础性的特点。

● 城市专题地理信息——包括城市规划、土地利用、交通、综合管网、房地产、地籍、环境等，表示城市某一专业领域要素的地理空间分布及规律。它具有专业性、统计性和空间性特点。

● 大地测量——测定地球形状、大小、重力场及其变化和建立地区以至全球的三维控制网的技术。

● 大地基准——大地坐标系的基本参照依据，包括参考椭球参数和定位参数以及大地坐标的起算数据。

● 大地水准面——一个假想的与处于流体静平衡状态的海洋面（无波浪、潮汐、海流和大气压变化引起的扰动）重合并延伸向大陆且包围整个地球的重力等位面。

● 大地原点——国家水平控制网的起算点。同义词：大地基准点。

● 大地坐标——大地测量中以参考椭球面为基准面的坐标。地面点P的位置用大地经度L、大地纬度B和大地高H表示。

● 大地坐标系——以参考椭球面为基准面，用以表示地面点位置的参考系。

● 等高线——地图上地面高程相等的相邻点所连成的曲线在平面上的投影。

● 等角投影——在一定范围内，投影面上任何点上两个微分线段组成的角度投影前后保持不变的一类投影。同义词：正形投影；相似投影。

● 等面积投影——地图上任何图形面积经主比例尺放大后与实地相应的图形面积保持大小不变的投影。

● 等值线图——数值相等各点联成的曲线（即等值线）在平面上的投影来表

示被摄物体的外形和大小的图

● 地方坐标系——局部地区建立平面控制网时，根据需要投影到任意选定面上和（或）采用地方子午线为中央子午线的一种直角坐标系。

● 地籍图——描述土地及其附着物的位置、权属、数量和质量的地图。

● 地籍信息系统——把各种地籍信息按照空间分布及属性，以一定的格式输入、处理、管理、空间分析、输出的计算机技术系统。

● 地理格网——是按一定的数学法则对地球表面进行划分形成的格网，通常是指以一定长度或经纬度间隔表示的格网。

● 地理数据库——利用计算机存储的自然地理和人文地理诸要素的数据文件及其数据管理软件的集合。

● 地名数据库——利用计算机存储的各种地名信息数据及其数据管理软件的集合。

● 地球椭球——代表整个地球大小、形状的数学体，近似为旋转椭球。

● 地图符号库——利用计算机存储表示地图的各种符号的数据信息、编码及相关软件的集合。

摄影测量与遥感非常语

● 全息摄影测量——利用一定方向的激光光束投射到全息图上获取原物体的三维结构图像的摄影测量。

● 扫描电子显微摄影测量——利用扫描电子显微镜摄取的立体显微像片，对微观世界进行的摄影测量。

● 双介质摄影测量——被摄物体与摄影机处于不同介质的摄影测量。

● 工业摄影测量——用于采矿、冶金、机械、车辆和船舶制造等方面的静态或动态工业目标的摄影测量。

● 水下摄影测量——用于测绘水下地形或研究水中物体的摄影测量。

● 莫尔条纹测量——利用莫尔效应直接在被测物体表面形成等值条纹的摄影测量。

● 数字摄影测量——利用摄影测量与遥感手段获取数字影像或数字图形并进行计算机处理的摄影测量。

● 遥感——不接触物体本身，用遥感器收集目标物的电磁波信息，经处理、分析后，识别目标物、揭示目标物几何形状大小、相互关系及其变化规律的科学技术。同义词：遥感技术。

● 航空遥感——以空中的飞机、直升机、飞艇、气球等航空飞行器为平台的遥感。

● 航天遥感——在地球大气层以外的宇宙空间，以人造卫星、宇宙飞船、航天飞机、火箭等航天飞行器为平台的遥感。

● 多谱段遥感——将物体反射或辐射的电磁波信息分成若干波谱段进行接收和记录的遥感。

● 主动式遥感——由遥感器向目标物发射一定频率的电磁辐射波，然后接收从目标物返回的辐射信息进行的遥感。同义词：有源遥感

● 遥感制图——通过对遥感图像目视判读或利用图像处理系统对各种遥感信息进行增强与几何纠正并加以识别、分类和制图的过程。

● 摄影——利用遥感器获取物体影像和其他信息的一门技术。

● 航天摄影——利用人造卫星、宇宙飞船、航天飞机和轨道空间站等航天飞行器，从地球大气层以外的宇宙空间对星球及其环境的摄影。

● 框幅摄影——曝光瞬间对整个幅面同时成像的摄影。

● 地物阴影倍数——地物的太阳阴影长度与地物高度之比。

● 太阳高度角——观测点至太阳方向与水平面的夹角。

● 航摄领航——利用领航图、地标或其他导航仪器（如GPS系统）保证飞机在设计的航线上，按要求进行航空摄影的工作过程。

● 像片比例尺——像片上某线段长度与地面相应水平长度之比。

● 摄影航高——遥感平台相对摄影分区基准面的垂直距离。

● 摄影基线——摄取立体像对时，相邻摄站间的连线。

● 航摄飞行质量——航摄像片的航向重叠度、旁向重叠度、像片倾斜角、旋偏角、航线弯曲度、实际航高与预定航高之差、摄区和摄影分区的边界覆盖等质量要求的总称。

● 控制航线——摄影测区内，为减少像片控制点的布设，加飞的若干条与测图航线近似垂直的航线。同义词：构架航线，骨架航线。

附录3　　测绘史大事记简表

15世纪以前

· 公元前6世纪后半叶，毕达哥拉斯提出大地为圆球的说法。200年后的亚里士多德用物理方法作了论证，支持这一学说。

· 大约公元前4世纪，亚里士多德的老师柏拉图从自然哲学的观点上，最先提出了地球的概念。

· 公元前3世纪，亚历山大学者埃拉托色尼（也译作"厄拉多塞"）首先应用几何学中圆周上一段弧长对应的圆周角同圆半径的关系，估算了地球半径的长度。

· 世界上现存最古老的地图，是在古巴比伦北部的加苏古巴城（今伊拉克境内）发掘出刻在陶片上的地图，图上绘有古巴比伦城、底格里斯河和幼发拉底河，大约是公元前2500年刻制的。

· 公元前两千多年，中国在夏代已经有了原始的地图。史书记载"禹收九牧之金，铸九鼎，象九州"，后人认为这"九鼎"上的图纹，就是早期的地图或地理考察测量记载。

· 圭、表、准、绳、规、矩在夏、商时期就成为常用的测量工具。

· 江西省德安县城南面陈家墩商代水井遗址中出土了木质的垂球和觇标墩，这是现今所见的最古老的测绘实物工具。

· 西周的王室设有天、地、春、夏、秋、冬六卿，涉及很多测绘管理，设有专门的测绘机构。西周初年，召公修建洛邑，就进行了地图测绘。

· 记述墨子学说的《墨经》里出现了测绘学术语定义。

· 战国末期修筑的都江堰、郑国渠和秦代的灵渠、秦直道等水利和道路工程，体现出高超的设计技巧和施工精度，表明了先秦时代的工匠们已经掌握了高超的测量技术。

· 甘肃天水放马滩秦墓出土的地图，共七幅，分别绘在四块木板上，是迄今为止我国发现的最早的一幅地图实物，成图于公元前300年左右的战国后期。放马滩的另一座汉墓中出土了一张纸质地图的残片，是目前所见的世界上最早的纸质地图实物。

· 西汉末年，刘韵提出以固定音频和口径的黄钟律管作为长度标准，即以声波长度为长度标准。

· 公元前153年，陕西省咸阳市附近的汉代阳陵安置了罗经石。罗经石是目前发现的最古老的测量标石，用以定水平、测量高度和指示方位。

· 东汉马援在光武帝面前"聚米为山谷，指画形势"，即使用沙盘模型进行军事分析。

· 东汉张衡研制的浑天仪，是著名的精确测量天体坐标的测量仪器。

· 三国时期刘徽编写第一部测算专著——《海岛算经》。

· 晋代裴秀曾用"计里画方"法以一寸折百里的比例编制了《地形方丈图》，并提出了著名的"制图六体"原则。

· 唐代僧一行、南宫说实施了大规模的纬度测量，并在河南平原上主持进行了世界首次子午线实际长度测量。

· 唐代贾耽以每寸折百里的比例编制了《海内华夷图》，创立使用"古今朱墨殊文"表示地名的方法。

· 北宋沈括以二寸折百里编制了《天下州县图》（又称《守令图》），并发现和记载了地磁偏角现象。

· 我国现存最早的雕版印刷地图是宋代杨甲编撰的《六经图》中的《十五国风地理之图》，绘于南宋绍兴二十五年（1155年）左右，刻印于南宁乾道元年（1165年）。

· 13世纪，出现了著名的"波托兰海图"，专门供航海使用。

· 元朝，郭守敬在测绘上作出很多贡献，首创以我国沿海海平面作为水准测量的基准面，开创了"海拔"这一科学概念。

· 13世纪时，中国发明的指南针传到阿拉伯国家及欧洲；19世纪现代电磁铁出现，取代了历来的人工磁化法，为指南针的现代化作出了铺垫。

· 元代朱思本，用"计里画方"的方法绘制全国地图《舆地图》，精确性超过前人。

· 1405—1433年，郑和七下西洋，测量工作伴随其中，他采用"牵星术"观测恒星高度来确定地理纬度，并绘制地图，体现了当时我国地图编制和测量工作在海洋、天文中的应用能力。

16世纪

· 1522年，欧洲人麦哲伦领导船队环球航行成功。

· 1541年，罗洪先编成《广舆图》，制定了24种地图图例符号。

· 1569年，欧洲人墨卡托编成世界地图，首次使用了墨卡托投影，奠定了现代航海图的数学基础。

· 16世纪，各类地图集开始兴起和盛行，体现了16世纪以前东方和西方地图学的历史性成就。

· 1582年（明朝万历十年），利玛窦来中国与徐光启、熊三拔等人合作，陆续编译编著了《几何原本》、《测量法义》、《简平仪说》、《测量异同》等书，并绘制世界地图，测量经纬度，译定地名，传播世界地理知识，确定了世界五大洲的概念和基本的中文名称等，开辟了现代测绘的先声。

· 1590年，意大利人伽利略利用自由落体运动进行了世界上第一次重力测量。

17世纪

· 1602年，利玛窦在中国合作编成《坤舆万国全图》，促进了中国对世界的认知。

· 1615年，荷兰人斯涅耳创立了三角测量法。

· 1623年，传教士阳玛诺、龙华民在北京制作了彩绘木质地球仪。

· 1631年，徐光启与意大利人罗雅谷、德国人汤若望编纂《测量全义》，反映当时中西方的测量学成果，后被收入《崇祯历书》。

· 1673年，荷兰人惠更斯提出观测摆的运动以测量重力加速度。

· 1687年，牛顿提出地扁假说，即地球是两极扁平的旋转椭球。

18世纪

· 1704年，康熙命规定1度经线弧长为200里，后以经线弧长的0.01″作为工部营造尺1尺的长度标准。

· 1707年，康熙皇帝颁令实施首次全国范围的经纬度测量和测制地图工作，于1718年完成《皇舆全览图》；到1762年乾隆年间，《乾隆内府舆图》修测完成了。

· 1728年荷兰人最先用等深线法来表示河流的深度和河床状况；1729年以后，欧洲首次出现制作等深线海图，再后来应用到陆地上表示地貌的高低起伏形态。1791年法国人绘制了第一张等高线地形图。18世纪末叶至19世纪初，等高线逐渐开始用于测绘地形图中；到19世纪后半叶，等高线法取得公认，成为大比例尺地形测图显示地貌的基本方法，沿用至今。

· 1735年，法国科学院派遣两个测量队分赴秘鲁和北欧拉普兰进行弧度测量，证实了地扁说。

· 1792年，法国规定以通过巴黎的子午圈的四千万分之一作为1米的长度标准。

19世纪

· 1806年，法国数学家勒让德首次发表最小二乘理论，奠定测绘平差科学基础。

· 1828年，德国数学家高斯提出了把海面延伸到全球的设想，得到贝塞尔的认同。1872年，德国人利斯廷把这个面定名为大地水准面，赫尔默特称之为地球的数学形状。人类对地球形状的认知由椭球面正式过渡到了大地水准面。

· 1842年，魏源以林则徐主持编译的《四洲志》为基础编制完成50卷的《海国图志》，后历经10年修订成100卷的《海国图志》。

· 1864年，广东舆图局成立；欧洲成立国际大地测量协会的前身——弧度测量协会，1886年改名，1914年解体另立大地测量学协会，1919年成为国际大地测绘学和物理学联合会的所属协会之一。

· 1881年，天津水师学堂成立，严复为总教习，开设天文、推步、舆地、测量等课程。

· 1888年，詹天佑承担了滦河大桥的修建测量工作。

· 1897年，北洋测绘学堂创立，开始新式专业测绘教育。

· 1898年，青岛验潮站开始观测记录潮位。

· 1899年，《大清会典舆图》编撰完成。

20世纪初

· 1903年，清政府设练兵处，下设测绘科。

· 1907年，清政府在陆军部军咨处下设立测地司，广西陆军测量局成立，中国完成第一版全国1：100万地图。

· 1911年，杨守敬等编成并出版了《历代舆地图》，自1904年开始刊出至此才全部出齐，反映了清代历史地图学的最高成就。

· 1912年，南京临时政府参谋本部设立陆地测量总局。

· 1914年，北洋政府制订了"十年速测计划"；1928年，国民政府重新制订了"全国陆地测量十年计划"，但两个计划均未完成。

· 1914年，上海徐家汇天文台开始播发无线电时号。

· 1929年，国民政府陆地测量总局设立坎门零点，作为全国统一高程原点。

· 1921年，国际海道测量局在摩纳哥成立，中国是创始国之一，标志着航海图测绘进入到现代化阶段。同年，北洋政府决定在海军部下面成立海道测量局，于翌年2月正式成立，开展了航海图的测绘工作。

· 1924年，中国在青岛开始地磁观测和研究工作。

· 1926年，青岛观象台和上海徐家汇天文台参加第一次万国经度测量。

· 1929年，浙江"坎门零点"启用，作为全国高程统一原点。

· 1931年，国民政府陆地测量总局组建航测队，开始航空摄影测量。

· 1932年，中国工农红军学校开办第一期测绘训练班。

· 1949年，中国人民解放军华东军区海军成立了海道测量局，东北军区测绘学校改为中国人民解放军测绘学校。

20世纪50年代

· 1952年，军委测绘局改称总参测绘局。

· 1954年，"1954北京坐标系"建立。

· 1954年，公私合营地图出版社成立。

· 1954年，国家水准原点设于山东青岛观象山。

· 1955年，创建武汉测量制图学院，1958年改为武汉测绘学院。

· 1956年，国家测绘总局成立，测绘出版社成立，全国基本重力网开始布测。

· 1956年，荷兰人田斯特拉的遗作《正泰分布贯彻平差理论》出版，使得最小二乘原理平差的概念广义化了，推动了测量平差理论的发展。

· 1958年，国家颁发基线测量、水准测量、三角测量等测量规范细则。

· 1959年，中国测绘学会成立。

20世纪60年代

· 1960年，新中国第一代全国1∶100万地形图编制完成，新中国第二代海图开编。

· 1962年，国家测绘总局和总参测绘局颁发少数民族语地名调查和翻译规则。

· 1962年，加拿大人汤姆林森提出利用计算机处理和分析大量的土地利用地图数据。此系统于1972年全面建成投入运行使用，成为世界上第一个运行型的地理信息系统。因此，汤姆林森被尊称为"GIS之父"。

· 1964年，国务院设立地名审改小组和历史地图审查小组，以及人名地名统一译写委员会。

- 1965年，国务院发布地图上边界线画法的规定。
- 1967年，国家海洋局第一次使用国产仪器完成黄海重力调查测量。
- 1966—1968年，中国首次用现代测量技术大规模测量珠穆朗玛峰。

20世纪70年代

- 1971年，青藏高原测图大会战开始实施，历时5年。
- 1972年，美国发射太阳同步轨道Landsat-1遥感卫星。
- 1973年，长沙马王堆汉墓出土三幅古地图，取名为《地形图》《驻军图》《城邑图》。
- 1974年，以1954年重编改绘清末杨守敬的《历代舆地图》为任务开端，历经二十年波折才编制完成的八册本《中国历史地图集》开始陆续出版，到1979年底出齐。
- 1975年，中国复测珠穆朗玛峰，首次将测量觇标竖立于峰顶，公布高程数据8848.13米。
- 1976年，在西安建造人造地球卫星观测站，国家制定中国地名的汉语拼音字母拼写法。
- 1977年，林业部在西藏森林资源调查中开始使用遥感技术。
- 1978年，在陕西泾阳县永乐镇建立国家大地原点，测得艾丁湖高程-154.43米，美国GPS卫星首次发射升空。

20世纪80年代

- 1980年，中国测绘学会成为国际摄影测量与遥感学会、国际地图制图学协会的会员，我国第一家省级地图专业出版机构广东省地图出版社成立。
- 1981年，国家测绘总局通报规定，凡涉及中国陆地最低点高程时，一律采用-155米；凡涉及艾丁湖湖面高程时，一律采用-154米。
- 1982年，全国天文大地网平差完成；中国地名委员会公布中国南海诸岛部分标准地名；美国发射Landsat-4遥感卫星，获取到的TM影像得到广泛使用；苏联GLONASS卫星首次发射升空。
- 1984年，中国初步建立了自己的地球重力场模型。
- 1986年，哈尔滨地图出版社、成都地图出版社成立；法国发射SPOT-1遥感卫星。
- 1987年，启用"1985国家高程基准"和国家一等水准网成果，修订后正式出版的《中国历史地图集》至此年出齐。

·1989年，中国政府批准中国地图出版社出版的1∶400万比例尺《中华人民共和国地形图》作为公开出版地图国界线画法的标准图。

20世纪90年代

·1991年，国务院表彰国家测绘局第一大地测量队，授予"功绩卓越、无私奉献的英雄测绘大队"荣誉称号。

·1992年，《中国测绘报》创刊，《中华人民共和国测绘法》颁布。

·1993年，星球地图出版社成立。

·1994年，国家基础地理信息系统1∶100万数据库建成，中国第一代卫星导航系统——北斗双星定位系统获得批准立项。

·1995年，加拿大雷达遥感卫星RADARSAT发射，美国GPS系统进入完全运行状态。

·1997年，国家基础地理信息系统1∶25万数据库建成。

·1999年，中巴遥感卫星"资源一号"成功发射；国家测绘局公布雅鲁藏布大峡谷测量数据，全长504.6千米，平均深度2268米，最深达6009米，为世界第一大峡谷；美国民用高分辨率遥感卫星IKONOS发射，民用测绘开始进入亚米级卫片遥感新时代。

21世纪第一个十年

·2000年，北斗导航卫星系统的"北斗一号"01星发射。

·2001年，国家测绘局把"数字中国"地理空间框架建设作为"十五"期间的中心工作，美国民用高分辨率遥感卫星QuickBird发射。

·2003年，国内首次开通移动手机定位地图服务功能；车载导航电子地图生产体系正式获批进入工业化生产，装备有车载导航系统的轿车在国内上市；美国民用高分辨率遥感卫星OrbView发射。

·2005年，中国复测珠穆朗玛峰，公布峰顶岩石面海拔高程为8844.43米；欧洲Galileo导航卫星首次发射实验星。

·2006年，国家基础地理信息系统1∶5万数据库建成。

·2007—2009年，中国分三批正式公布了国内著名风景名胜区的74座山峰高程数据。

·2008年，"2000国家大地坐标系"开始启用，国务院批准公布中国陆地最低点（新疆吐鲁番艾丁湖洼地）海拔高程为–154.31米。

- 2009年，明代长城的测量数据公布，总长度为8851.8千米，其中人工墙体长度为6259.6千米，壕堑长度为359.7千米，天然险长度为2232.5千米。

- 西部测图工程完工，使得1∶5万~1∶100万基本比例尺地形图第一次正式覆盖全国。

- 传统测绘工艺（地面大地测量—航空摄影—模拟测图—地图编绘与制印—模拟测绘成果）逐渐消亡，现代测绘工艺流程（空间大地测量—航空航天遥感—数字化测图—地处地理信息系统—数字测绘成果）基本建立。

- 测绘法制建设取得重要进展。《基础测绘条例》（2009年），《中华人民共和国测绘成果管理条例》（2006年），《中华人民共和国测绘法》（2002年修订），《中华人民共和国测绘成果管理条例》（1997年），《中华人民共和国地图编制出版管理条例》（1995年）等法律共同构建起了中国基本的测绘法律框架。

21世纪第二个十年

- 2010年5月，国家测绘局修订印发《互联网地图服务专业标准》。

- 2010年9月，国家测绘局公布可在公开地图上表示的202个民用机场名单，首批31家单位获得互联网地图服务甲级测绘资质。

- 2010年10月，"天地图"网站正式开通，网络地图的时代来临。

- 2010年12月，国家测绘局在测绘"十二五"规划中提出"构建数字中国，监测地理国情，发展壮大产业，建设测绘强国"24字的战略方针，勾画出了未来测绘地理信息行业的发展蓝图。

- 2010~2011年，民政部公布了两批月球地名标准汉字译名，第一批468条，第二批405条。

- 2011年5月，国家测绘局更名为国家测绘地理信息局，开始在新时代履行新的历史使命。

- 2011年9月底，"天宫一号"太空站发射升空，11月与"神舟八号"飞船准确对接，远程测控技术再次显神威。

- 2011年年底，我国首颗民用测绘卫星发射，欧洲Galileo导航卫星的2颗正式星发射升空。

- 2012年6月，"神舟九号"飞船在酒泉卫星发射中心发射升空，并与"天宫一号"成功实施自动交会对接。载人航天技术进一步成熟。

- 2013年6月，"神舟十号"飞船发射升空，我国进入应用性太空飞行时代。

后　记

　　书稿即将与读者见面了，回顾创作历程，感慨良多、受益匪浅。

　　测绘的热门话题很多，本次创作的主旨是以科普的视角给读者做一番知识解读，传播测绘知识，传达科学的理念和方法，传递理性的思考，以期激发读者对测绘科学的兴趣。

　　要达到这一目标并非易事。科普作品既要具备科学性、知识性，又要富有趣味性，这个特点就对本书的编写提出了新的要求。

　　本次创作历时近一年，怀着对科普工作的热诚和崇敬之情，我从组稿、篇章结构设计和内容的编排都细加斟酌，邀请了测绘业界科普专家共同创作。初稿各篇章知识介绍很详尽，由于学科知识的相关性造成了全书篇幅中内容有重复；有些章节内容生动有趣、引人入胜，限于篇幅又需删减；书名也曾先后拟定为《经天纬地全说》和《地球在你手中》；我试图用"图说自然、模拟世界、数字地球、智慧生活"来表示测绘史上古代、近代、现代和未来的几个发展阶段。期间几易其稿，一次次的探讨犹在眼前。我们从身边的现象中引出知识点，以读者实用的测绘知识为解读点，收集了测绘方面有趣的故事，描绘了生动的形象，略有探索、引经据典，创作融入了全体编写人员的真实情感。

　　本书主要执笔作者是：第二章、第六章、第十三章和第十四章由张保钢博士完成；第五章和第十五章由李国建博士完成；第九章、第十章、第十一章、第十二章和第十七章由王伟玺博士完成；第十章、第十六章、第十八章由编写组共同完成；第一章、第三章、第四章、第七章和第八章，由我本人完成。

我们仅对普及测绘知识构筑了一个基本框架，希望书中有关测绘史上人类对宇宙的探索和为解开科学谜团所付出的艰辛努力，能给我们提供珍贵的启示。

感谢一路以来得到的支持和指正！感谢所有编写人员致力于科普创作！本书凝聚了所有关心科普工作的领导和同仁的智慧，得到了广东省国土资源厅、广东省地图院和广东省测绘学会的大力支持，在此一并表示诚挚的感谢！

当您读到这里，我们已成为热衷测绘科普的朋友，请将您对本书的意见、批评不吝惠赐予我，如今后再版，当勉力修正。

安雪萍

2012年7月15日晚，于羊城